国家中等职业教育改革发展示范学校建设项目成果系列教材
国家级高技能人才培训基地建设项目成果

计算机网络安全

邓家宏　周振海　主编
詹光腾　张余别　周林卫　副主编

科学出版社
北京

内 容 简 介

本书基于项目式教学方法编写，充分体现了“教中学，学中做”的一体化的教学理念。全书内容共分 8 个项目，主要包括：企业级园区网络服务器安全加固、企业级园区网络路由交换安全加固、企业级园区网络边界设备安全加固、企业级园区网络远程接入安全加固、企业级园区网络数据安全加固、企业级园区网络攻击与防御措施、企业级园区网络安全监控与预警联动和企业级园区网络安全规划与部署。每个项目案例均按照“项目情景”→“项目分析”→“解决思路”→“知识准备”→“任务实施”→“知识拓展”六部曲展开，使读者能够通过完成项目案例达到相关理论知识的学习和技能的训练。所有项目案例均来自于企业真实案例，具有代表性、实用性和可操作性。

本书可作为中等职业院校和技工院校网络、信息安全等相关专业的教材，也可供网络安全岗位的工程技术人员参考使用。

图书在版编目（CIP）数据

计算机网络安全/邓家宏，周振海主编. —北京：科学出版社，2015
（国家中等职业教育改革发展示范学校建设项目成果系列教材·国家级高技能人才培训基地建设项目成果）
ISBN 978-7-03-043981-9

Ⅰ. ①计… Ⅱ. ①邓… ②周… Ⅲ. ①计算机网络-安全技术-中等专业学校-教材 Ⅳ. ①TP393.08

中国版本图书馆 CIP 数据核字（2015）第 062586 号

责任编辑：吕建忠 王君博 陈砺川 王丽丽/责任校对：柏连海
责任印制：吕春珉/封面设计：一克米

科学出版社 出版
北京东黄城根北街 16 号
邮政编码：100717
http://www.sciencep.com
北京九州迅驰传媒文化有限公司 印刷
科学出版社发行 各地新华书店经销
*
2015 年 3 月第 一 版 开本：787×1092 1/16
2021 年 2 月第五次印刷 印张：19 1/2
字数：446 000

定价：55.00 元

（如有印装质量问题，我社负责调换〈九州迅驰〉）
销售部电话 010-62134988 编辑部电话 010-62147541

国家中等职业教育改革发展示范学校建设项目成果系列教材
国家级高技能人才培训基地建设项目成果

前　言

近几年，计算机网络安全已经引起世界各国的关注，我国计算机专业应用型人才培养中逐渐渗透网络安全方面的基础知识和网络安全技术应用知识。随着技术的不断发展，计算机网络在社会经济建设与发展中的应用越来越广泛，黑客与病毒无孔不入，这极大地影响了网络的可靠性和安全性。加快普及网络安全知识、培养网络安全方面的应用型人才、加强网络安全建设和保护网络正常运行迫在眉睫。

本书是在广泛进行企业行业调研和充分论证的基础上，结合当前应用最为广泛的操作平台，选取的案例全部来源于企业中计算机网络安全岗位的职能需求调研统计，采取校企合作的方式完成。企业提供工作中的真实案例，教师再将其转化为具体的任务，以项目为引导，将各个知识点分配到每个项目的具体任务中，最后使用上机实验来配套任务。整个课程的理论与实践的比例规划为1∶2，每个项目中配置了知识目标、能力目标、项目情景、项目分析和解决思路。本书在编写过程中为了让课堂更贴近实际工作岗位，特别强调本书演示在整个教学过程中的完整性，采用明确目标、分析过程、逐步演示的逻辑来组织编写。所以清晰的逻辑构造、详细的演示过程是本书一大特色，这非常方便教师组织教学。是一本非常适合于技工院校网络和信息安全等专业的教材，同时也是一本适合于网络安全岗位工程技术人员的实施参考手册。与同类书籍相比，本书更注重以培养学生的能力为中心，是基于项目式教学方法编写而成，充分体现基于工作任务和“教中学，学中做”的一体化的教学理念。

全书共分为8个项目，项目1重点介绍计算机网络安全中的企业级园区网络服务器安全加固的方法与步骤；项目2重点介绍计算机网络安全中的企业级园区网络路由器和交换机的安全加固基本内容和方法；项目3主要介绍计算机网络安全中的部署防火墙、入侵检测系统和内网行为控制系统安全加固内容和方法。项目4主要介绍企业级园区网络远程接入安全加固设计原理与应用案例。项目5主要介绍磁盘阵列对数据的安全保护和自动备份对数据的安全保护的方法与步骤。项目6主要介绍防御交换机的常见攻击和防御服务器的常见攻击的方法与步骤。项目7主要介绍企业级园区网络安全监控与预警联动的方法与步骤。项目8主要介绍企业级园区整体网络安全规划配置和部署企业级园区无线网络设备安全的原理和应用案例。

参与本书编写的人员有技工院校一线教师邓家宏、周振海、詹光腾、张余别、周林卫、赖丽敏、周明明、何伟明和企业网络安全领域专家谌玺。其中该课程建设的企业导师谌玺，全程参与了教材编写与评审。另外还要特别感谢重庆金佩科技有限公司为本书提供的实际工作案例。

由于编者水平有限，尽管在编写过程中花了大量时间和精力，但书中不足之处在所难免，敬请各位读者提出宝贵意见，万分感谢！

编　者

2015年2月

目　　录

项目 1

企业级园区网络服务器安全加固

- 熟悉文件夹的安全加固方法。
- 熟悉微软安全基准分析器的使用方法。
- 了解日志审核的方法。
- 熟悉 WSUS 的使用方法。

能力目标

- 能够掌握 NTFS 权限的应用。
- 能够使用 EFS 对文件夹进行加解密。
- 能够通过配置证书加密 Web 的安全。
- 能够通过微软安全基准分析器扫描服务器的漏洞。
- 能够制订操作系统的日志和审核功能。
- 能够实现计算机自动更新补丁。

天隆科技公司的网络管理员小刘发现近期公司文件服务器的文件夹被不受限制地存储了很多杂乱的文件。一般员工的计算机可以访问没有权限的文件，而公司对具有高度保密性的资产文件没有加密，所以出现了 OA 系统的财务敏感数据可被所有员工查看的问题。服务器若出现安全漏洞，常会被黑客攻击或者感染病毒，可能会发生重要文件、数据外泄的问题；若员工计算机出现安全漏洞，则会出现感染病毒等问题。针对以上现状，对服务器和员工计算机进行安全加固已成当务之急。

项目分析

网络管理员小刘通过对现有情况的分析，得出造成以上问题的原因如下。

1）各种权限的分配不正确，特别是多种复合权限叠加时的使用。

2）没有使用专业的加密系统对机密文件进行加密。

3）没有使用 PKI 架构和使用证书去保护 Web 服务器。

4）没有找出服务器的安全漏洞。

5）缺少启动服务器文件夹的审核功能。

6）员工计算机没有及时更新补丁。

本项目首先从权限控制入手，然后对文件夹和 OA 系统的财务敏感页面进行加密，通过扫描服务器和员工计算机的隐患和漏洞，进一步对系统进行安全加固，使整个公司的服务器在安全环境下进行相关操作、应对各种安全隐患，提升公司网络安全性。

本项目实施完成以下任务：

任务一　配置文件夹的安全加固；

任务二　配置服务器的安全加固。

任务 1.1　配置文件夹的安全加固

一、操作系统权限的应用

1. 操作系统的用户与权限

操作系统用户是访问操作系统的一个安全对象，是可以从计算机或者网络系统授予访问资源的权力或者权限的账户。它具备一个唯一的安全标识符（Security Identifiers，SID），该标识符是标识用户在计算机安全子系统中唯一的号码，并且 Windows 操作系统也是根据 SID 来识别用户并分配它们访问资源的权限的。操作系统的用户组是具备相同管理需求的用户的一个集合，访问资源的用户的权限可能是各不相同的，可以将具有相同权限的用户分配到一个组中，这样可以减少管理员的工作量。即只要对一个用户组赋予一定的权力，那么该组内的所有用户都具有相同的权力。

用户与用户组可以是本地的，也可以是域中的用户和用户组。本地用户和用户组只能在本地计算机上进行登录验证，如图 1.1 所示，并可以通过“计算机管理”中的“本地用户和组”进行管理。域用户和用户组存在于 Windows 活动目录组织的域中，用于网络资源的访问，域用户和用户组在域控制器上完成登录验证，如图 1.2 所示。如果要使用域用户或域用户组，必须使用活动目录技术，域用户和域用户组可以通过“Active Directory 用户和计算机”进行管理。

注意

如果将本地计算机升级为活动目录网络的域控制器，那么“本地用户和组”在“计算机管理”单元中将被删除，并视为无效。

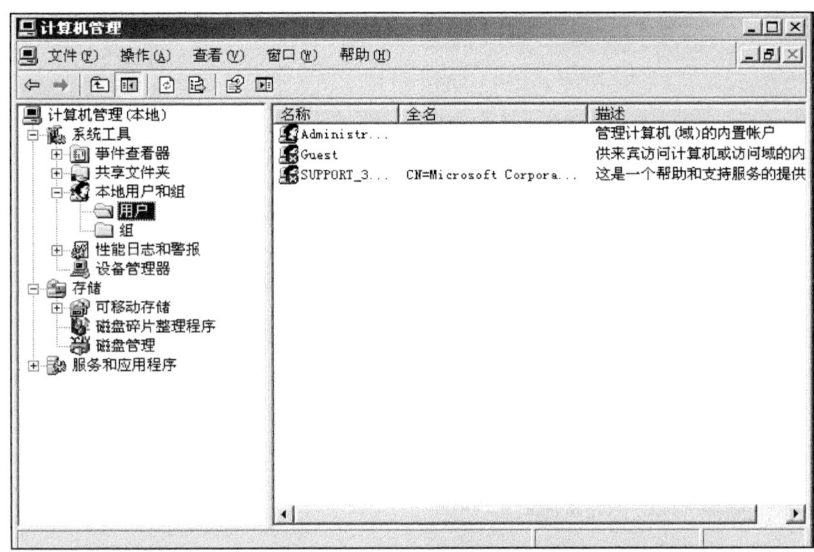

图 1.1　本地用户和用户组只能在本地计算机上进行登录验证

图 1.2　域用户和用户组在域控制器上完成登录验证

可以在本地计算机的“计算机管理”中选择“本地用户和组”完成本地用户新建工作，如图 1.3 所示，可输入用户名、全名、相关描述和密码等用户信息，还可选择用户下次登录时必须自己更改密码、用户不能自己更改密码、密码永不过期和账户已停用等。域用户的新建工作过程与本地用户新建工作过程相似，只是域用户的新建工作需要在“Active Directory 用户和计算机”管理单元完成，这里就不再重复。

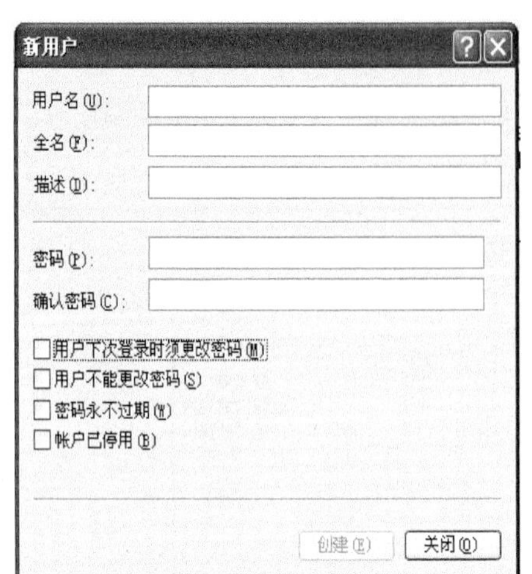

图 1.3 新建本地用户

2. 理解 Windows 操作系统的权限

Windows 操作系统中的权限表示不同用户对文件、文件夹、打印机和注册表等相关资源的访问权力。在操作系统中，为不同的用户设置权限很重要，可以防止重要文件被非授权用户修改而导致系统崩溃。权限（Permission）针对资源生效，也就是说，设置权限只能以资源为对象，脱离了资源去谈权限毫无意义——在提到权限的具体实施时，资源是必须要存在的。

Windows 的权限分为两类：NTFS 权限与共享权限。NTFS 权限是 Windows 操作系统基于 NTFS 磁盘分区的安全特性，用于控制访问资源的安全性，该权限可作用的范围包括本地用户访问与网络用户访问。共享权限是 Windows 操作系统控制网络资源访问的一种权限，用于控制网络访问的安全性，只针对网络用户生效，不能作用于本地用户的资源访问行为。该权限方式不仅可以在 NTFS 磁盘分区中存在，还可以在 FAT 磁盘分区中存在。

注意

NTFS 权限与共享权限的关键——NTFS 权限只能是 NTFS 分区的安全特性，而共享权限不仅可以存在于 NTFS 分区，也可以存在于 FAT 分区。NTFS 权限既针对本地用户也针对网络用户，而共享权限只针对网络用户。这是两种不同的权限类型，但它们可以结合使用，达到更好地保护资源的目的。

3. 理解各种类型的 NTFS 权限

选择处于 NTFS 磁盘分区的某项资源（文件或文件夹）并右击，在弹出的快捷菜单中选择“属性”命令，再选择“安全”选项卡，如图 1.4 所示。

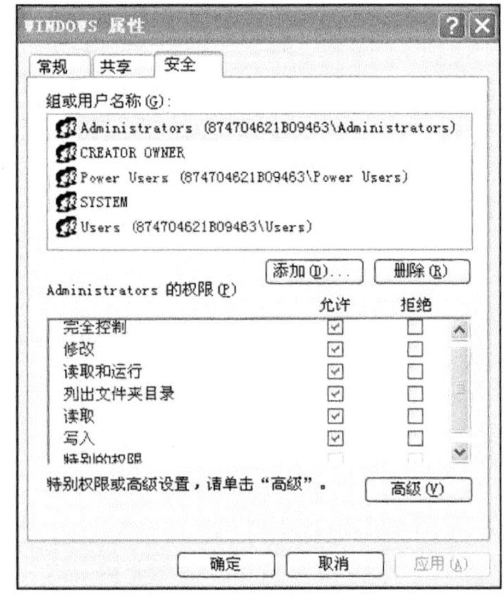

图 1.4 “安全”选项卡

1）“完全控制”：表示对文件与文件夹拥有不受限制的完全访问。设置“完全控制”为“允许”，下面的 5 项属性将全部被自动选中，该权限是所有 NTFS 权限中权力最高的选项，在使用时一定要小心。

2）“修改”：表示除了具有“写入”和“读取与运行”的权限外，还有删除、重命名子文件夹的权限，设置“修改”为“允许”，上述的 4 项属性将被自动选中，如果其中的任何一项没有被选中，“修改”条件将不再成立。

3）“读取和运行”：表示允许读取和运行任何文件，“列出文件夹目录”和“读取”是“读取和运行”的必要条件。

4）“列出文件夹目录”：表示只能浏览该卷或目录下的子目录，不能读取，也不能运行。

5）“读取”：表示能够读取分区或文件夹下的数据。

6）“写入”：表示能够在该分区或文件夹下写入数据。

7）“特别的权限”：表示对以上 6 种权限进行更详细的划分，这不在本书所讲述的范围内。

注意

区别 NTFS 的“修改”与“写入”权限。“写入”只能向某个文件夹增加内容，不能删除内容；“修改”除了可以增加内容外，还可以删除内容。“修改”的权限大于“写入”的权限。

使用 NTFS 权限的原则如下所述。

1）用户将继承用户所属组的 NTFS 权限。

2）NTFS 权限是累加的结果。

3）文件的权限超越文件夹的权限。

4）NTFS 权限中的 Deny（拒绝）权限优先于任何 NTFS 权限。

4. 使用共享权限的原则

使用共享权限的原则如下所述。

1）共享权限不受系统分区格式的限制，可以是 NTFS 分区，也可以是 FAT 分区。

2）共享权限只针对网络访问生效，对本地用户访问不生效。

3）共享权限是累加的，这与 NTFS 权限类似。

4）共享权限的拒绝优先于任何权限，这与 NTFS 权限类似。

实施目标：实现 NTFS 权限、共享权限，不同权限和符合叠加应用。

实施环境：在一台文件服务器的 NTFS 磁盘分区上共享一个名为“test”的文件夹。首先建立两个用户组，分别命名为“test1”和“test2”。同时建立一个名为“user”的用户，将 user 加入到用户组 test1 和 test2。test 文件夹给出的权限为用户组 test1 对 test 文件夹的 NTFS 权限为“只读”，用户组 test1 对 test 文件夹的共享权限为“完全控制”；用户组 test2 对 test 文件夹的 NTFS 权限为“只读”，用户组 test2 对 test 文件夹的共享权限为“修改”。

实施步骤：

第一步 在文件服务器当中创建创建一个名为“test”的共享文件夹，如图 1.5 所示。

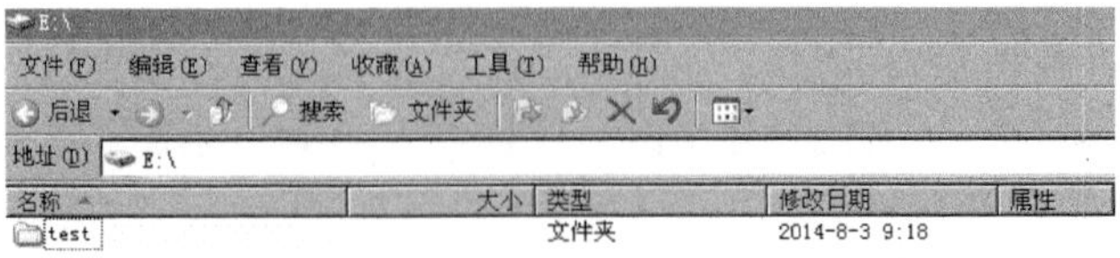

E:\
文件(F) 编辑(E) 查看(V) 收藏(A) 工具(T) 帮助(H)
后退 搜索 文件夹
地址(D) E:\
名称 大小 类型 修改日期 属性
test 文件夹 2014-8-3 9:18

图 1.5 创建“test”共享文件夹

第二步 在文件服务器上创建两个用户组“test1”和“test2”。具体实现方式为单击“开始”→“程序”→“管理工具”→“计算机管理”，如图 1.6 所示。

在用户和组里面添加两个组
“test1”“test2”

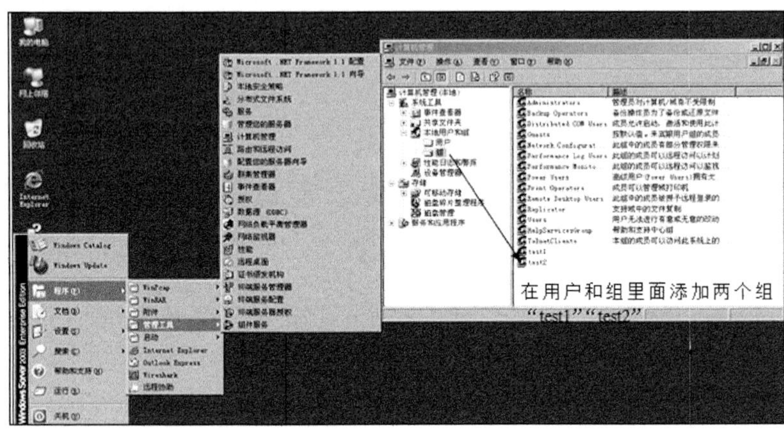

图 1.6 创建用户组“test1”和“test2”

第三步 创建一个名为“user”的用户，如图 1.7 所示。然后将这个 user 用户分别同时添加到 test1 和 test2 这两个组里面，让 user 同时成为 test1 和 test2 中的用户，如图 1.8 所示。

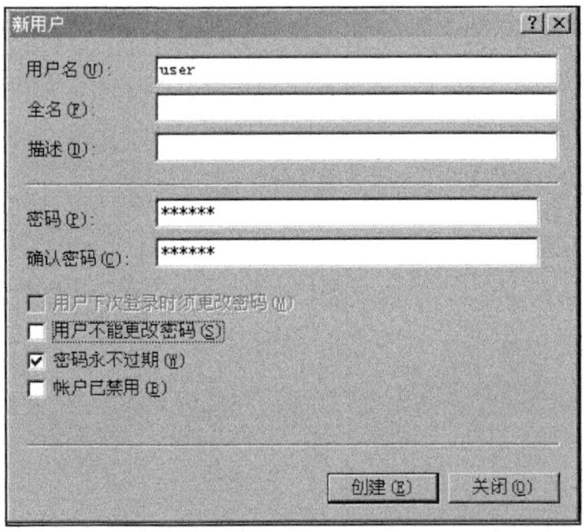

新用户
用户名(U): user
全名(F):
描述(D):
密码(P): ******
确认密码(C): ******
用户下次登录时须更改密码(M)
用户不能更改密码(S)
密码永不过期(W)
帐户已禁用(B)
创建(E) 关闭(O)

图 1.7 创建用户

第四步 用户和组已经创建完成，然后需要为 test 文件夹赋予 NTFS 权限。用户组 test1 对 test 文件夹的 NTFS 权限为“读取”，如图 1.9 所示。用户组 test1 对 test 文件夹的共享权限为“完全控制”，如图 1.10 所示；用户组 test2 对 test 文件夹的 NTFS 权限为“读取”，如图 1.11 所示。用户组 test2 对 test 文件夹的共享权限为“更改”，如图 1.12 所示。

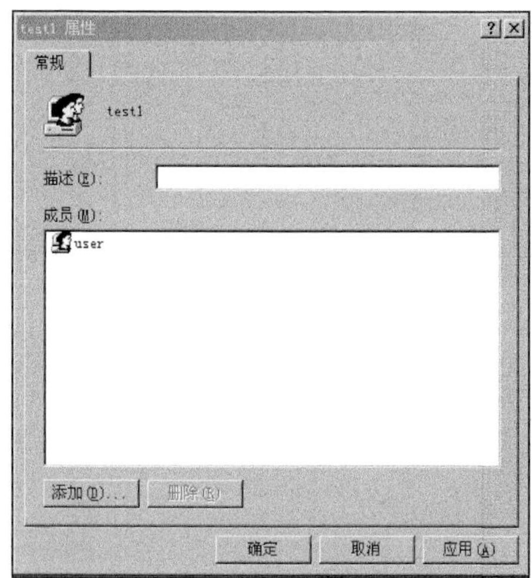

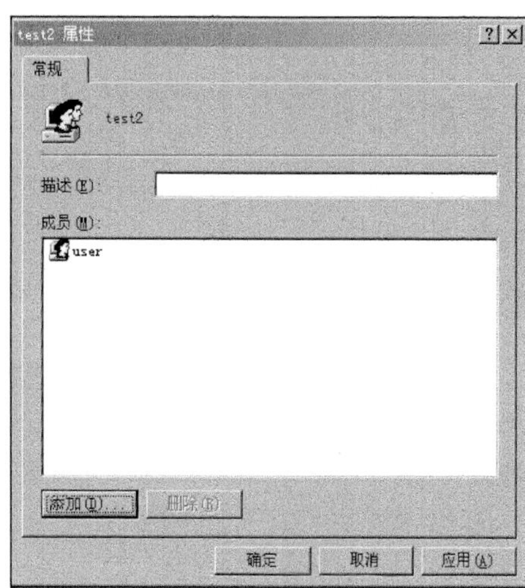

图 1.8　添加 user 用户到组 test1 和 test2

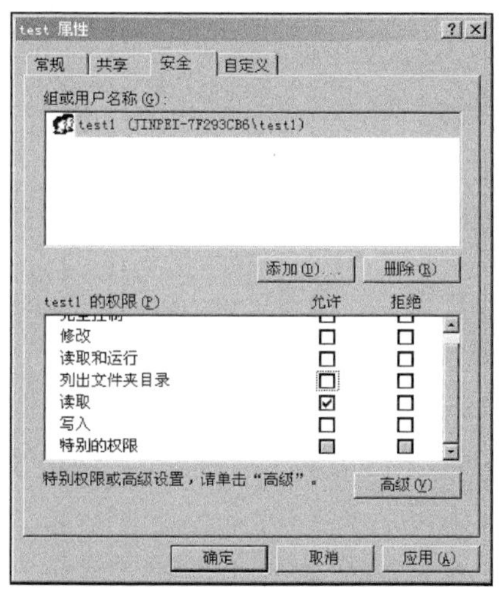

图 1.9　用户组 test1 对 test 文件夹的 NTFS 权限

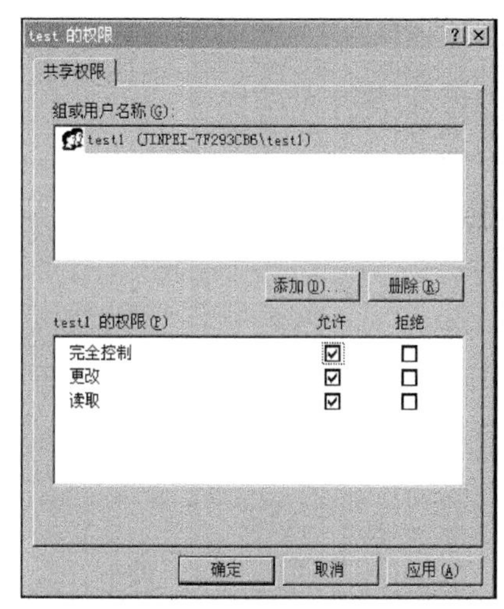

图 1.10　用户组 test1 对 test 文件夹的共享权限

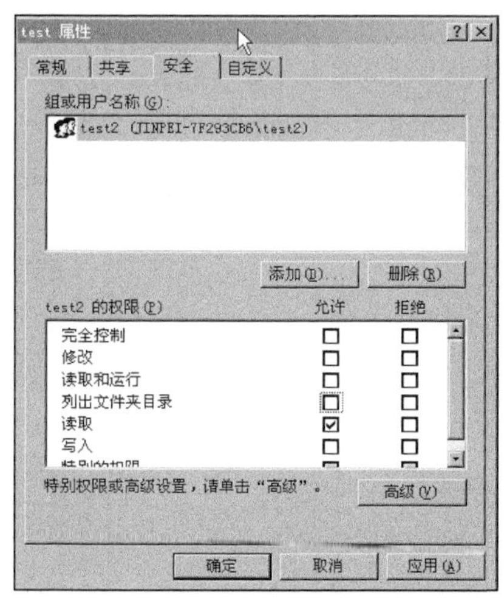

图 1.11　用户组 test2 对 test 文件夹的 NTFS 权限

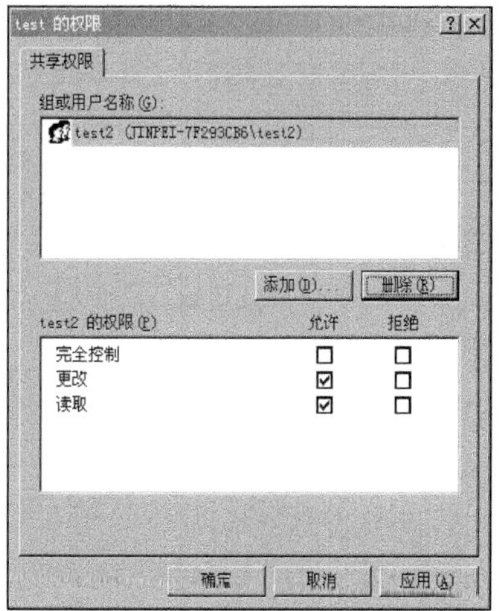

图 1.12　用户组 test2 对 test 文件夹的共享权限

第五步 完成添加这两个用户组权限后，通过 user 用户登录到系统来查看最终 user 用户对 test 文件夹的权限，如图 1.13 所示。最终对 test 文件夹拥有“读取”权限，而非完全控制。

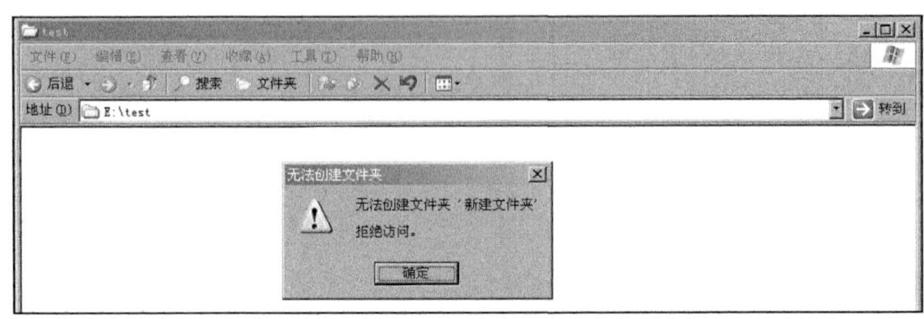

图 1.13 test 文件夹拒绝创建文件

当 NTFS 权限与共享权限同时使用时，复合权限的使用遵守如下原则。同种类型权限的比较，遵守累加原则；然后不同类型的权限比较，遵守取最小权限者的原则。所以用户 user 最终的权限是“读取”，因为首先是同种权限的比较，user 继承了 test1 和 test2 的 NTFS 权限，两个组都是“读取”，所以“读取”加“读取”还是“读取”，最终 NTFS 的权限结果为“读取”。user 继承了 test1 和 test2 的共享权限，test1 组是“完全控制”，test2 组是“修改”，“完全控制”中已经包含了“修改”，所以最终共享权限结果为“完全控制”。然后是不同类型的权限比较，就是 NTFS 的“读取”与共享权限的“完全控制”比较，由于不同类型的权限比较，遵守取最小权限者的原则，所以，用户 user 最终对 test 文件夹拥有“读取”权限。

注意

权限的访问控制行为在一定程度上提高了资源的安全性，防止了资源被非法访问或修改。但事实上这种行为只能针对系统级层面进行控制，如果资源所在的物理硬盘被非法者窃取，那么使用上述的权限访问控制行为对资源进行保护将变得没有任何意义。窃取者只需要把资源所在的物理硬盘放到自己的主机上，使用自己的操作系统启动计算机，再将该硬盘设置成为操作系统的资源盘，便可以轻松地解除原有操作系统的权限并访问到资源。对于此时的操作系统来说，窃取者才是计算机的管理员。为了防止这样的事情发生，需要一种基于文件系统加密的方法来保证资源的安全。

二、EFS 文件加密系统和恢复代理

1. 关于 EFS 的基础知识

加密文件系统（EFS）提供一种文件加密技术，该技术用于在 NTFS 文件系统卷上

存储已加密的文件。一旦加密了文件或文件夹，用户就可以像使用其他文件和文件夹一样使用它们。对加密该文件的用户，加密是透明的，这表明不必在使用前手动解密已加密的文件，用户可以正常打开和更改文件。

注意

事实上 EFS 是一种混合型的加密技术，它既使用对称式加密也使用非对称式加密。但在许多资料的定义中，把 EFS 归为单纯的对称式加密或者使用公钥的非对称加密，这种说法是错误的。现在市场上只单纯地使用对称式加密的加密软件很少，因为单纯的对称式加密不安全。

2. 理解 EFS 的加密过程

第一步：当用户启动 EFS 加密后，EFS 的驱动程序会调用微软加密服务提供程序（Microsoft Crypto Provider）来产生一个文件加密密钥（FEK），也就是之前所说的“对称式密钥”。这由随机数生成器来提供，一般生成一个 128 位的密钥。

第二步：EFS 利用 FEK 对文件进行加密。需要注意的是，只有文件中的数据会被加密，对于文件名、属性及其他摘要都不会被加密，文件的各种权限也保持不变。

第三步：EFS 会将加密完成的文件存储在 NTFS 分区上，EFS 不会独立出 NTFS 分区，它只是 NTFS 分区的一个增强特性。

第四步：EFS 再次调用微软加密服务提供程序（Microsoft Crypto Provider），目的是获得用户的 EFS 公钥，然后使用得到的这个 EFS 公钥加密 FEK 的副本，并将它存储到一个数据的解密字段（DDF）中。需要注意的是，DDF 字段和文件保存在一起，事实上能够真正解密这个 DDF 字段的只有与用户 EFS 公共密钥所对应的私有密钥，所以，私有密钥必须由 EFS 用户谨慎保管。

注意

在加密过程执行到第四步的同时，Windows 系统管理员的文件恢复（File Recovery FR）公共密钥将会加密 FEK 的另一个副本，并将结果保存到一个数据恢复字段（DRF）中，它将和文件一起存储。这样做的优点是，当用户的 EFS 私有密钥出现不完整或是丢失的情况，可以由数据恢复代理（DRA）帮助用户恢复已被 EFS 加密的文件。这个过程相当复杂，因而也是文件恢复代理产生的过程。

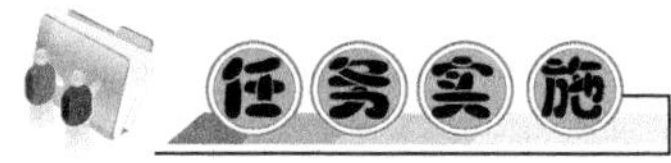

1. EFS 加密文件系统

实施目标：利用 EFS 加密文件系统来加密数据。

实施环境：被 EFS 加密的文件必须处于一个 NTFS 分区。

实施步骤：

第一步 利用 Windows 操作系统，管理员登录操作系统并建立两个用户账户，一个名为“user1”，另一个名为“user2”（这两个用户中的一个将用于加密，另一个则用于测试加密效果），然后注销系统管理员。

第二步 使用用户 user1 登录操作系统，在 NTFS 格式下的磁盘分区上建立一个名为“test”的文件夹，然后在这个文件夹中新建一个名为“test”的文本文件，在其中输入任意内容并保存，完成加密前的准备工作。

第三步 使用 EFS 加密 test 文本文件。在 test 文件夹上右击，在弹出的快捷菜单中选择“属性”命令，在“常规”选项卡中单击“高级”按钮，会弹出“高级属性”对话框，然后选择“加密内容以便保护数据”复选框，如图 1.14 所示。

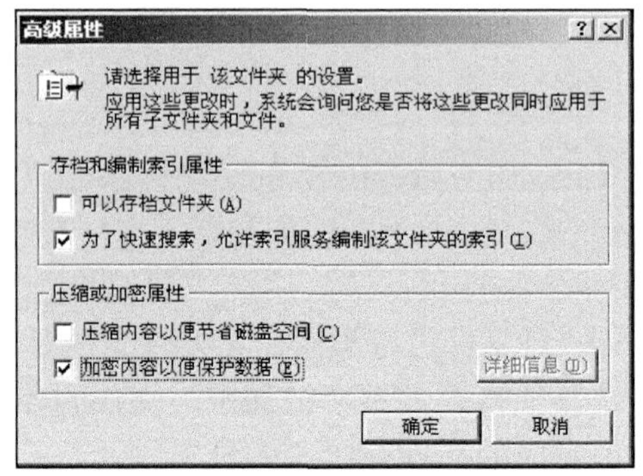

图 1.14 “高级属性”对话框

第四步 查看并导出加密 test 文件的私有密钥。选择“开始”→“运行”命令，在打开的“运行”对话框中输入“MMC”命令，打开控制台；选择“文件”→“添加/删除管理单元”→“添加”→“证书”命令，得到如图 1.15 所示的证书管理控制台。在证书管理控制台中选择 user1 的用户证书右击，在弹出的快捷菜单中选择“所有任务”→“导出”命令，如图 1.16 所示，弹出图 1.17 所示的对话框。单击“下一步”按钮，出现如图 1.18 所示的对话框，选择“是，导出私钥”单选按钮，便可以将私有密钥导出，使其不在资源所处的计算机上，从而更好地保护资源。也可将私有密钥导出到一个移动存储介质中随身携带，以加强私有密钥的安全性。

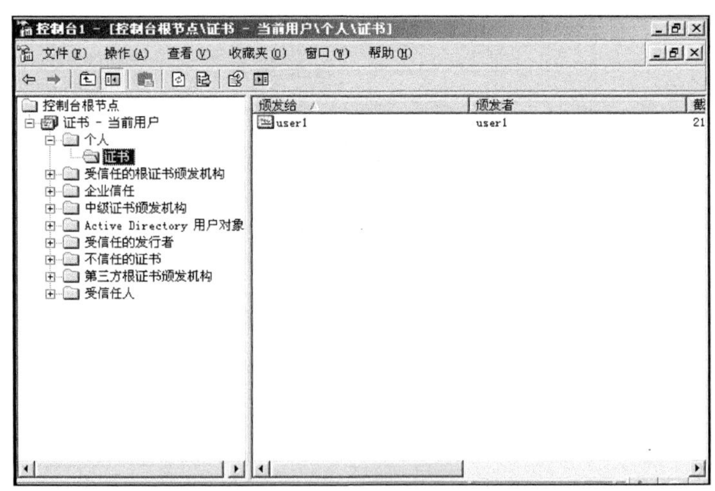

图 1.15 证书管理控制台窗口

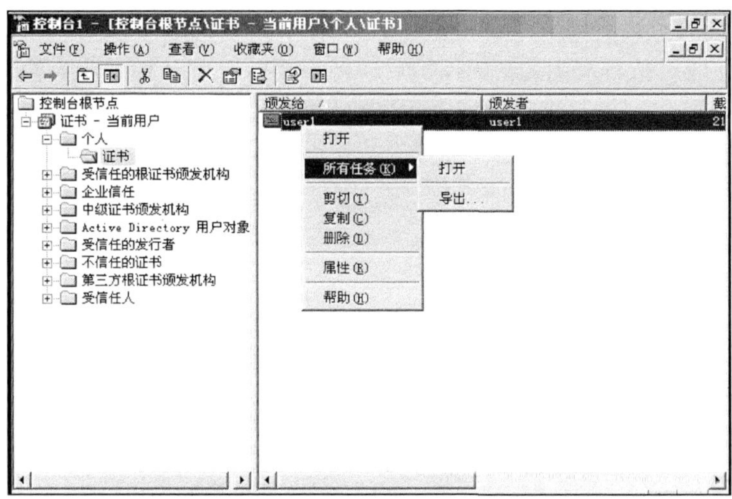

图 1.16　控制台窗口下的操作

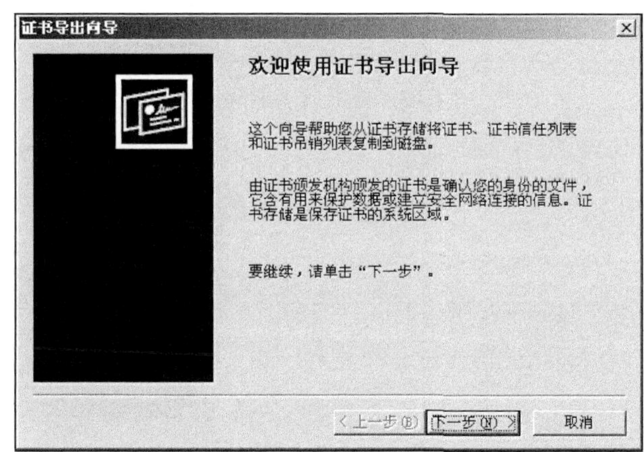

图 1.17　证书导出向导

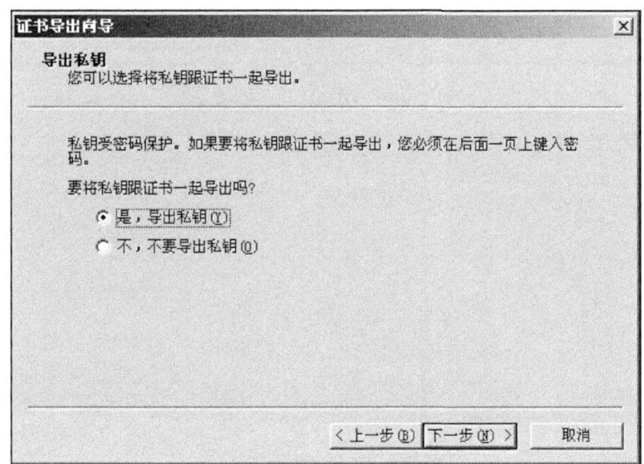

图 1.18　导出文件格式

单击“下一步”按钮，出现如图 1.19 所示的对话框。选择“如果导出成功，删除密钥”复选框，单击“下一步”按钮，将会弹出如图 1.20 所示的对话框，要求输入保护用户 EFS 私有密钥的密码。这里需要注意的是，该密码并不是保护文件的密码而是保护私有密钥的密码。完成对私有密钥的密码保护后，就需要指定用户 EFS 私有密钥的导出路径，如图 1.21 所示，把 EFS 的私有密钥导出到移动存储设备 F 盘上。如图 1.22 所示，提示私有密钥导出向导的配置已完成，单击“完成”按钮，结束 EFS 的私有密钥的导出过程。

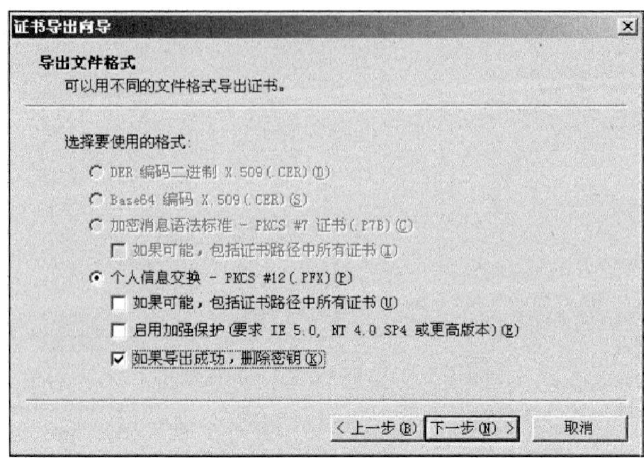

图 1.19　导出成功删除密钥

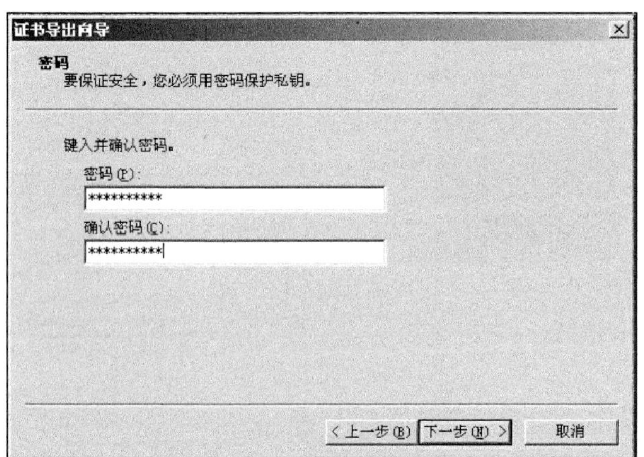

图 1.20　用密码保护私钥

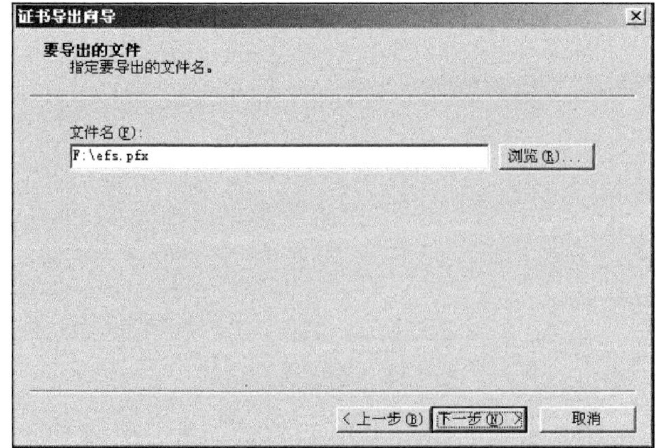

图 1.21　指定导出路径

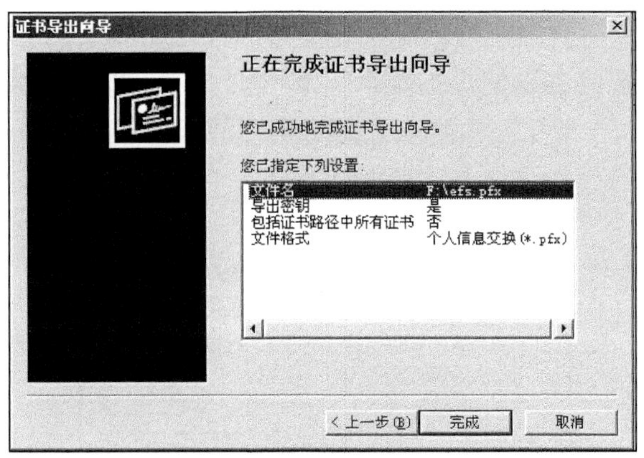

图 1.22　完成证书导出

第五步 在移动存储设备（U 盘，这里显示为 F 盘）上查看已导出的私有密钥，如图 1.23 所示。

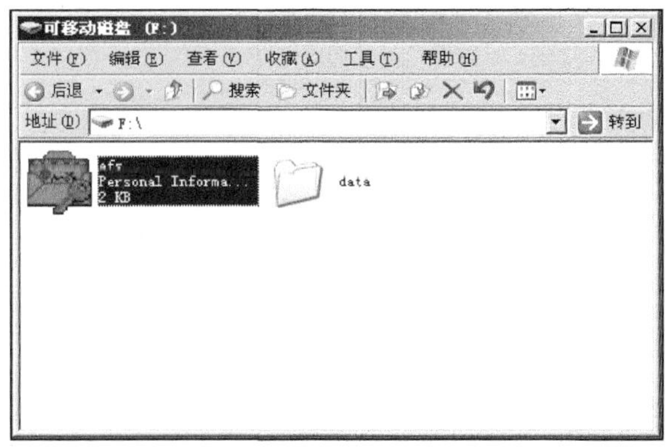

图 1.23　U 盘上存储的密钥

第六步 检测 user1 利用 EFS 加密文件后的效果。注销用户 user1，以用户 user2 登录操作系统，并试图打开已被用户 user1 利用 EFS 加密的 test 文件，会出现如图 1.24 所示的结果。

> **注意**
>
> 本地计算机的管理员（Administrator）在没有被授权成为“恢复代理”前也无法打开被 EFS 加密的文件。如果需要打开被 user1 利用 EFS 加密的文件，就必须获得如图 1.23 所示的 EFS 的私有密钥。私有密钥是需要用户保密的，一般不可公开。

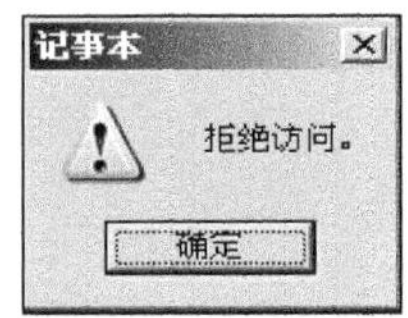

图 1.24　无法访问

2. EFS 解密文件与“恢复代理”

实施目标： 完成 EFS 的解密。

实施背景： 在先前的操作中完成了利用 EFS 加密文件。解密文件只需要将 user1 的 EFS 私有密钥导入计算机，选中需要解密的文件，右击，在弹出的快捷菜单中选择“属性”命令，在打开的对话框中单击“高级”按钮，打开如图 1.25 所示的“高级属性”对话框，取消选择“加密内容以便保护数据”复选框，就可以解密被 EFS 加密的文件。

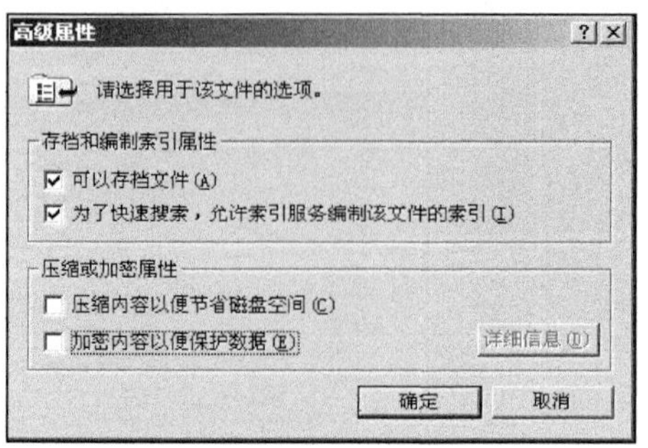

图 1.25 解密 EFS 文件

如果利用 EFS 加密文件后的私有密钥丢失、损坏，或者原始的加密者拒绝解密文件，怎么办？这时可以依赖于 EFS 的恢复代理（DRA）来解决该问题。但在默认情况下，独立的计算机上（非域的计算机）是没有恢复代理的，需要手工创建。

实施步骤：

第一步 以本地系统管理员（Administrator）身份登录到本地计算机。

第二步 选择“开始”→“运行”命令，在打开的“运行”对话框中输入“cmd”，在命令提示符下输入“cipher.exe /r:dra”，如图 1.26 所示。此时会在 C 盘的根目录下创建两个文件，一个是“dra.CER”文件。另一个是“dra.PFX”文件。

第三步 在“运行”对话框中，输入“gpedit.msc”，打开“组策略编辑器”窗口，如图 1.27 所示。在“安全设置”中展开“公钥策略”下的“加密文件系统”选项，右击，在弹出的快捷菜单中选择“添加数据恢复代理程序”命令，此时会弹出“添加故障恢复代理向导”对话框。可直接单击“下一步”按钮，出现如图 1.28 所示的对话框，在该对话框中单击“浏览文件夹”按钮并找到 C 盘根目录下的 dra.CER 文件，则添加了故障恢复代理。

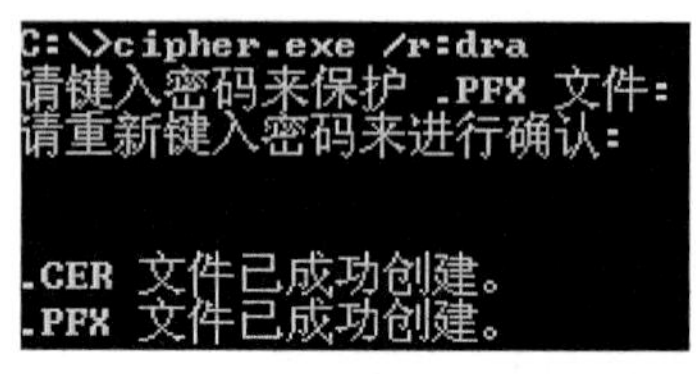

图 1.26 创建 CER 和 PFX 文件

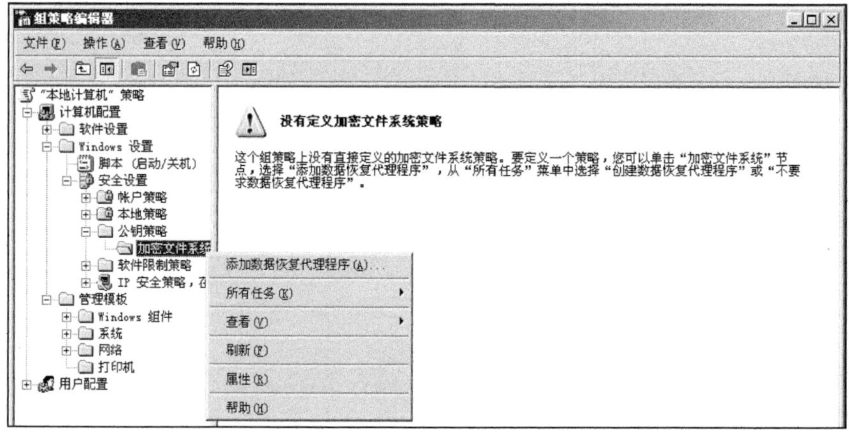

图 1.27 本地组策略的编辑窗口

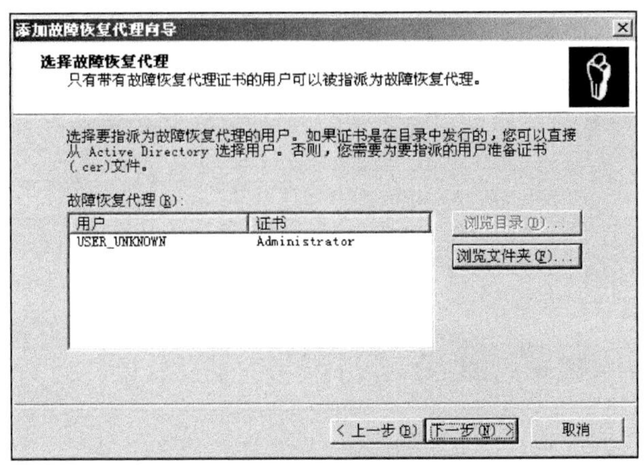

图 1.28　添加故障恢复代理向导

第四步 在恢复代理的证书 C 盘下的 dra.PFX 位置，进行导入，完成“故障恢复代理”证书的安装，如图 1.29 所示。

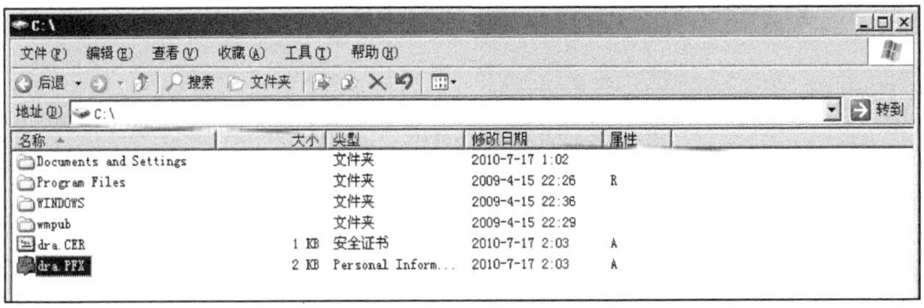

图 1.29　恢复代理的证书

第五步 检查“故障恢复代理”证书安装的结果，如图 1.30 所示，如果操作过程没有错误，此时可以在“证书”管理的控制台下看到 Administrator 已经成为合法的“文件故障恢复代理”。如果 EFS 用户的私有密钥发生故障就可以利用该证书进行恢复。

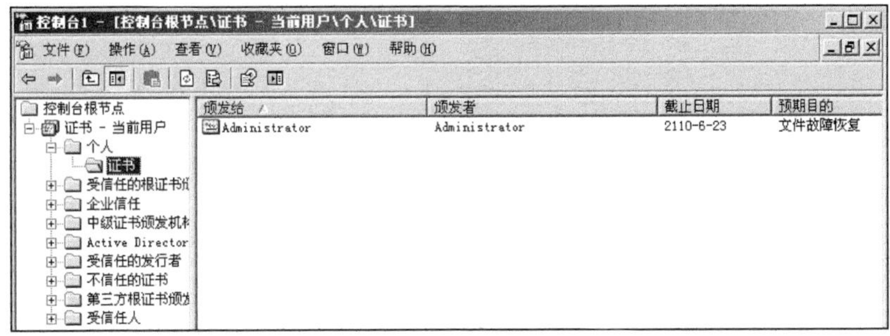

图 1.30　检查“故障恢复代理”证书安装的结果

注意

本地计 EFS 的恢复代理虽然可以帮助 EFS 用户在私钥丢失或者损坏的情况下恢复和解密文档，但是请注意，必须要在该用户使用 EFS 加密某个文档前就启动恢复代理，否则恢复代理将无法恢复文档。因为恢复代理能恢复私钥丢失的文档，是因为

EFS用户要使用公钥加密对称式密钥时，系统管理员（恢复代理）同时也在使用自己公钥加密的同一把对称式密钥的副本，所以才造成恢复代理的私钥也可以解密的恢复过程。如果某个用户已经完成了EFS加密过程，再启动恢复代理，那将变得没有意义！

任务1.2 配置服务器的安全加固

一、利用PKI架构保护Web服务器安全

1. 关于Web加密的基础知识

当用户正在使用电子商务或电子银行转账时，用户的 Web 页面需要经过安全加密处理，那么就必须用到https，其中的s是secure（安全保护），https是在安全套接层(SSL)之上使用http，所以http的内容被SSL保护。

SSL（Secure Sockets Layer，安全套接层）是为网络通信提供安全及数据完整性保障的一种安全协议，它工作在传输层和会话层之间，它使用公钥加密数据，提供数据的机密性保障和消息完整性认证。关于使用PKI架构保护Web页面的工作原理如图1.31所示。

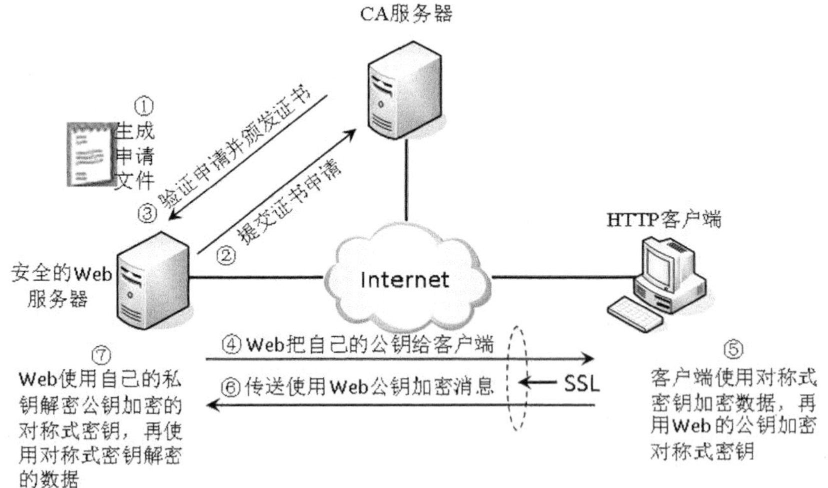

图1.31 关于公钥加密Web页面的过程

2. 理解 Web 加密的过程

第一步：Web 服务器生成一个证书申请文件，该申请文件中存放有 Web 站点相关身份的一些唯一性标识，如果 Web 服务器上已经存在了公钥，那么 Web 服务器会将自己的公钥存放到证书申请文件中，以供证书服务器认证 Web 公钥的合法性。

第二步：Web 服务器将生成的证书申请文件提交给证书服务器，待证书服务器审查。

第三步：当证书服务器验证 Web 服务器申请文件后，证书服务器会为 Web 服务器颁发证书，证书中包括了 Web 服务器将要使用的公钥副本，并将公钥副本与 Web 服务器的身份相绑定。如果在第一步的申请文件中已经存在 Web 服务器的公钥，那么证书服务器就对 Web 的公钥进行合法性签字。注意 Web 服务器自己本地产生的公钥，只由证书服务器来授权它的合法性。

第四步：Web 将自己的公钥传送给客户端，以便客户端可以使用 Web 的公钥来加密相关消息，公钥潜在是可以公开的，所以 Web 服务器这样做，并不会造成任何安全隐患。

第五步：客户端将使用会话密钥（对称式密钥）来加密页面的内容，然后使用 Web 的公钥来加密会话密钥。因为会话密钥加密数据的速度快，所以非对称式加密更安全。

第六步：客户端把使用 Web 服务公钥加密的消息通过网络传送给 Web 服务器，如果传送的数据在网络中被恶意截取，也无法读取数据，因为对方没有 Web 服务器的私钥。私钥存储在 Web 服务器上，它是不可公开的，其他人无法获取。

第七步：当 Web 服务器收到客户端使用自己公钥加密的消息后，它使用此公钥对应的私钥解密消息，然后再解密会话密钥加密的内容，得到原始明文消息。

问题：在上面第五步和第七步中所提到的会话密钥，是什么？如果是对称密钥加密，那么客户端和服务器端应该有一把相同的密钥加密和解密才行，那么这个在 Web 服务器和客户端上相同的密钥是怎样生成的？是通过网络发送的会话密钥吗？

回答：绝不可能在网络上直接发送会话密钥（也就是对称式密钥），事实上这个会话密钥是通过 Diffie-hellman 算法计算出来的，这个算法中的 K 值就是计算所得的会话密钥。

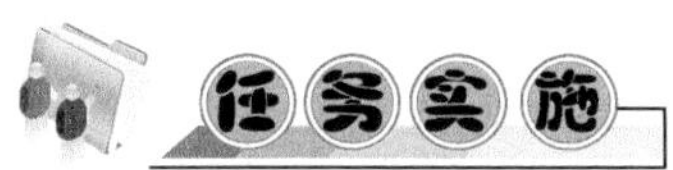

实施目标：使用 PKI 架构保护 Web 访问的安全 SSL。

实施环境：如图 1.32 所示。

实施工具：微软 Windows 2003 服务器集成的 IIS 组件和证书组件。

实施步骤：

第一步 在该环境中，首先要部署 192.168.201.100 为网络中的 DNS 和 Web 服务器，然后部署基于微软公司独立环境下的证书服务器、申请并管理证书中所描述的独立证书服务器，以便为环境中的 Web 服务器颁发证书。完成上述配置后，在 Web 客户端上可以看到访问 Web 服务器的效果如图 1.33 所示。由于 Web 页面没有被加密，所以在传输的过程中，可以使用协议分析器捕获图 1.34 所示的 Web 页面的内容，但如果这些内容是用户银行卡的密码，将可能出现严重的安全隐患。

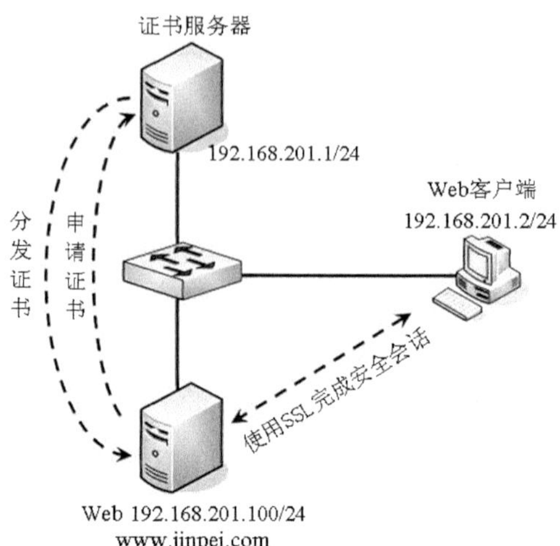

图 1.32 证书保护 http 的实施环境

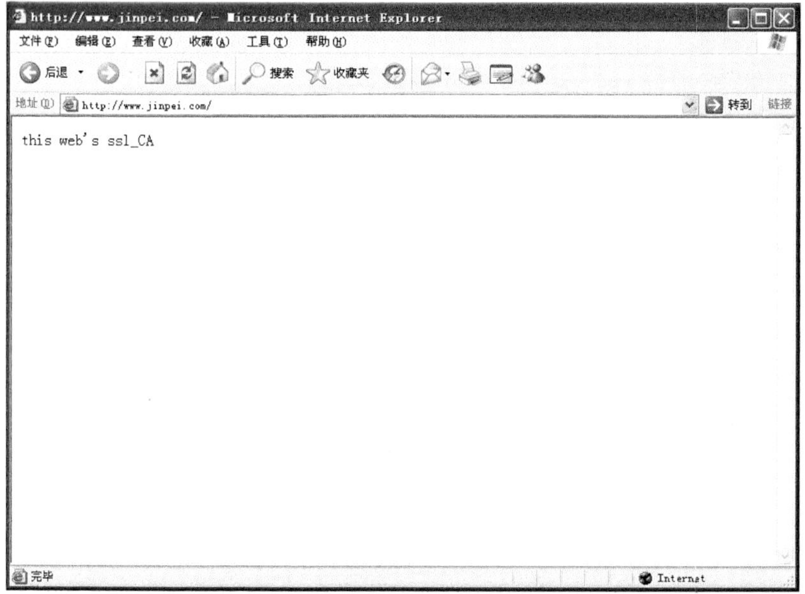

图 1.33 客户端访问 Web 服务器的效果

```
⊞ Frame 357: 369 bytes on wire (2952 bits), 369 bytes captured (2952 bits)
⊞ Ethernet II, Src: Vmware_d7:88:ce (00:0c:29:d7:88:ce), Dst: Vmware_7f:27:28 (00:0c:29:7f:27:28)
⊞ Internet Protocol Version 4, Src: 192.168.201.100 (192.168.201.100), Dst: 192.168.201.2 (192.168.201.2)
⊞ Transmission Control Protocol, Src Port: http (80), Dst Port: instl-bootc (1068), Seq: 1, Ack: 287, Len: 315
⊞ Hypertext Transfer Protocol
⊟ Line-based text data: text/html
    this web's ssl_CA

0070  6d 6c 0d 0a 43 6f 6e 74  65 6e 74 2d 4c 6f 63 61   ml..Cont ent-Loca
0080  74 69 6f 6e 3a 20 68 74  74 70 3a 2f 2f 77 77 77   tion: ht tp://www
0090  2e 6a 69 6e 70 65 69 2e  63 6f 6d 2f 77 77 77 2e   .jinpei. com/www.
00a0  68 74 6d 6c 0d 0a 4c 61  73 74 2d 4d 6f 64 69 66   html..La st-Modif
00b0  69 65 64 3a 20 53 61 74  2c 20 32 33 20 4d 61 72   ied: Sat , 23 Mar
00c0  20 32 30 31 33 20 30 33  3a 33 31 3a 30 34 20 47    2013 03 :31:04 G
00d0  4d 54 0d 0a 41 63 63 65  70 74 2d 52 61 6e 67 65   MT..Acce pt-Range
00e0  73 3a 20 62 79 74 65 73  0d 0a 45 54 61 67 3a 20   s: bytes ..ETag:
00f0  22 39 36 38 39 37 61 64  39 37 36 32 37 63 65 31   "96897ad 97627ce1
0100  3a 32 31 32 22 0d 0a 53  65 72 76 65 72 3a 20 4d   :212"..S erver: M
0110  69 63 72 6f 73 6f 66 74  2d 49 49 53 2f 36 2e 30   icrosoft -IIS/6.0
0120  0d 0a 58 2d 50 6f 77 65  72 65 64 2d 42 79 3a 20   ..X-Powe red-By:
0130  41 53 50 2e 4e 45 54 0d  0a 44 61 74 65 3a 20 53   ASP.NET. .Date: S
0140  61 74 2c 20 32 33 20 4d  61 72 20 32 30 31 33 20   at, 23 M ar 2013
0150  30 33 3a 35 38 3a 32 34  20 47 4d 54 0d 0a 0d 0a   03:58:24  GMT....
0160  74 68 69 73 20 77 65 62  27 73 20 73 73 6c 5f 43   this web 's ssl_C
0170  41                                                 A
```

图 1.34 捕获客户端访问 Web 页面的内容

注意

以上描述为整个实验的前提环境，也是 Web 访问没有被保护时的效果，下面的步骤将使用 PKI 保护 Web 页面访问。

第二步 Web 服务器向证书服务器申请证书，注意此时的证书必须是一张计算机证书，而不是用户证书，因为每一个访问 Web 服务器的用户都要使用 Web 服务器的公钥。现在在 Web 服务器上制作证书申请的文件，首先打开 IIS 组件中 www.jinpei.com 这个站点的“目录安全性”选项卡，如图 1.35 所示，单击“服务器证书”按钮，弹出如图 1.36 的“Web 服务器证书向导”界面，单击“下一步”按钮，在图 1.37 的对话选择新建证书，然后单击“下一步”按钮，出现图 1.38 所示的提示，选择“现在准备证书请求，但稍后发送”单选按钮，事实上这是形成一个证书请求的申请文件，为证书申请做准备，然后单击“下一步”按钮。

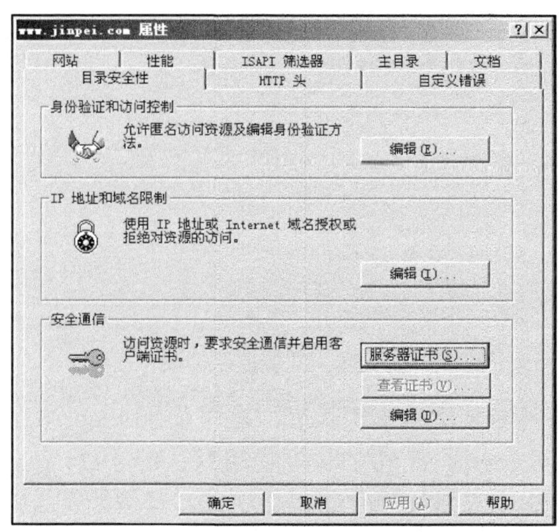

图 1.35　“目录安全性”选项卡

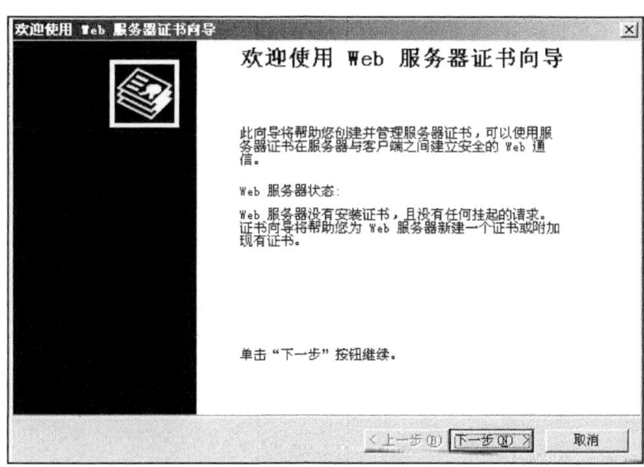

图 1.36　使用 Web 服务器证书向导

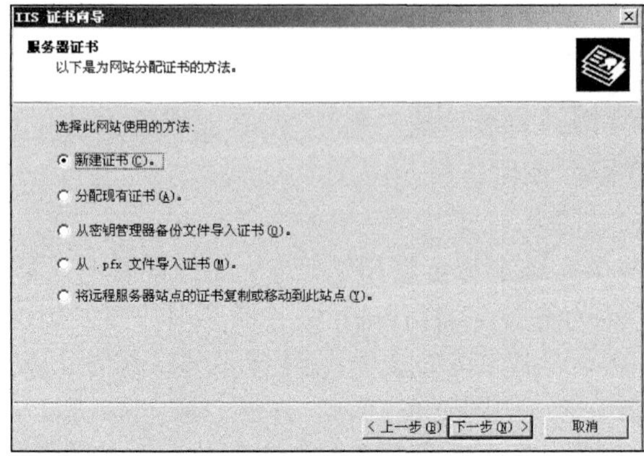

图 1.37　新建证书

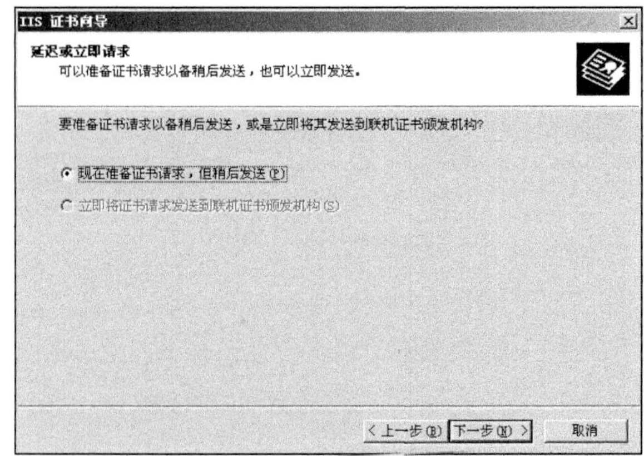

图 1.38　准备证书请求

然后要求输入新证书的名称和密钥长度，这里使用 Web 站点的 FQDN 作为新证书的名称，即“www.jinpei.com”，密钥的长度使用默认的 1024 位。当然密钥的长度越长越安全，但是生成和更改该密钥时的时间也会更长，具体如图 1.39 所示，然后单击“下一步”按钮，出现如图 1.40 所示的对话框，要求输入单位名称和部门，可按照实际情况进行配置，然后单击“下一步”按钮。

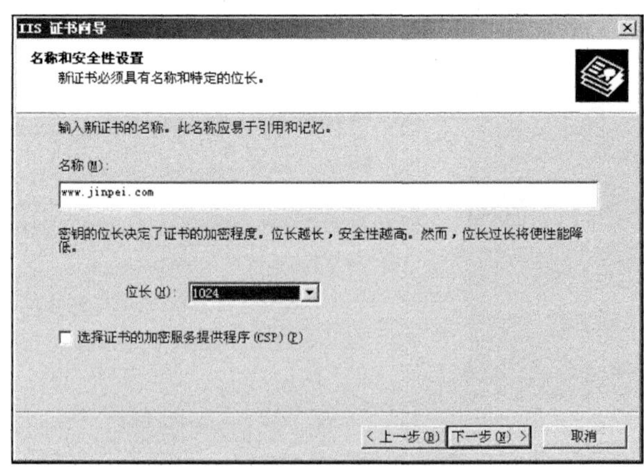

图 1.39　输入新证书的名称

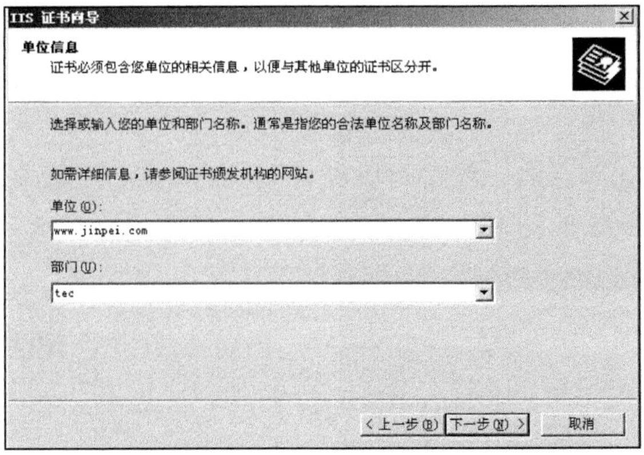

图 1.40　输入单位和部门的名称

出现图 1.41 所示的站点公用名称的配置对话框，在该对话框中输入站点的 DNS 名称，在该环境中即“www.jinpei.com”。如果没有此步，以后使用证书时，可能会出现证书与公用名称不匹配的报错消息。单击“下一步”按钮，出现如图 1.42 所示的对话框，要求输入证书颁发机构的地理信息，这里，按照证书颁发机构的实际情况进行配置。然

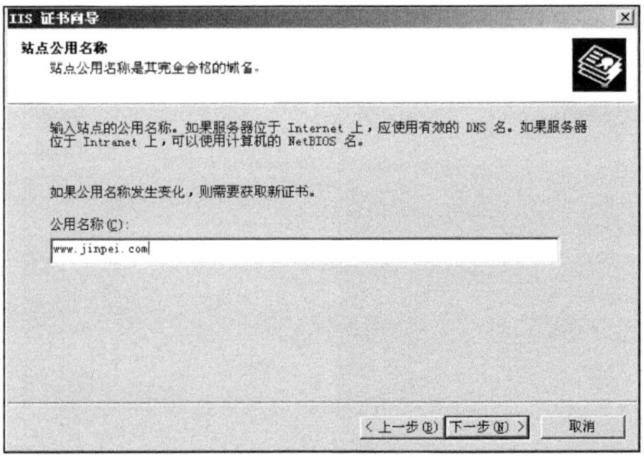

图 1.41　输入公用名称

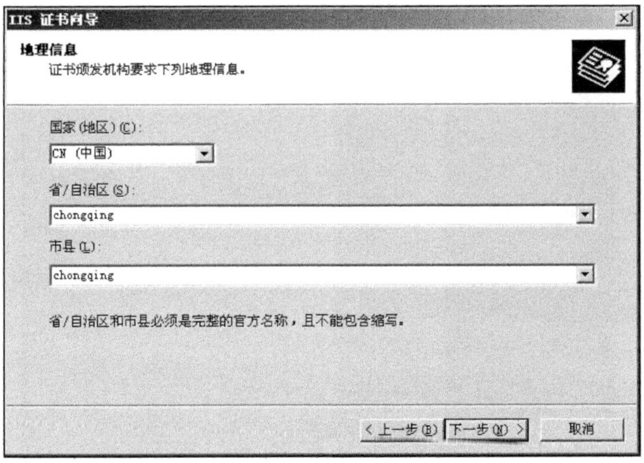

图 1.42　输入证书颁发机构的地址位置

后单击“下一步”按钮，出现请求文件保存位置的提示消息，如图 1.43 所示，可以使其保持默认位置，然后单击“下一步”按钮，出现图 1.44 所示的对话框，显示了先前配置申请文件过程中的所有摘要消息，如果查看无误单击“下一步”按钮。出现图 1.45 所示的提示证书申请文件制作完成。此时可以在 C 盘的根目录下看到一个名为 certreq.txt 的文件，该文件就是刚制作的证书申请文件，如图 1.46 所示。

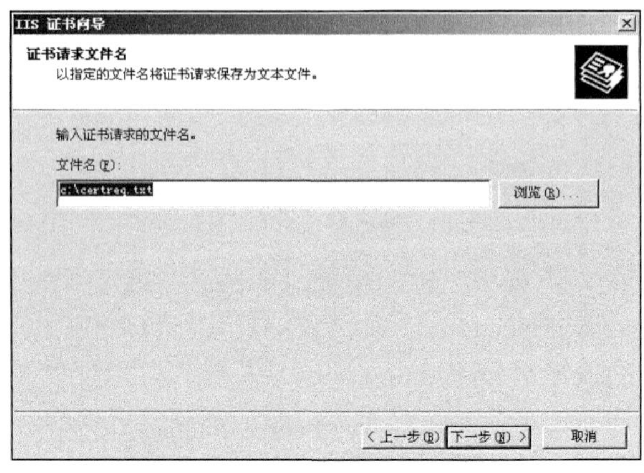

图 1.43　存储申请文件的名称

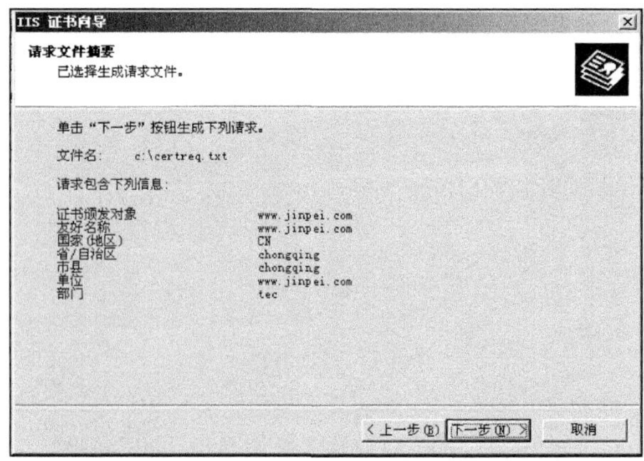

图 1.44　关于申请文件的所有摘要信息

图 1.45　完成申请文件的制作

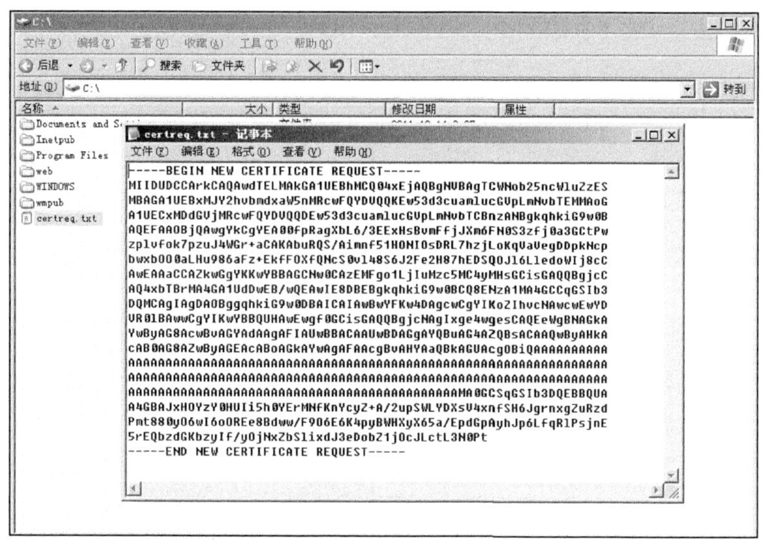

图 1.46　查看申请文件

注意

值得强调的是，上述配置的申请文件是申请一张用于 Web 服务器的机器证书！

第三步 配置正式提交证书申请。首先必须在 IE 浏览器中输入申请证书的 URL 名称：http://192.168.201.1/certsrv，当出现证书申请页面时，选择申请证书，出现图 1.47 所示的页面后，选择“高级证书申请”，则会出现图 1.48 所示的页面，选择“使用 base64 编码的 CMC 或 PKCS#10 文件提交一个证书申请……”。

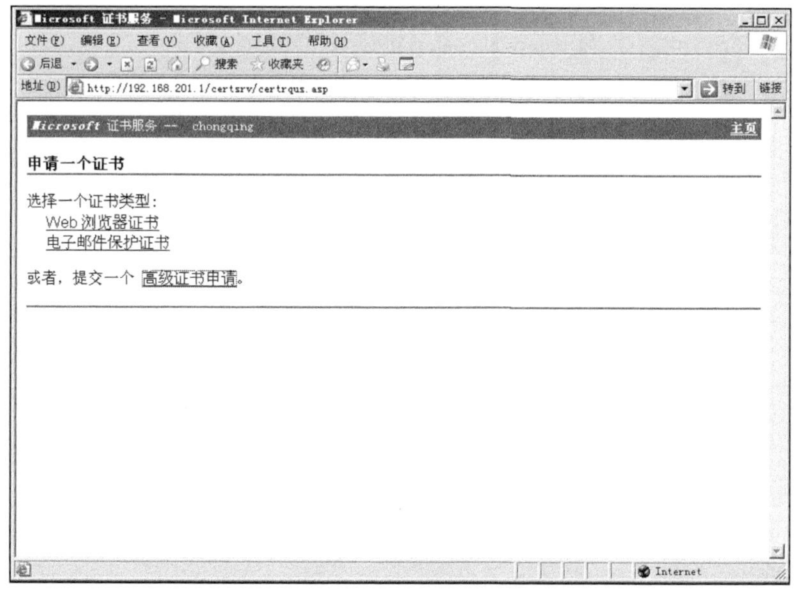

图 1.47　访问证书申请的 Web 页面

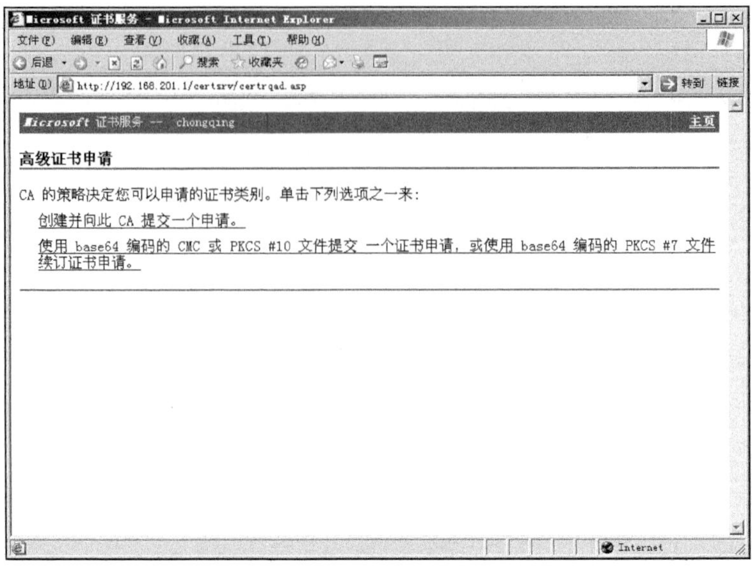

图 1.48 提交证书申请的格式

关于 base64 编码的 CMC 或 PKCS#10

它是一种证书申请的格式，即申请消息可以被保存在该格式中。在证书颁发机构不能联机处理证书申请时，该选项将非常有用，上面步骤中的 Web 服务器申请证书，就属于这种情况，需要将请求保存为 base64 编码的 CMC 或 PKCS#10 标准。

此时出现图 1.49 所示的申请提交页面，将图 1.46 所示的 C 盘的根目录下的 certreq.txt 文件的内容全部复制到保存申请的列表中，单击“提交”，出现图 1.50 所示的风险提示，单击“是”按钮，然后得到图 1.51 所示的提示：申请已经发送到颁发机构，然后等待 CA 管理员的审查与回置。到此已经完成了证书申请的提交。

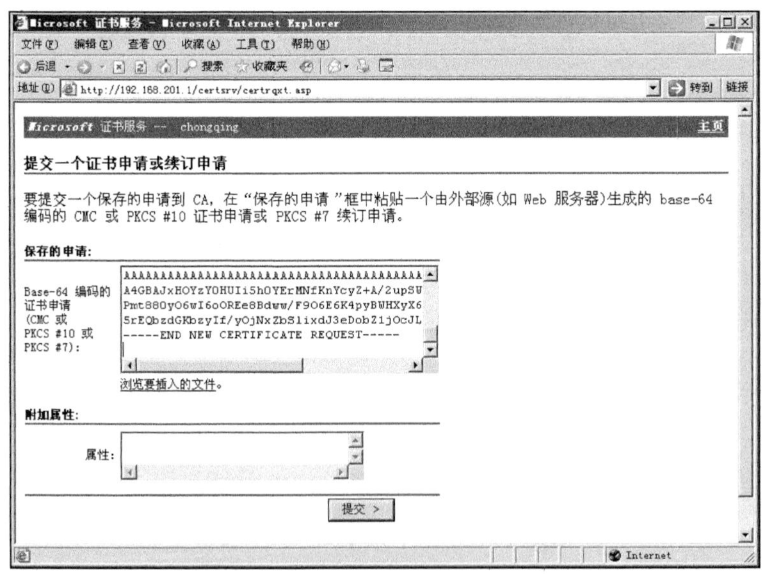

图 1.49 在 Web 申请中插入申请文件

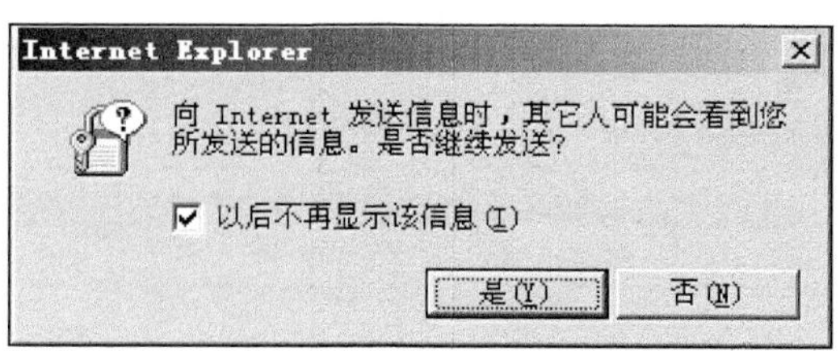

图 1.50　风险提示

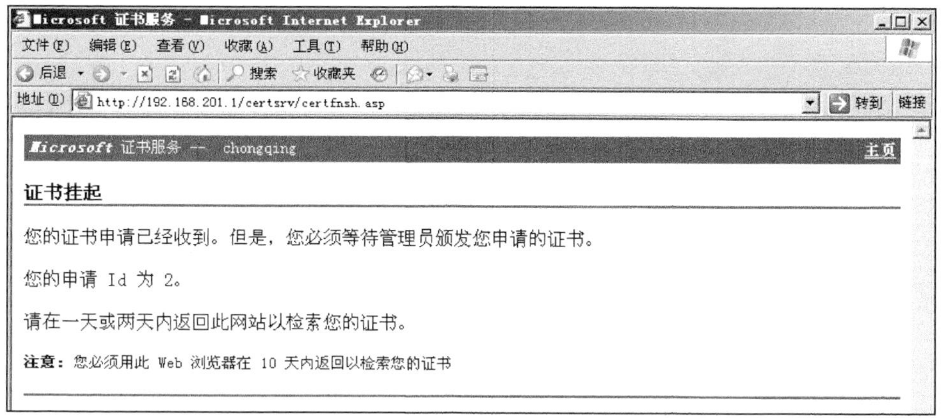

图 1.51　等待 CA 管理员回置

第四步 此时将配置主机转到 CA 服务器上，打开 CA 服务器上证书控制台，如图 1.52 所示，可以看到有一张挂起的证书，也就是刚才 Web 服务器的证书申请，在审查无误后，确定是 Web 服务器发出的证书请求，然后选择这张挂起的证书并颁发。

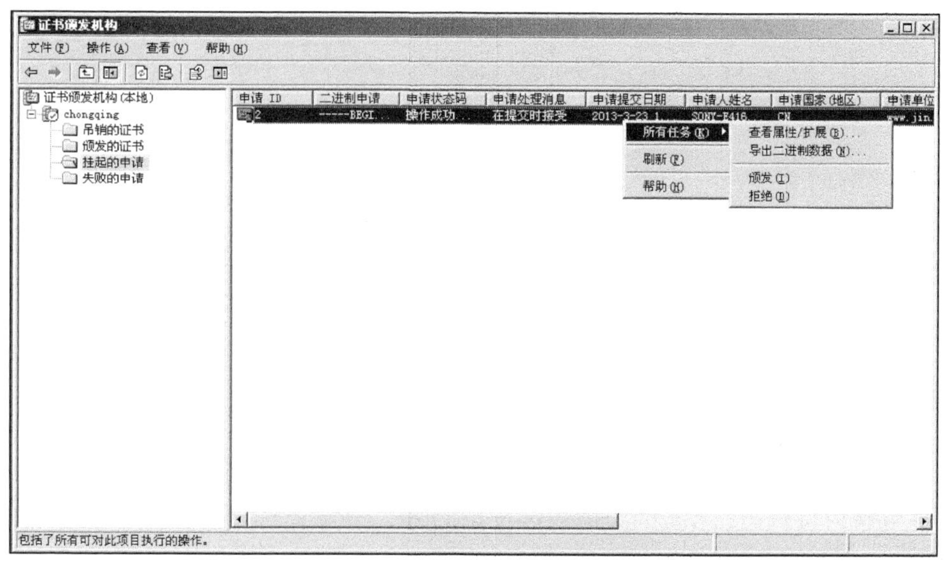

图 1.52　CA 服务器上挂起的请求

第五步 当 CA 管理员为 Web 服务器颁发证书后，再次转到 Web 服务器上，打开证书申请页面，然后查看挂起的证书，如图 1.53 所示，可以看到 CA 管理员刚颁发的那个证书，选择它后出现图 1.54 所示的页面，选择以“DER 编码”格式下载证书。

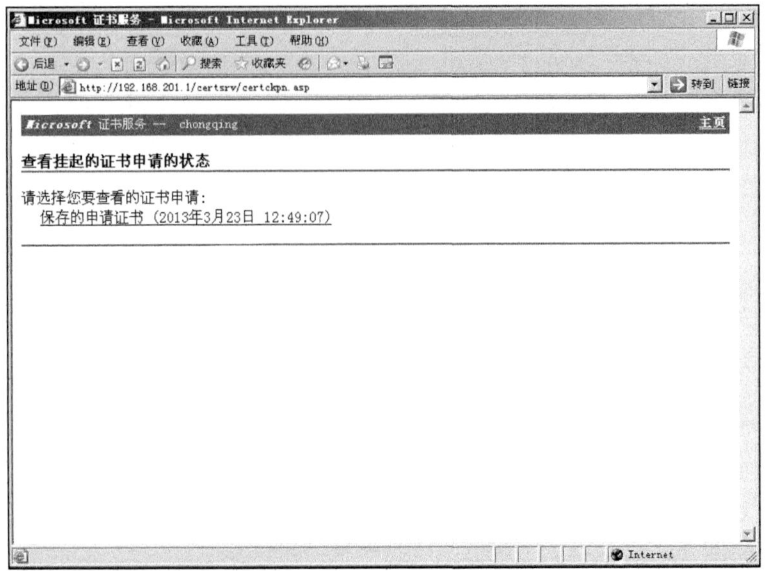

图 1.53 查看挂起的证书

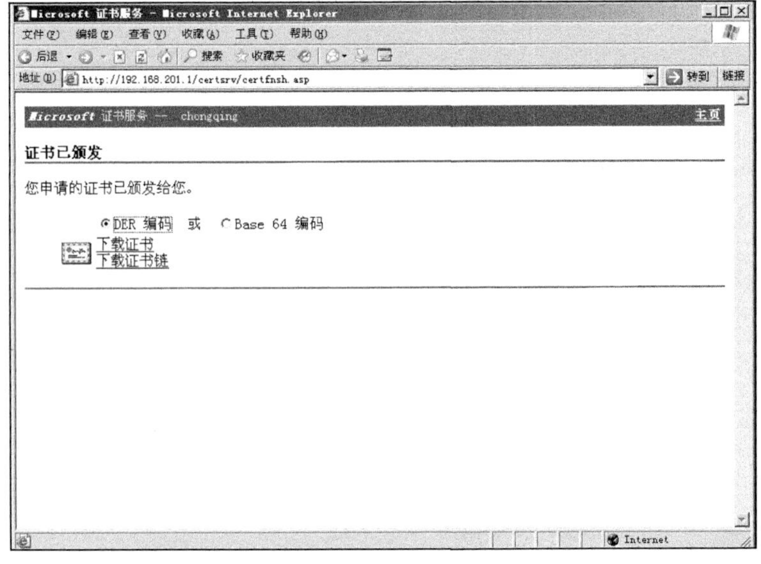

图 1.54 下载证书

（1）关于 DER 编码格式

它被 ITU-T Recommendation X.509 定义，其目标是提供独立于平台的编码对象（证书和消息）的方法，以便在设备与应用程序之间传输，它是一种限制非常严格的编码标准。在证书编码过程中，多数的应用程序使用 DER，因为证书的请求信息必须使用 DER 编码对其进行签名。即便没有使用微软的证书平台，其他的证书平台也可能使用该格式，因为该格式支持兼容性与互操作性。

（2）关于 base64 编码格式

这种编码格式一般用于安全的多用途 Internet 邮件扩展（S/MIME）。主要将这种编码格式的证书应用于电子邮件，它的目标是将文件编码为纯 ASCII 码格式，这样可以降低文件通过 Interenet（不可靠的网络）传输时被损坏的概率，只要符合 MIME 标准的客户端都可以对 Base64 文件进行解码，很多微软以外的操作系统也支持它的应用。

完成上述下载后，会出现图 1.55 所示的下载进程，当完成下载后可以打开证书，如图 1.56 所示。此时会发现一个问题，在用户 Web 服务器上的这张证书没有受到信任，这是因为证书颁发机构的根证书（事实上也就是 CA 的证书链）没有被用户下载，所以此时用户的 Web 服务器无法确定，当前的证书是否是一个受信任的证书颁发机构颁发。

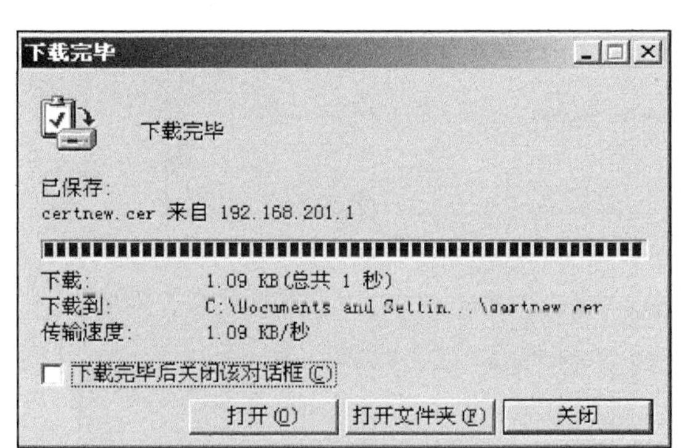

图 1.55 下载证书进度条

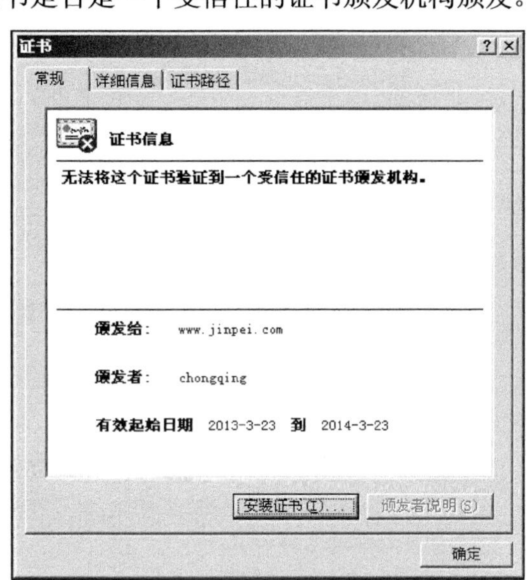

图 1.56 查看证书发现它不被信任

此时，应该在 Web 服务器上访问证书申请页面，如图 1.57 所示，选择“下载一个 CA 证书，证书链或 CRL”，出现图 1.58 所示的页面选择“安装此 CA 证书链”，会出现图 1.59 和图 1.60 所示的提示，分别选择是，完成 CA 证书及证书链的安装。

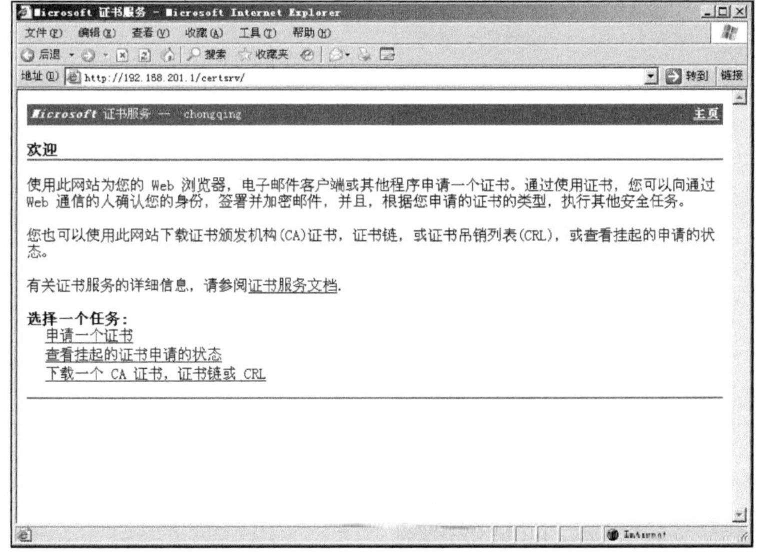

图 1.57 下载一个 CA 证书、证书链或 CRL

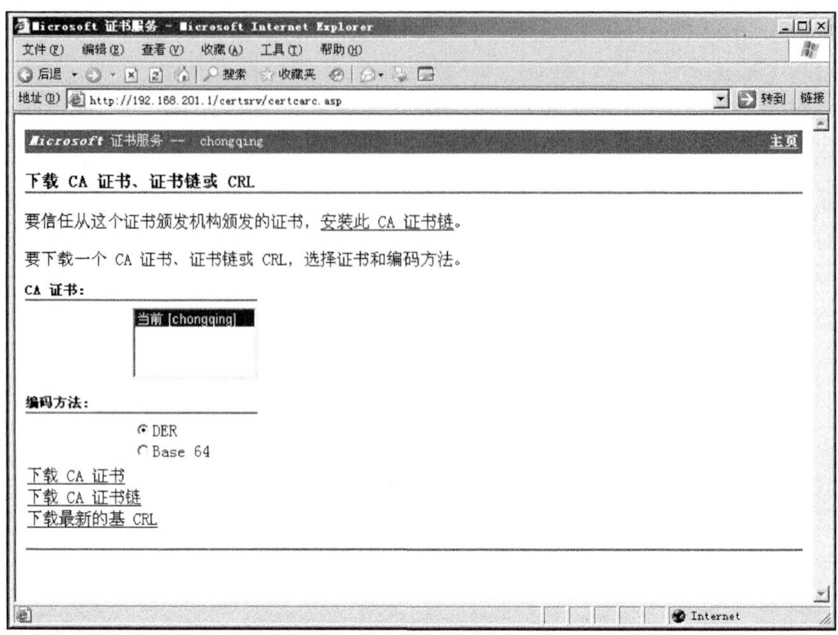

图 1.58 选择安装此证书链

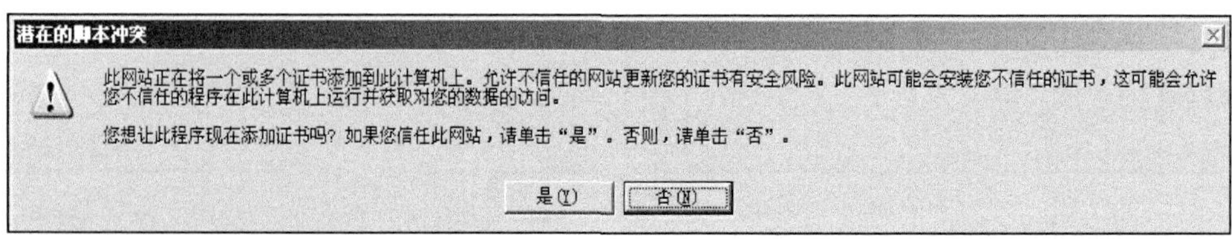

图 1.59 风险提示

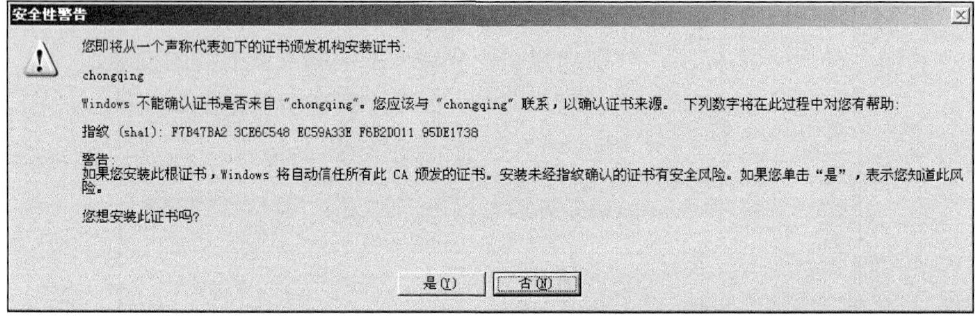

图 1.60 安装证书颁发机构的证书

此时，再次查看证书，可以发现证书已经受信，如图 1.61 所示。然后回到 Web 服务器相应站点（www.jinpei.com）的“安全目录”选项卡，开始使用 Web 服务器证书向导，如图 1.62 所示，单击“下一步”按钮，出现如图 1.63 的对话框选择处理挂起的请求和安装证书，再单击“下一步”按钮。现在需要为 Web 服务器装载刚申请并下载的证书，导航到下载证书的位置，如图 1.64 所示，确定证书的位置后单击“下一步”按钮。

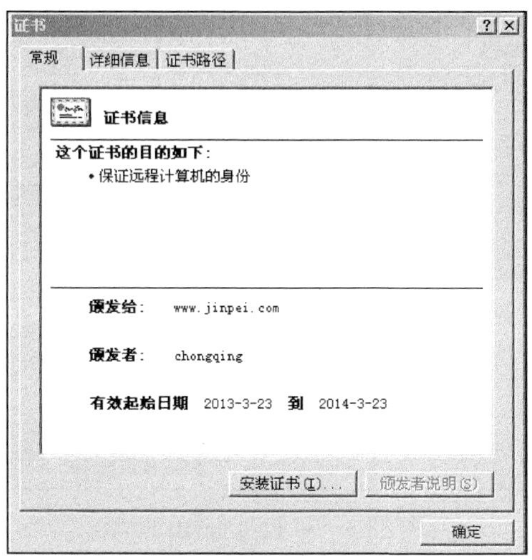

图 1.61 证书受信

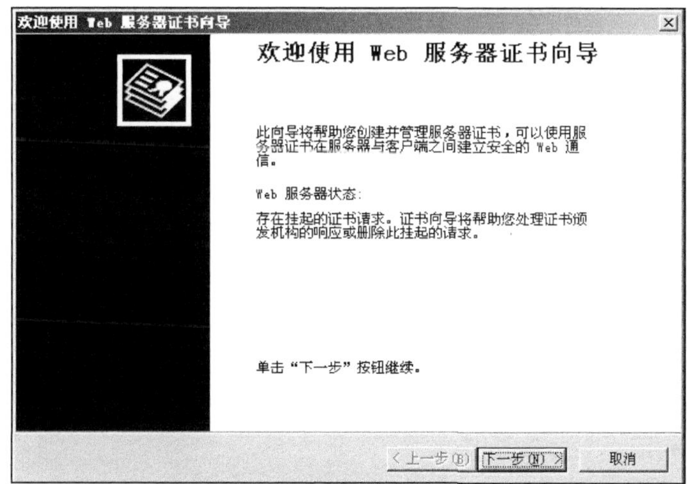

图 1.62 安装证书向导

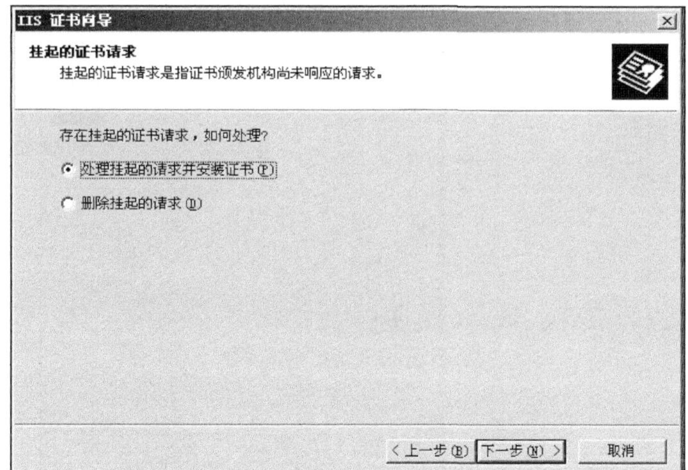

图 1.63 处理挂起的请求和安装证书

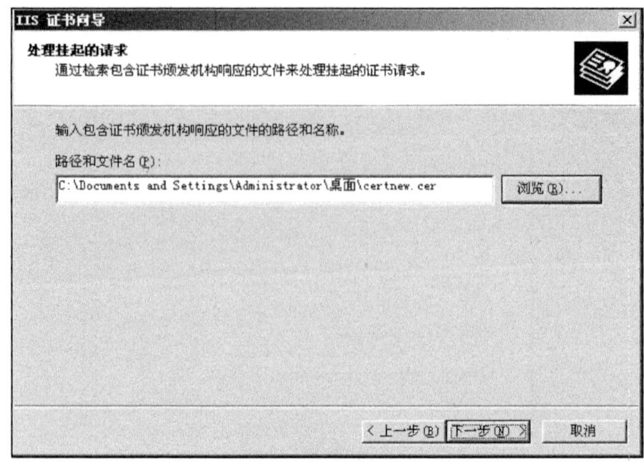

图 1.64　导航到证书的位置

出现图 1.65 所示的对话框，提示此时可以使用 SSL 保护 Web 页面的安全，并要求指定 SSL 的端口号，此处保持默认的 443。然后单击“下一步”按钮，出现图 1.66 所示的对话框，

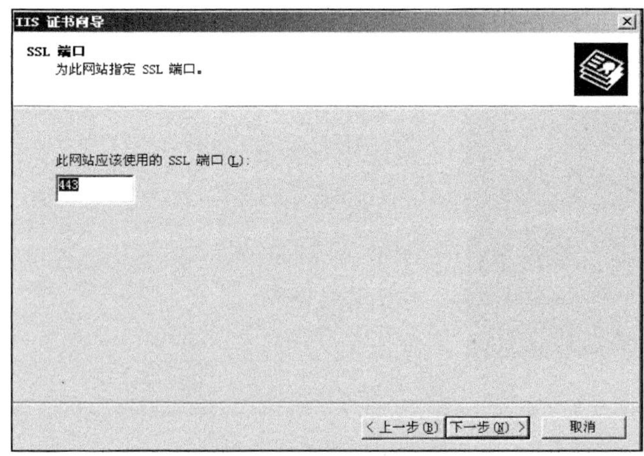

图 1.65　指定 SSL 端口

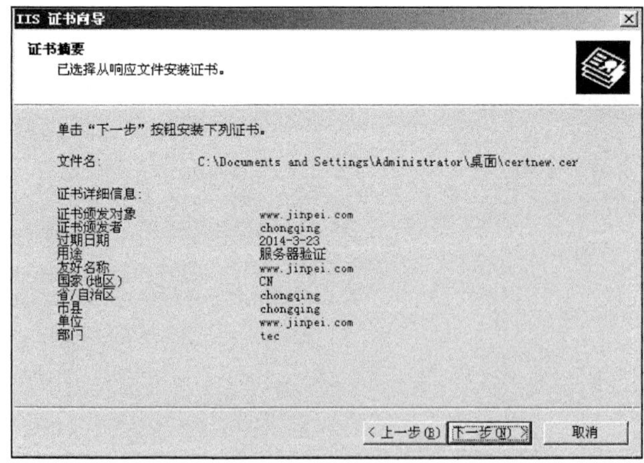

图 1.66　确认处理后的所有摘要信息

提示安装证书前应先确认前面所配置的所有摘要消息，若无误，单击“下一步”按钮，完成 Web 服务器上证书的安装，如图 1.67 所示。

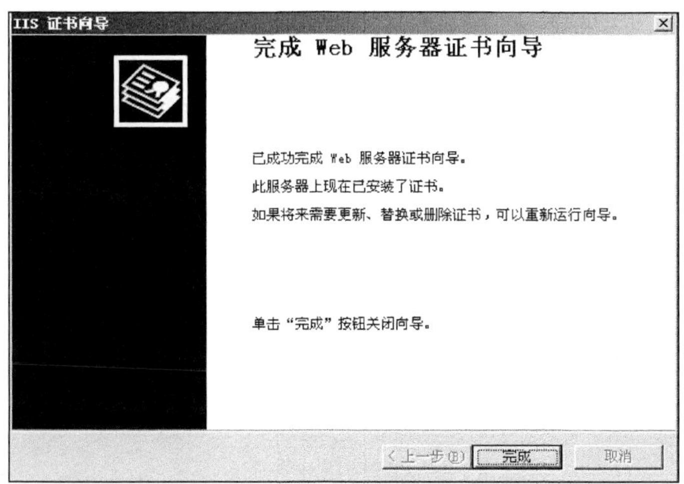

图 1.67　完成向导

现在可以配置 Web 站点 www.jinpei.com 的目录安全选项卡，选择编辑，出现图 1.68 所示的对话框，选择“要求安全通道（SSL）”、“要求 128 位加密”，然后选择“忽略客户端证书”或者“接受客户端证书”，关于证书与客户端各个选项的意义如下所述。

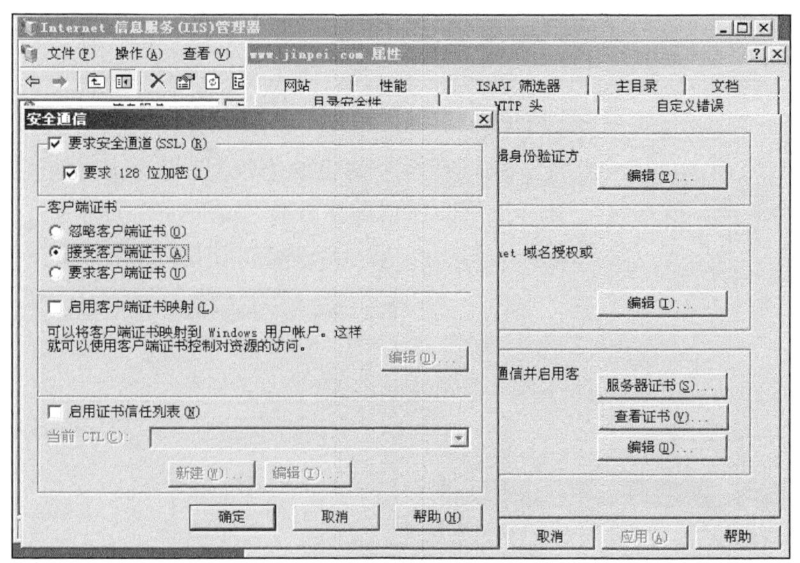

图 1.68　配置使用证书

1）忽略客户端证书：指示不要求客户端使用证书，此时客户端只使用 Web 服务器的公钥来加密数据，但是客户端不需将自己的公钥给 Web 服务器。

2）接受客户端证书：如果客户端提供证书，Web 服务器可以接受客户端的证书，并使用客户端的公钥，但是不强调客户必须使用证书，如果有证书服务器可以接受。在很多情况下这是最常见的一种用法。

3）要求客户端证书：该选项指示客户必须使用证书，换言之，Web 服务器必须使用客户端的公钥来完成相关的安全任务。如果选择该选项，若客户端不提供证书，服务器将拒绝与之会话。

第六步 在客户端上通过 SSL 来安全访问 www.jinpei.com，此时在 IE 浏览器地址栏中应该输入“https://www.jinpei.com”而不是“http://www/jinpei.com”。输入后会弹出安全页面连接的消息，如图 1.69 所示，单击“确定”按钮。

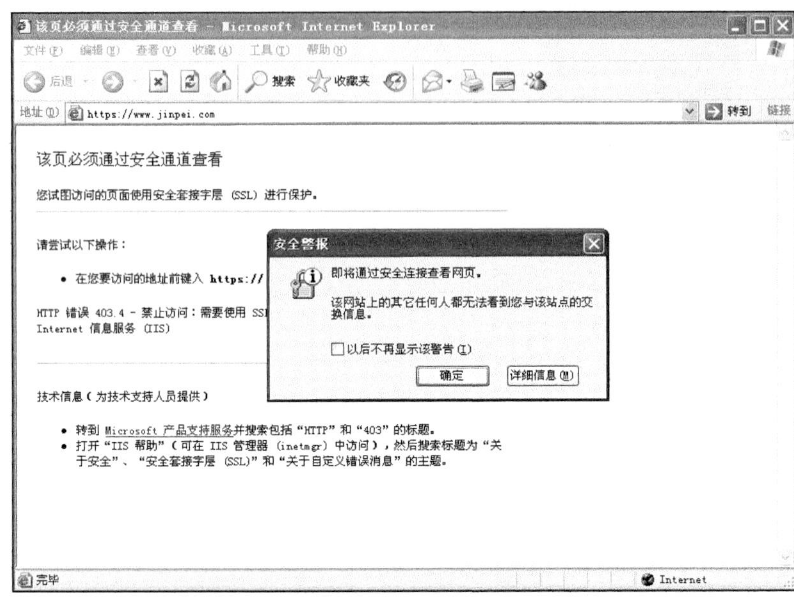

图 1.69 使用 SSL 访问 Web

出现图 1.70 所示的安全提示，注意有一个黄色的小叹号，指示该书是由用户没有选定信任的公司颁发，换言之，用户并不信任目前正在使用的这张证书，当用户单击提示中的的“查看证书”时，会看到图 1.71 所示的证书状态，指示该证书不受信任。

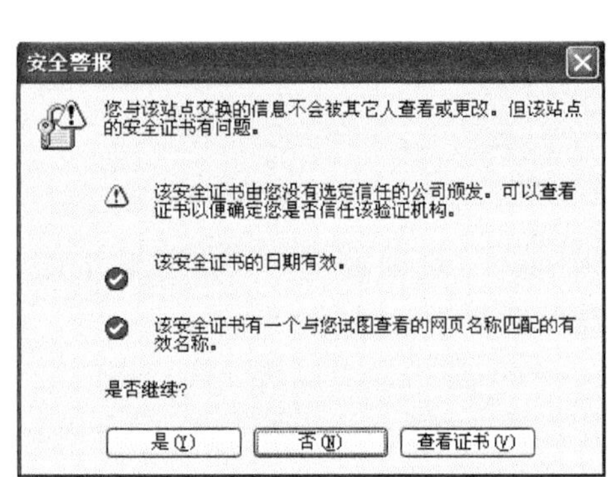

图 1.70 提示证书信任的问题

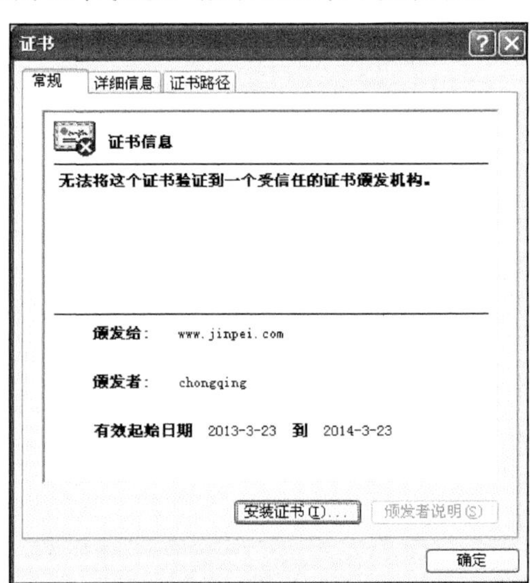

图 1.71 证书不受信任

事实上，出现这一现象的原因非常的简单，因为用户不信任为 Web 服务器颁发证书的 CA，必然也就不信任该 CA 发放的证书，即第三方信任机构没有形成。要解决这个问题也很简单，用户只需要下载证书服务器 CA 的证书链即可，如图 1.72 所示，选择“下载一个 CA 证书，证书链或 CRL”。

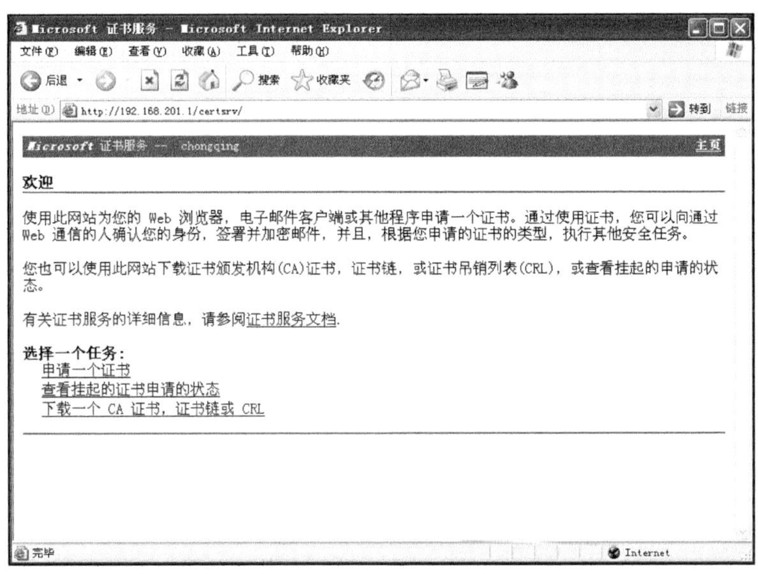

图 1.72　下载证书服务器 CA 的证书链

当完成 CA 证书链的下载后，再次在 IE 浏览器地址栏中输入“https://www.jinpei.com”。除了提示安全连接外，不会再提示任何错误，可看到图 1.73 所示的情况，在浏览器的右下角出现一把小锁的图标，这表示该页面被加密，已使用 Web 服务器的公钥加密。此时，若有第三方的截取者再次捕获访问 Web 的数据帧，将得到如图 1.74 所示的被加密的数据帧，不能再获得页面的内容。

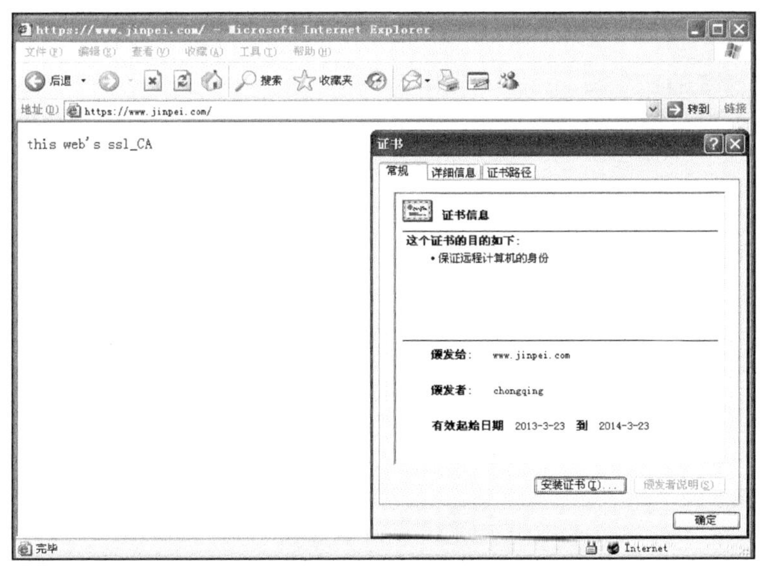

图 1.73　证书受信

21	21.457000	192.168.201.100	192.168.201.2	SSLv3	1269	Server Hello, Certificate, Server Hello Done
22	21.457000	192.168.201.2	192.168.201.100	SSLv3	258	Client Key Exchange, Change Cipher Spec, Encrypted Handshake Message
23	21.459000	192.168.201.100	192.168.201.2	SSLv3	121	Change Cipher Spec, Encrypted Handshake Message
24	21.534000	192.168.201.2	192.168.201.100	SSLv3	361	Application Data
25	21.534000	192.168.201.100	192.168.201.2	SSLv3	79	Encrypted Handshake Message
26	21.534000	192.168.201.2	192.168.201.100	SSLv3	140	Encrypted Handshake Message
27	21.537000	192.168.201.100	192.168.201.2	TCP	1514	[TCP segment of a reassembled PDU]
28	21.537000	192.168.201.100	192.168.201.2	TCP	1514	[TCP segment of a reassembled PDU]
29	21.537000	192.168.201.100	192.168.201.2	SSLv3	1454	Encrypted Handshake Message

图 1.74　被 SSL 加密的数据帧

二、利用安全基准分析器分析服务器安全漏洞

对于操作系统的安全而言，单纯地依赖杀毒软件是不够的。对操作系统来说，最大的安全隐患是来自系统本身的漏洞，这一点是任何操作系统在开发的过程中都不能避免的。这是因为操作系统的开发周期相当长，开发规模相当庞大，而且是由许多不同的软件开发团队共同完成的，所以在执行这个具体的技术工作时，只要出现一点疏忽（例如各个不同软件模块的接口，在某一段语言程序代码的书写过程中，对变量类型或者长度的定义不够严密和规范），都可能对操作系统造成极大的安全隐患。但是这种安全隐患往往只是一些开发行为的疏忽或软件模块的兼容性问题，对于一个庞大的操作系统而言始终是一些小问题，不可能因为这些小问题的存在而放弃整个操作系统。如果发现了漏洞，最好的办法是针对这个漏洞制作一个加固与弥补漏洞的程序，这样的小程序叫做操作系统的“服务包”软件，通常大家也叫它“补丁”程序。

如果一个操作系统没有及时从官方网站上下载补丁程序，这个操作系统的漏洞就很有可能被黑客利用来完成非法的操作（入侵、病毒感染或攻击）。为了确定一款操作系统存在的漏洞、已经做的补丁程序的更新和还有哪些补丁程序没有更新等，就需要对操作系统本身做一个完善的安全评估，得出评估报告后，才能对操作系统进行安全加固。

除了操作系统的安全漏洞外，对操作系统构成威胁的还有用户的误操作或不安全配置，如没有设置用户密码或者设置结果没有达到安全规则的标准（复杂程度不达标、用户权限设置不当、操作系统组件的漏洞），都可能造成严重的安全威胁。以上问题，对于网络安全加固者评估操作系统是否达到安全基线标准，显得尤为重要。

解决方法就是对操作系统进行安全评估。操作系统的安全评估，需要制订相应的评估目标、评估工具及针对安全评估后的结果分析与安全加固。安全评估的过程需要有这样的概念：“我想在操作系统上做什么？做到什么程度？而事实只做了什么？没做的怎么办？”针对这样的一个过程，可以选择微软公司的基准安全分析器（MBSA）。

微软基准安全分析器（Microsoft Baseline Security Analyzer，MBSA）V2.2 能使用简便的方法迅速识别出计算机的安全状况，并以图形或命令行运行，扫描本地或远程系统，找出已知的 Windows 及其他微软产品的漏洞（包括操作系统补丁、配置行为和安全基准要求等），并提供完整的解决方案。另外，它是微软公司免费为用户提供的一款“执行微软操作系统的安全评估与加固”工具。

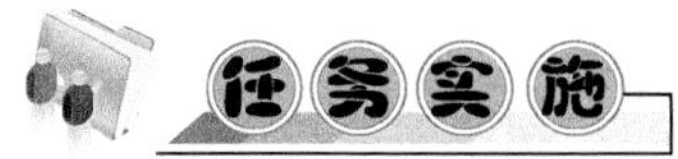

实施目标：使用微软基准安全分析器（MBSA）完成对操作系统的安全评估。

实施环境：此处以一台计算机的安全扫描为例，讲述 MBSA 的使用方法。被扫描系统为 Windows XP Service Pack 3。

实施工具：微软基准安全分析器（MBSA）。

实施步骤：

第一步 在微软的官方网站下载该软件并安装，安装完成后的 MBSA 操作界面如图 1.75 所示。

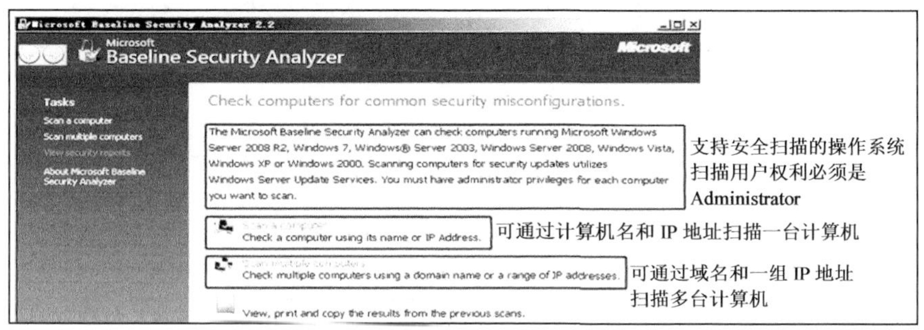

图 1.75 MBSA 操作界面

第二步 使用 MBSA 执行针对操作系统的安全评估。首先要确定执行安全评估的计算机名称或者 IP 地址，如图 1.76 所示。

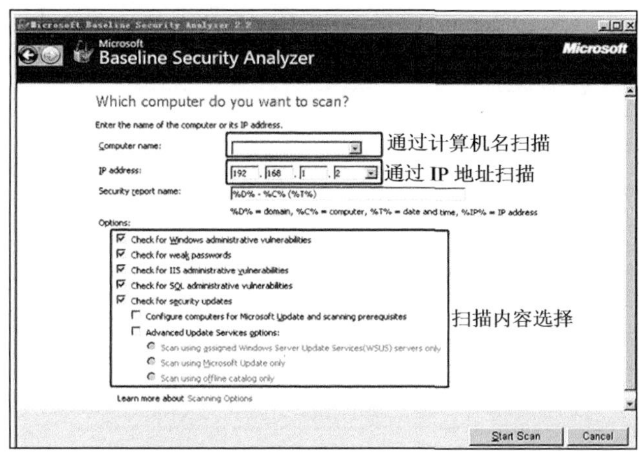

图 1.76 确定执行安全评估的计算机名称或者 IP 地址

> **注意**
>
> 如果选择了使用 IP 地址扫描就不能通过计算机名称进行扫描。

在扫描之前需要选择扫描的内容，MBSA 可以完成的内容包括：对 Windows 自身的脆弱点进行检查、对脆弱的秘密进行检查、对系统集成的 IIS 进行检查、对 SQL Server

进行检查及对安全更新补丁进行检查。完成扫描内容选择后，单击“Start Scan”按钮。

第三步 开始扫描系统，如图 1.77 所示。MBSA 在开始扫描前，需要在微软官方网站下载相关的安全更新信息，这个“微软官方安全更新信息”是指微软官方针对该操作系统的安全基准指标做出的最新信息发布。当 MBSA 在本地计算机上执行扫描时，会把当前本地计算机的安全情况做出一个统计，并将该统计结果与微软官方安全更新信息对比，以查看当前情况是否达标。安全更新信息下载完后开始对系统进行安全扫描，扫描完成后会返回到首页，此时可以通过单击“View existing security scan reports”链接来查看扫描报告，如图 1.78 所示。

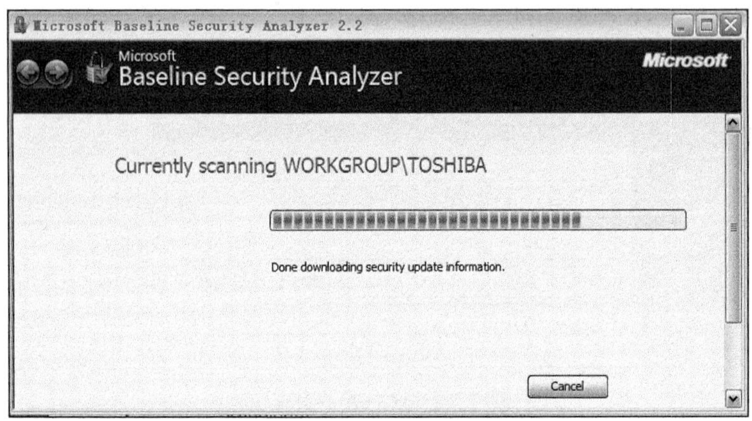

图 1.77 扫描系统

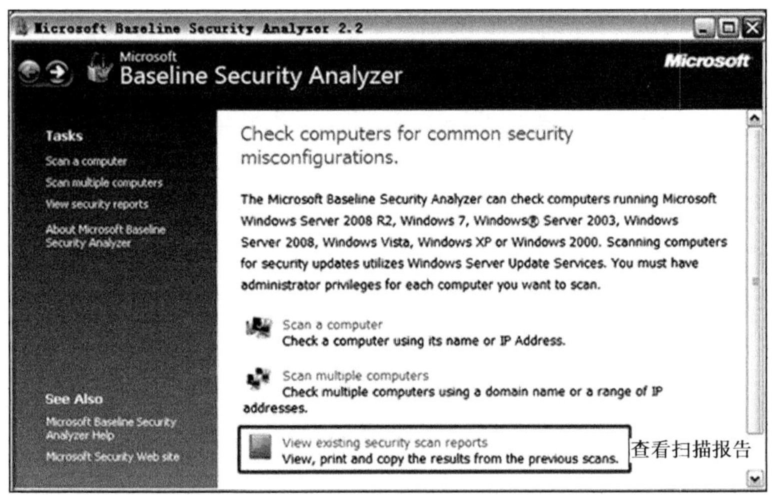

图 1.78 查看扫描报告

第四步 分析扫描结果。被扫描计算机的基本信息包括：计算机名、IP 地址、扫描安全报告名、扫描时间及 MBSA 的版本等相关报告信息，如图 1.79 所示。然后更新安全扫描结果，从图 1.80 所示的扫描结果可看出。Windows 操作系统、Office 软件和 SQL Server 数据库服务器的安全更新都存在问题。Score 用图标来表示事件的严重性；Issue 表示事件的类型；Result 则是对事件的一个简单的说明和报告（比如 Service packs or update rollups are missing）。另外，Result 中的 What was scanned 表示该扫描涉及的内容；

Result details 表示建议的处理方式；How to correct this 表示对 Score 图标的说明和介绍。

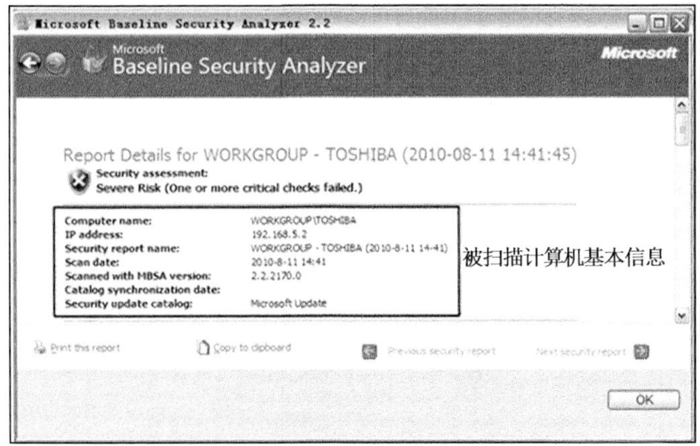

图 1.79　分析扫描结果

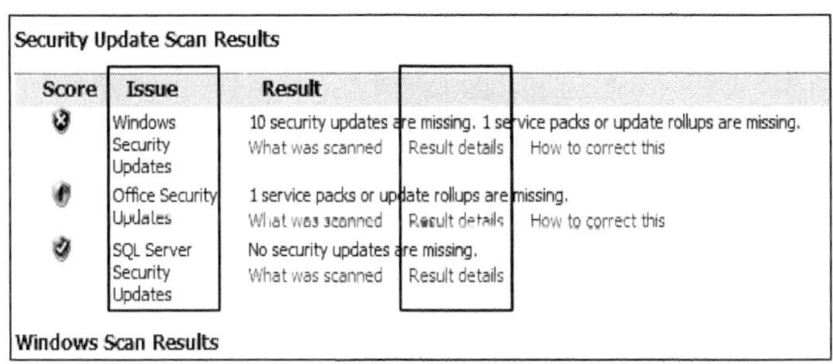

图 1.80　扫描结果

第五步 根据评估结果进行安全加固。单击“Result details”链接来查看建议处理方式，例如，Office Security Updates 的建议处理方式，如图 1.81 所示。首先，要对相关补丁程序执行更新。

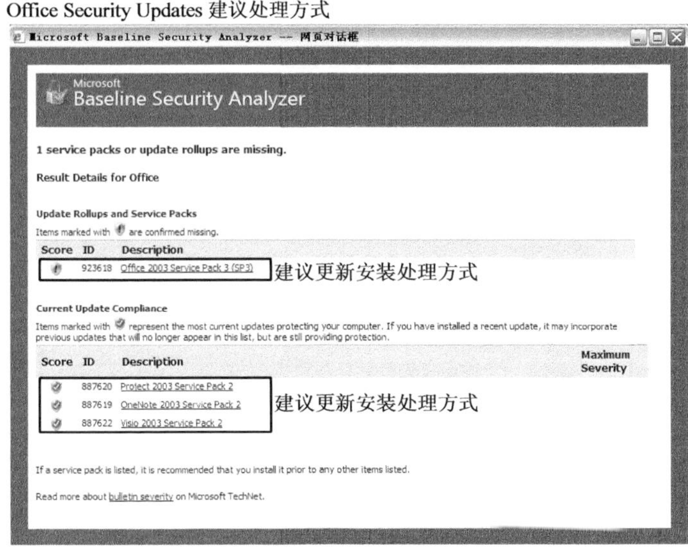

图 1.81　查看建议处理方式

第六步 对操作系统的相关管理特性漏洞进行分析，包括：系统更新是否完全、防火墙情况、用户密码脆弱性、自动更新、文件系统及系统管理员存在的个数等相关信息，如图 1.82 所示。

管理漏洞

Administrative Vulnerabilities

Score	Issue	Result
	Incomplete Updates	No incomplete software update installations were found. What was scanned
	Windows Firewall	Windows Firewall is disabled and has exceptions configured. What was scanned Result details How to correct this
	Local Account Password Test	No user accounts have simple passwords. What was scanned Result details
	Automatic Updates	Updates are automatically downloaded and installed on this computer. What was scanned
	File System	All hard drives (4) are using the NTFS file system. What was scanned Result details
	Guest Account	The Guest account is disabled on this computer. What was scanned
	Restrict Anonymous	Computer is properly restricting anonymous access. What was scanned
	Administrators	No more than 2 Administrators were found on this computer. What was scanned Result details
	Autologon	This check was skipped because the computer is not joined to a domain. What was scanned
	Password Expiration	This check was skipped because the computer is not joined to a domain. What was scanned

图 1.82 对操作系统的相关管理特性漏洞进行分析

第七步 在图 1.83 所示的内容中，将对操作系统的其他相关组件信息进行分析，如 IIS 信息、SQL 相关信息及桌面应用程序。

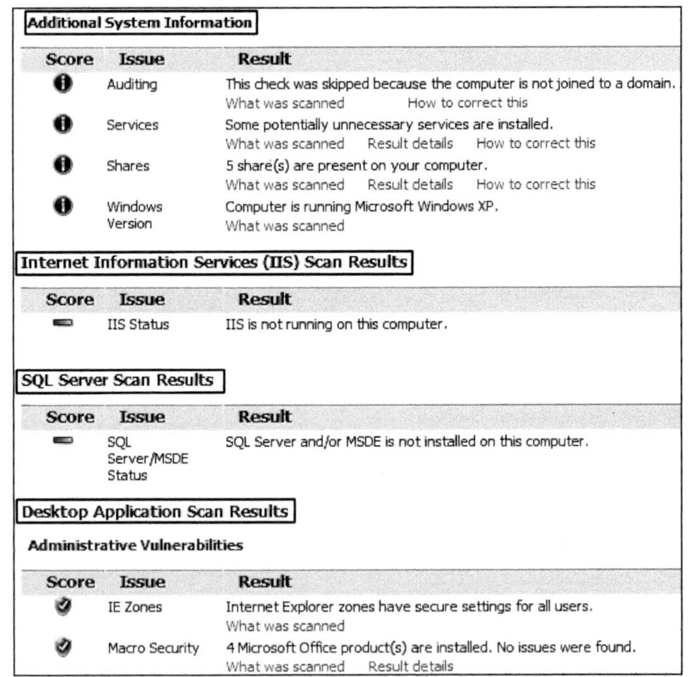

Additional System Information

Score	Issue	Result
	Auditing	This check was skipped because the computer is not joined to a domain. What was scanned How to correct this
	Services	Some potentially unnecessary services are installed. What was scanned Result details How to correct this
	Shares	5 share(s) are present on your computer. What was scanned Result details How to correct this
	Windows Version	Computer is running Microsoft Windows XP. What was scanned

Internet Information Services (IIS) Scan Results

Score	Issue	Result
	IIS Status	IIS is not running on this computer.

SQL Server Scan Results

Score	Issue	Result
	SQL Server/MSDE Status	SQL Server and/or MSDE is not installed on this computer.

Desktop Application Scan Results

Administrative Vulnerabilities

Score	Issue	Result
	IE Zones	Internet Explorer zones have secure settings for all users. What was scanned
	Macro Security	4 Microsoft Office product(s) are installed. No issues were found. What was scanned Result details

图 1.83 对操作系统的其他相关组件信息进行分析

根据评估结果需要及时地对操作系统及相关组件进行补丁升级，加固已发现的管理特性与相关组件的安全漏洞，最终让操作系统达到安全基准。

三、利用安全审核与日志功能

> **注意**
>
> 当计算机上的资源被试图访问或者已经遭到非法访问时，需要通过取证，找出是谁在试图或是已完成非法访问，访问的是什么资源，是什么时间进行的访问，访问时使用的用户名是什么等。此时需要用到 Windows 操作系统集成的审核功能。

在 Windows 2003 中，审核提供了一种记录事件发生的方法，在操作系统中的安全方面具有无可替代的作用，是一种保证安全的重要手段。操作系统把“事件”定义为在操作系统或应用系统程序中发生变化的所有情况，并通知管理员。利用系统日志文件，管理员可以快速找出问题的关键原因。审核允许记录特定事件的“成功”与“失败”，例如，审核记录谁在什么时间，对什么文件夹，做了什么样的操作。在 Windows 系统中，审核记录各种各样的事件，也可以根据不同的应用需求进行制订。审核后的日志记录保存在事件查看器中，并实时、动态地更新。通过事件查看器可以收集硬件、软件和系统等出现问题的原因；使用日志来解决系统故障；监视 Windows 系统安全。在 Windows 2003 中提供了几种审核，如图 1.84 所示。

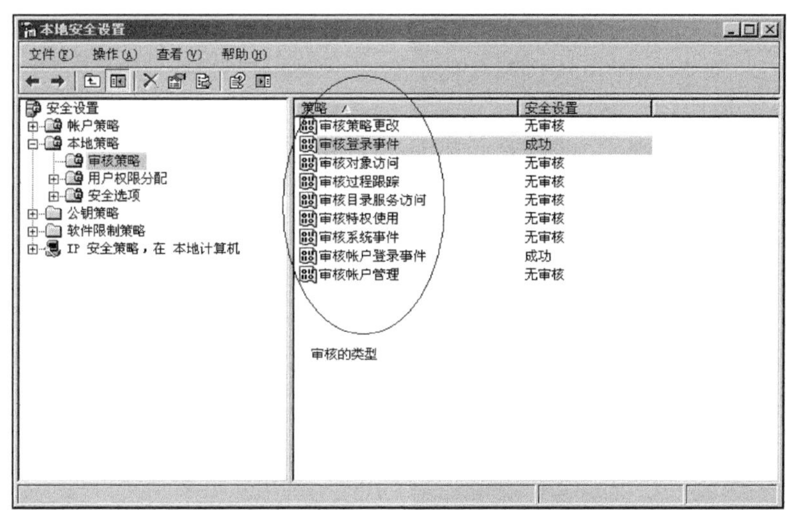

图 1.84 Windows 2003 提供的几种审核

1. 理解审核的过程

审核过程必须要由审核对象、审核资源、审核策略及安全事件查看器等组成。审核的对象指示系统管理员需要审核的人是谁，可以是某个用户，也可以是任何用户

（Everyone）；审核资源指示审核工作必须与资源结合，如果没有审核资源，审核就没有意义。审核的资源可以是文件或文件夹、登录 Windows 操作系统、使用服务或应用程序、VPN、IPSec 及打印机等；审核策略定制审核具体资源的事件是成功还是失败，这个范围很广泛，以后再来建立对审核策略的理解。安全事件查看器将审核结果记录并形成日志，方便系统管理员查看。形象地理解审核过程，如图 1.85 所示。

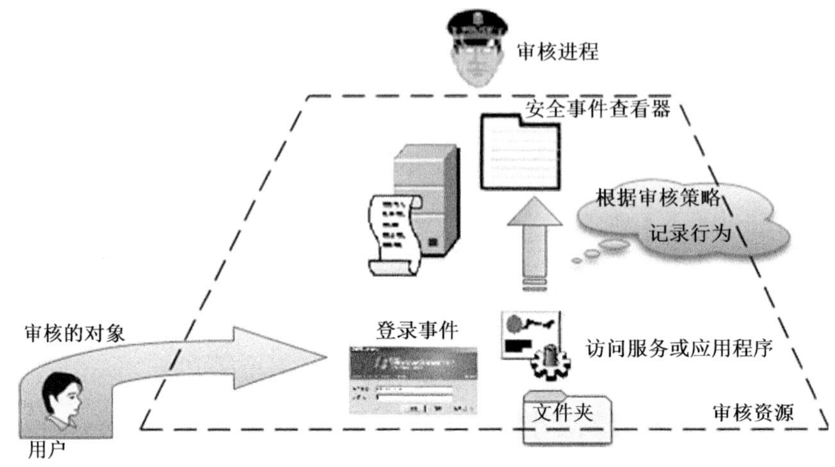

图 1.85　审核过程

2. 理解各种审核策略的意义

1）审核策略的变化。这里的策略指相关于安全策略，包括审核用户权限分配的策略和 IPSec 策略等，当这些策略发生变化时需要被审核，审核这些策略变化的方法就是审核策略变化，换言之，“审核策略变化”也是一种审核策略。如果定义该策略设置，可以指定是否审核成功、审核失败或根本不审核该事件类型。成功审核在成功更改用户权限分配策略、审核策略或信任策略时生成审核项；失败审核则在更改用户权限分配策略、审核策略或信任策略失败时生成审核项。该审核策略默认在域控制器上为“成功”，在非域控制器上为“无审核”。

2）审核登录事件。该安全设置确定是否审核每一个登录或注销计算机的用户实例。对于域用户活动，域控制器上将生成用户登录事件；对于本地用户活动，本地计算机上将生成用户登录事件。如果定义该策略设置，便可以指定审核成功、审核失败或者根本不审核该事件类型。成功审核在登录尝试成功时生成一个审核项；失败审核在登录尝试失败时生成一个审核项。该审核策略默认为“成功”。

3）审核对象访问。该安全设置确定是否审核用户访问某个对象的事件（如文件、文件夹、注册表项和打印机等），它们都有自己特定的系统访问控制列表（SACL）。如果定义该策略设置，便可以指定是否审核成功、审核失败或者根本不审核该事件类型。成功审核在用户成功访问指定的相应 SACL 的对象时生成审核项；失败审核在用户尝试访问指定的相应 SACL 的对象失败时生成审核项。该审核策略默认为“无审核”。

4）审核过程跟踪。该安全设置确定是否审核事件的详细跟踪信息，例如，程序激活、进程退出、句柄复制及间接对象访问等。如果定义该策略设置，便可以指定是否审核成功、审核失败或者根本不审核该事件类型。成功审核在被跟踪的进程成功时生成审核项；失败审核在被跟踪的进程失败时生成审核项。该审核策略默认为“无审核”。

5）审核目录服务访问。该安全设置确定是否审核用户访问那些指定自己的系统访问控制列表（SACL）的 Active Directory 对象的事件。如果定义该策略设置，便可以指定是否审核成功、审核失败或者根本不审核该事件类型。成功审核在用户成功访问指定了 SACL 的 Active Directory 对象时生成审核项；失败审核在用户尝试访问指定了 SACL 的 Active Directory 对象失败时生成审核项。通过使用 Active Directory 对象“属性”对话框中的“安全”选项卡，可以在该对象上设置一个 SACL。这与“审核”对象访问是相同的，但是它只适用于 Active Directory 对象，而非文件系统和注册表对象。该审核策略在域控制器上默认为“成功”，在非域控制器上为“无审核”。

6）审核特权使用。该安全设置确定是否审核用户执行权限的每个实例。如果定义该策略设置，便可以指定是否审核成功、审核失败或者根本不审核该类型的事件。成功审核在用户权限执行成功时生成审核项；失败审核在用户权限执行失败时生成审核项。该审核策略默认为“无审核”。

7）审核系统事件。该安全设置确定在用户重新启动、关闭计算机、发生影响系统安全或安全日志的事件时是否审核。如果定义该策略设置，便可以指定是否审核成功、审核失败或者根本不审核该事件类型。成功审核在系统事件执行成功时生成审核项；失败审核在系统事件尝试失败时生成审核项。该审核策略默认在域控制器上为“成功”，在非域控制器上为“无审核”。

8）审核账户登录事件。该安全设置确定是否审核用户登录或注销另一台计算机（用于验证账户）的每个实例。在域控制器上对域用户进行身份验证时会生成账户登录事件，该事件记录在域控制器的安全日志中；在本地计算机上对本地用户进行身份验证时会生成登录事件，该事件记录在本地安全日志中。如果定义该策略设置，便可以指定是否审核成功、审核失败或者根本不审核事件类型。成功审核在账户登录尝试成功时生成审核项；失败审核在账户登录尝试失败时生成审核项。如果在域控制器上启用账户登录事件的成功审核，则将为该域控制器验证的每位用户记录审核项，即使该用户事实上是登录到加入该域的工作站上。该审核策略默认为“成功”。

9）审核账户管理。该安全设置确定是否审核计算机上的每个账户管理事件。账户管理事件示例包括：创建、更改或删除用户、重命名、禁用或启用用户、设置或更改密码。如果定义该策略设置，便可以指定是否审核成功、审核失败或者根本不审核事件类型。成功审核在账户管理事件成功时生成审核项；失败审核在账户管理事件失败时生成审核项。该审核策略默认在域控制器上为“成功”，在非域控制器上为“无审核”。

只要是被审核行为记录的事件都会存入到“事件查看器”中的“安全性”日志中，事件查看器产生的日志包括如下字段。

1）日期：事件发生的日期。

2）时间：事件发生的本地时间。

3）类型：事件严重等级或类型的分类。安全审核事件的类型为“成功审核”或“失败审核”。

4）来源：记录事件的应用程序。可以是实际的程序（如 SQL Server），也可以是驱动程序名称或系统的组件。

5）事件 ID：此代码标识事件的具体类型。如果对一个特定事件的含义不是特别清楚，可以通过登录微软官方网站（www.microsoft.com）或专用查看事件站点（www.eventid.net）获取这个 ID 的更多信息。

6）用户：发生事件用户的用户名。如果事件是在未出现模拟的情况下由进程或主 ID 导致，此名称为客户端 ID。在安全事件中，如果适用，将同时显示主信息和模拟信息。

7）计算机：发生事件的计算机的主机名。

实施目标：完成用户访问文件夹的审核过程。

实施环境：如图 1.86 所示。

实施工具：Windows Server 集成的审核工具。

实施背景：以审核对象访问为实例。在办公环境下，有时需要知道计算机上的机密文件被哪些用户访问，或者试图访问。此时可以通过配置审核策略来完成审核过程。

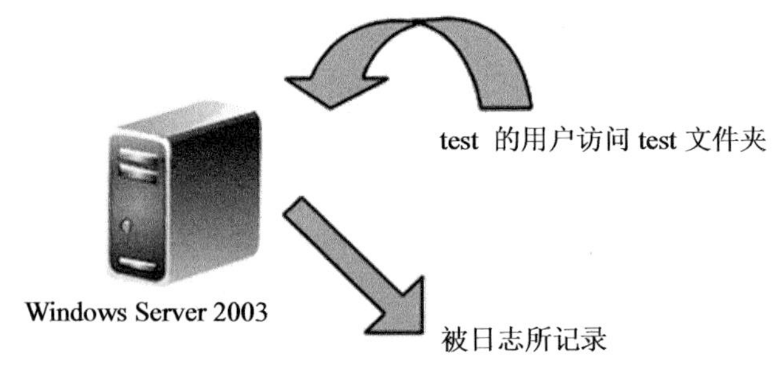

图 1.86　访问文件夹的审核过程环境

实施步骤：

第一步 选择“开始”→“程序”→“管理工具”→“本地安全策略”命令，展开“本地策略”选择“审核策略”选项，如图 1.87 所示。在使用活动目录的情况下，

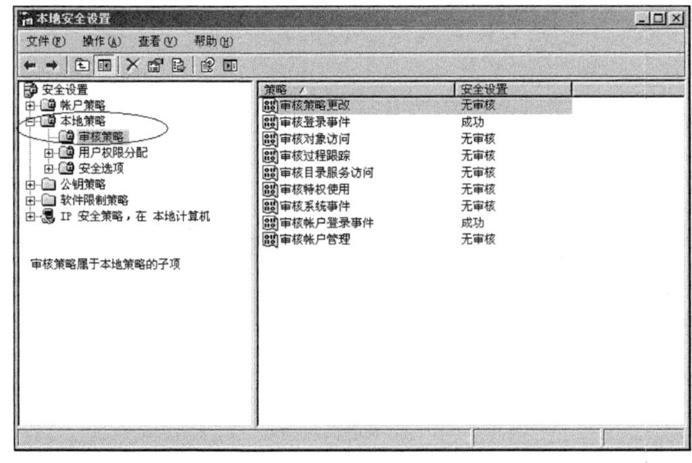

图 1.87　审核策略

需要配置“域安全审核策略”，此时它会覆盖本地安全策略。

第二步 右击“审核对象访问”选项，在弹出的快捷菜单中选择“属性”命令，弹出的对话框中有“成功”和“失败”两个复选框，如图 1.88 所示，选择“成功”和“失败”复选框，单击“应用”按钮，结果如图 1.89 所示。

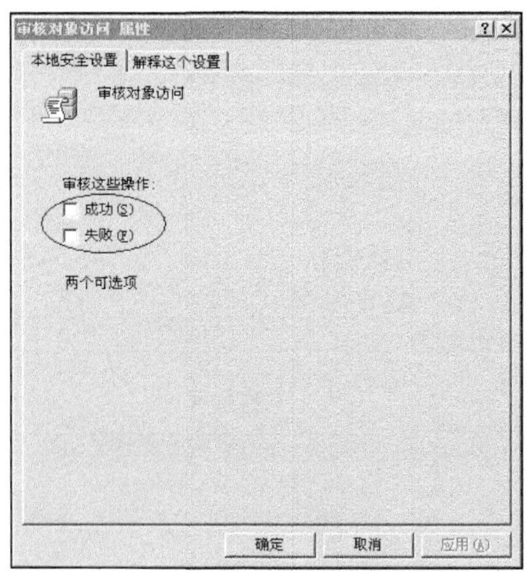

图 1.88　“成功”和“失败”复选框

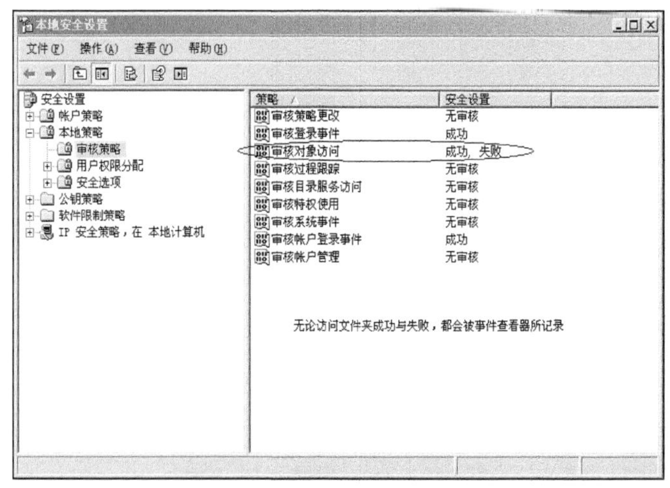

图 1.89　审核对象访问结果

第三步 选择“开始”→“程序”→“管理工具”→“计算机管理”命令，展开“本地用户和组”，选择“用户”选项，建立一个名为“test”的用户，如图 1.90 所示。建立一个名为“test”的文件夹并右击，在弹出的快捷菜单中选择“属性”命令，在弹出的对话框中选择“安全”选项卡，弹出一个“test 属性”的界面，如图 1.91 所示。在“安全”选项卡中单击“高级”按钮然后选择“审核”选项卡，如图 1.92 所示。依次单击“添加”→“高级”→“立即查找”按钮，选择名为“test”的用户完成审核对象的添加，如图 1.93 所示。单击“确定”按钮将弹出“test 的审核项目”对话框，在这里选择所有的“成功”和“失败”复选框，这将审核 test 用户访问该文件夹所有的操作，如图 1.94 所示。

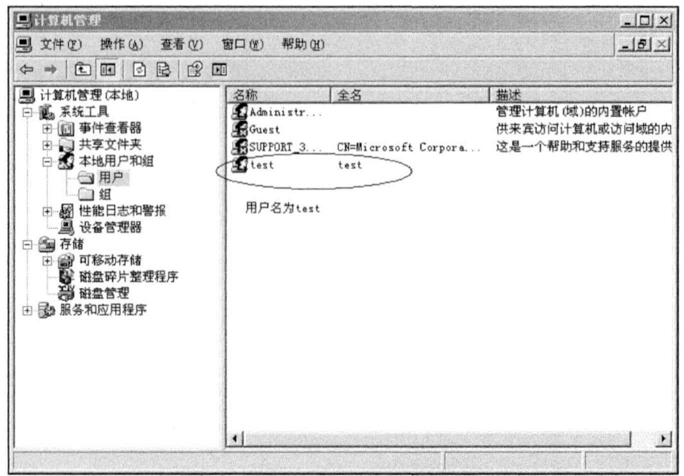

图 1.90 建立 test 用户

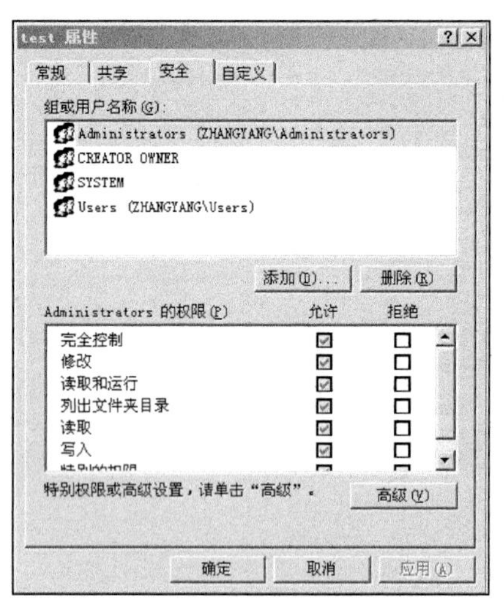

图 1.91 test 属性

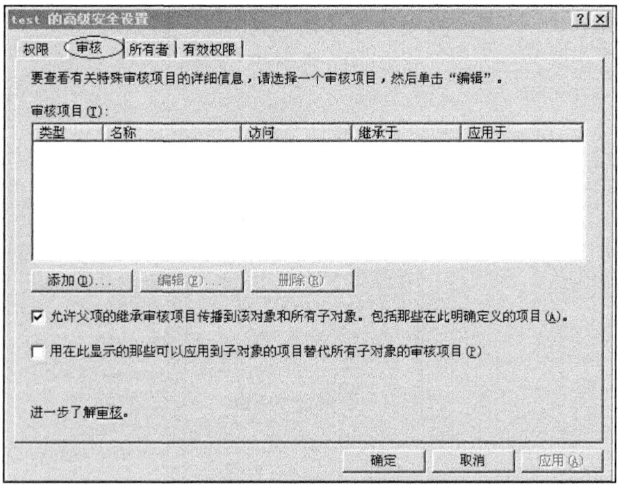

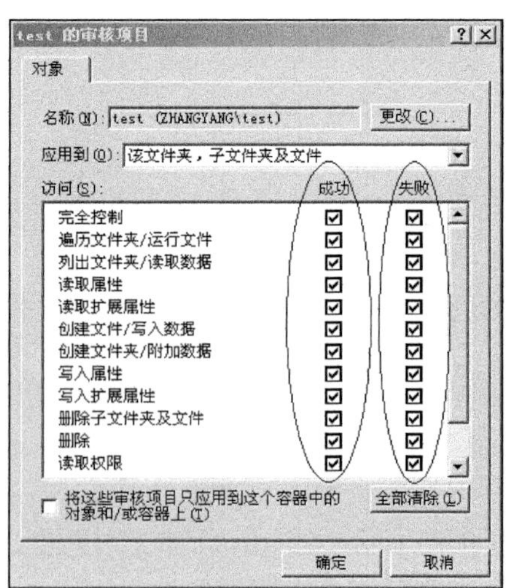

图 1.92 审核

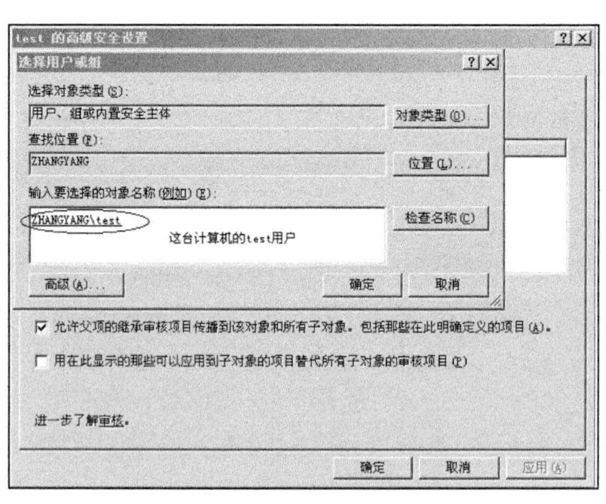

图 1.93 完成审核对象的添加

图 1.94 test 的审核项目

第四步 注销计算机，使用 test 用户登录该计算机，并访问 test 文件夹，在该文件夹中建立一个文本文档，验证审核的效果。

第五步 注销 test 用户，然后用管理员（administrator）用户登录计算机。选择“开始”→“程序”→“管理工具”→“计算机管理”命令，展开“事件查看器”→“安全性”选项，如图 1.95 所示。找到 test 用户在 test 文件夹下新建文档的审核事件信息，如图 1.96 所示，可以清楚地看出 test 用户在什么时间做了什么。

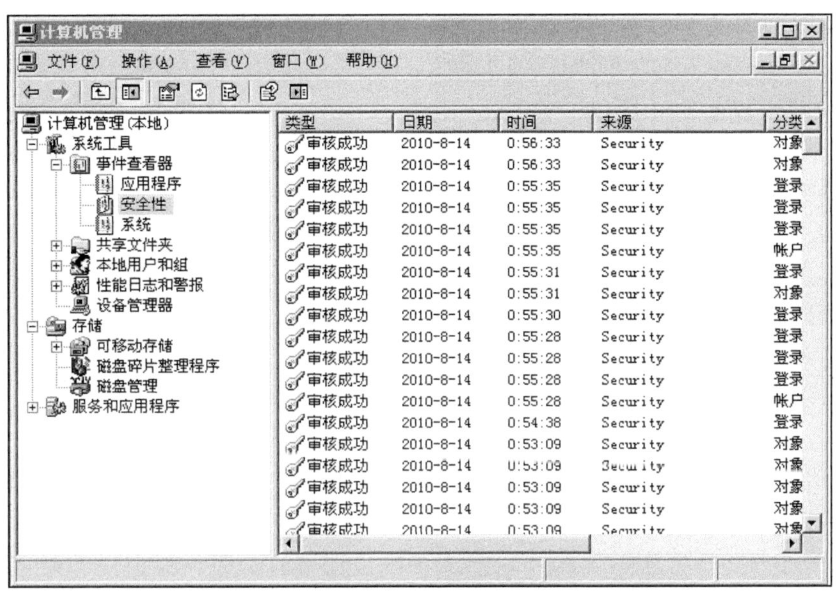

图 1.95　事件查看器

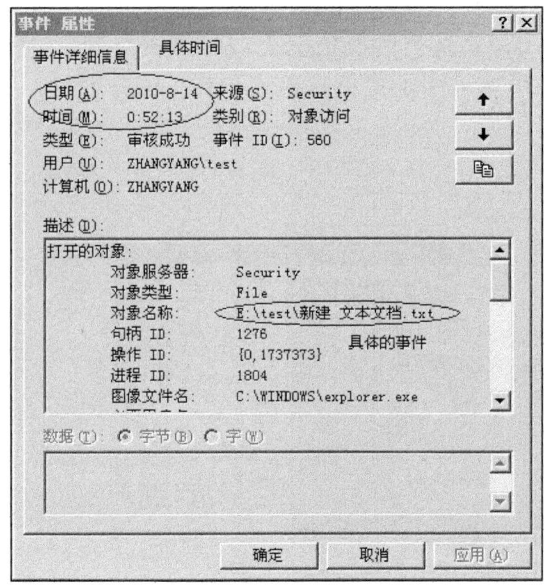

图 1.96　事件详细信息

四、利用 WSUS 实现自动补丁更新

Windows 系统补丁是根据程序在使用过程中暴露的问题，发布用于解决问题的补丁。因为程序的编写不可能十全十美，所以发布的软件也可能存在缺陷，难免会出现漏洞。为了修复这些漏洞而专门编制补丁程序，目的是使其更加完善。常见的补丁有系统安全补丁、程序 Bug 补丁等。

补丁的目的在于保障、增强程序的安全性和稳定性，避免这些漏洞被网络黑客利用（如利用漏洞制造计算机病毒、黑客软件或者利用该漏洞传播病毒等）。一旦计算机因漏洞被感染病毒，可能会导致的后果有：资料被盗窃或者被删除、操作系统被破坏，也有可能造成上网时 QQ 密码被窃取、网络游戏密码被盗等。补丁对计算机而言是很重要的，及时安装操作系统补丁的方式有两种，一种是通过各个主机独立下载并完成补丁的更新与安装，这种方式被称为“传统的补丁下载更新方式”；还有一种方式是通过部署集中的补丁服务器，完成补丁的更新。

（1）传统的补丁下载更新方式

利于 Windows 系统自带的补丁更新程序，周期性地连接微软官方的补丁服务器并下载相关的补丁，如图 1.97 所示。这种类型的补丁下载更新方式需要注意如下几点问题。

1）微软官方的补丁服务器距离更新主机的位置或远或近，能提供的带宽是否足够，更新主机是否能够成功连接服务器。

2）如果是在企业内部，是否所有的主机都需连接到微软的补丁服务器。

3）在一个企业的出口带宽有限的情况下，如果所有的更新主机都尝试连接到微软的补丁服务器，大量的带宽被用于更新主机连接补丁服务器时，要如何去保证企业的业务带宽。

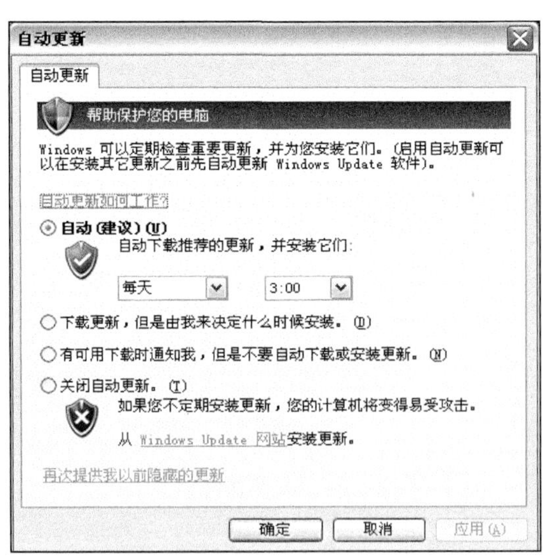

图 1.97　传统的补丁下载更新方式

针对上面提出的问题，通过“部署集中补丁服务器”来完成补丁的更新是一个很好的解决方案。而部署集中补丁服务器，是在企业网络中部署一台集中分发与管理补丁的服务器，这台服务器对企业网络中所有的主机补丁更新进行统一分发与管理。

（2）集中补丁服务器

在企业中部署一台服务器，专门用于存储与微软的补丁服务器进行同步下载相关的补丁程序。企业中的计算机就可以通过这台服务器去下载安装分配的相关补丁程序。集中补丁服务器优势如下所述。

1）补丁服务器本地化，保证了补丁更新的及时性和稳定性。

2）保证了企业的其他计算机，可以正常地连接到补丁服务器。

3）管理员可以根据相应计算机的情况，有选择性地发放补丁给相应的计算机。

4）为了保证企业的业务带宽，补丁服务器可以设置与微软补丁服务器的补丁同步时间，如在非工作时间（如每天深夜 0:00）进行同步更新。

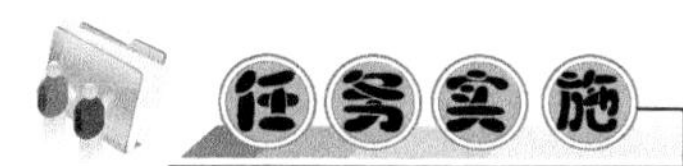

WSUS（Windows Server Update Services）是微软免费推出的网络化补丁分发方案，它是在以前的 Windows Update Services 基础上进行发展和改善的。而该平台上的更新方式是通过 C/S（客户端/服务器端）模式实现的，这之中的客户端已经被包含在各个 Windows 操作系统上。

WSUS 支持微软公司全部产品的更新，包括 Office、SQL Server、MSDE 和 Exchange Server 等内容。通过 WSUS 内部网络中的 Windows 升级服务，将所有 Windows 更新都集中下载到内部网的 WSUS 服务器中，而网络中的客户机也将通过 WSUS 服务器来得到更新。这在很大程度上节省了网络资源，避免了外部网络流量的浪费并且提高了内部网络中计算机更新的效率。

实施目标：利用 WSUS 实现自动补丁更新。

实施环境：如图 1.98 所示。

实施工具：在 Windows Server 2003 Service Pack 2 下安装微软 WSUS（Windows Server Update Services）3.0 补丁服务软件，客户端操作系统为 Windows XP Service Pack 3。

1）安装 WSUS 3.0 服务器必需的环境平台如下所示。

① Windows Server 2003 Service Pack 1。

② SQL Server 2005 SP1、SQL Server 2005 Express SP1 或 Windows Internal Database。

③ Microsoft .NET Framework 2.0。

④ Internet 信息服务（IIS）6.0。

⑤ 后台智能传送服务（BITS）2.0。

2）WSUS 3.0 管理控制台平台和要求如下。

① Windows XP SP1 或 SP2、Windows Vista、Windows Server 2003。

② 管理控制台（MMC）3.0。

③ Microsoft Report Viewer。

3）客户端计算机平台和要求如下所示。

① Windows XP SP1 或 SP2、Windows Vista、Windows Server 2003。

② 后台智能传送服务（BITS）2.0。

4）补丁服务器的磁盘和数据库要求如下。

① 磁盘的类型都是 NTFS。

② 系统空间至少为 1GB。

③ 存储 WSUS 更新文件至少需要 6GB 磁盘空间，推荐空间为 30GB。

④ 如果安装 SQL Server 2005 桌面版，则需 2GB 磁盘空间。

⑤ 在该实施环境中使用 WSUS 3.0 自带的 WMSDE 数据库。

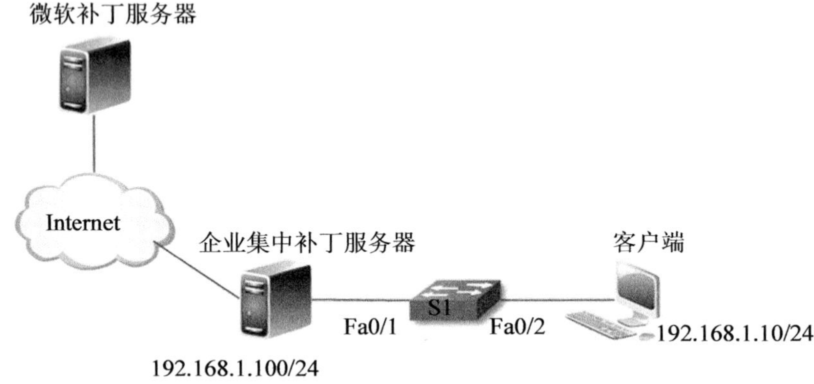

图 1.98　部署集中补丁服务器环境

> **注意**
>
> 在该实施环境中，把管理控制平台安装到服务器平台上进行管理。

实施步骤：

第一步 安装 WSUS 服务器端的必要软件。首先，确保操作系统为 Windows Server 2003 Service Pack 1 以上版本。服务器操作系统为 Windows Server 2003 Enterprise Edition Service Pack 2，满足 WSUS 3.0 系统需求，如图 1.99 所示。然后，安装 Microsoft .NET Framework 2.0，以默认的安装方式进行安装，如图 1.100 所示。接下来安装 Internet 信息服务（IIS）6.0，WSUS 服务器与客户端之间是通过 HTTP 或 HTTPS 传递数据的，因此，WSUS 服务器必须安装 IIS。在操作系统的“控制面板”中选择“添加或删除程序”→“添加/删除 Windows 组件”→“应用程序服务器”→“Internet 信息服务（IIS）”选项，如图 1.101 所示。进一步安装后台智能传送服务（BITS）2.0。这是一个 Windows 系统组件，它提供了并行的前台和后台文件传输，这些文件传输包括上传和下载，BITS 利用空闲的网络带宽来完成文件传输和“自动更新”服务。Windows Update 和其他几种程序都使用 BITS 2.0 来传输文件。BITS 2.0 的功能包括：文件范围下载支持、服务器消息块（SMB）协议支持、限制带宽使用的功能及并行前台文件传输。安装方法是在操作系统的“控制面板”中选择“添加或删除程序”→“添加/删除 Windows 组件”→“应用程序服务器”→“Internet 信息服务（IIS)”，然后选择“详细信息”中的“后台智能传输服务的（BITS）服务器扩展”，如图 1.102 所示。最后安装 Microsoft Report Viewer 2005。由于控制端也安装到了 WSUS 服务器上，所以这里需安装管理控制台（MMC）3.0 和 Microsoft Report Viewer。Windows Server 2003 Service Pack 2 默认的管理控制台（MMC）已经高于 3.0 版本，无需再安装，如图 1.103 所示，正在安装 Microsoft Report Viewer 2005。

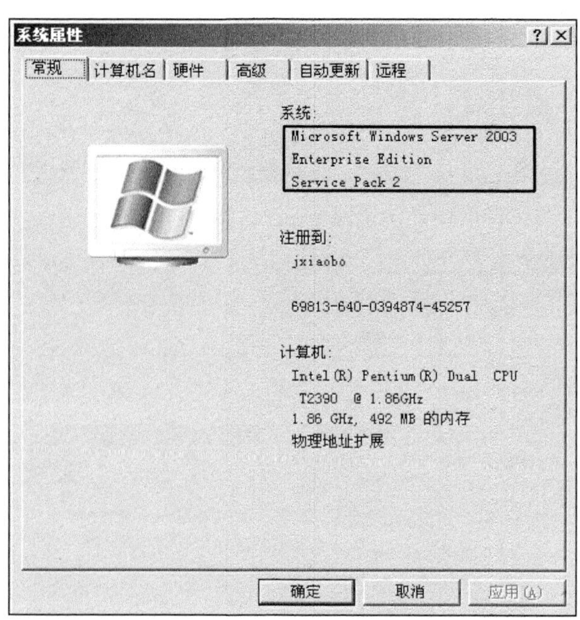

图 1.99　服务器操作系统

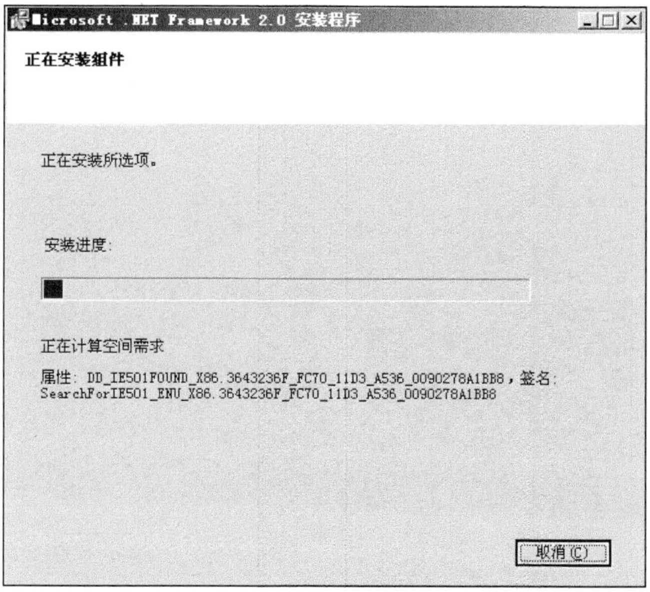

图 1.100　安装 Microsoft .NET Framework 2.0

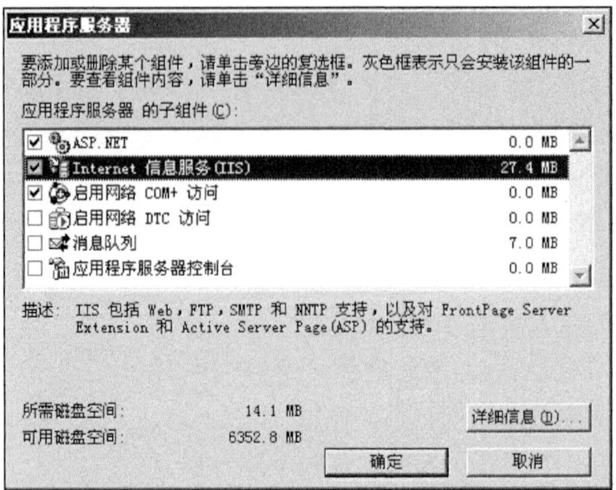

图 1.101 添加 Internet 信息服务（IIS）

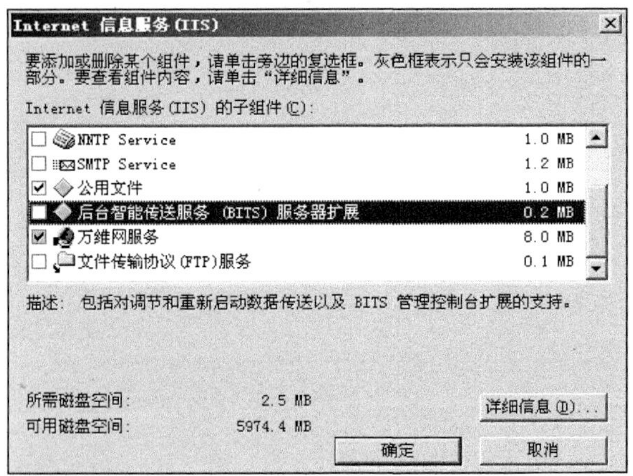

图 1.102 后台智能传输服务的（BITS）服务器扩展

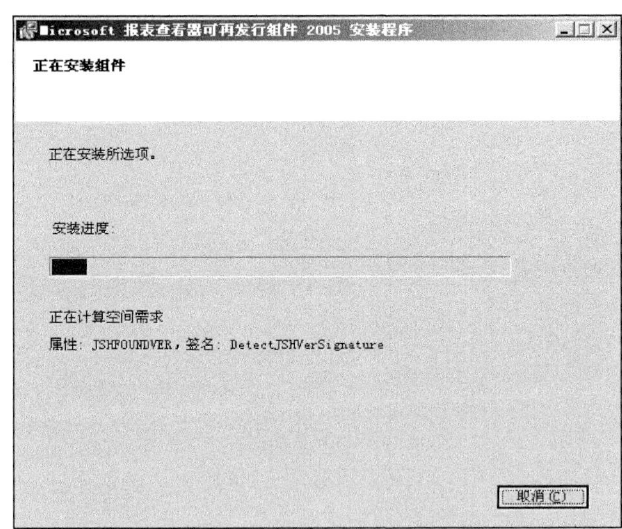

图 1.103 安装 Microsoft Report Viewer 2005

第二步 安装 WSUS 3.0 服务器端。安装 WSUS 3.0 比较复杂，所以需要注意系统与用户交互的每个过程，如图1.104所示，启动WSUS 3.0的安装。单击“下一步”按钮继续，在图1.105所示的对话框中选择“包括管理控制台的完整服务器安装”单选按钮，单击“下一步”按钮继续。在图1.106所示的对话框中选择“本地存储更新”单选按钮并指定存储的位置为“E:\WSUS”，单击“下一步”按钮继续。在图1.107所示的对话框中选择“在此计算机上安装Windows Internal Database”单选按钮并指定数据库存储的位置：“E:\DateBase”，单击“下一步”按钮继续。在图1.108所示的对话框中，选择“使用现有IIS默认网站（推荐）”单选按钮，单击“下一步”按钮。弹出配置信息，然后单击“完成”按钮，如图1.109所示，完成了整个WSUS的安装。

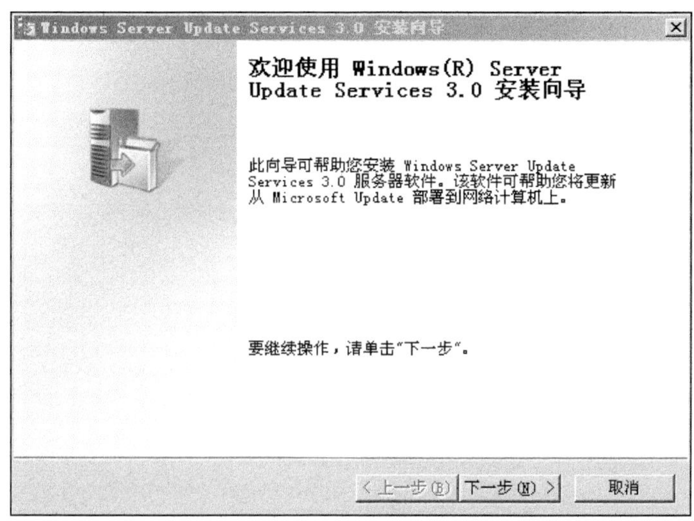

图1.104 启动WSUS 3.0的安装

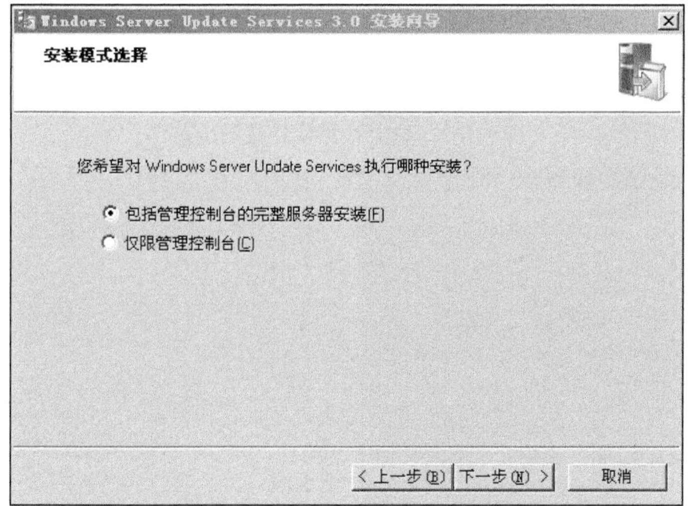

图1.105 安装模式选择

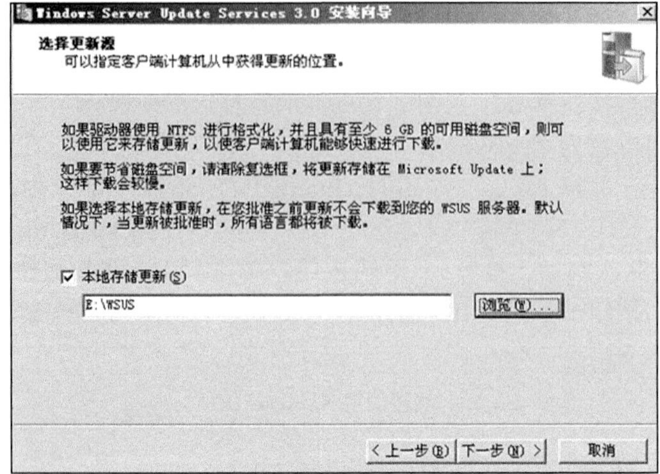

图 1.106　指定本地存储的位置

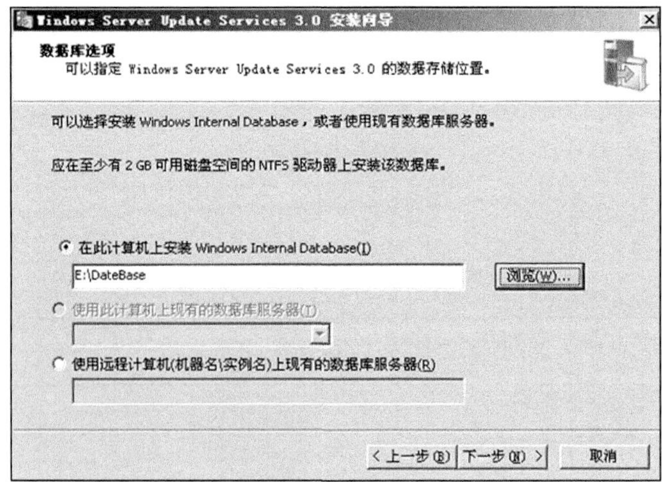

图 1.107　指定数据库存储的位置

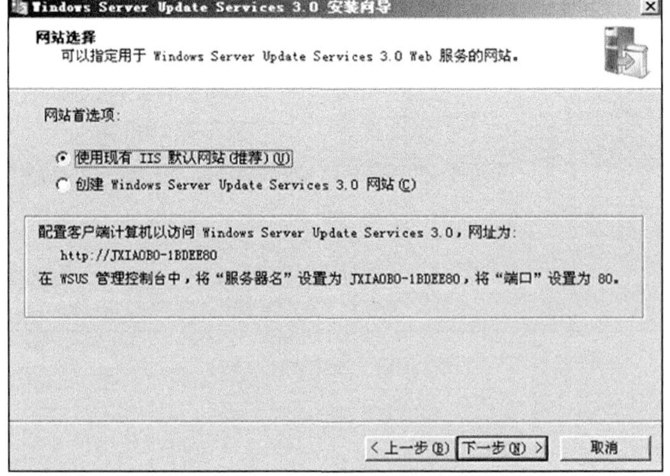

图 1.108　使用现有 IIS 默认网站

图 1.109　完成整个 WSUS 的安装

第三步 配置 WSUS 3.0 服务器，确保 WSUS 3.0 服务器可以连接上微软补丁服务器。当 WSUS 3.0 安装完后，会立即弹出配置向导，配置的内容如图 1.110 所示，然后单击“下一步”按钮。出现如图 1.111 所示的对话框，选择“从 Microsoft Update 进行同步”单选按钮，单击“下一步”按钮。出现图 1.112 所示的对话框，保持默认设置，单击“下一步”按钮继续。出现图 1.113 所示的对话框，单击“开始连接”按钮，测试与微软补丁服务器的连接情况，连接测试成功后，单击“下一步”按钮，出现图 1.114 所示显示连接到上游服务器的状态，当完成连接后，将出现选择语言对话框，选择语言为中文（简体），完成后单击“下一步”按钮。因为该演示环境的客户端的操作系统是 Windows XP，所以此时出现图 1.115 所示的对话框，选择“产品”为“Windows XP”（在实际应用中，管理员可以根据企业的实际情况来进行选择），然后单击“下一步”按钮。出现图 1.116 所示的对话框，选择“分类”需要什么样的补丁更新，在这里选

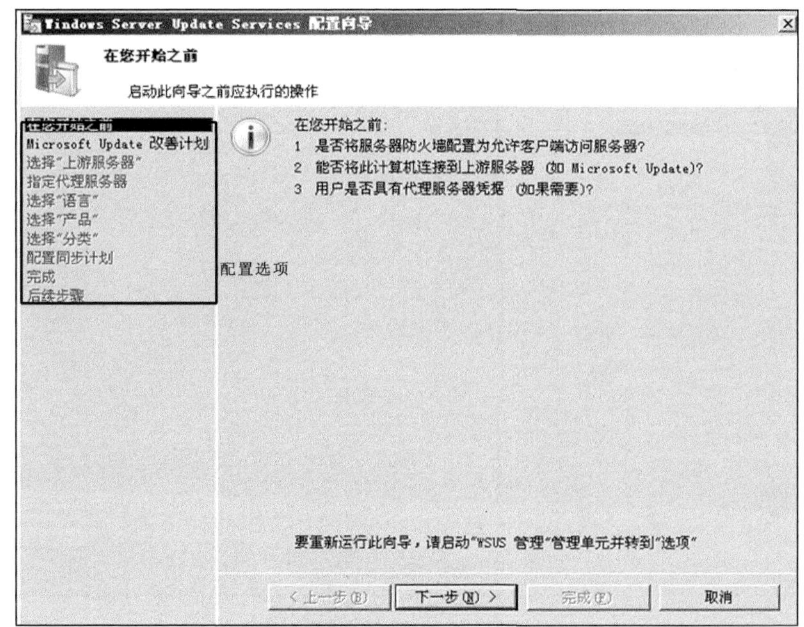

图 1.110　配置的内容

择“安全更新程序”、“定义更新”和“关键更新程序”，然后单击“下一步”按钮。弹出图 1.117 所示的对话框，配置同步计划，在这里选择与微软补丁服务器的补丁同步为“手工同步”，然后单击“下一步”按钮完成配置。

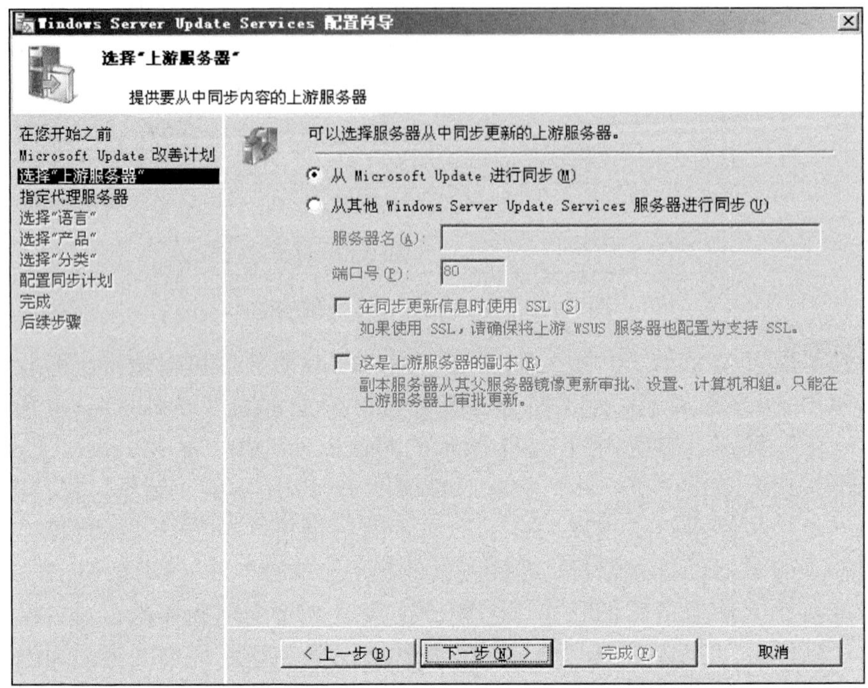

图 1.111 从微软的服务器上进行同步

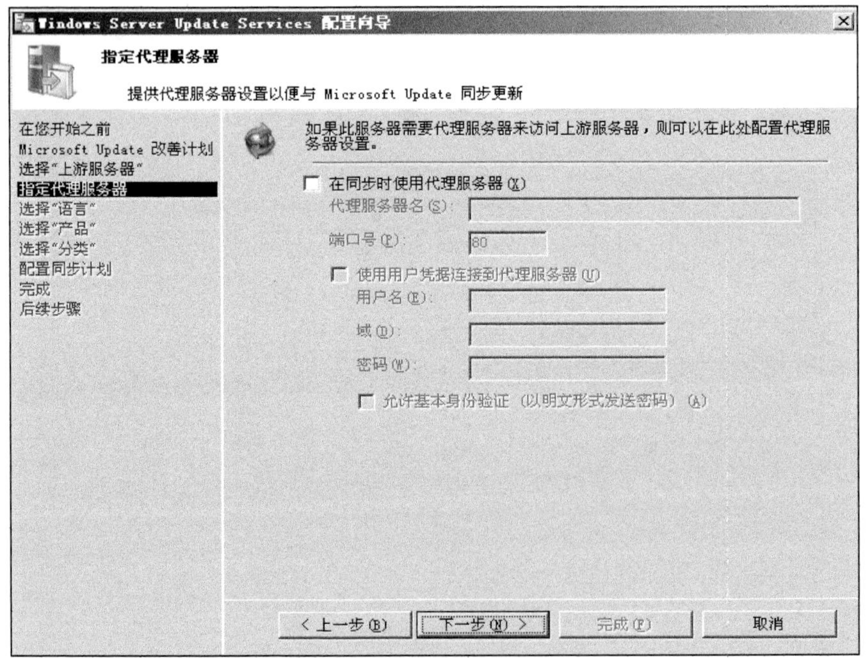

图 1.112 指定代理服务器

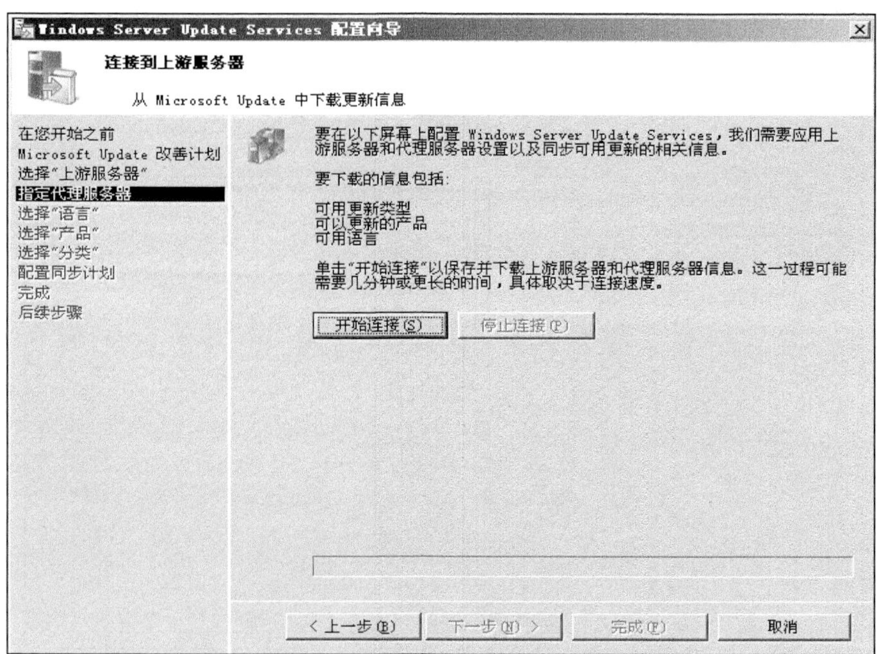

图 1.113　测试与微软补丁服务器的连接情况

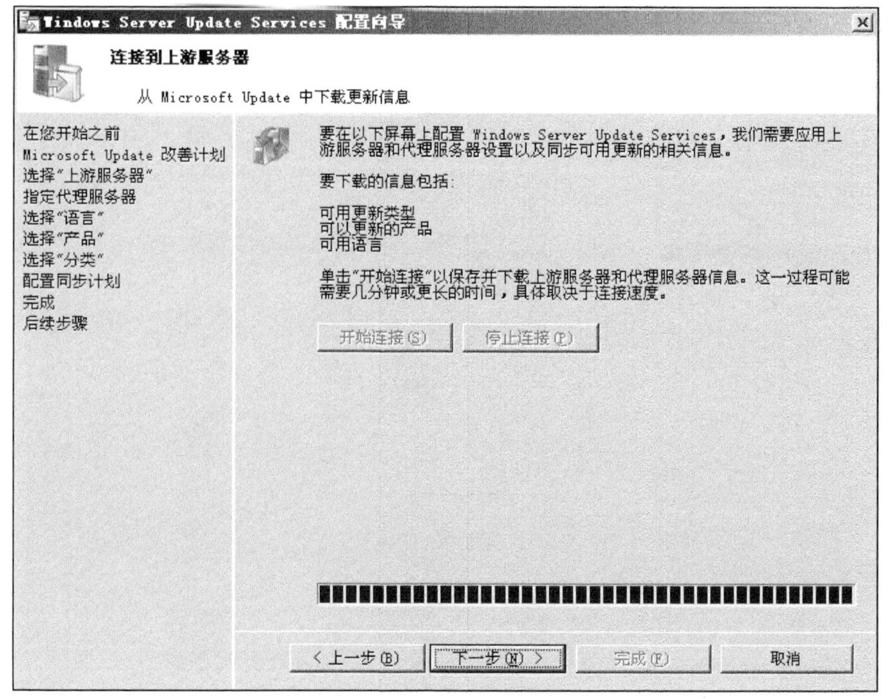

图 1.114　连接到上游服务器

第四步 启动 WSUS 3.0，让它与微软补丁服务器进行补丁同步，如图 1.118 所示。

第五步 WSUS 3.0 服务器端使用。为了给不同类型的操作系统分配不同的补丁，需要建立计算机分组。在这里建立一个 Windows XP 的计算机分组，如图 1.119 所示。把计算机加入到 Windows XP 计算机组，如图 1.120 和图 1.121 所示。

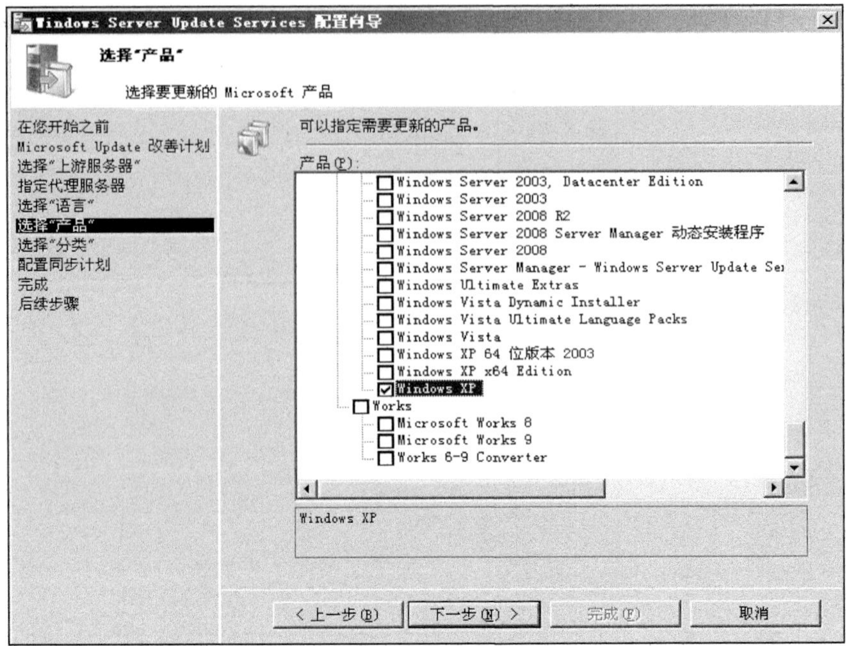

图 1.115 选择"产品"

图 1.116 选择"分类"

第六步 WSUS 3.0 客户端必备软件安装，后台智能传送服务（BITS）2.0。Windows XP 是通过 KB 842773 更新补丁来安装后台智能传输服务（BITS）2.0 和 Win HTTP 5.1 的，而 KB 842773 是 Windows XP Service Pack 1 的关键更新补丁。这个实验使用的客户端操作系统是 Windows XP Service Pack 3，所以无需安装（BITS）2.0。

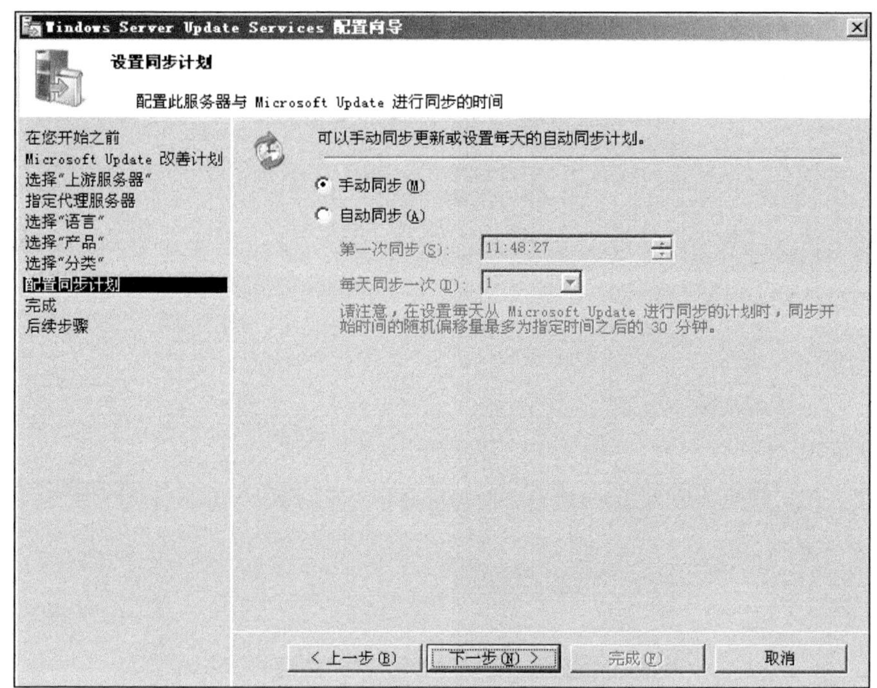

图 1.117　设置同步计划

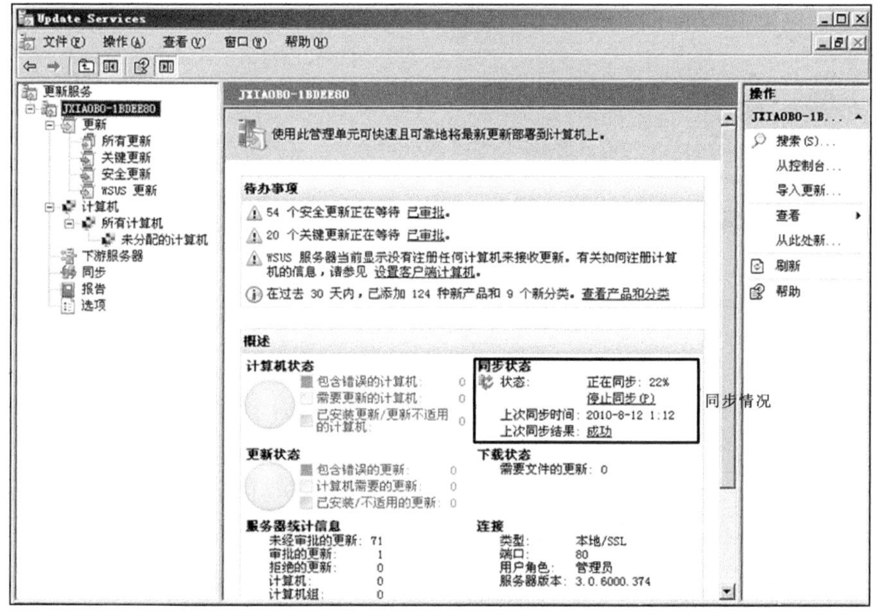

图 1.118　进行补丁同步

如果企业的操作系统版本较旧，可到微软官方网站下载相应补丁。

第七步 WSUS 3.0 客户端配置。为了让客户端能够在本地服务器进行补丁更新，需要对客户端进行相关设置。设置客户端对补丁的处理方式，操作步骤是：通过在计算机选择"计算机配置"→"管理模板"→"Windows 组件"→"Windows Update"下的"配置自动更新"选项，在打开的对话框中选择"已启动"单选按钮，设置更新方式为

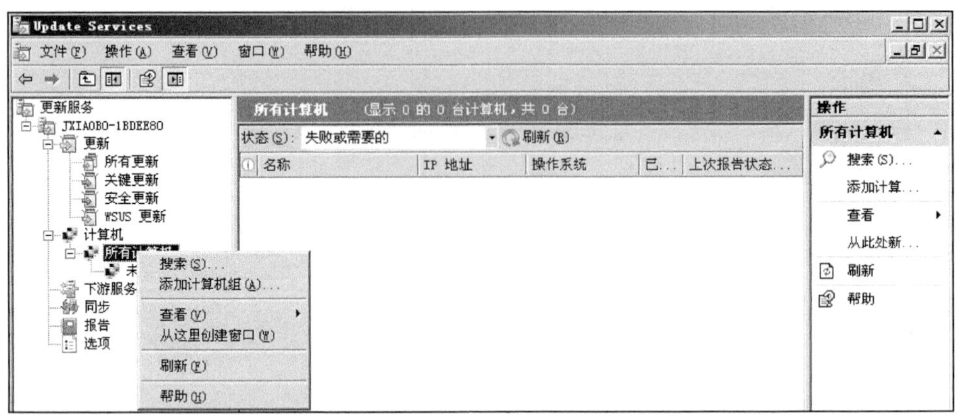

图 1.119 建立一个计算机分组

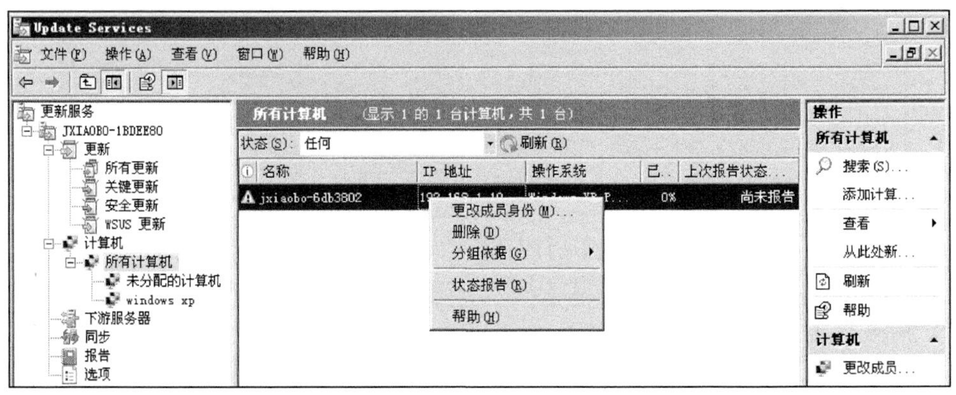

图 1.120 把计算机加入到 Windows XP 计算机组（1）

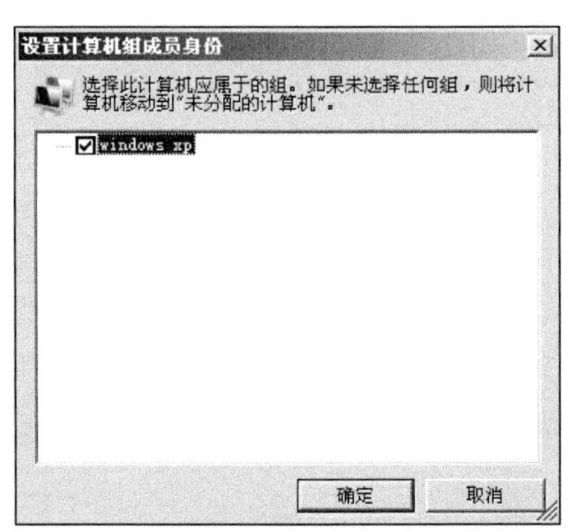

图 1.121 把计算机加入到 Windows XP 计算机组（2）

“自动下载并通知安装”，如图 1.122 所示。在如图 1.123 所示的对话框中，设置本地补丁更新服务器的地址，这里是以 HTTP 方式进行的，所以输入的地址应该是网址的形式。操作步骤是在计算机“运行”对话框中输入“gpedit.msc”命令打开组策略，选择“计算机配置”→“管理模板”→“Windows 组件”→“Windows Update”下的“指定 Intranet Microsoft 更新服务位置”，分别在两个地址栏输入“http://192.168.1.100”，最后在命令提示符（CMD）下输入“gpupdate/force”命令使组策略生效，否则计算机等待组策略生效可能需要 90 分钟，如图 1.124 所示。

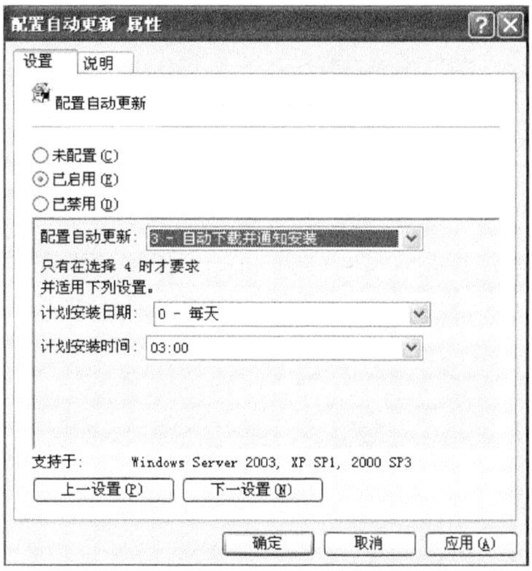

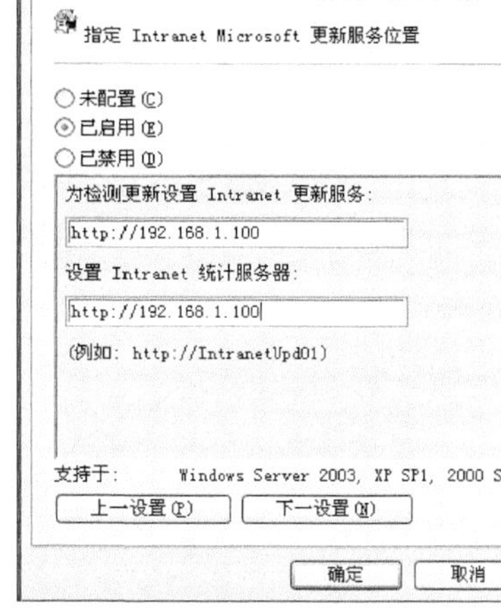

图 1.122 配置自动更新

图 1.123 设置本地补丁更新服务器的地址

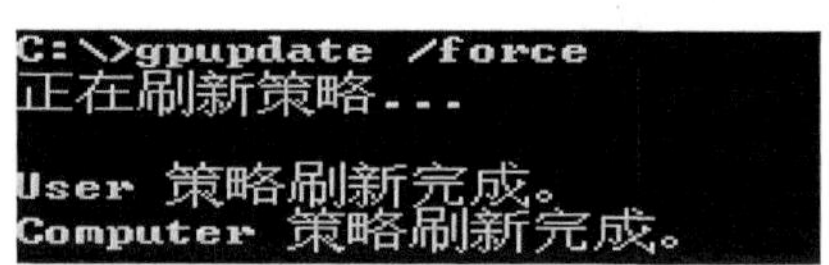

图 1.124 刷新组策略

第八步 WSUS 服务器端向 Windows XP 发放补丁。WSUS 更新审批，对于与 WSUS 同步的补丁，必须经过 WSUS 服务器批准安装才能分发到客户机上。如图 1.125 所示，选择了“关键更新”进行审批，然后选中 Windows XP 的计算机组，选择审批进行安装选项，如图 1.126 所示，如果配置没有错误将出现如图 1.127 所示的审批进度。在命令提示符 CMD 下运行“wuauclt/detectnow”命令，让客户机可以立即连接到 WSUS 服务器，而不需要等待 20 分钟的延时。完成上述操作后，耐心地等待一段时间，客户机的右下角就会出现提示，告诉用户有新的更新需要安装，如图 1.128 所示，客户机从 WSUS 服务器上找到了 63 个需要更新的补丁文件。查看安装情况，正在安装编号为 KB 968389 的补丁，如图 1.129 所示。

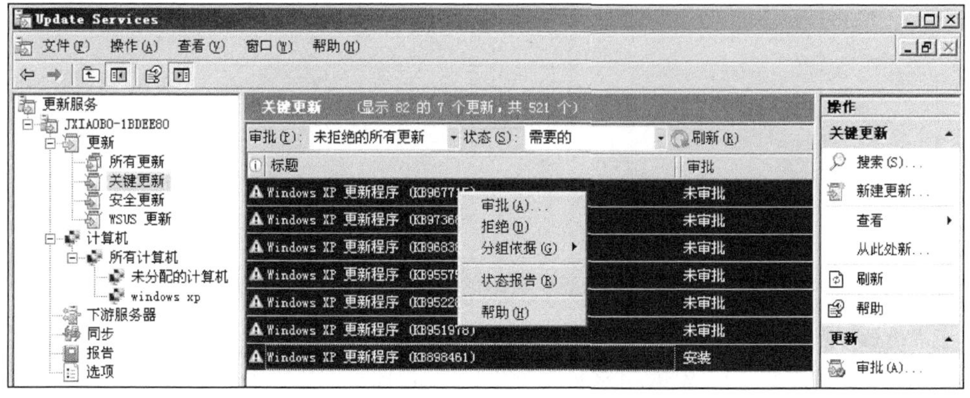

图 1.125 选择“关键更新”进行审批

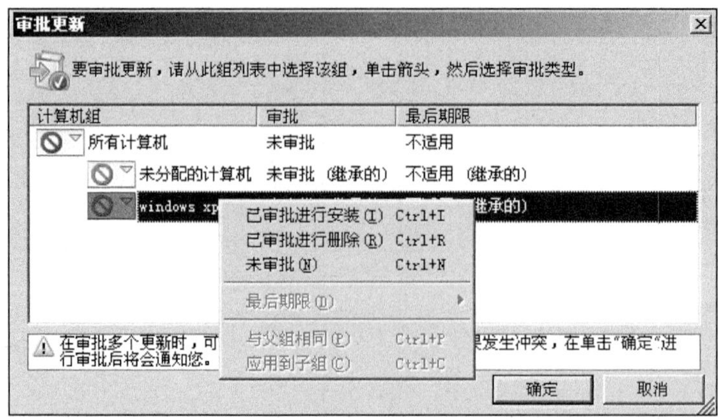

图 1.126 选择审批进行安装选项

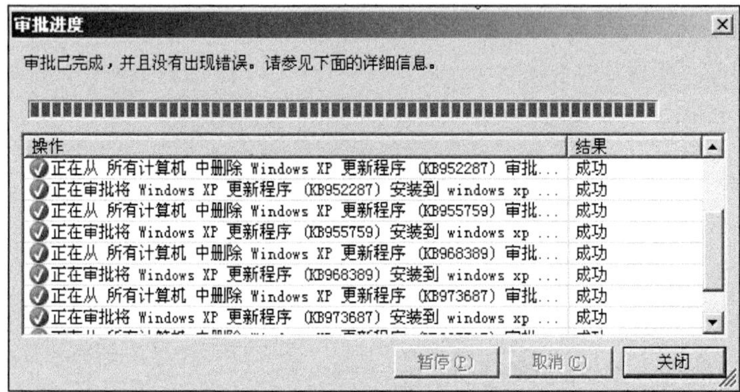

图 1.127 审批进度

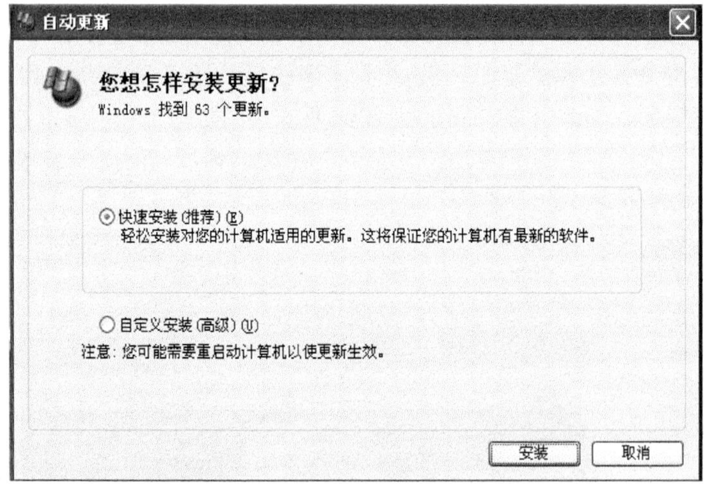

图 1.128 有新的更新需要安装

第九步 查看客户端的补丁安装情况。在命令提示符下输入“systeminfo”命令，可以显示客户机安装补丁的数量和名称，如图 1.130 所示。

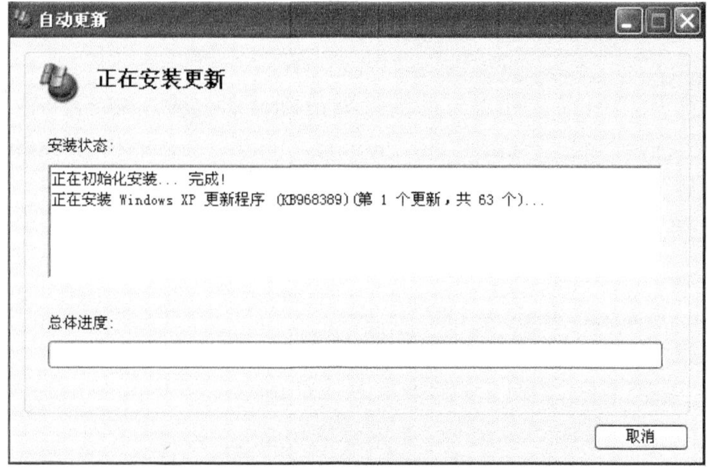

图 1.129　正在安装更新

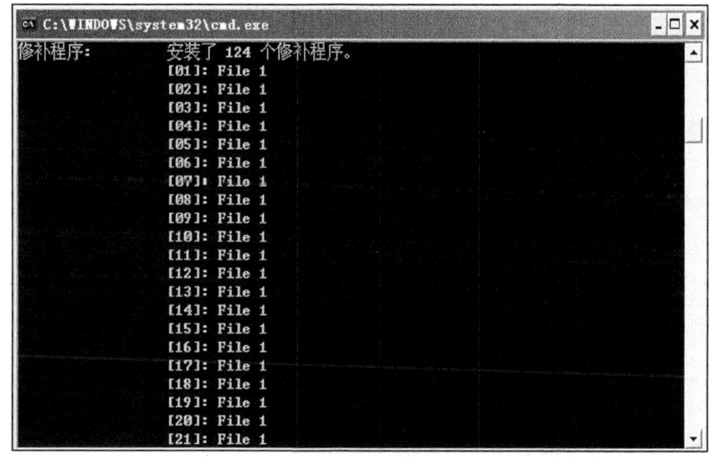

图 1.130　客户机安装补丁的数量和名称

注意

这里已经详细地介绍了本地补丁服务器（WSUS 3.0）的安装、使用及客户端的配置，建议将 WSUS 3.0 与微软的活动目录结合使用，将更便于管理员对补丁进行集中管理与下发。

知识拓展　Linux 服务器安全加固

1. 锁定系统中多余的自建账号

(1) 检查方法

使用命令如下。

#cat /etc/passwd

#cat /etc/shadow

以此来查看账户和口令文件，与系统管理员确认不必要的账号。对于一些保留的系统伪账户如：bin、sys、adm、uucp、lp、nuucp、hpdb、www 和 daemon 等可根据需要锁定登录。

（2）备份方法

#cp -p /etc/passwd /etc/passwd_bak

#cp -p /etc/shadow /etc/shadow_bak

（3）加固方法

使用命令 passwd -l <用户名>，锁定不必要的账号。

使用命令 passwd -u <用户名>，解锁需要恢复的账号。

2. 设置系统口令策略

（1）检查方法

使用命令如下。

#cat /etc/login.defs|grep PASS 以此查看密码策略设置。

（2）备份方法

cp -p /etc/login.defs /etc/login.defs_bak

（3）加固方法

使用命令如下。

#vi /etc/login.defs 修改配置文件。

PASS_MAX_DAYS 90 #新建用户的密码最长使用天数。

PASS_MIN_DAYS 0 #新建用户的密码最短使用天数。

PASS_WARN_AGE 7 #新建用户的密码到期提前提醒天数。

PASS_MIN_LEN 9 #最小密码长度 9。

3. 禁用 root 之外的超级用户

（1）检查方法

使用命令#cat /etc/passwd 来查看口令文件，口令文件格式如下所示。

login_name：password：user_ID：group_ID：comment：home_dir：command

其中，

1）login_name：用户名。

2）password：加密后的用户密码。

3）user_ID：用户 ID(1 ~ 6000)，若用户 ID=0，则该用户拥有超级用户的权限。查看此处是否有多个 ID=0。

4）group_ID：用户组 ID。

5）comment：用户全名或其他注释信息。

6）home_dir：用户根目录。

7）command：用户登录后的执行命令。

（2）备份方法

#cp -p /etc/passwd /etc/passwd_bak

（3）加固方法

使用命令 passwd -l <用户名>锁定不必要的超级账户。

使用命令 passwd -u <用户名>解锁需要恢复的超级账户。

（4）风险

需要与管理员确认此超级用户的用途。

4. 停止或禁用与承载业务无关的服务

（1）检查方法

#who –r 或 runlevel 查看当前 init 级别。

#chkconfig --list 查看所有服务的状态。

（2）备份方法

记录需要关闭服务的名称。

（3）加固方法

#chkconfig --level <服务名> on|off|reset 设置服务在 init 级别下开机是否启动。

（4）风险

某些应用需要特定服务，需要与管理员确认。

5. 设置合理的初始文件权限

（1）检查方法

#cat /etc/profile 查看 umask 的值。

（2）备份方法

#cp -p /etc/profile /etc/profile_bak

（3）加固方法

#vi /etc/profile

umask=027

（4）风险

会修改新建文件的默认权限，如果该服务器是 Web 应用，则此项需谨慎修改。

6. 禁止 root 用户远程登录

（1）检查方法

#cat /etc/ssh/sshd_config 查看 PermitRootLogin 是否为 no。

（2）备份方法

#cp -p /etc/ssh/sshd_config /etc/ssh/sshd_config_bak

（3）加固方法

#vi /etc/ssh/sshd_config

PermitRootLogin no

保存后重启 ssh 服务：service sshd restart。

习　题

一、选择题

1. Windows 操作系统利用（　　）来控制用户对计算机上资源的访问。

A. 安全子系统　B. 用户和账号　C. 管理器　D. 资源库

2.（　　）提供一种文件加密技术，该技术用于在 NTFS 文件系统卷上存储已加密的文件。

A. NTFS　B. 加密文件系统 (EFS)

C. FS32　D. MD5

3.（　　）必须要由审核对象、审核资源、审核策略及安全事件查看器等组成。

A. 审核流量　B. 审核　C. 审核目标　D. 审核过程

4.（　　）是微软免费推出的网络化补丁分发方案，它是在以前的 Windows Update Services 基础上进行发展和改善的。

A. WINDOWS UPDATE

B. WAS

C. WINDOWS XP

D. WSUS（Windows Server Update Services）

5.（　　）是为网络通信提供安全及数据完整性保障的一种安全协议，它工作在传输层和会话层之间，使用公钥加密数据，提供数据的机密性保障和消息完整性认证。

A. WAS　B. HTTP　C. SSL　D. NTFS

二、简答题

1. 什么是加密文件系统（EFS）?
2. 安全子系统包括哪些部分?
3. 简述 Windows 操作系统的用户与用户组的存储位置。

项目 2
企业级园区网络路由交换安全加固

- 熟悉标准、扩展的 ACL。
- 了解远程登录设备的安全配置。
- 了解路由器协议的安全。
- 了解交换机的安全配置。
- 熟悉 802.1x 的集中认证。

- 能够配置路由器的安全功能。
- 能够应用 SSH 来代替 telnet。
- 能够进行 RIP、OSPF 路由器协议安全认证的配置。
- 能够配置交换机的端口安全和病毒隔离。
- 能够通过 SDM 来实现路由器和交换机的一键安全加固。
- 能够配置 802.1x 的安全接入认证。
- 能够使用 ACL 来拒绝非法流量访问设备。

天隆科技公司的网络管理员小刘发现，近期公司内部路由器中的密码内容能被其他人破解，各个路由器之间的路由学习混杂，接入层的交换机有非法的计算机接入，并且计算机病毒能够传染到整个网络当中。针对以上的现状，现在对公司路由器和交换机的安全加固已成当务之急。

项目分析

网络管理员小刘通过以上的现状的分析，得出造成以上问题的原因如下所述。

1）路由器没有设置密码保护。

2）远程登录没有安全保障。

3）路由协议之间没有认证。

4）交换机上没有设置端口安全。
5）交换机上没有设置端口隔离。
6）任何用户都可以随意接入网络。
7）各个部门之间没有安全隔离。

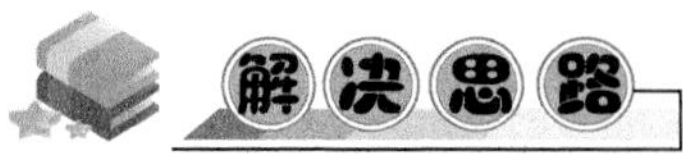

本项目首先通过路由器的密码安全来加固路由器的安全，然后针对路由器的协议做安全认证。最后设置交换机的端口安全，设置交换机的隔离端口，通过控制列表 ACL 来拒绝非法访问。

本项目实施完成以下任务：

任务一　配置路由器的安全加固；

任务二　配置交换机的安全加固。

任务 2.1　配置路由器的安全加固

一、路由器的访问控制安全

1. 理解基本类型的访问控制列表 ACL

访问控制列表（Access Control List，ACL）用于控制网络流量的访问，同时也可以用作某些感兴趣流量的定义，如定义要被 VPN 加密的流量、要被 NAT 转换的流量等。基本类型的访问控制列表包括标准的 ACL 和扩展的 ACL。

2. 基于 IP 的标准 ACL 特性

1）使用 ACL 的列表序号 1～99。
2）只能控制基于源地址的流量访问。
3）必须将其应用于距离目标最近的位置。
4）使用反码进行识别。
5）采取逐条 ACL 语句的匹配原则。
6）在所有 ACL 语句结束处有一条隐藏的拒绝一切流量的语句。

3. 基于 IP 的扩展 ACL 特性

1）使用 ACL 的列表序号 100～199。

2）能够同时基于源地址和目标地址来控制流量访问。

3）能够使用不同协议的端口号来控制网络流量，达到比标准 ACL 更粒度化的控制。

4）可以将其应用于距离源最近的位置。

5）使用反码进行识别。

6）采取逐条 ACL 语句的匹配原则。

7）在所有 ACL 语句结束处有一条隐藏的拒绝一切流量的语句。

4. 数据转发与 ACL 的执行过程

如图 2.1 所示，数据包进入路由器，为后续判断做准备。判断进入路由器的数据包是否可路由，如果是不可路由的数据包，该数据包将被丢弃；如果是可路由的数据包，接下来将判断路由器的进入接口 E1/0 上是否有 ACL 的存在；如果没有 ACL，就执行路由表的查询；如果在该接口上有 ACL 的存在，那么将根据 ACL 的具体条目来决定是否转发该数据包；如果 ACL 的条目拒绝转发，数据包将被丢弃；如果 ACL 条目允许转发，那么数据包将被进行路由表查询。无论哪种情况，当数据包完成路由查询后，数据包将被送达到路由器的出接口 E1/1，查看在出接口上，是否有 ACL 的存在，如果没有，数据包将被转发；如果有 ACL 的存在，那么将判断 ACL 的具体条目是否允许数据包通过。如果是拒绝，那么数据包将被丢弃；如果是允许，那么数据包将被转发。

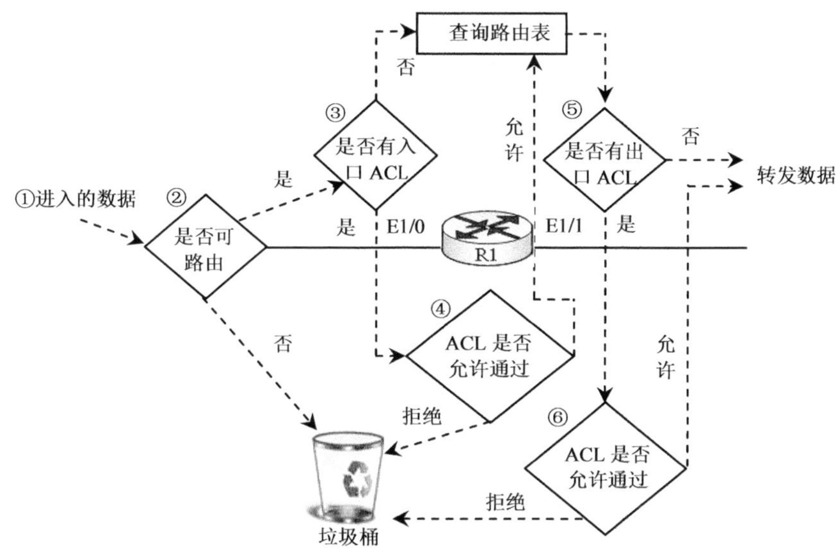

图 2.1 数据转发与 ACL 的执行过程

5. 关于 ACL 逐条匹配的过程

通常一个 ACL 控制列表由很多条语句组成，那么该 ACL 将按照如图 2.2 所示的步骤进行匹配。首先检测第一条 ACL 语句，如果能匹配第一条语句的判断条件，就进行 ACL 判断，如果允许通过就转发数据，如果拒绝通过就丢弃数据；如果不能匹配第一条语句的判断条件，将跳到第二条 ACL 语句继续进行匹配，如果能匹配第二条语句的判断条件，就进行 ACL 判断，如果允许通过就转发数据，如果拒绝通过就丢弃数据；如果不能匹配第二条语句的判断条件，就依照上述的原理继续进行后续匹配，直到所有的 ACL 语句都无法满足匹配的条件。那么数据包将被最后一条隐式的拒绝一切的 ACL 语句所拒绝，除非所使用显示的方式声明了最后一条 ACL 语句是允许一切，这里所谓的隐式拒绝，是指没有明确输入拒绝一切的语句的前提下，有一条默认的 ACL 语句是拒绝一切数据包。

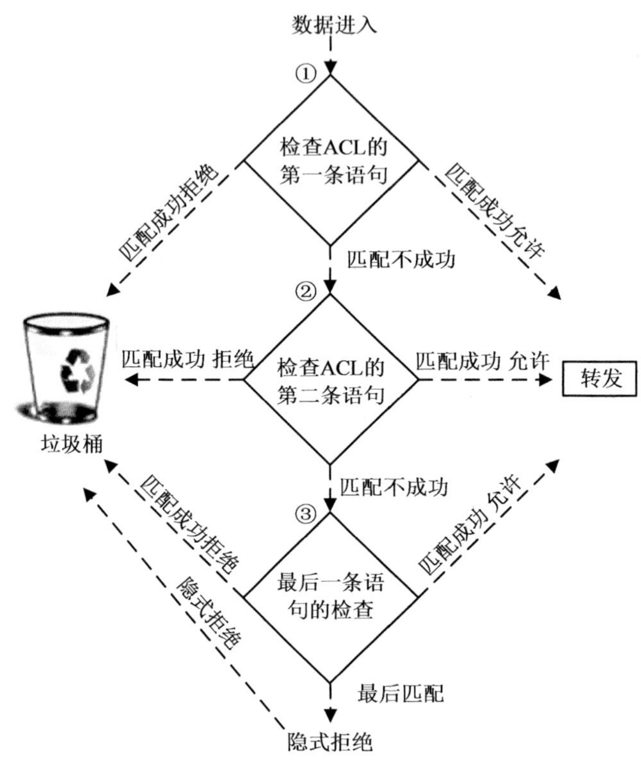

图 2.2　关于 ACL 逐条匹配的过程

1. 标准 ACL 的配置

实施目标：

使用标准 ACL 来过滤网络的访问流量。

理解标准 ACL 在应用中的限制。

使用标准 ACL 过滤“奇数”位子网。

实施环境：图 2.3 所示的实施环境。

实施背景：在实施环境中，设计使用标准 ACL 拒绝通信源子网 192.168.1.0 对服务器 A 所在子网的任何访问，但是允许访问服务器 B 和 C 所在的子网；然后思考将标准 ACL 应用于该实施环境中哪台路由器的具体接口上。

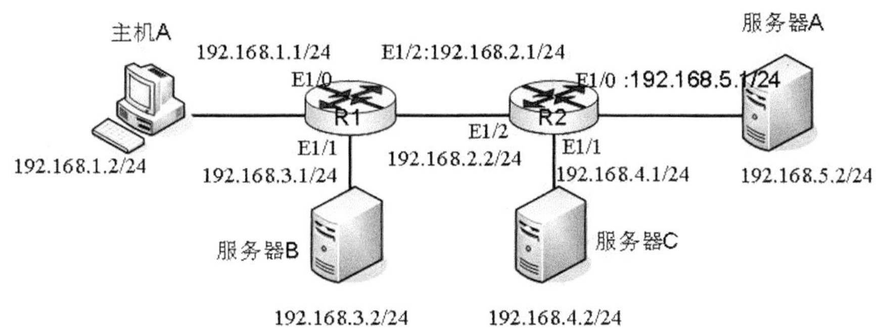

图 2.3 ACL 的实施环境

实施步骤：

第一步 完成路由器 R1 与 R2 的所有基本配置，包括为各个接口配置 IP 地址及启动路由协议，要求网络中的各个子网都能相互 ping 通。

第二步 使用标准 ACL 的配置，具体配置如下，首先尝试将配置的 ACL 应用在路由器 R1 上。

R1(config)#access-list 1 deny 192.168.1.0 0.0.0.255

* access-list 1 指示 ACL 的列表号为 1，它的取值范围是 1～99（表示基于 IP 的标准访问控制列表），deny 192.168.1.0 0.0.0.255 指示拒绝源子网是 192.168.1.0；0.0.0.255 是该子网对应的反掩码。

R1(config)#access-list 1 permit any

* 该条配置指令是允许所有的其他源地址的通信，如果没有该指令，在 ACL 列表 1 中就存在一条默认的拒绝一切的语句（access-list 1 deny any）。

R1(config)#interface ethernet 1/0

R1(config-if)#ip access-group 1 in

* 该访问控制列表 1 被应用到路由器 R1 的 E1/0 接口的进入方向上。

完成上述配置后，在主机 A（192.168.1.2）上测试与服务器 A、B、C 的通信，如图 2.4 所示 ping 不通任何一台服务器子网，这明显不满足背景需求，因为背景需求是设计使用标准 ACL 拒绝通信源子网 192.168.1.0 对服务器 A 所在子网的任何访问，但是允许访问服务器 B 和 C 所在的子网；那么是什么原因导致这个现象的发生？

因为使用的是标准访问控制列表，标准访问控制列表只能匹配源地址，所以应该将标准的访问控制列表应用于距离目标最近的位置，如果将 ACL 1 应用于距控制源最近的位置，这将导致 192.168.1.0 子网无法访问其他的任何网络，再次强调标准的 ACL 只能匹配源地址。

第三步 将 ACL 1 从路由器 R1 上删除，并将 ACL 1 配置在距目标最近的接口上（路由器 R2 的 E1/0），关于删除 ACL 1 的配置如下。

R1(config)#no access-list 1

R1(config)#interface e1/0

R1(config-if)#no ip access-group 1 in

R1(config-if)#exit

```
C:\>ping 192.168.5.2

Pinging 192.168.5.2 with 32 bytes of data:

Reply from 192.168.1.1: Destination net unreachable.
Reply from 192.168.1.1: Destination net unreachable.
Reply from 192.168.1.1: Destination net unreachable.
Reply from 192.168.1.1: Destination net unreachable.


C:\>ping 192.168.4.2

Pinging 192.168.4.2 with 32 bytes of data:

Reply from 192.168.1.1: Destination net unreachable.
Reply from 192.168.1.1: Destination net unreachable.
Reply from 192.168.1.1: Destination net unreachable.
Reply from 192.168.1.1: Destination net unreachable.


C:\>ping 192.168.3.2

Pinging 192.168.3.2 with 32 bytes of data:

Reply from 192.168.1.1: Destination net unreachable.
Reply from 192.168.1.1: Destination net unreachable.
Reply from 192.168.1.1: Destination net unreachable.
Reply from 192.168.1.1: Destination net unreachable.
```

图 2.4 检测与各个子网的通信

在距控制目标最近的位置（路由器 R2 的 E1/0）配置并应用 ACL，配置如下。

R2(config)#access-list 1 deny 192.168.1.0 0.0.0.255

R2(config)#access-list 1 permit any

R2(config)#interface e1/0

R2(config-if)#ip access-group 1 out *在路由器 R2 的 E1/0 接口的出方向上应用 ACL 1。

R2(config-if)#exit

完成上述配置后，再次在主机 A（192.168.1.2）上完成对服务器 A、B、C 的连通性测试，如图 2.5 所示，达到了背景需要的要求，此时，主机 A 无法与服务器 A 通信，这是要求的目标，但是它可以与服务器 B 和 C 正常通信。

```
C:\>ping 192.168.5.2

Pinging 192.168.5.2 with 32 bytes of data:

Reply from 192.168.1.1: Destination net unreachable.
Reply from 192.168.1.1: Destination net unreachable.
Reply from 192.168.1.1: Destination net unreachable.
Reply from 192.168.1.1: Destination net unreachable.


C:\>ping 192.168.4.2

Pinging 192.168.4.2 with 32 bytes of data:

Reply from 192.168.4.2: bytes=32 time=56ms TTL=126
Reply from 192.168.4.2: bytes=32 time=32ms TTL=126
Reply from 192.168.4.2: bytes=32 time=31ms TTL=126
Reply from 192.168.4.2: bytes=32 time=33ms TTL=126

C:\>ping 192.168.3.2

Pinging 192.168.3.2 with 32 bytes of data:

Reply from 192.168.3.2: bytes=32 time=36ms TTL=127
Reply from 192.168.3.2: bytes=32 time=19ms TTL=127
Reply from 192.168.3.2: bytes=32 time=17ms TTL=127
Reply from 192.168.3.2: bytes=32 time=15ms TTL=127
```

图 2.5 再次检测主机 A 与各个子网的通信

第四步 再次删除路由器 R2 上的 ACL 配置与接口应用，并在路由器 R2 上配置 6 个环回接口 IP 地址，分别是 172.16.1.1/24.....172.16.6.1/24；用于模拟 6 个不同的子网，并将这 6 个子网公告到 RIP 路由进程中，确保路由器 R1 能学习并 ping 通这 6 个子网，具体的配置如下。

删除路由器 R2 上的 ACL 配置与接口应用：

```
R2(config)#no access-list 1
R2(config)#interface e1/0
R2(config-if)#no ip access-group 1 out
```

在路由器 R2 上配置 6 个环回子网：

```
R2(config)#interface loopback 1
R2(config-if)#ip address 172.16.1.1 255.255.255.0
R2(config)#interface loopback 2
R2(config-if)#ip address 172.16.2.1 255.255.255.0
R2(config)#interface loopback 3
R2(config-if)#ip address 172.16.3.1 255.255.255.0
R2(config)#interface loopback 4
R2(config-if)#ip address 172.16.4.1 255.255.255.0
R2(config)#interface loopback 5
R2(config-if)#ip address 172.16.5.1 255.255.255.0
R2(config)#interface loopback 6
R2(config-if)#ip address 172.16.6.1 255.255.255.0
```

将上述 6 个子网公告到 RIP 路由进程中：

```
R2(config)#router rip
R2(config-router)#network 172.16.0.0
R2(config-router)#exit
```

第五步 关于路由器 R1 成功 ping 通路由器 R2 上 6 个环回接口的状态如图 2.6 所示，在没有任何 ACL 控制策略情况下，路由器 R1 应该能成功的 ping 通路由器 R2 上的 6 个环回接口。

第六步 现在要求在路由器 R2 上使用标准 ACL 来拒绝 172.16.X.0/24（X 表示奇数位子网）的通信；但是允许 172.16.Y.0/24（Y 表示偶数位子网）的通信，要求匹配奇数位子网只使用一条 ACL 语句；要求匹配偶数位子网只使用一条 ACL 语句，这样做的目标是为了提高 ACL 的效率，那么现在的问题是怎么一条 ACL 语句来匹配奇数位或者是偶数位子网，如图 2.7 所示，可看出奇数位子网的十进制转换成二进制时，二进制的最后一位是 1；偶数位二进制的最后一位是 0。

> **注意**
>
> 此时使用反码 11111110（254）去匹配 1 就能匹配上奇数位子网；匹配 2 就能匹配偶数位子网；为什么反码是 11111110？因为反码的 1 表示不关心的位；0 表示关心的位；而识别奇偶子网，只需要关心 8 个二进制位的最后一位，所以，只需要反码的最后一位为 0，就能成功地完成匹配。

```
R1#ping 172.16.1.1

Type escape sequence to abort.
Sending 5, 100-byte ICMP Echos to 172.16.1.1, timeout is 2 seconds:
!!!!!
Success rate is 100 percent (5/5), round-trip min/avg/max = 32/36/44 ms
R1#ping 172.16.2.1

Type escape sequence to abort.
Sending 5, 100-byte ICMP Echos to 172.16.2.1, timeout is 2 seconds:
!!!!!
Success rate is 100 percent (5/5), round-trip min/avg/max = 36/42/52 ms
R1#ping 172.16.3.1

Type escape sequence to abort.
Sending 5, 100-byte ICMP Echos to 172.16.3.1, timeout is 2 seconds:
!!!!!
Success rate is 100 percent (5/5), round-trip min/avg/max = 28/39/56 ms
R1#ping 172.16.4.1

Type escape sequence to abort.
Sending 5, 100-byte ICMP Echos to 172.16.4.1, timeout is 2 seconds:
!!!!!
Success rate is 100 percent (5/5), round-trip min/avg/max = 28/36/56 ms
R1#ping 172.16.5.1

Type escape sequence to abort.
Sending 5, 100-byte ICMP Echos to 172.16.5.1, timeout is 2 seconds:
!!!!!
Success rate is 100 percent (5/5), round-trip min/avg/max = 32/38/56 ms
R1#ping 172.16.6.1

Type escape sequence to abort.
Sending 5, 100-byte ICMP Echos to 172.16.6.1, timeout is 2 seconds:
!!!!!
Success rate is 100 percent (5/5), round-trip min/avg/max = 32/42/52 ms
```

图 2.6 检测与路由器 R2 上 6 个环回子网的连通性

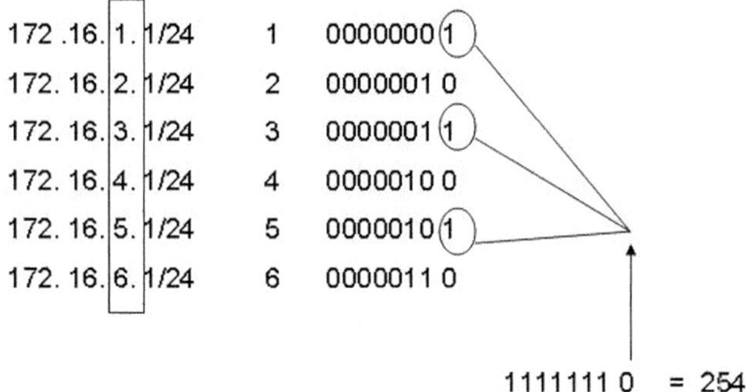

图 2.7 关于奇数位子网的特性

在路由器 R2 拒绝奇数位子网；允许偶数位子网的 ACL 配置：

R2(config)#access-list 1 deny 172.16.1.0 0.0.254.255

* 使用一条 ACL 语句拒绝奇数位子网的 ACL 配置。

R2(config)#access-list 1 permit 172.16.2.0 0.0.254.255

* 使用一条 ACL 语句允许偶数位子网的 ACL 配置。

R2(config)#interface e1/2

R2(config-if)#ip access-group 1 in

* 在路由器 R2 上的 E1/2 接口的入方向上应用 ACL。

R2(config-if)#exit

> **注意**
>
> 当在路由器 R2 完成上述配置后（将 ACL 应用到 R2 的 e1/2 接口的入方向），在 R1 上发起对路由器 R2 上 6 个环回接口的 ping 操作，会发现 ACL 没有生效，无论是奇数还是偶数子网都能被 R1 所 ping 通，难道是 ACL 书写形式错了吗？
>
> 不是的，发生这个问题的根本原因在于：注意理解标准 ACL 的特性，它只能基于通信源地址过滤，而在路由器 R1 上发起对 R2 上各个基偶子网的 ping 时，通信的源地址为 192.168.2.1/24，所以 access-list 1 permit 172.16.2.0 0.0.254.255 对源地址根本不生效。

正确的做法如下所示。

首先删除在路由器 R2 上的 ACL。

```
R2(config)#no access-list 1
R2(config)#interface e1/2
R2(config-if)#no ip access-group 1 in
R2(config-if)#exit
```

然后在路由器 R1 上配置 ACL 并应用。

```
R1(config)#access-list 1 deny 172.16.1.0 0.0.254.255
* 使用一条 ACL 语句拒绝奇数位子网的 ACL 配置。
R1(config)#access-list 1 permit 172.16.2.0 0.0.254.255
* 使用一条 ACL 语句允许偶数位子网的 ACL 配置。
R1(config)#interface e1/2
R1(config-if)#ip access-group 1 in
* 在路由器 R1 上的 E1/2 接口的入方向上应用 ACL。
R1(config-if)#exit
```

需要在 R1 的 E1/2 的进入方向上应用 ACL 的原因如下。

当在 R1 上发起对 R2 上各个奇偶子网的 ping 操作时，ping 的回程流量（从 R2 各个奇偶子网返回到 R1 的流量），通信的源地址正是 172.16.X.0，此时正好匹配 access-list 1 deny 172.16.1.0 0.0.254.255 和 access-list 1 permit 172.16.2.0 0.0.254.255 所定义的规则。可以得到如图 2.8 所示的结果，可看出成功地拒绝了奇数位子网的通信，允许了偶数位子网的通信。

2. 扩展 ACL 的配置

标准 ACL 无法同时匹配通信源地址与目标地址的特性，但也无法满足现今网络世界“粒度化”控制的要求。例如，允许访问某一服务器的某项服务功能，但是不允许 ping 通该服务器。那么就需要使用扩展的 ACL 来替代标准的 ACL 的应用，在实际的应用控制中，扩展的 ACL 较标准 ACL 而言，似乎更受管理员的青睐。

实施目标：配置扩展 ACL 为网络应用提供更“粒度化”的控制。

实施环境：如图 2.3 所示。

实施背景：要求主机 A（192.168.1.2）可以访问服务器 A 的 Web 服务；但是不允许主机 A ping 通服务器 A 所在的子网；允许主机 A ping 通服务器 B 和服务器 C 所在的子网。使用扩展 ACL 完成上述的控制要求，并思考应用 ACL 的位置。

```
R1#ping 172.16.1.1

Type escape sequence to abort.
Sending 5, 100-byte ICMP Echos to 172.16.1.1, timeout is 2 seconds:
.....
Success rate is 0 percent (0/5)
R1#ping 172.16.2.1

Type escape sequence to abort.
Sending 5, 100-byte ICMP Echos to 172.16.2.1, timeout is 2 seconds:
!!!!!
Success rate is 100 percent (5/5), round-trip min/avg/max = 24/34/48 ms
R1#ping 172.16.3.1

Type escape sequence to abort.
Sending 5, 100-byte ICMP Echos to 172.16.3.1, timeout is 2 seconds:
.....
Success rate is 0 percent (0/5)
R1#ping 172.16.4.1

Type escape sequence to abort.
Sending 5, 100-byte ICMP Echos to 172.16.4.1, timeout is 2 seconds:
!!!!!
Success rate is 100 percent (5/5), round-trip min/avg/max = 20/37/72 ms
R1#ping 172.16.5.1

Type escape sequence to abort.
Sending 5, 100-byte ICMP Echos to 172.16.5.1, timeout is 2 seconds:
.....
Success rate is 0 percent (0/5)
R1#ping 172.16.6.1

Type escape sequence to abort.
Sending 5, 100-byte ICMP Echos to 172.16.6.1, timeout is 2 seconds:
!!!!!
Success rate is 100 percent (5/5), round-trip min/avg/max = 28/41/80 ms
```

图 2.8 对奇偶位子网进行 ping 检测

实施步骤：

第一步 保持上一个实验的所有基础配置，但是删除原本的所有标准 ACL 的配置，然后根据实施背景需求，完成如下扩展 ACL 的配置，这一配置建议在路由器 R1 上完成，因为扩展的 ACL 可以同时匹配通信源地址与目标地址，可以将其应到距离通信源较近的位置。

R1(config)#access-list 101 permit tcp 192.168.1.0 0.0.0.255 host 192.168.5.2 eq www

* 定义扩展 ACL 列表 101（基于 IP 的扩展 ACL 编号的取值范围是 100～199）；permit tcp 192.168.1.0 0.0.0.255 host 192.168.5.2 eq www 指示允许源子网 192.168.1.0 对目标地址 192.168.5.2 的 TCP 端口 80 进行访问。注意，语句中的第一个 IP 子网和反码指示通信的源子网与对应的反码；第二个 IP 地址 192.168.5.2 被 host 声明为是一台具体的主机。

R1(config)#access-list 101 deny icmp 192.168.1.0 0.0.0.255 host 192.168.5.2

* 定义扩展 ACL 列表 101 的第二条语句拒绝源子网 192.168.1.0 通过 ICMP 协议访问目标主机 192.168.5.2。

R1(config)#access-list 101 permit icmp 192.168.1.0 0.0.0.255 host 192.168.4.2

* 定义扩展 ACL 列表 101 的第三条语句允许源子网 192.168.1.0 通过 ICMP 协议访问目标主机 192.168.4.2。

R1(config)#access-list 101 permit icmp 192.168.1.0 0.0.0.255 host 192.168.3.2

* 定义扩展 ACL 列表 101 的第四条语句允许源子网 192.168.1.0 通过 ICMP 协议访问目标主机 192.168.3.2。

R1(config)#interface e1/0

R1(config-if)#ip access-group 101 in

R1(config-if)#exit

第二步 完成上述配置后，在主机 A（192.168.1.2）上去访问服务器 A 的 Web 服务，然后去 ping 服务器 A、B、C，如果配置无误，应得到图 2.9 所示的状态，这与背景说明中的控制要求一致。

```
C:\>ping 192.168.5.2

Pinging 192.168.5.2 with 32 bytes of data:

Reply from 192.168.1.1: Destination net unreachable.
Reply from 192.168.1.1: Destination net unreachable.
Reply from 192.168.1.1: Destination net unreachable.
Reply from 192.168.1.1: Destination net unreachable.

C:\>ping 192.168.3.2

Pinging 192.168.3.2 with 32 bytes of data:

Reply from 192.168.3.2: bytes=32 time=34ms TTL=127
Reply from 192.168.3.2: bytes=32 time=12ms TTL=127
Reply from 192.168.3.2: bytes=32 time=12ms TTL=127
Reply from 192.168.3.2: bytes=32 time=15ms TTL=127

C:\>ping 192.168.4.2

Pinging 192.168.4.2 with 32 bytes of data:

Reply from 192.168.4.2: bytes=32 time=53ms TTL=126
Reply from 192.168.4.2: bytes=32 time=31ms TTL=126
Reply from 192.168.4.2: bytes=32 time=39ms TTL=126
Reply from 192.168.4.2: bytes=32 time=29ms TTL=126
```

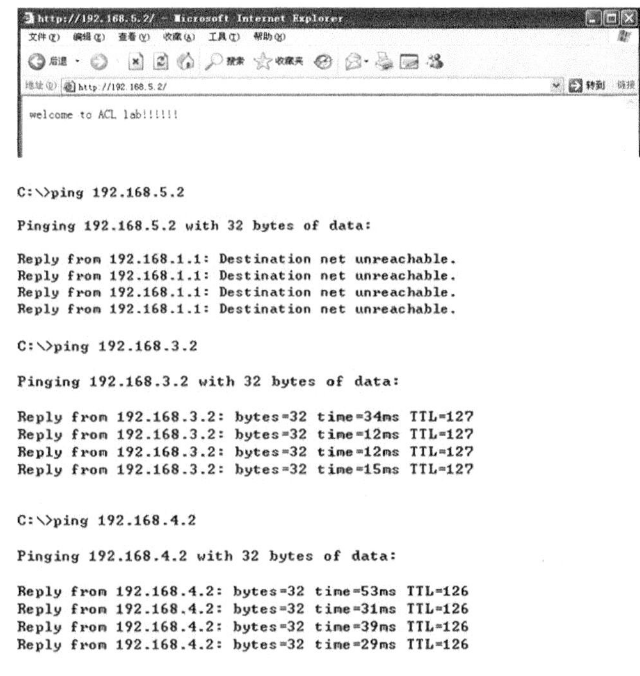

图 2.9　ACL 过滤生效后的访问状态

第三步 为了查看路由器 R1 上的过滤状态，可以通过在 R1 上执行 show ip

主机A没有发出任何访问之前的ACL条目匹配状态

```
R1#show ip access-lists
Extended IP access list 101
    10 permit tcp 192.168.1.0 0.0.0.255 host 192.168.5.2 eq www
    20 deny icmp 192.168.1.0 0.0.0.255 host 192.168.5.2
    30 permit icmp 192.168.1.0 0.0.0.255 host 192.168.4.2
    40 permit icmp 192.168.1.0 0.0.0.255 host 192.168.3.2
```

主机A发出访问之后的ACL条目匹配状态

```
R1#show ip access-lists
Extended IP access list 101
    10 permit tcp 192.168.1.0 0.0.0.255 host 192.168.5.2 eq www (5 matches)
    20 deny icmp 192.168.1.0 0.0.0.255 host 192.168.5.2 (8 matches)
    30 permit icmp 192.168.1.0 0.0.0.255 host 192.168.4.2 (4 matches)
    40 permit icmp 192.168.1.0 0.0.0.255 host 192.168.3.2 (4 matches)
```

已经对ACL形成匹配的数据包

图 2.10　查看 ACL 的过滤状态

access-lists 指令查看 ACL 的匹配状态，如图 2.10 所示，可以看出有 5 个 WWW 的数据包被允许；8 个到服务器 A 的 ICMP 的数据包被拒绝；分别有 4 个到服务器 B 和 C 的 ICMP 数据包被允许。

二、使用 SSH 代替传统 Telnet 的安全风险

1. 理解 SSH 远程管理协议的工作原理

SSH（Secure Shell）默认的连接端口是 22，可以把所有传输的数据进行加密。它是代替 Telnet 进行安全远程操作一种很好的方式。当然，事实上它不只能代替 Telnet 进行安全的工作，还能为 FTP 等应用服务提供安全的传输通道。

第一阶段：（基于口令的安全验证）只要用户知道自己的账号和口令，就可以登录到远程主机。虽然所有传输的数据都会被加密，但是不能保证正在连接的服务器就是用户要连接的服务器，可能会有别的服务器在冒充真正的服务器，也就是受到“中间人”方式的攻击。

第二阶段：思科的路由器如果配置了 SSH，那么就会在设备上产生一对非对称式的密钥对，一把私钥和一把公钥。私钥是不可公开的，所以设备要保密私钥；公钥是可公开的，所以设备可以将自己的公钥发送给 SSH 客户端。SSH 客户端拿着公钥来加密数据，所以数据在传送的过程中是保密的，这样就免除了“中间者”的攻击或窃取。被公钥加密的数据被传送到路由器上时，路由器可以利用自己的私钥来解密数据，这样就保证了数据在传递过程中的安全性，如图 2.11 所示。

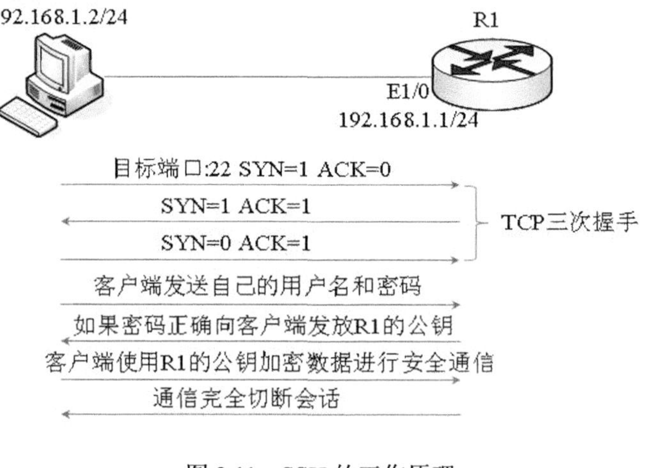

图 2.11 SSH 的工作原理

2. SSH 与 Telnet 的比较

1）SSH 较 Telnet 具备了更好的安全性。

2）SSH 还有一个额外的好处就是传输的数据是经过压缩的，所以可以加快传输的速度。

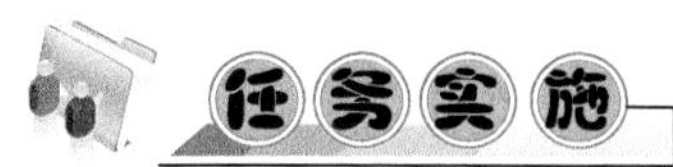

实施目标：思科路由器 SSH 的远程管理。

实施环境：图 2.11 所示的实施环境。

实施背景：在路由器上配置 SSH 服务，并取证 SSH 比 Telnet 的安全性高。

实施步骤：

第一步 在思科的路由器上配置 SSH。配置指令如下。

路由器 R1 的 SSH 配置。

R1(config)#line vty 0 4　* 进入 vty 线路模式。

R1(config-line)#login local　* 对远程 SSH 的用户采取本地安全数据库认证。

R1(config-line)#transport input ssh　* 允许 SSH 传入。

R1(config)#ip domain-name ccna.com

* 使用 SSH 必须为路由器配置域名，这里的域名是 ccna.com。

R1(config)#username ccna password ccna

* 建立一个路由器的本地安全数据库，用户名为 ccna，密码为 ccna。

R1(config)#enable password ccna　* 为路由器配置 enable 的密码。

R1(config)#crypto key generate rsa　* 生成路由器的公钥和私钥对。

路由器会有如下提示。

The name for the keys will be: r1.ccna.com

Choose the size of the key modulus in the range of 360 to 2048 for your General Purpose Keys.Choosing a key modulus greater than 512 may take a few minutes.

How many bits in the modulus [512]:建立密钥对模数的长度，保持默认即可。

% Generating 512 bit RSA keys，keys will be non-exportable...[OK]

路由器提示，SSH 1.99 被正式启动。

*May 19 13:51:27.707: %SSH-5-ENABLED: SSH 1.99 has been enabled

第二步 实现 SSH 客户机的登录。目前，Windows 还没有提供专用的 SSH 客户端软件，所以需要第三方软件支持。而 PuTTY 就是一款非常好的第三方 SSH 客户端软件，如图 2.12 所示。

第三步 利用协议分析器分析 SSH 的数据帧。在 192.168.1.2 上 SSH 连接到路由器（192.168.1.1）以前打开的协议分析器，然后完成整个 SSH 的过程，再暂停协议分析器，可得到图 2.13 所示的数据帧和图 2.14 所示的被 SSH 加密后的效果。

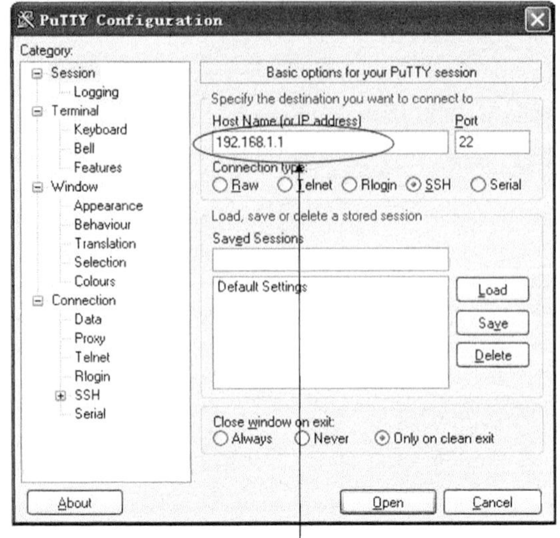

图 2.12　PuTTY 软件界面

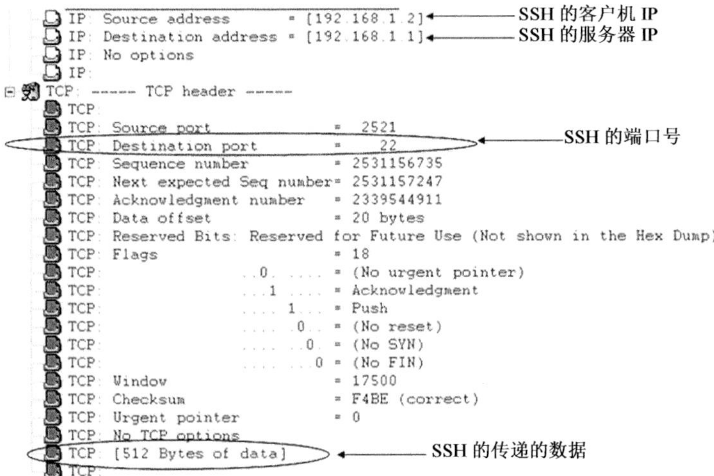

图 2.13　协议分析器分析 SSH 的数据帧

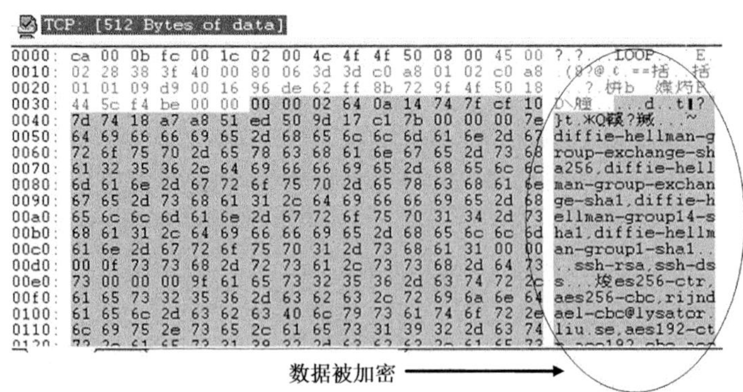

图 2.14　被 SSH 加密后的效果

三、使用动态路由协议 RIP、OSPF 的安全认证

1. 理解动态路由协议 RIP

RIP（Routing Information Protocol）是应用较早，使用较普遍的内部网关协议（Interior Gateway Protocol，IGP），适用于小型网络，是典型的矢量距离（Distance-Vector）协议，一种单纯地向邻居路由器发送自己路由表中路由记录的动态路由协议，它不关心自身路由表中的路由的链路状态及其他情况。RIP 这是一种矢量距离路由协议，换言之，RIP 的路由协议是有距离和方向限制的，RIP 串接的路由器最多不能超过 15 个，如图 2.15 所示。路由器只会把自己直连的子网放入自己的路由表中，如 R1 的 192.168.0.0/24、192.168.1.0/24、192.168.2.0/24，当然 R2 也不例外。R1 与 R2 相互通过广播或组播将自己的路由表告诉给对方邻居路由器，如 R1 通知 R2 它自己有 192.168.0.0/24、192.168.1.0/24、192.168.2.0/24 的子网，然后 R2 将 192.168.1.0/24 和 192.168.2.0/24 的子网放入到自己的路由表中并将其路由度量值加 1（经过一个路由器就加一跳），R2 执行相同的公告，最终达到路由同步，这只是一种便于理解的宏观说明。

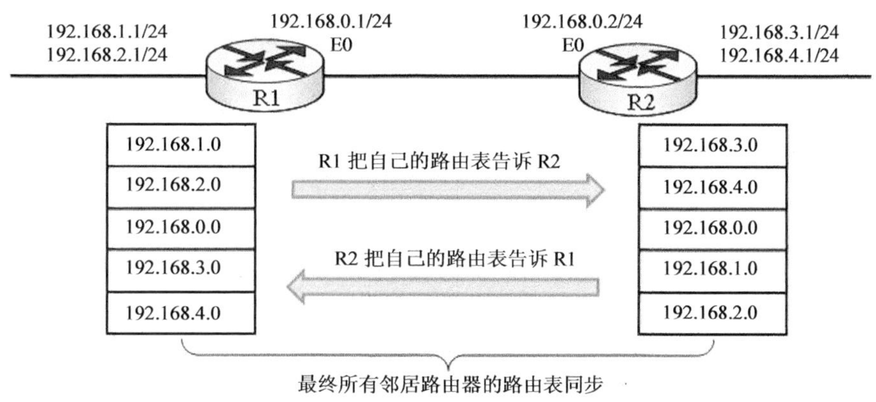

图 2.15 RIP 相互交换路由记录

2. 理解 RIP 的安全认证过程

路由更新是路由学习过程中一个非常重要的行为，当执行路由更新时，是不允许没有得到合法身份确认之前，让路由器接收任意路由器的路由更新，因此，保障路由更新的安全性是一个必要过程。RIP 提供两种方式的路由认证，一种是基于明文（text）的认证；一种是基于 MD5 算法的认证。

1）基于明文的 RIP 认证主要是为了向下兼容与某些不提供 MD5 安全认证的厂商协同工作实现 RIP 的明文认证。基于明文认证安全级别很低，它是将认证的密钥串，在不经过任何加密处理的情况下，直接发送到网络链路上进行传递。使用 RIP 明文认证的

路由器，可能很容易被协议分析器轻松的捕获 RIP 明文认证的内容。关于使用明文 RIP 认证的数据帧如图 2.16 所示，可清楚地看到基于明文的 RIP 认证的密钥的内容是“ccna123w”。

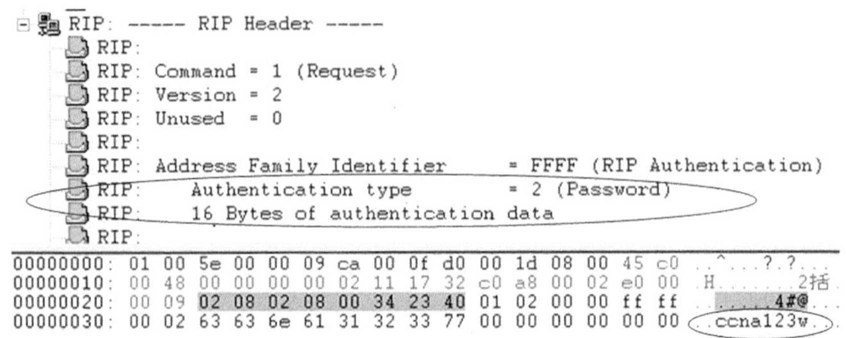

图 2.16　使用明文的 RIP 认证

2）RIP 的 MD5 认证是一种非常安全，并且推荐使用该认证方式。该认证方式利用 MD5 处理了认证的密钥串，对认证的密钥串，进行加密处理，所以 RIP 的 MD5 认证方式在网络链路上不传递明文密钥字符串，当使用协议分析器时，无法捕获密钥字符串的内容。所以安全性较好。关于使用 MD5 认证的数据帧如图 2.17 所示，可见密钥字符串的内容不再可见，因为它已被 MD5 加密。

```
RIP: Address Family Identifier      = FFFF (RIP Authentication)
RIP:     Authentication type        = 3 (Keyed Message Digest Algorithm)
RIP:     RIP II Packet Length       = 44
RIP:     Key ID                     = 1
RIP:     Authentication Data Length = 20
RIP:     Sequence number            = 29
RIP:     Reserved                   = 0
RIP:     Reserved                   = 0
00000: 01 00 5e 00 00 09 ca 00 02 04 00 1d 08 00 45 c0
00010: 00 5c 00 00 00 00 02 11 17 1f c0 a8 00 01 e0 00
00020: 00 09 02 08 02 08 00 48 9d 60 02 02 00 00 ff ff
00030: 00 03 00 2c 01 14 00 00 00 1d 00 00 00 00 00 00
00040: 00 00 00 02 00 00 ac 10 01 00 ff ff ff 00 00 00
00050: 00 00 00 00 00 01 ff ff 00 01 94 8c 4d 8a f7 27
00060: a3 6c 67 2c 54 eb ca 30 0a cf
```

图 2.17　使用加强型安全 MD5 的 RIP 认证

3. 理解基于链路状态的动态路由协议 OSPF

OSPF(Open Shortest Path First，开放式最短路径优先)是一个内部网关协议，OSPF 是基于链路状态的路由协议，OSPF 支持 VLSM、支持快速收敛、协议本身占用的带宽小，使用组播地址（224.0.0.5 和 224.0.0.6）完成路由更新，用成本（Cost）作为度量值。

4. 理解链路状态路由与矢量路由的区别

矢量距离路由协议只是单纯的公告自己的路由表，而不关心路由表中路由记录状态是否良好，而且距离也有限制。例如，RIP 最大连接数就只有 15，矢量路由协议的收敛很慢。所谓收敛很慢是指网络环境发生变化，再到所有路由器同步到新环境所需要的时间的延迟。

链路状态路由协议，链路是指网络设备接口的另一种说法，链路状态路由协议就是指需要关心网络设备接口状态的一种路由协议。OSPF 就是典型的链路路由协议。它通过 OSPF 的各个路由器连接接口的状态来建立一个链路状态的数据库，然后对该数据库进行一个最短路径树（SPF）的算法，计算出最佳的路径，然后将最佳的路径放入到路由表中。即基于链路状态的路由协议，不是只公告自己的路由表，而是经历了一个复杂的演算过程后才得到的路由表。另外，链路状态路由协议在理论上是不受连接数目的限制，而且收敛速度很快。所以基于链路状态的路由协议非常适合用于一个较大网络环境。

5. 理解 OSPF 协议的安全认证过程

为了防止路由被非法盗用，OSPF 与 RIP 相同，也提供了完善的路由认证功能。一旦 OSPF 启用了路由认证功能，未经成功认证的路由器，无法建立 OSPF 邻居关系，那么就无法进行路由公告与学习。OSPF 是使用 Hello 消息数据报文完成认证的协商，主要依靠 Hello 报文中的认证类型和认证数据两个字段完成。

1）认证类型：该字段指示了认证的类型码，通常有 3 个值，值 0 表示没有使用认证（Null Authentication），相关数据帧如图 2.18 所示；值 1 表示使用普通的明文认证，相关数据帧如图 2.19 所示；值 2 表示认证的类型为 MD5，相关数据帧如图 2.20 所示。

2）认证数据：如果是明文认证，该字段指示认证的密钥字符串内容如图 2.19 所示，可以查看密钥内容；如果是消息摘要认证（MD5），这个字段将被定义成 64 个比特的其他参数，如图 2.20 所示，密钥字符串的内容被加密，不可查看。

```
Internet Protocol, Src: 192.168.1.2 (192.168.1.2), Dst: 224.0.0.5 (224.0.0.5)
Open Shortest Path First
⊟ OSPF Header
    OSPF Version: 2
    Message Type: Hello Packet (1)
    Packet Length: 48
    Source OSPF Router: 2.2.2.2 (2.2.2.2)
    Area ID: 0.0.0.0 (Backbone)
    Packet Checksum: 0x6340 [correct]
    Auth Type: Null
    Auth Data (none)   <---- 没有启动OSPF认证的状态
```

图 2.18　没有启动认证的 OSPF 数据帧

```
Internet Protocol, Src: 192.168.1.1 (192.168.1.1), Dst: 224.0.0.5 (224.0.0.5)
Open Shortest Path First
⊟ OSPF Header
    OSPF Version: 2
    Message Type: Hello Packet (1)
    Packet Length: 48
    Source OSPF Router: 1.1.1.1 (1.1.1.1)
    Area ID: 0.0.0.0 (Backbone)
    Packet Checksum: 0x633f [correct]
    Auth Type: Simple password <---- 基于明文的 I 型认证
    Auth Data: ccna123w        <---- 可查看密钥字符串的内容
```

图 2.19　使用明文密码的 OSPF 认证数据帧

```
Internet Protocol, Src: 192.168.1.2 (192.168.1.2), Dst: 224.0.0.5 (224.0.0.5)
Open Shortest Path First
⊟ OSPF Header
    OSPF Version: 2
    Message Type: Hello Packet (1)
    Packet Length: 48
    Source OSPF Router: 2.2.2.2 (2.2.2.2)
    Area ID: 0.0.0.0 (Backbone)
    Packet Checksum: 0x0000 (none)
    Auth Type: Cryptographic ←— 使用 MD5 的加密认证类型 II
    Auth Key ID: 1
    Auth Data Length: 16
    Auth Crypto Sequence Number: 0x4f44f550
    Auth Data: 4eab94954c8e7e4959c0467cc92f11df
⊞ OSPF Hello Packet
⊞ OSPF LLS Data Block
                                不能查看密钥字符串的内容
```

图 2.20 使用 MD5 的 OSPF 认证

OSPF 的路由认证分为两种类型，一种是基于简单密码的认证，另一种是基于信息摘要 MD5 的安全认证。通常把简单密码认证称为“Ⅰ型认证”；把基于信息摘要 MD5 的安全认证称为“Ⅱ型认证”。

1. 实施 RIP 的认证

实施目标： 在路由器 R1、R2 之间配置 RIP 的认证。

实施环境： 如图 2.21 所示。

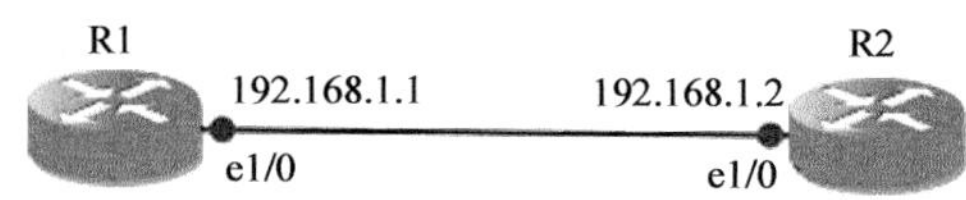

图 2.21 RIP 实验拓扑图

实施步骤：

第一步 启动路由器，完成路由器 R1、R2 的基本配置。

R1 的配置：

R1(config)#interface ethernet 1/0

R1(config-if)#ip address 192.168.1.1 255.255.255.0

R1(config-if)#no shutdown

R2 的配置：

R2(config)#interface ethernet 1/0

R2(config-if)#ip address 192.168.1.2 255.255.255.0

R2(config-if)#no shutdown

第二步 配置路由器 R1、R2 两个路由器的 RIP 路由协议，然后公告路由。

R1 的配置：

R1(config)#router rip

R1(config-router)#version 2

R1(config-router)#no auto-summary

R1(config-router)#network 192.168.1.0

R1、R2 的配置相同，在这里就不再重复叙述。

第三步 在路由器 R1、R2 之间配置 RIP 认证。

关于路由器 R1、R2 之间使用明文认证类型的配置如下。

R1：

R1(config)#key chain ccna

定义一个叫“ccna”的密钥链。

R1(config-keychain)#key 1

在密钥链里定义一个密钥，事实上根据不同需求，可以定义多个密钥。

R1(config-keychain-key)#key-string ccna123w

输入密钥字符串的内容。

R1(config)#interface e1/0

R1(config-if)#ip rip authentication mode text

在相应的接口模式下指定 RIP 认证模式为明文(text)认证模式。

R1(config-if)#ip rip authentication key-chain ccna

在相应的接口模式下将密钥链“ccna”应用到启动 RIP 的路由接口。

R2：

R2(config)#key chain ccna

R2(config-keychain)#key 1

R2(config-keychain-key)#key-string ccna123w

R2(config)#interface e1/0

R2(config-if)#ip rip authentication mode text

R2(config-if)#ip rip authentication key-chain ccna

关于路由器 R1、R2 之间使用明文认证类型的配置如下。

R1：

R1(config)#key chain ccna

R1(config-keychain)#key 1

R1(config-keychain-key)#key-string ccna123w

R1(config)#interface e1/0

R1(config-if)# ip rip authentication mode md5

R1(config-if)#ip rip authentication key-chain ccna

R2：

R2(config)#key chain ccna

R2(config-keychain)#key 1

R2(config-keychain-key)#key-string ccna123w

R2(config)#interface e1/0

R2(config-if)#ip rip authentication mode md5

R2(config-if)#ip rip authentication key-chain ccna

2. 实施 OSPF 认证

实施目标：在路由器 R1、R2 之间配置 OSPF 认证。

实施环境：如图 2.21 所示。

实施步骤：

第一步 启动路由器，完成路由器 R1、R2 的基本配置。

R1：

```
R1(config)#interface ethernet 1/0
R1(config-if)#ip address 192.168.1.1 255.255.255.0
R1(config-if)#no shutdown
```

R2：

```
R2(config)#interface ethernet 1/0
R2(config-if)#ip address 192.168.1.2 255.255.255.0
R2(config-if)#no shutdown
```

第二步 配置路由器 R1、R2 两个路由器的 OSPF 路由协议，然后公告路由。

R1：

```
R1(config)#router ospf 1
R1(config-router)#router-id 1.1.1.1
R1(config-router)#network 192.168.1.0 0.0.0.255 area 1
```

R1、R2 的配置相同，这里不再重复叙述。

第三步 在路由器 R1、R2 之间配置 OSPF 认证。

关于 I 型认证（明文密码的 OSPF 认证）配置如下。

R1：

```
R1(config)#router ospf 1
R1(config-router)#area 0 authentication
R1(config)#interface e1/0
R1(config-if)#ip ospf authentication-key ccna123W
```

指令解释：指令 area 0 authentication 指示在 OSPF 区域 0 启动明文认证功能，注意该指令必须在 OSPF 的路由配置模式下完成，当完成上述指令配置后，退出路由配置模式，然后进入相应需要启动 OSPF 认证的接口；在接口模式下的指令 ip ospf authentication-key ccna123W 指示配置 OSPF 的认证密钥串，这里密钥串的内容是 ccna123W。

注意

不建议使用“I 型认证”。因为该认证方式只是做简单的口令配对，而且口令在网络上是以明文方式发送的。如果网络中有恶意用户，他可以利用协议分析器捕获“I 型认证”的密码的内容，所以不建议使用这种类型的认证。

关于“II 型认证”（基于 MD5 的 OSPF 认证）配置如下。

```
r1(config)#router ospf 1
r1(config-router)#area 0 authentication message-digest
r1(config)#interface e1/0
r1(config-if)#ip ospf message-digest-key 1 md5 ccna123W
```

指令解释：指令 area 0 authentication message-digest 是启动基于 MD5 消息摘要认证，其消息摘要认证的特性关键字是 message-digest，如果没有增加该关键字，那么 OSPF 将使用明文认证，指令 ip ospf message-digest-key 1 md5 ccna123W 中，关键字 message-digest-key 表示配置消息摘要的密钥串，关键字 1 表示配置第一个消息摘要密钥串，可以配置多个 OSPF 消息摘要密钥串，一般情况下只配置一个。关键字 MD5 指示摘要消息是基于 MD5 生成，ccna123W 是摘要消息认证的具体密钥串内容，该内容在认证过程中被加密，不可查看。

> **注意**
>
> 建议使用该类型的认证。因为“Ⅱ型认证”在网络上发送的不是明文密码，而是经过 MD5 加密处理后的摘要信息。这就很大程度上提高了 OSPF 路由学习的安全性。协议分析器也无法捕获到密码的内容，故很难被窃用。

任务 2.2 配置交换机的安全加固

一、在接入层交换机上配置“端口安全”控制非法接入

1. 理解交换机端口安全

交换机的端口安全属于数据链路层安全策略，也是多众企业网络接入控制方案中的一种，它可以有效地限制非法桌面计算机的接入，也可以有效地防御 MAC 地址洪泛攻击（macof）。它的主要功能是：限制一个交换机物理端口的最大 MAC 数据、设定合法的接入主机的 MAC 地址和制定违反端口安全策略后的行为。需要注意的是在配置交换机的端口安全之前必须声明端口的模式，如 switchport mode access（声明为交换端口接入模式）。端口安全不能被应用到动态协商的端口模式中。

2. 关于交换端口安全的配置

1）mac-address：该参数管理员来定义合法的具体 MAC 地址，可以由管理员手工配置认为合法的 MAC 地址。例如：switchport port-security mac-address 0009.de12.3f56，进

行这种配置后，就只有 MAC 地址是 0009.de12.3f56 的主机可以接入该端口。事实上执行了一个将指定的 MAC 地址与该端口相绑定的结果，其他 MAC 地址接入就违反了端口安全的策略，上述使用手工配置 MAC 地址的方式不适用于大型网络，因为这样做可能会造成很大的管理开销。所以可以使用 switchport port-security mac-address sticky 让该端口记录下第一次交换机 MAC 自动学习时所记录的源地址，这样就省去了大量手工输入 MAC 地址时所造成管理开销与录入错误。

2）Maximum：该参数定义该端口可容纳的最大 MAC 地址数量，一般正常情况下交换机的一个端口对应一个 MAC 地址，所以可以配置为 switchport port-security maximum 1；但这并不是绝对的，例如有些企业为了过渡，在交换机的某个端口上连接的并不是一台主机，而是一个集线器，如图 2.22 所示，那么交换机 S1 的 Fa0/2 端口就应配置成 switchport port-security maximum 4，因为集线器连接的所有主机的 MAC 地址都应该属于交换机 S1 的 Fa0/2 端口。

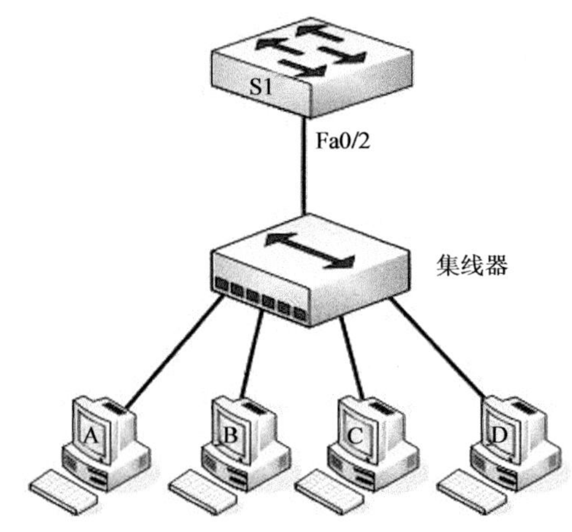

图 2.22　交换机端口连接集成器

3）Violation：该参数定义违反了预配置上述的端口安全原则后，将执行一个怎样的行为，具体又可以分为 3 个参数：protect、restrict 和 shutdown。

关于违反了交换机的端口安全策略后的执行动作：

Switch(config-if)#switchport port-security violation

protect 指示当已经超过所允许学习的最大 MAC 地址数时，交换机将继续工作，但是将把来自新主机的数据帧丢弃，不发任何警告信息。

restrict 指示当发生安全违例时，交换机将继续工作，非法的数据通信仍然可以继续，但是会向 console 平台发警告信息。

shutdown 指示关闭端口为 err-disable 状态，除非管理员手动激活，否则该端口失效。

注意

因为安全违例造成端口被关闭后，管理员可以在全局配置模式下使用 errdisable recovery 将接口从错误状态中恢复过来，也可以直接进入接口重新激活。

实施目标：在交换机上配置交换机的端口安全。

实施环境：如图 2.23 所示。

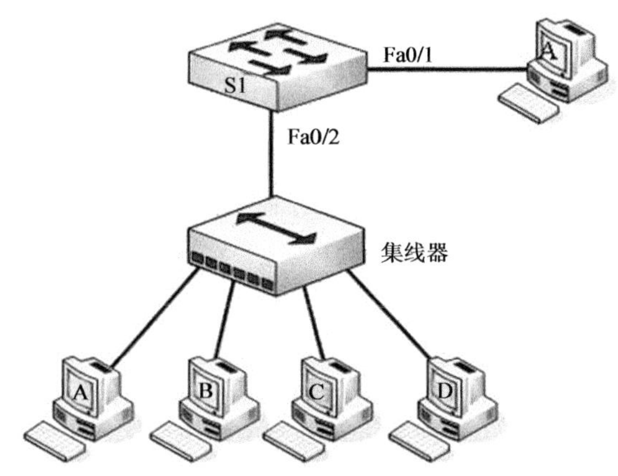

图 2.23　关于交换机端口安全的配置环境

实施步骤：

配置交换机端口安全语句如下。

```
Switch(config)#interface fastEthernet 0/1
Switch(config-if)#switchport mode access
Switch(config-if)#switchport port-security maximum 1
Switch(config-if)#switchport port-security mac-address 0001.6367.2A33
Switch(config-if)#switchport port-security violation shutdown
Switch(config)#interface fastEthernet 0/2
Switch(config-if)#switchport mode access
Switch(config-if)#switchport port-security maximum 4
Switch(config-if)#switchport port-security mac-address sticky
Switch(config-if)#switchport port-security violation restrict
```

二、在接入层交换机上使用隔离端口防止病毒交叉感染

1. 理解 PVLAN 的作用

PVLAN（Private VLAN），即私有 VLAN，将本地 VLAN 内所有端口隔离，从而抑制病毒的交叉感染。PVLAN 能有效地改善通信安全，防止二层广播风暴，隔离特定端口或端口组之间的数据通信。PVLAN 在隔离内部流量的同时，一个子网内的设备仍

然能与默认网关进行通信。如图 2.24 所示，交换机 S1 的 Fa0/1～Fa0/4 不能相互通信，但是都能与 Fa0/12 端口通信。PVLAN 由主 VLAN（Primary VLAN）和辅助 VLAN（Secondary VLAN）组成，一个 PVLAN 中只有一个主 VLAN，至少有一个辅助 VLAN。辅助 VLAN 具有两种属性，隔离 VLAN（Isolated VLAN）与团体 VLAN（Community VLAN）。隔离 VLAN 内所有的端口都不能进行通信，同一个团体 VLAN 内的端口可以相互进行通信，但是不能与其他团体 VLAN 进行通信。交换机 S1 实施了 PVLAN，此时交换机 S1 的 Fa0/1、Fa0/2 属于隔离 VLAN 101，所以这两个端口不能相互通信。交换机 S1 的 Fa0/3、Fa0/4 属于团体 VLAN 102，由于是同一个团体 VLAN，所以它们之间能相互通信。交换机 S1 的 Fa0/5、Fa0/6 属于团体 VLAN 103，由于是同一个团体 VLAN，所以它们之间能相互通信，但是团体 VLAN 102 与 103 之间不能相互通信。一个 PVLAN，只有一个隔离 VLAN，可以拥有几个团体 VLAN。一个辅助 VLAN 必须且只能拥有其中一种属性。PVLAN 有两种端口类型，混杂端口（Promiscuous Port）与主机端口（Host Port）。混杂端口属于主 VLAN，能与 PVLAN 中的所有端口通信。主机端口属于辅助 VLAN，根据辅助 VLAN 属性不同，分为隔离端口（Isolated Port）与团体端口（Community Port）。其中，隔离端口只能与混杂端口通信，团体端口能与同在一个团体 VLAN 中的团体端口通信，并且也能与混杂端口通信。在 PVLAN 中的一个物理端口，必须具有其中一种属性。具体理解 PVLAN 中的各种 VLAN 与端口类型，可参看图 2.25 和图 2.26 所示的标识与划分。

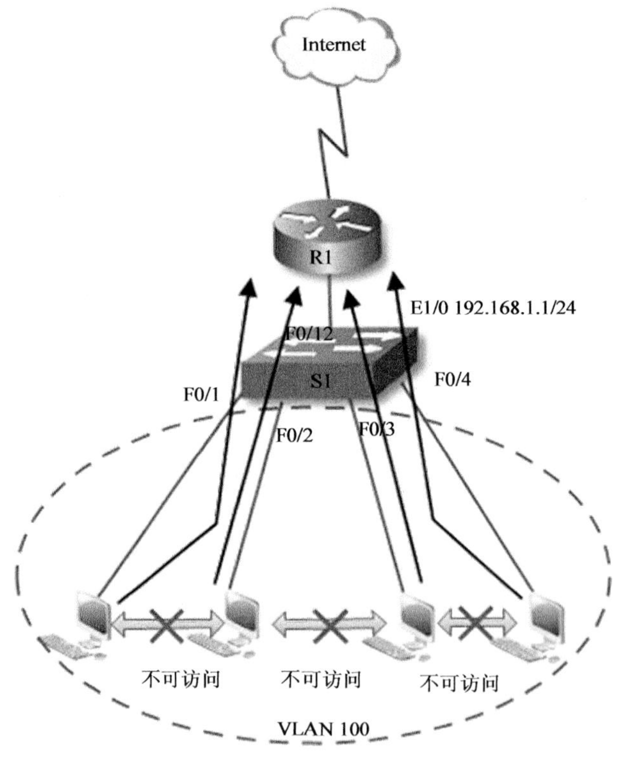

图 2.24 PVLAN 效果

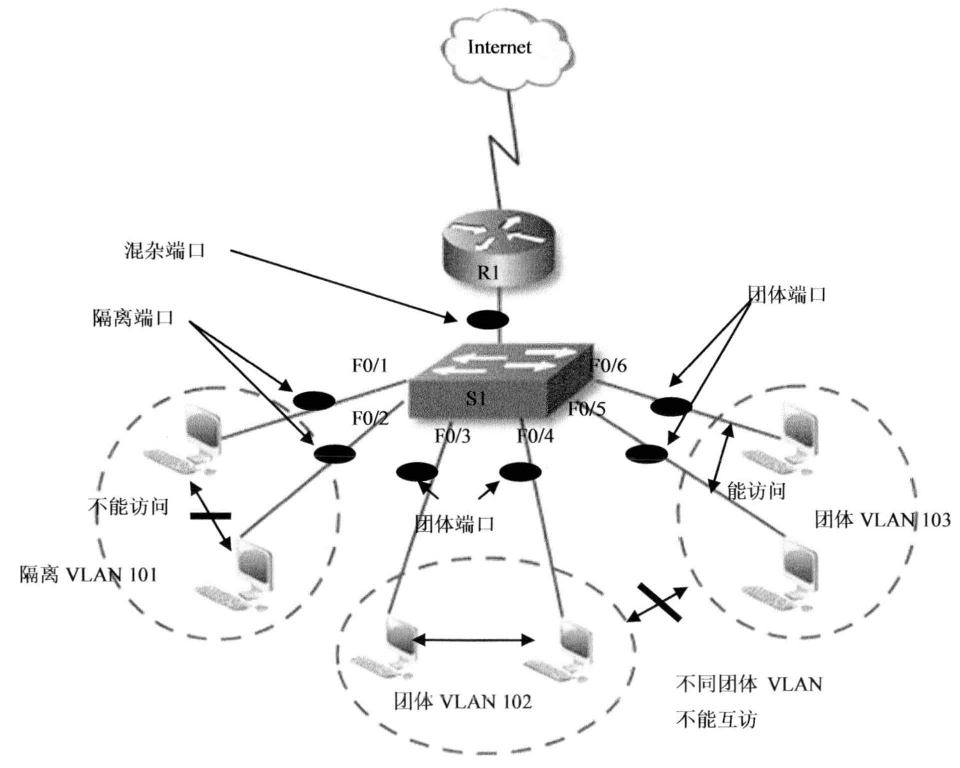

图 2.25 主 VLAN 与辅助 VLAN

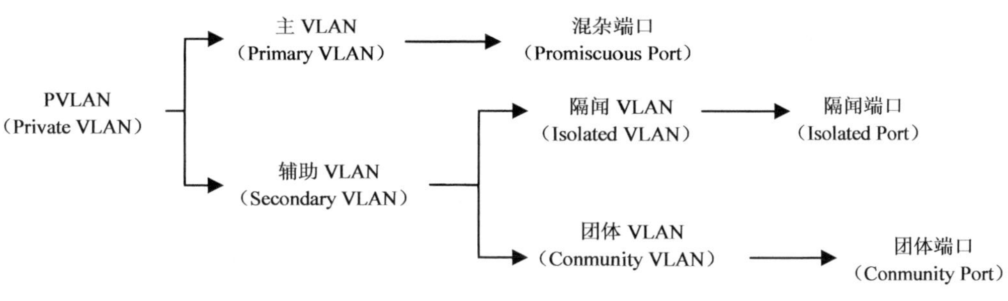

图 2.26 PVLAN 结构图

2. 理解 VACL 的作用

VACL 是基于 VLAN 的访问控制列表来隔离同一 VLAN 内的主机相互通信，达到防止网络病毒交叉感染的目的。与常规的访问控制列表（ACL）不同，VACL 被使用在 VLAN 内对数据进行过滤，前者用在第 3 层接口对不同 VLAN 间（不同子网之间）的数据包进行过滤，如在同一个 VLAN 内部，可能不允许其他主机对另一台主机进行访问，此时可以使用 VACL 来实现。

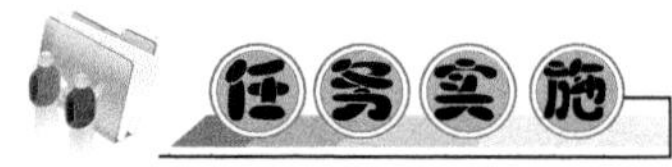

实施目标： 使用隔离端口防止病毒交叉感染。

实施环境： 如图 2.25 所示。

实施步骤：

快速阻截网络病毒，防止本地子网内或子网间客户机交叉感染。

1）方案一，使用 PVLAN 即私有 VLAN，将本地 VLAN 内所有端口隔离，从而抑制病毒的交叉感染。

① 建立主 VLAN：VLAN 100。

```
Switch(config)#vlan 100
Switch(config-vlan)#private-vlan primary
```

② 建立辅助 VLAN：VLAN 101 设置为隔离 VLAN。

```
Switch(config)#vlan 101
Switch(config-vlan)#private-vlan isolated
```

③ 将辅助 VLAN 映射到主 VLAN。

```
Switch(config)#vlan 100
Switch(config-vlan)# private-vlan association 101
```

④ 将端口 F0/1 划入 PVLAN。

```
Switch(config)# interface fastethernet 0/1
Switch(config-if)#Switchitchport mode private-vlan host
Switch(config-if)#Switchitchport private-vlan host-association 100 101
```

通过上述配置后，可快速阻截同一个 VLAN 内的病毒交叉感染。

2）方案二，使用端口保护进行端口隔离，开启了端口保护的端口将不能互相通信，没有开启端口保护的端口可以保持通信。配置端口保护如下。

```
Switch(config)#interface range fastethernet 0/1
Switch(config-if-range)#Switchitchport protected
```

通过上述配置后，可快速阻截同一个 VLAN 内的病毒交叉感染，而且实施的过程较 PVLAN 而言更简单与快速。

3）方案三，如果确认某台主机已感染了病毒，可以使用 VACL 来隔离同一 VLAN 内的主机相互通信，达到防止网络病毒交叉感染的目的。例如，在 VLAN 100 内，有一台主机 192.168.100.2 已经确认被感染了基于 RPC 的蠕虫病毒，被感染的这台主机企图使用 ICMP 消息在同一子网内控制存在 RPC 漏洞的主机，并试图感染这些主机，应设法快速阻截网络病毒的交叉感染。

① 定义 VALN 需要识别的流量。

```
Switch(config)#access-list 100 permit icmp host 192.168.100.2 192.168.100.0 0.0.0.255
Switch(config)#access-list 100 permit tcp host 192.168.100.2 192.168.100.0 0.0.0.255 eq 135
Switch(config)#access-list 100 permit udp host 192.168.100.2 192.168.100.0 0.0.0.255 eq 135
Switch(config)#access-list 100 permit tcp host 192.168.100.2 192.168.100.0 0.0.0.255 eq 139
```

```
Switch(config)#access-list 100 permit udp host 192.168.100.2 192.168.100.0 0.0.0.255 eq 139
Switch(config)#access-list 100 permit tcp host 192.168.100.2 192.168.100.0 0.0.0.255 eq 445
Switch(config)#access-list 100 permit udp host 192.168.100.2 192.168.100.0 0.0.0.255 eq 445
```

指令分析：上述 ACL 定制了 VACL 需要识别的流量，access-list 100 permit icmp host 192.168.100.2 192.168.100.0 0.0.0.255 表示识别 ICMP 流量。识别 ICMP 流量的原因在于，当企业网络主机被感染 RCP 的蠕虫病毒后，被感染的主机将使用 ICMP 消息对整个企业网络进行扫描，以发现漏洞主机，然后进行交叉感染。所以控制 ICMP 流量，对防御基于 RCP 的蠕虫病毒相当重要。而其他的几条 ACL 语句都是对 RCP 的蠕虫感兴趣的 TCP 和 UDP 端口进行识别。

② 定义 VACL 将识别到的流量丢弃。

```
Switch(config)#vlan access-map denyPRC 10
Switch(config-access-map)#match ip address 100
Switch(config-access-map)#action drop
Switch(config-access-map)#vlan access-map denyPRC 20
Switch(config-access-map)#action forward
Switch(config-access-map)#exit
Switch(config)#vlan filter denyPRC vlan-list 100
```

指令分析：vlan access-map denyPRC 10 指示定义一个名为"denyPRC"的 VACL 例表，10 表示列表的列序号；match ip address 100 指示引用 ACL100 定义的流量识别；action drop 指示当 VACL 识别出 ACL100 所定义的流量后，执行的策略行为是丢弃（drop）；vlan access-map denyPRC 20 指示定义序列号为 20 的 VACL 列表，该列表的意义在于如果流量匹配不上序列号为 10 的 VACL 策略，那么将该类流量进行转发，因为 VACL 与 ACL 一样都有一条隐藏的拒绝一切流量的语句。如果没有配置该列表，那么在同一个 VLAN 内的所有通信将被拒绝；vlan filter denyPRC vlan-list 100 指示将名为"denyPRC"的 VACL 例表应用到 VLAN 100。

三、对网络设备进行安全评估并实施"一键加固"

1. 路由器面对的安全威胁

很多路由器服务都存在安全威胁，为了便于举例，下面将这些服务都加以分类，有关每个类别的详细扩展信息都将在本项目后面加以描述。

1）不必要开启的服务和接口：通常情况下都不需要的服务。

2）网络管理服务：有助于管理路由器的服务。

3）路径完整性机制：影响路由器转发平面的服务。

4）探测和扫描：能够为攻击者反馈大量信息的服务。

5）终端接入安全服务：帮助保护路由器的服务。

6）免费 ARP（Gratuitous ARP）和代理 ARP：帮助识别网段中设备的服务。

2. 不必要开启的服务和接口的范围

1）路由器接口：提供数据包进出路由器功能，虽然从活动接口上拔除缆线时会断开网络连接，但是在这种情况下也应该从逻辑上禁用该接口，这样可以防止缆线被意外或恶意地重新连接到该接口上，使得该接口又被激活。默认情况下该接口会被禁用（对 Cisco 路由器来说，无需用户进行配置），如果需要手工禁用，在全局配置模式下禁用它的指令是(config)#no ip bootp server。

2）BOOTP 服务：该服务允许路由器充当其他网络设备的 BOOTP 服务器，这类服务器在调制解调器网络中很少用到，一般应禁用。路由器默认是启用该服务，建议用户禁用，在全局配置模式下禁用该功能的指令是(config)#no ip bootp server。

3）CDP（Cisco Discovery Protocol，Cisco 发现协议）：CDP 周期性地在 Cisco 设备之间宣告信息，如设备的类型和 Cisco IOS 的版本等信息。利用这些信息可以测定设备的脆弱性并而发起攻击，除非内部网络需要，否则应在全局范围内或在不需要的接口上禁用该服务。默认情况下该接口被启用（全局和接口上），建议用户禁用。在全局配置模式下禁用该功能的指令是(config)#no cdp run；或在接口模式下指令是(config)#no cdp enable。如果是在全局配置模式下禁用，那么所有的接口的 CDP 功能都将会被关闭。

4）配置自动加载：该服务允许路由器在网络服务启动时自动加载配置文件，该服务应在不需要时被禁用，默认会被禁用。如果没有禁用，在全局配置模式下禁用它的指令是(config)#no service config。

5）FTP 服务：该服务允许路由器为闪存中的特定文件充当 FTP 服务器，该服务应在不需要时被禁用，默认会被禁用。如果没有禁用，在全局配置模式下禁用它的指令是(config)#no ftp-server enable。

6）TFTP 服务器：该服务允许路由器为闪存中的特定文件充当 TFTP 服务器，该服务应在不需要时被禁用，默认会被禁用。如果没有禁用，在全局配置模式下禁用它的指令是(config)#no tftp-server file-sys:imagename。

7）PAD（Packe Assembler/Disassember，分组拆装器）服务：该服务允许访问 X.25 网络中的 X.25 PAD 命令，这类服务在调制解调器网络中很少会用到，一般应禁用，默认会被启用。在全局配置模式下禁用它的指令是(config)#no service pad。

8）TCP 和 UDP 局部服务：该服务在路由器中运行小型服务器（守护进程），通常用于诊断，这类服务应用很少，一般应禁用，默认启用（在 IOS11.3 版本之前），在 IOS11.3 及其后版本默认是禁用。在全局配置模式下禁用它的指令是(config)#no service tcpsmall-servers；(config)#no service udpsmall-servers。

3. 禁用网络管理服务的安全威胁范围

1）SNMP：该服务允许路由器响应查询和配置请求，在不需要时被禁用。如果需要使用该服务，应通过 ACL 来限制对路由器的访问，并使用 SNMPv3 提供额外安全特性，默认是被启用的，如果没有使用 SNMP 执行网络管理的必要，应禁用。

2）HTTP 配置和监控：该服务允许从 Web 浏览器、SDM 使用 HTTPS（Secure HTTP，安全 HTTP）。如果不使用该服务，应该禁用，如果需要该服务，应通过 ACL 限制路由器的访问，并使用 HTTPS 进行加密的数据传送，如果没有特别需求，应禁用。在全局配置模式下禁用它的指令为(config)#no ip http server，(config)#no ip http secure-server。

3）DNS：思科路由器使用 255.255.255.255 作为域名解析时到达 DNS 服务器的默认地址。如果不使用该服务，应该加以禁用，如果需要该服务，应显示设置 DNS 服务器的地址，默认将作为 DNS 客户端被启用，如果不是必须使用，建议禁用。在全局配置模式下禁用它的指令：(config)#no ip domain-lookup。

4）ICMP 重定向：当数据包从到达的路由器接口被再次转发出去时，启用该服务会使路由器发送一条 ICMP 重定向报文。攻击者可以利用该信息将数据包重定向到非受信设备，在不需要的时候应禁用本服务，默认会被启用。在全局配置模式下禁用它的指令为(config)#no ip icmp redirect；(config)#no ip redirects。

5）IP 源路由：该服务允许发送方控制数据包穿越网络时的路由，攻击者利用该服务可以绕过正常的转发路径和网络中的安全机制。由于大多数网络设备都不会规定穿越网络时的优选路径，因而该服务应该被禁用，默认会被启用。在全局配置模式下禁用它的指令为(config)#no ip source-route。

4. 禁用探测和扫描的范围

1）Finger 服务：Finger 协议（端口 79）从网络设备上检索用户列表，包括线路号、连接名、空闲时间和端接未知，这些信息也可以通过 Cisco IOS 命令 show user 来查看，能够被侦查攻击所利用，该服务应该在不需要时禁用，默认会被启用。在全局配置模式下禁用它的指令为(config)#no service finger。

2）ICMP 不可达通告：该服务向发送方通告无效的目的 IP 地址或特定地址，这些信息可以被用来映射网络，因而应该被禁用，默认会被启用。在全局配置模式下禁用它的指令为（config)#no ip unreachables。

3）ICMP 掩码应答：在收到请求时该服务会发送 IP 子网掩码，这些信息可以被用来映射网络，因而应该在面向非守信网络的接口上禁用该服务，默认会被禁用。如果没有禁用，在全局配置模式下禁用它的指令为(config)#no ip mask-reply。

4）IP 定向广播：定向广播可以被用来探测或拒绝服务（通过 DoS 攻击）整个子网。定向广播在到达特定网段路由器之前都是单播，到达特定网段之后成为广播，应该禁用该服务。在思科 IOS 软件版本 12.0 之前会被启用，在思科 IOS 软件版本 12.0 之后默认会被禁用。如果没有禁用，在全局配置模式下禁用它的指令为(config)#no ip directed-broadcast。

5. 终端接入安全服务的范围

1）IP 鉴定服务：鉴定协议（RFC 1413）用于报告 TCP 连接发起方的身份，这些信息可以被侦测攻击所利用的 TCP。默认情况下该服务会被启用，在全局配置模式下禁用它的指令为(config-if)#no ip icmp redirect 和(config-if)#no ip redirects。

2）TCP 保持激活服务：当远程主机停止处理 TCP 包时（如重启之后），TCP 保持激活服务可以帮助清除 TCP 连接。应该启用该服务以帮助防止一定的 DoS 攻击，默认是禁用的。如果有需要启用，可在接口配置模式下使用指令(config-if)#service tcp-keeplive-in，或者在全局配置模式下使用指令(config)#service tcp-keeplive-out。

3）免费 ARP：启用该服务，是引起 ARP 欺骗攻击的主要原因，除非需要，否则应禁用该服务，默认情况下该服务会被启用。在全局配置模式下禁用它的指令为(config-if)#no ip arp gratuitous。

4）代理 ARP：该服务允许路由器解析二层地址，只有当路由器充当二层网桥时该功能特性才有用。由于这在调制解调器网络中是不可能的，因而应禁用该服务，默认情况下该服务会被启用。在全局配置模式下禁用它的指令为(config-if)#no ip arp proxy。

上面提供了各种路由器所面对的安全威胁，分析了各种服务产生安全威胁的原因。但是在关闭这些服务时，每次都使用逐行输入命令的形式来完成，将是一件非常麻烦的事情。因为需要关闭的服务很多，管理员不一定每次都能成功地记住如此之多的指令，这一切都将为网络设备的安全造成极大的威胁。所以，需要一种快速、智能并且不需要网络管理员花费太多开销的方式来完成关闭任务，最好是一个按钮就将所有安全威胁服务关闭，并且可以实时地分析网络设备上还存在哪些安全漏洞与隐患，那么使用 SDM 将是一个不错的选择。它能够支持安全审计功能，修复审计出来的安全漏洞，并支持“一步锁定”的安全加固。

实施目标：利用 SDM 加固路由器与交换机的安全。

实施工具：思科的 SDM 安全设备管理软件。

实施背景：为路由器 R1 与 SDM 操作主机配置 IP 地址，并保证它们相互能够通信，配置路由器支持 SDM 管理。

实施步骤：

第一步 在 SDM 操作主机 192.168.1.100 上启动并进入 SDM，在图 2.27 所示的界面中选择“安全审计”选项，会出现图 2.28 所示的界面，单击“执行安全审计”按钮。

第二步 启动执行安全审计，会出现图 2.29 所示的界面，要求必须选择需要执行安全审计的接口类型——外部接口（Internet）或者内部接口（企业内部网）。在该实施环境中，选择内部接口，然后单击“下一步”按钮，SDM 开始执行审计。事实上，它会对路由器上的指定接口，进行安全性评估，查看相关有安全威胁的服务是否被关闭，如图 2.30 所示。如果检查合格，则在该项目的前面会显示一个“勾”并标注为合格，如果相关项目前面显示的是一个“叉”，则标注为不合格。

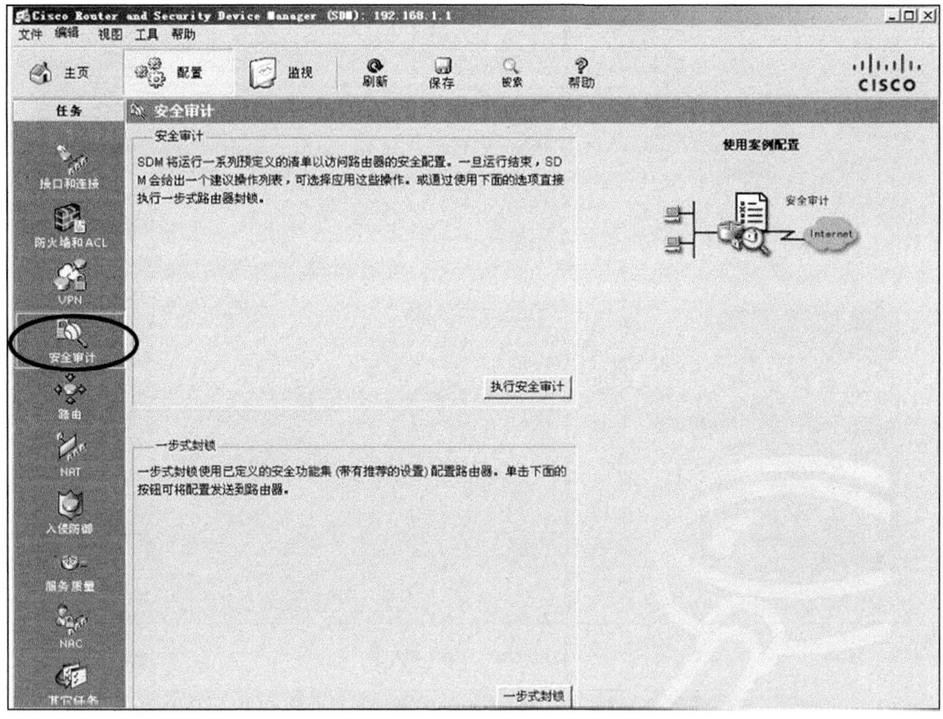

图 2.27　安全审计

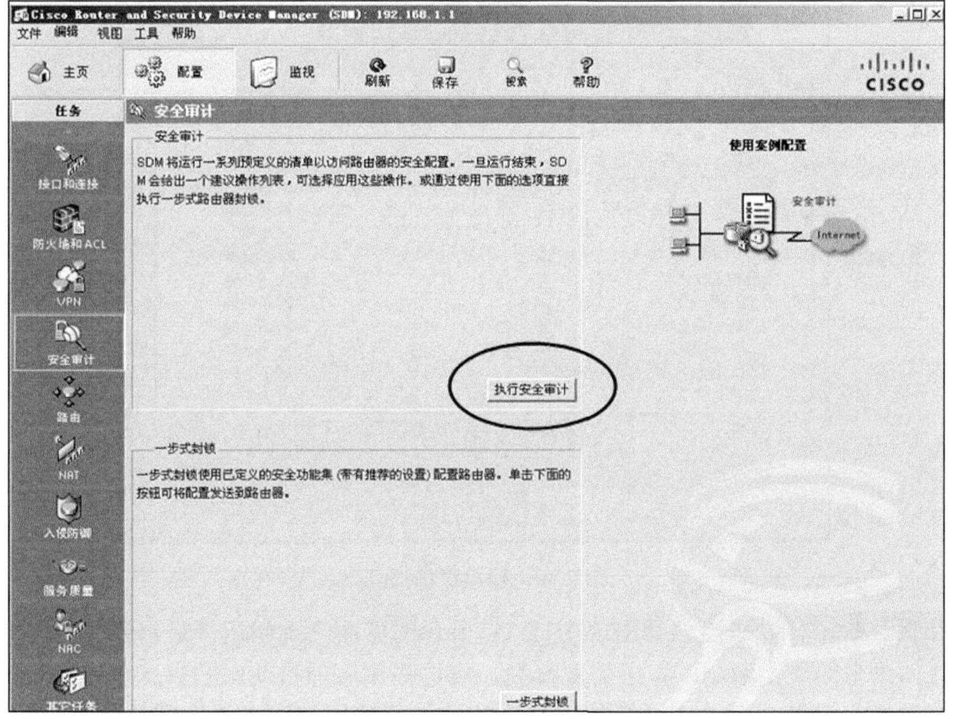

图 2.28　安全审计操作界面

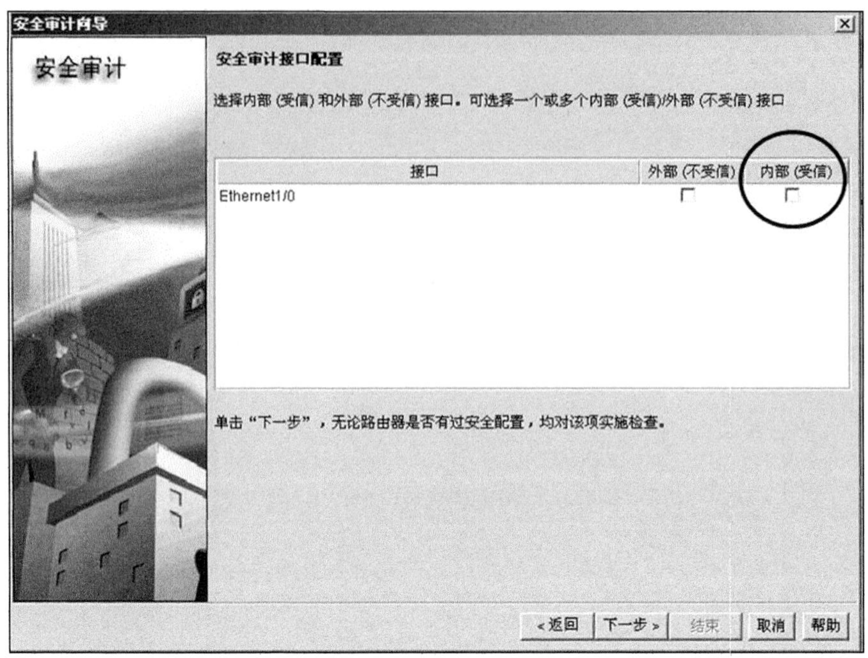

图 2.29 指定接口

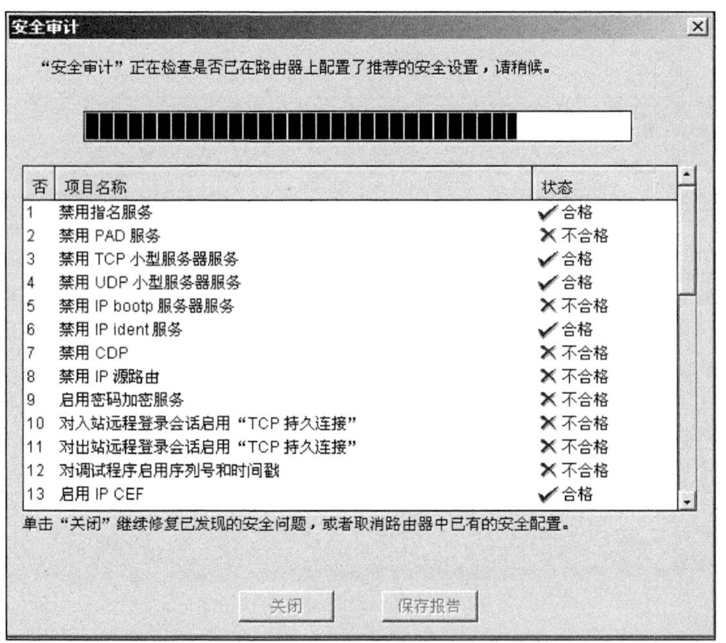

图 2.30 检测路由器安全

第三步 审计完毕后，会出现图 2.31 所示的界面，询问用户是否修复被“安全审计”评估出来的安全漏洞。如果需要修复，可选择相应项目前面的复选框；如果需要修复所有的安全漏洞，可单击“全部修复”按钮。建议用户选择“全部修复”。当完成修复后会出现图 2.32 所示的界面，可看到所有的项目前面全部是“勾”。然后单击图 2.33 所示界面中的“结束”按钮，完成基于 SDM 的“安全审计”。

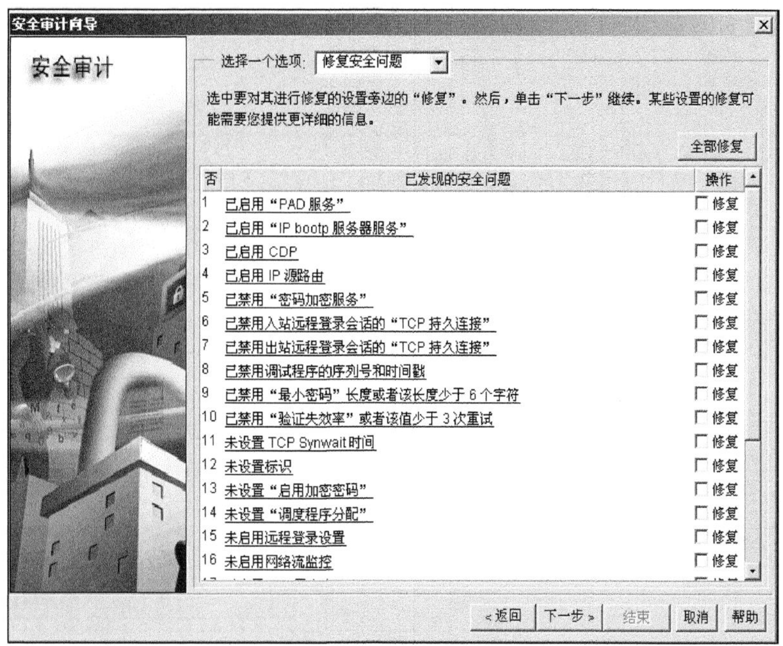

图 2.31　修复安全漏洞

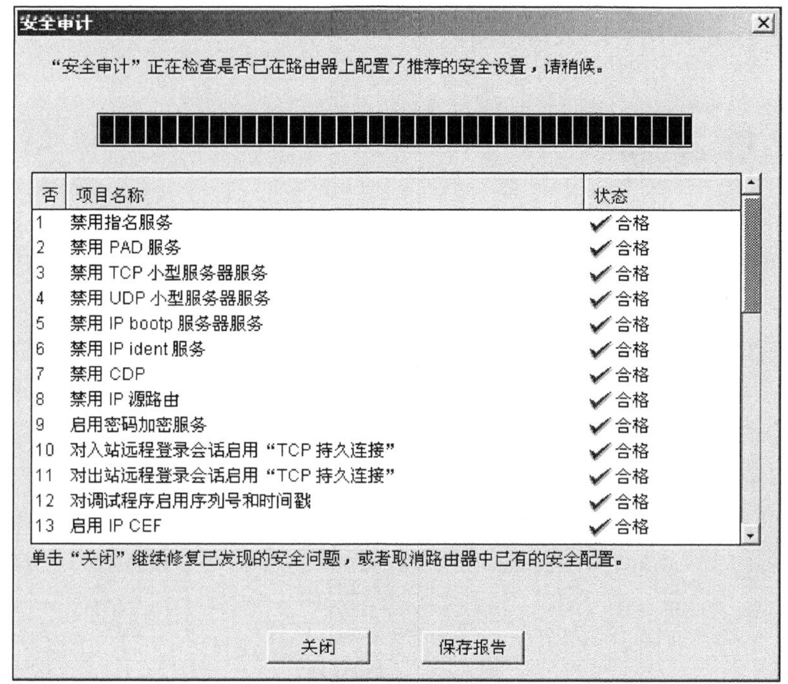

图 2.32　检测路由器安全

第四步 有一种更智能的方案可以快速锁定路由器上存在的安全威胁与安全漏洞。在图 2.31 所示的界面，选择“一步式封锁”，SDM 将依据推荐的方式，将路由器上存在的安全风险服务全部封锁。这样节省了每条指令的安全加固方式，网络管理效率得到提高。

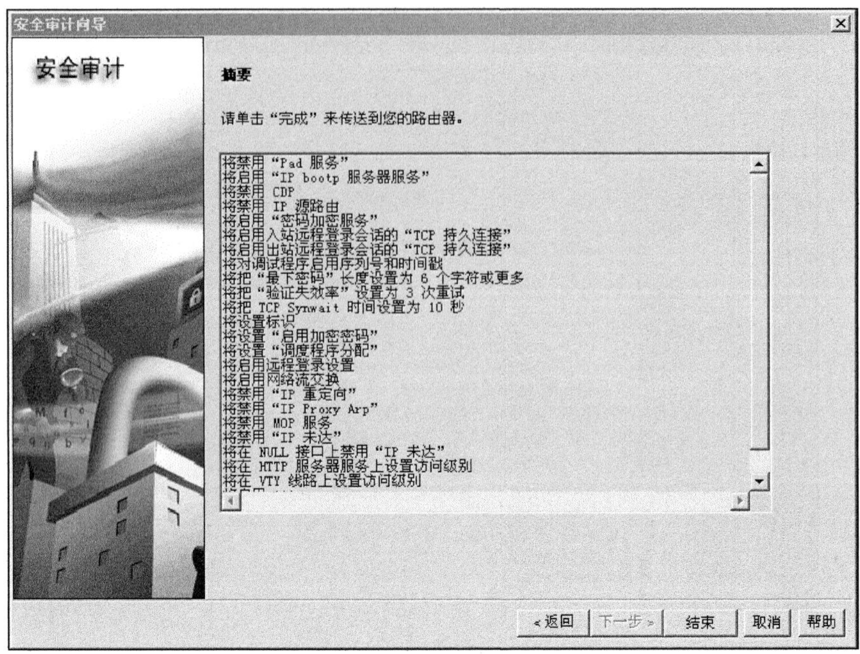

图 2.33 安全审计摘要

四、使用 802.1x 进行集中准入与访问控制

用户接入设备与接入控制单元（交换机）是通过 EAP（扩展认证协议）协议（基于数据链路层）实现数据交互的。而在交换机接入接口上启动 802.1x 认证，表示该接口只允许 EAPOL（基于局域网的扩展认证协议）数据通过设备连接的交换机端口，这样可以有效地控制用户接入设备的网络接入情况。通过 Sniffer 捕获用户接入设备和接入控制单元的数据交互过程，如图 2.34 所示，可以看到接入控制单元（交换机）通过把用户接入设备发送的消息封装到 Radius 协议，再发送给 Radius 认证服务器（思科 ACS）这种方式来实现对数据的验证，如图 2.35 所示。

```
802.1X:  EAPOL-Start
EAP: CODE = 1 (Request Packet)IDENTIFIER = 1 LENGTH = 5
EAP: CODE = 2 (Response Packet)IDENTIFIER = 1 LENGTH = 10
EAP: CODE = 1 (Request Packet)IDENTIFIER = 16 LENGTH = 37
EAP: CODE = 2 (Response Packet)IDENTIFIER = 16 LENGTH = 27
EAP: CODE = 3 (Success Packet)IDENTIFIER = 16 LENGTH = 4
```

图 2.34 EAPOL 帧

```
RADIUS: Access-Request Id = 5
RADIUS: Access-Challenge Id = 5
RADIUS: Access-Request Id = 6
RADIUS: Access-Accept Id = 6
```

图 2.35 Radius 接入帧

实现 802.1x 接入认证的过程，即用户接入设备、接入控制单元（交换机）及 Radius 认证服务器（思科 ACS）3 部分数据交互的过程，如图 2.36 所示。

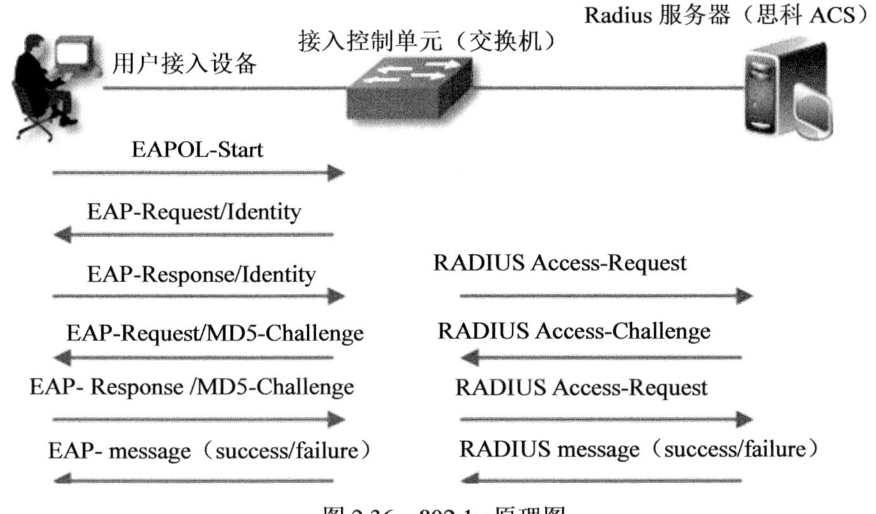

图 2.36　802.1x 原理图

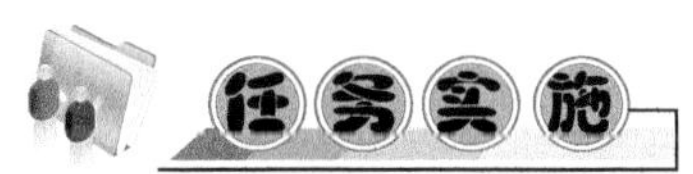

实施目标：基于思科的交换机完成 802.1x 接入控制。

实施环境：如图 2.36 所示。

实施工具：思科交换机集成的 802.1x 认证功能；思科的 ACS 集中验证服务软件。

实施步骤：

第一步 配置思科交换机 3640 的 fastEthernet 0/1 与 fastEthernet 0/2 接口为接入模式，并且设置 VLAN 1 的管理 IP 地址为 172.16.1.100/24。

```
cisco3640(config)#interface fastEthernet 0/1
cisco3640(config-if)#switchport mode access
cisco3640(config)#interface fastEthernet 0/2
cisco3640(config-if)#switchport mode access
```

* 配置接口为接入模式。

```
cisco3640(config)#interface vlan 1
cisco3640(config-if)#ip address 172.16.1.100 255.255.255.0
```

* 默认思科交换机上的所有接口都属于 VLAN 1，给 VLAN 1 配置 IP 地址的目的是为了在与 Radius 认证服务器（安装思科 ACS 软件的计算机）172.16.1.101 建立连接关系时使用，实现 Radius 验证信息的交互。

第二步 配置思科交换机 802.1x 认证功能，并制订 Radius 认证服务器（思科 ACS）的 IP 地址及验证密码。

```
cisco3640(config)#aaa new-model
cisco3640(config)#aaa authentication dot1x default group radius local
```

cisco3640(config)#radius-server host 172.16.1.101 key ccie

cisco3640(config)#dot1x system-auth-control

指令解析：aaa new-model 指的是全局开启 AAA，这条指令必须在所有 AAA 指令以前输入。802.1x 认证由 Radius 服务器来完成，当 Radius 不能认证时，由交换机本地的安全数据库完成 802.1x 认证，保证了验证的实施。radius-Server host 172.16.1.101 key ccie 是将 IP 地址指定为 172.16.1.101，Radius 服务器与交换机认证的密钥为 ccie，该密钥的主要作用是为了保证交换机与 Radius 服务器交换信息数据的安全。dot1x system-auth-control 表示开启 dot.1x 认证功能。

第三步 在控制的交换机接口（fastEthernet 0/1 和 fastEthernet 0/2）应用 802.1x 认证功能。

cisco3640(config)#interface fastEthernet 0/1

cisco3640(config-if)#dot1x port-control auto

cisco3640(config)#interface fastEthernet 0/2

cisco3640(config-if)#dot1x port-control auto

指令解析：dot1x port-control 指令后面有 3 个关键参数，分别是 auto、force-authorized 和 force-unauthorized。auto 表示当接口发现有设备接入时，启动 802.1x 认证；force-authorized 参数相当于禁用 802.1x 认证，所有人都可以接入该端口；force-unauthorized 表示不允许任何授权通过，配置了该参数之后，任何人都不可以接入该交换机接口。

第四步 配置 Radius 认证服务器（思科 ACS）。验证服务器的操作系统为 Windows Server 2003 Enterprise Edition Service Pack 2，并在该操作系统上安装思科的 ACS 软件，用于完成 802.1x 的认证接入。同时需要将该验证服务器配置成 DHCP 服务器，为通过 802.1x 认证的计算机提供 IP 地址分配。需要注意的是，在安装安全思科 ACS 软件前，必须安装软件 j2re-1_4-win.exe，为思科 ACS 软件提供运行环境。对 j2re-1_4-win.exe 的安装基本上只要按照默认方式执行即可。该软件的安装开始界面如图 2.37 和图 2.38 所示。

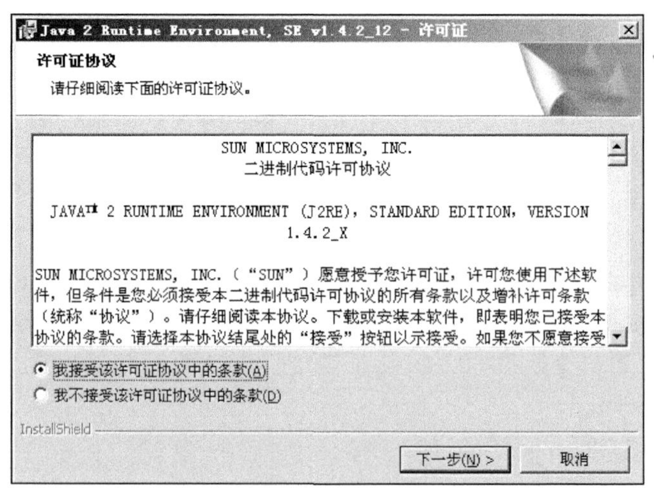

图 2.37 Java 的安装

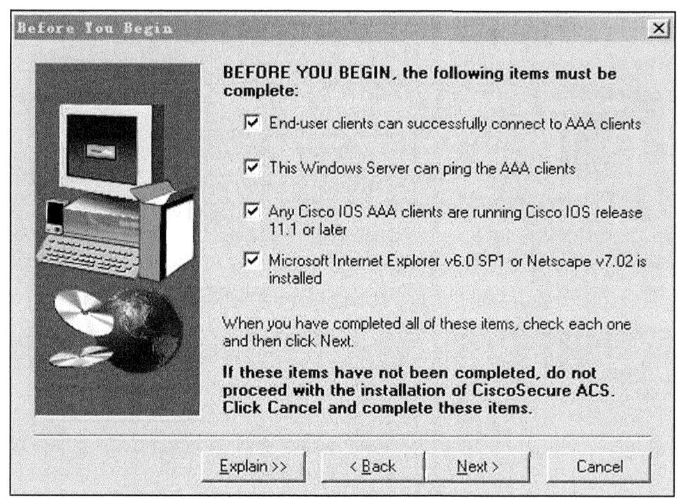

图 2.38 ACS 的 4 大组件

第五步 安装思科 ACS 软件，除了图 2.38 所示的安装界面需要选择外，其他安装步骤按照默认方式配置即可，如图 2.39 和图 2.40 所示。

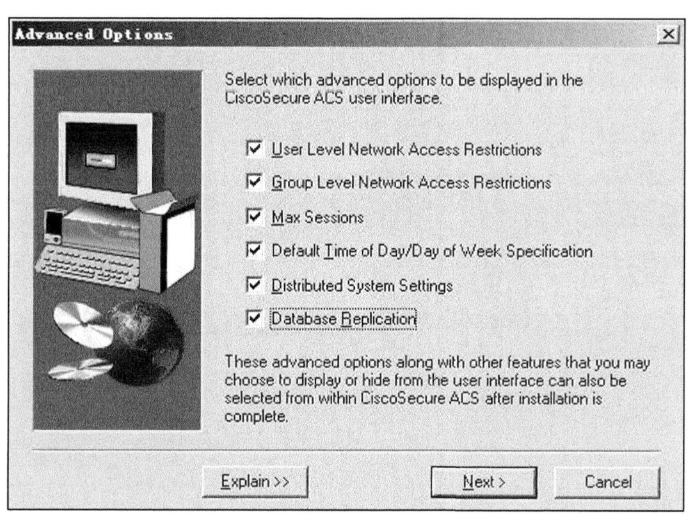

图 2.39 ACS 高级功能勾选

第六步 配置 ACS 软件的 Radius 验证功能。安装成功后的 ACS 界面如图 2.41 所示，首先，在 ACS 软件中添加接入计算机使用的用户名和密码，单击左侧面板的“User Setup”按钮。如图 2.42 所示，在 User 文本框输入用户名（如 user1），再单击“Add/Edit”按钮添加该用户，之后会弹出图 2.43 所示的“配置新添加用户”基本信息，这里主要是对用户 user1 配置密码（如 ccie），完成后，单击“Submit”按钮确定配置。

第七步 添加 AAA 认证 Client 和 Server 信息，确保 802.1x 控制部分（启动 802.1x 的交换机）与 Radius 认证服务器能通信。其中，802.1x 控制部分为 AAA Client，认证服务器为 AAA Server。单击左侧面板的 Network Configuration 按钮，会弹出图 2.44 所示的界面，其中，AAA Clients 没有客户端信息，AAA Servers 当中已经记录了 AAA 服务器为 172.16.1.101。配置 AAA Clients，单击 AAA Clients 中的“Add Entry”按钮会弹

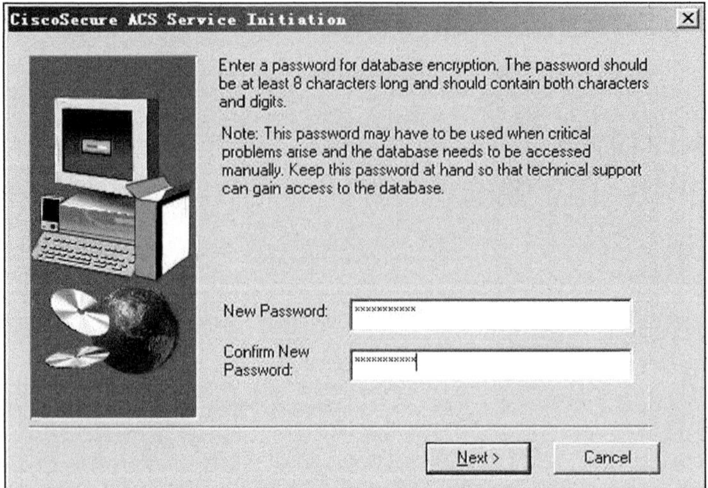

图 2.40 ACS 保护密码

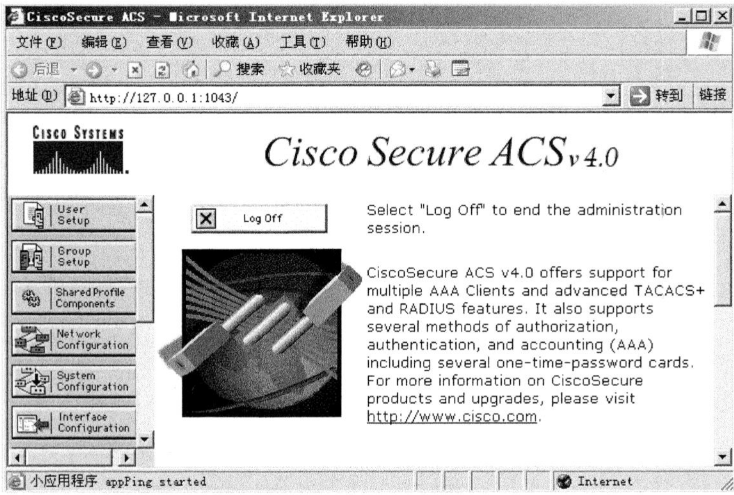

图 2.41 ACS 操作界面

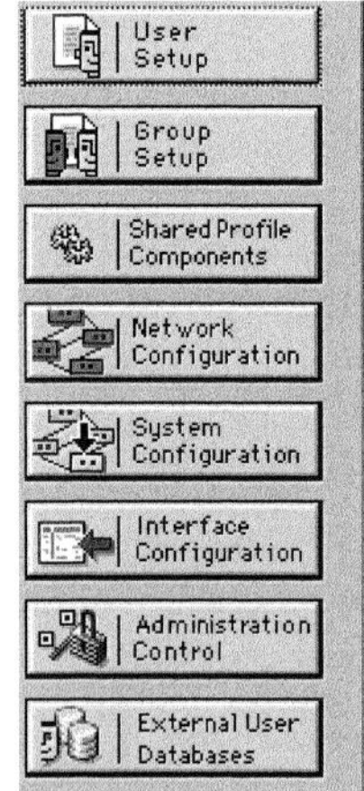

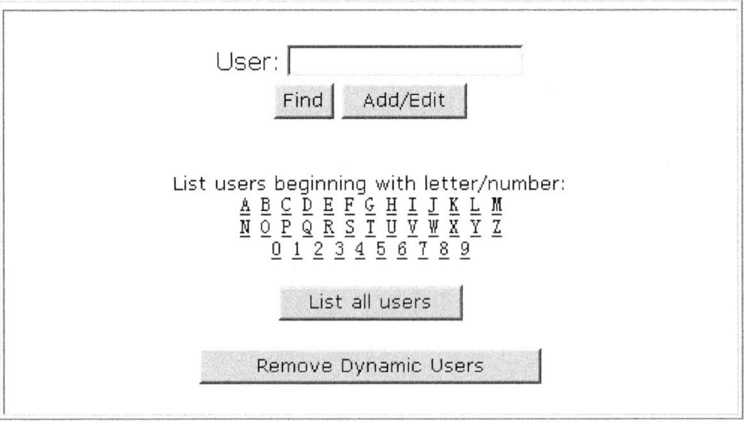

图 2.42 ACS 用户添加界面

User: user1 (New User)

Account Disabled

Supplementary User Info

Real Name　接入计算机

Description

User Setup

Password Authentication:

CiscoSecure Database

CiscoSecure PAP (Also used for CHAP/MS-CHAP/ARAP, if the Separate field is not checked.)

Password ••••

Confirm Password ••••

Separate (CHAP/MS-CHAP/ARAP)

Password

Confirm Password

When a token server is used for authentication, supplying a

Submit　Cancel

图 2.43　新用户配置界面

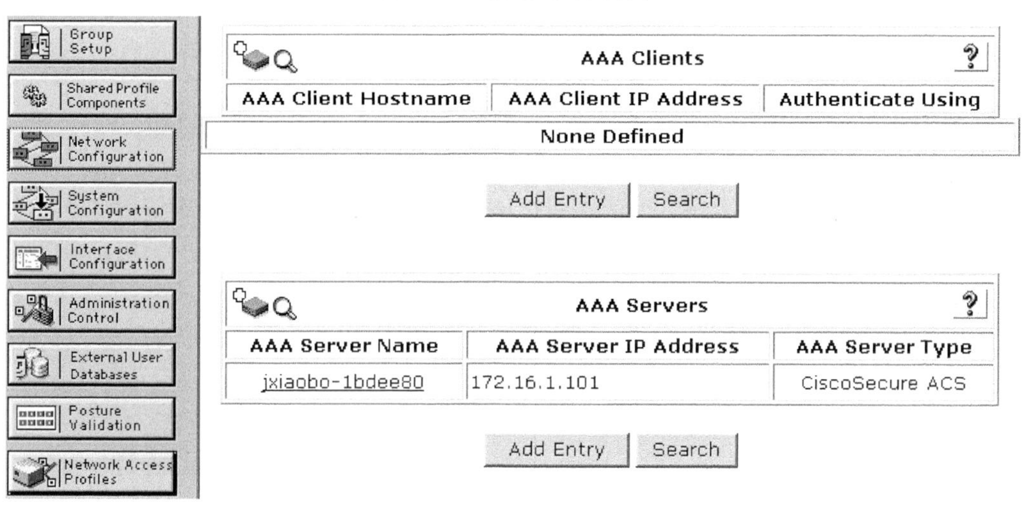

图 2.44　ACS 被管理客户端添加界面

出图 2.45 所示的界面。其中，AAA Client Hostname 为交换机的主机名，即 cisco3640；AAA Client IP Address 为交换机 VLAN 1 的地址 172.16.1.100；Key 为交换机上设置的验证密码，即 ccie。在 Authenticate Using 的 RADIUS（IETF）中选择 IETF（互联网工程任务组）表示选择国际标准化的技术规范（RADIUS 技术不止一种技术标准），在该实施环境中选择 IETF。然后，单击“Submit+Apply”按钮完成 AAA Clinet 的配置，图 2.46

所示为配置 AAA Clients 后的基本信息。

Add AAA Client

AAA Client Hostname: cisco3640

AAA Client IP Address: 172.16.1.100

Key: ccie

Authenticate Using: RADIUS (IETF)

- [ ] Single Connect TACACS+ AAA Client (Record stop in accounting on failure).
- [ ] Log Update/Watchdog Packets from this AAA Client
- [ ] Log RADIUS Tunneling Packets from this AAA Client
- [ ] Replace RADIUS Port info with Username from this AAA Client

Submit | Submit + Apply | Cancel

图 2.45　客户端配置界面

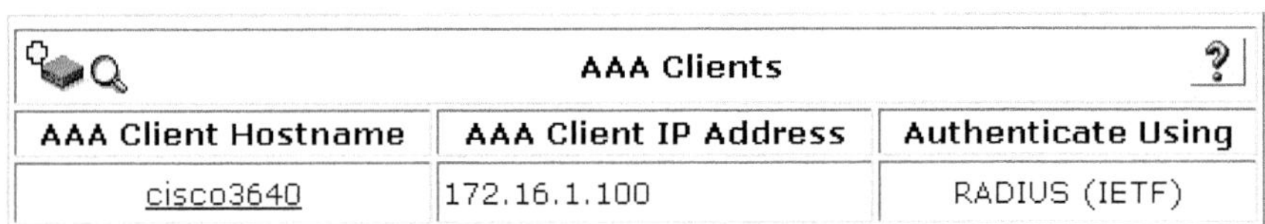

AAA Clients		
AAA Client Hostname	AAA Client IP Address	Authenticate Using
cisco3640	172.16.1.100	RADIUS (IETF)

图 2.46　客户端添加完成

第八步 配置用户所属的组的权限，授权用户认证通过之后，能够接入网络。单击左侧面板的“Group Setup”按钮，如图 2.47 所示。单击“Edit Settings”按钮，在弹出的编辑内容中将滚动条移动到末端，设置如图 2.48 所示的相关配置参数。其中，“064”表示隧道类型是“VLAN”，设置对 VLAN 下面的用户提供认证，“065”表示隧道媒体类型是“802”，所以应该将这里的认证方式设置为 802.1x。“081”表示设置 VLAN ID，在该实施环境中 VLAN ID 为“1”，这是因为此次测试环境交换机只有 VLAN 1，完成上述配置之后单击“Submit+Restart”按钮。

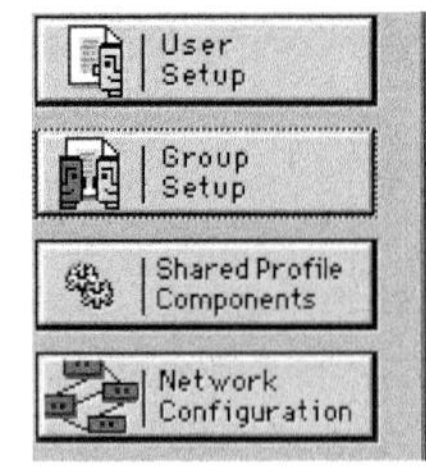

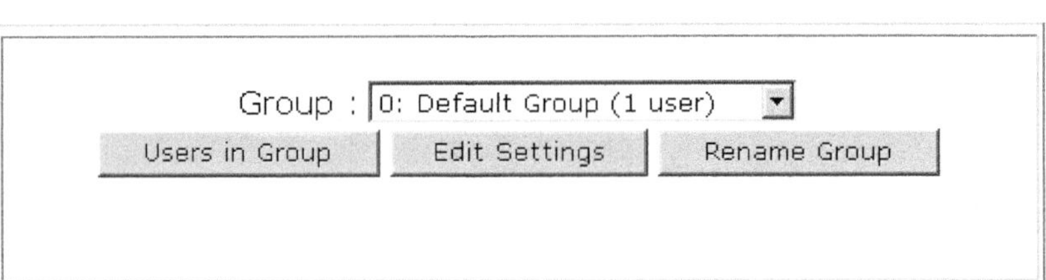

图 2.47　用户组

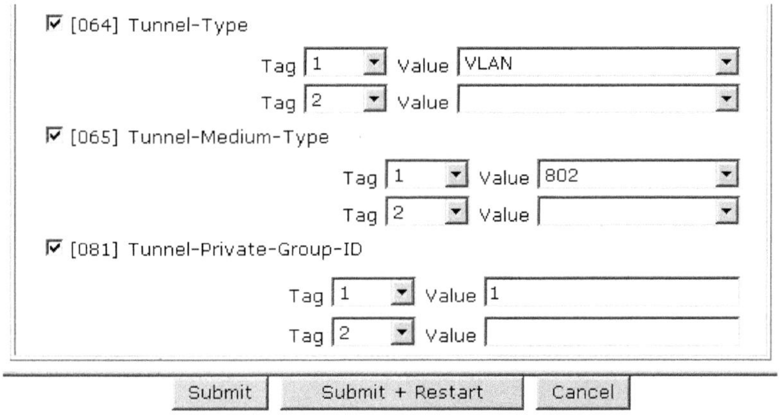

图 2.48 被管理 VLAN 用户配置

第九步 接入计算机的操作系统为 Windows XP Professional Service Pack 3，其默认 Windows 操作系统没有启用 802.1x 认证服务。打开系统服务，开启接入计算机的 8021.x 认证功能，在“运行”对话框中输入“services.msc”命令，会弹出图 2.49 所示的系统服务列表。选中 Wired AutoConfig 服务并双击，在弹出的对话框中选择“启动类型（E）”为“自动”，如图 2.50 所示。完成后单击“服务状态”的“启动”按钮，再依次单击“应用”和“确定”按钮，完成启动 802.1x 服务。修改网络连接中“本地连接”属性，选中“本地连接”并右击，在弹出的快捷菜单中选择“属性”命令，如图 2.51 所示。在弹出的属性对话框中，选择“身份验证”选项卡进行图 2.52 所示的参数配置。配置完成后单击“确定”按钮，如果这里选择了“缓存用户信息以便随后连接网络使用”复选框，用户就不用在每次登录网络时都需输入用户名和密码。如果接入的是企业内部的计算机，建议选择，否则建议不选择。

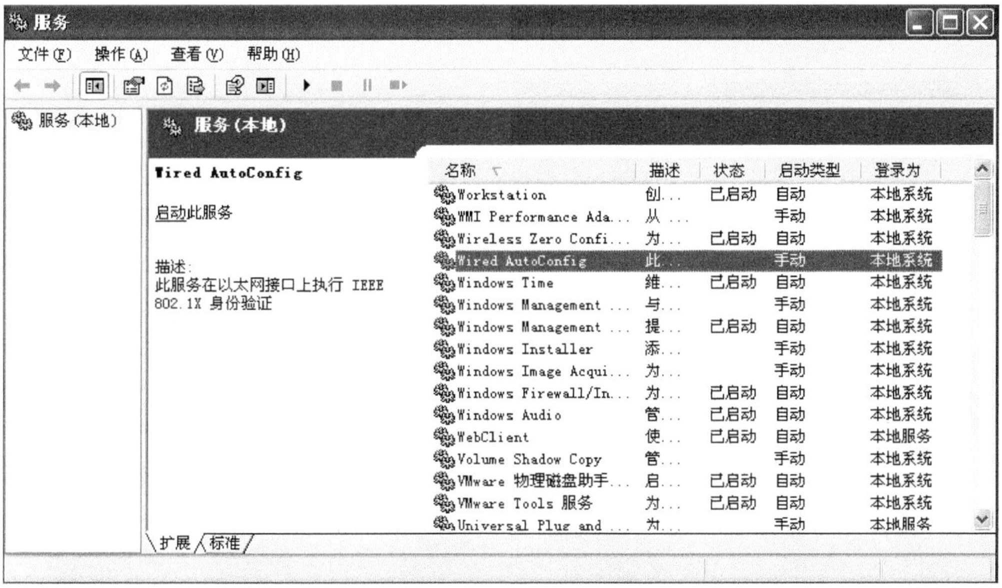

图 2.49 802.1x 认证服务

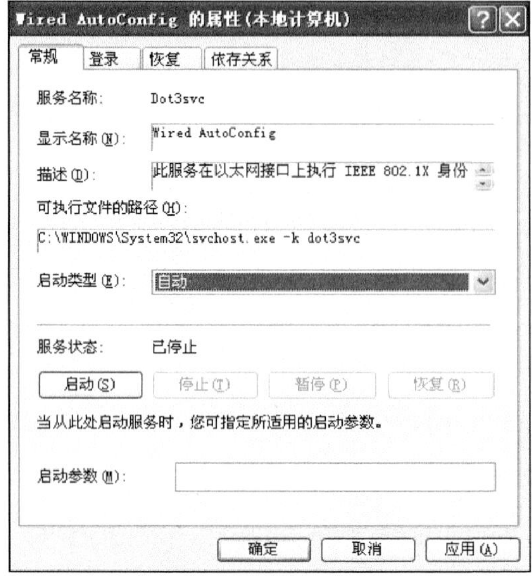

图 2.50 开启服务

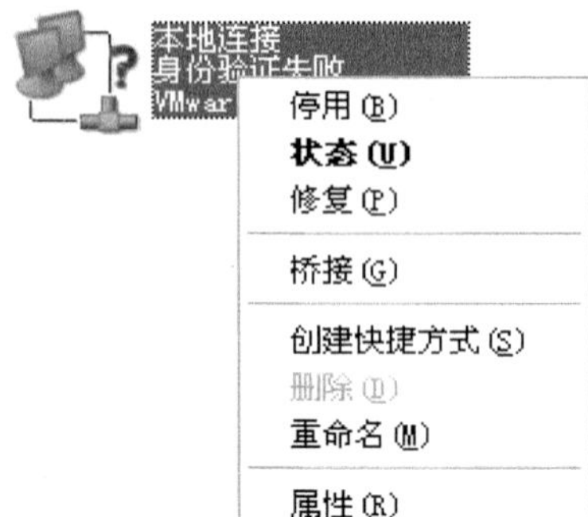

图 2.51 网卡状态

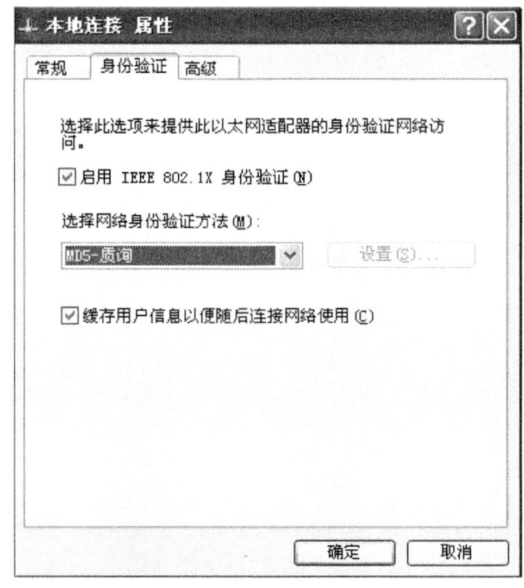

图 2.52 改为 MD5-质询

第十步 验证上述配置。802.1x 认证所需的设置，已在接入计算机、接入控制单元（交换机）和 Radius 认证服务器（思科 ACS）时完成。测试交换机与 AAA Server（认证服务器）的连通性，如图 2.53 所示。在交换机上测试用户（user1）和密码（ccie）完成 AAA 认证都已成功，如图 2.54 所示。接入计算机没有通过验证前，是不能通过 DHCP 获取到 IP 地址的，此时可使用 ipconfig/all 命令查看 IP 地址，如图 2.55 所示，出现的 IP 地址 169.254.6.244 是指“当计算机不能正常地从 DHCP 服务器获取 IP 地址”时，微软操作系统将自动为其分配一个以 169.254 开始的 IP 地址段，来保证微软网络服务的正常运行。没有通过验证的接入计算机所连接交换机端口的状态如图 2.56 所示，其中，up 表示物理链路状态良好；down 表示链路状态确属性已经被关闭。这说明 802.1x 控制端口是通过链路使用的协议进行控制，而不是通过物理链路进行控制。

```
cisco3640#ping 172.16.1.101

Type escape sequence to abort.
Sending 5, 100-byte ICMP Echos to 172.16.1.101, timeout is 2 seconds:
!!!!!
Success rate is 100 percent (5/5), round-trip min/avg/max = 36/52/64 ms
```

图 2.53　确保物理链路正常

```
cisco3640#test aaa group radius user1 ccie new-code
Trying to authenticate with Servergroup radius
User successfully authenticated
```

图 2.54　用户认证成功

```
Ethernet adapter 本地连接:

        Connection-specific DNS Suffix  . :
        Description . . . . . . . . . . . : VMware Accelerated AMD PCNet Adapter

        Physical Address. . . . . . . . . : 00-0C-29-61-71-1B
        Dhcp Enabled. . . . . . . . . . . : Yes
        Autoconfiguration Enabled . . . . : Yes
        Autoconfiguration IP Address. . . : 169.254.6.244
        Subnet Mask . . . . . . . . . . . : 255.255.0.0
        Default Gateway . . . . . . . . . :
```

图 2.55　未获得 IP 地址

```
cisco3640#show interfaces fastEthernet 0/1
FastEthernet0/1 is up, line protocol is down
```

图 2.56　链路状态确属性已经被关闭

第十一步 如图 2.57 所示，当接入计算机的“网络连接”上启动了“802.1x 认证”，计算机桌面右下角将会出现一个提示信息（如果没有提示信息，可把网卡禁用，再启动），单击该提示信息，弹出图 2.58 所示的对话框，提示输入验证“用户名”和“密码”（用户名和密码分别为 Radius 服务器上所设置的 user1 和 ccie），再单击“确定”按钮。

802.1x 验证系统验证成功后，接入计算机所连接的交换机端口的物理链路和链路协议状态都变成了 up，如图 2.59 所示。由于交换机接入端口的物理状态和链路协议状态都是 up，表示其他的 IP 数据能通过该交换机端口，所以，DHCP 服务器所分配的 IP 地址就能够成功地送达接入计算机，成功为其分配 IP 地址，如图 2.60 所示。

图 2.57　提示信息　　　　图 2.58　输入用户名密码

```
cisco3640#show interfaces fastEthernet 0/1
FastEthernet0/1 is up, line protocol is up
```

图 2.59 链路状态确属性开启

```
Ethernet adapter 本地连接:

        Connection-specific DNS Suffix  . :
        Description . . . . . . . . . . . : VMware Accelerated AMD PCNet Adapter

        Physical Address. . . . . . . . . : 00-0C-29-61-71-1B
        Dhcp Enabled. . . . . . . . . . . : Yes
        Autoconfiguration Enabled . . . . : Yes
        IP Address. . . . . . . . . . . . : 172.16.1.2
        Subnet Mask . . . . . . . . . . . : 255.255.255.0
        Default Gateway . . . . . . . . . :
        DHCP Server . . . . . . . . . . . : 172.16.1.101
        Lease Obtained. . . . . . . . . . : 2010年8月25日 17:16:20
        Lease Expires . . . . . . . . . . : 2010年9月2日 17:16:20
```

图 2.60 获得 IP 地址

如果用户名或密码错误，那么认证失败，如用户提供了验证服务器上没有注册的用户名 admin 和密码 admin，如图 2.61 所示，并向验证服务器发起验证，但由于用户名和密码的错误，将导致验证失败，如图 2.62 所示。

输入凭据
用户名(U): admin
密码(P): *****
登录域(L):
确定 取消

图 2.61 错误认证名和密码

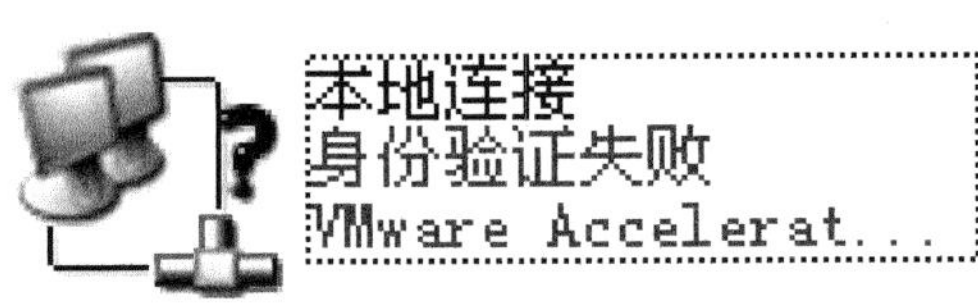

图 2.62 失败提示

五、使用访问控制列表 ACL 来拒绝非法访问

1. 理解 Telnet 协议

Telnet 协议是 TCP/IP 协议族中的一员，用于 Internet 远程登录服务的标准协议和主要实现方式。它使用 TCP 协议的 23 号端口完成工作，为用户提供在本地计算机上完成配置远程主机、路由器和交换机等网络设备的能力。思科的 IOS 系统集成了 Telnet 功能，在本地计算机上使用 Telnet 程序，用它连接到远程设备，本地终端可以在 Telnet 程序中

输入命令，这些命令会在路由器或交换机上运行，给人的感觉就像直接在网络设备的控制台上输入一样。要开始一个 Telnet 会话，必须输入用户名和密码来登录网络设备。

2. 设置密码长度限制、密码加强的建议

为相关的线路访问设置密码可以加强密码访问的安全，而密码字符串本身的安全也非常重要，以下建议为设置密码的最佳实践。

1）限定密码字符串的长度，字符数越多，猜测密码所需要的时间越长。

2）建议使用混合字符，比如：大小写字母、数字、空格和其他符号，密码字符串的组合越复杂，攻击者猜中密码的可能性就越小。

3）不要使用密码字典中的单词。

4）需要经常变更密码。

1. 限制 VTY（Telnet）的访问

在进行 Telnet 访问时，虽然有登录的用户名与密码来对访问者进行身份验证，但是除此之外，Telnet 将允许任何来源的 IP 节点访问网络设备，无法限制访问来源，这将为 Telnet 登录网络设备造成安全威胁，所以下面主要描述如何限制 VTY 访问的安全。

实施目标：配置 VTY 线路访问的安全。

实施环境：如图 2.63 所示的实验环境。

实施背景：首先完成图 2.63 所示实验环境的网络基础配置，其中包括为路由器 R1、R2 以及计算机配置 IP 地址，并在网络中启动路由，确保网络上每个 IP 节点都可以相互 ping 通，然后配置路由器 R1 允许被 Telnet 的功能，完成配置后，确保实验环境中的任意 IP 节点都可以成功的 Telnet 路由器 R1，然后，使用 VTY 的控制访问方式来实现，只允许 192.168.2.2 和 192.168.2.100 的 IP 节点可以 Telnet 路由器 R1，而其他 IP 节点，如 172.16.2.1 无法通过 Telnet 访问路由器 R1。

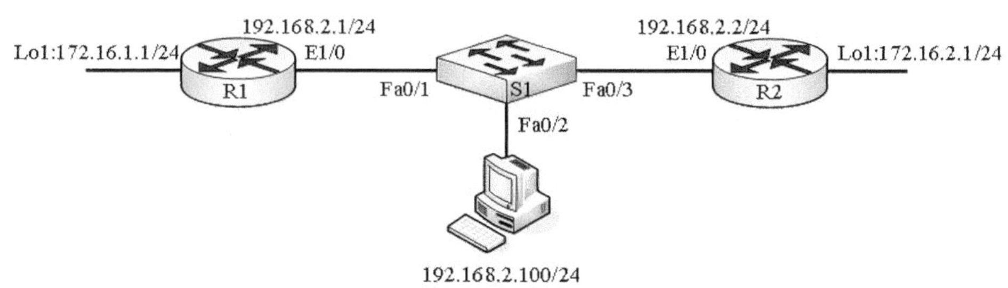

图 2.63 限制 VTY 访问的实验环境

实施步骤：

第一步 完成对实验环境的基础配置后，配置路由器 R1 的 telnet 功能，然后在路由器R2上完成对路由器R1的Telnet过程，如图2.64所示，这里需要注意的是无论是Telnet目标地址192.168.2.1或者172.16.1.1，事实上都是在Telnet路由器R1，因为这两个IP地址都是路由器R1上的IP地址，只是处于不同的接口而已，只要这两个IP地址的路由可达，通信无故障，使用两个地址中的任意IP都可以Telnet到路由器R1。

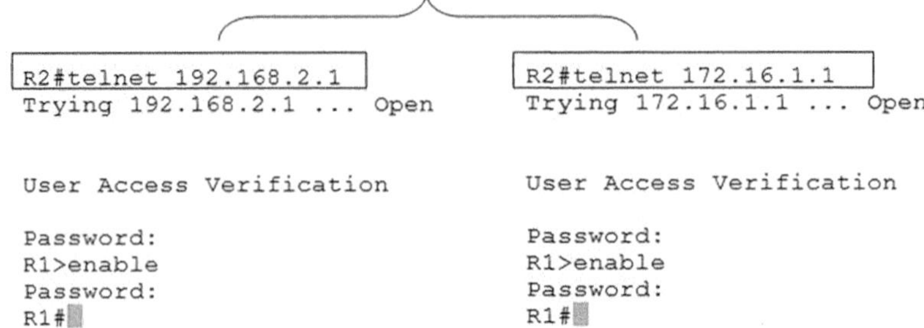

图2.64　在路由器R2上测试到R1的Telnet过程

注意

根据实验环境，此时路由器R2 Telnet R1的源地址是192.168.2.2，在默认情况下，如果没有特别声明源地址，那么将会把路由器R2距目标路由器R1最近的接口IP地址作为Telnet路由器R1的源IP地址，如果需声明Telnet过程中的源IP地址，可以使用下面的方法来完成。

图2.65所示的过程，分别声明路由器R2使用不同的源地址（E1/0 192.168.2.2和Lo1 172.16.2.1）Telnet路由器R2，由于现在路由器R1并没有对Telnet的访问来源作限制，所以使用任意的源IP地址都可以Telnet路由器R1，如果配置没有问题，计算机A也可以成功地Telnet路由器R1。

```
R2#telnet 192.168.2.1 /source-interface e1/0
Trying 192.168.2.1 ... Open

User Access Verification

Password:
R1>enable
Password:
R1#
```

申明使用R2的E1/0接口的IP地址192.168.2.2作为telnet的源地址

```
R2#telnet 192.168.2.1 /source-interface loopback 1
Trying 192.168.2.1 ... Open

User Access Verification

Password:
R1>enable
Password:
R1#
```

申明使用R2的环回接口Lo1的IP地址172.16.2.1作为telnet的源地址

图2.65　在路由器R2上使用不同的源地址测试到R1的Telnet过程

第二步 路由器R1需对VTY的访问作限制，要求只允许路由器R2使用192.168.2.2的源IP地址和主机A（192.168.2.100）可以登录路由器R1，其他源地址都将被作为非法地址，无法完成到路由器R1的登录。具体配置如下。

R1(config)#access-list 1 permit host 192.168.2.2

* 允许192.168.2.2。

R1(config)#access-list 1 permit host 192.168.2.100

* 允许192.168.2.100。

R1(config)#line vty 0 4

* 进入VTY线路0-4。

R1(config-line)#access-class 1 in

* 将访问控制列表1应用到VTY线路的进入方向。

R1(config-line)#exit

第三步 完成上述配置后，再次使用不同的源IP地址来登录路由器R1，如图2.66所示，使用172.16.2.1作为源IP登录路由器R1被拒绝，而使用192.168.2.2作为源IP登录路由器R1成功，计算机A登录路由器R1也应该成功。

```
R2#telnet 192.168.2.1 /source-interface loopback 1
Trying 192.168.2.1 ...
% Connection refused by remote host
```

指示以R2的源地址172.16.2.1Telnet R1被拒绝

```
R2#telnet 192.168.2.1 /source-interface ethernet 1/0
Trying 192.168.2.1 ... Open

User Access Verification

Password:
R1>enable
Password:
R1#
```

指示以R2的源地址192.168.2.2 Telnet R1成功

图2.66　配置路由器R1的VTY线路限制后的访问状态

2. 限制Consle线的访问

实施目标：配置访问Consle线的密码，以加强安全性。

实施环境：任意一台路由器使用Consle线连接到控制计算机。

实施背景：默认情况下，Consle线的访问是没有设置密码的，通常只要通控制线成功的连接到路由器，然后启动路由器就可以进入路由器的一般用户模式，在很多情况下这样存在一定的安全威胁。此时，需要控制Consle线访问的密码，所以在该实施环境中，将对Consle线的访问使用密码，并设置它的空闲超时值，最后，分别观察Consle线访问有密码与无密码的区别。

实施步骤：

第一步 在没有设置Consle线访问密码的情况下，如图2.67所示，当路由器启动完成后，直接进入路由器的一般用户模式，在这种情况下，路由器没有要求用户在进入时，提供任何访问密码。

```
ble No such file or directory
*Jul 13 21:29:42.195: %LINEPROTO-5-UPDOWN: Line protocol on Interface VoIP-Null0
, changed state to up
*Jul 13 21:29:42.203: %LINK-3-UPDOWN: Interface FastEthernet0/0, changed state t
o down
*Jul 13 21:29:42.531: %PARSER-4-BADCFG: Unexpected end of configuration file.

*Jul 13 21:29:42.535: %SYS-5-CONFIG_I: Configured from memory by console
*Jul 13 21:29:42.995: %SYS-5-RESTART: System restarted --
Cisco IOS Software, 7200 Software (C7200-ADVENTERPRISEK9-M), Version 15.0(1)M3,
RELEASE SOFTWARE (fc2)
Technical Support: http://www.cisco.com/techsupport
Copyright (c) 1986-2010 by Cisco Systems, Inc.
Compiled Sun 18-Jul-10 07:13 by prod_rel_team
*Jul 13 21:29:43.055: %CRYPTO-6-ISAKMP_ON_OFF: ISAKMP is OFF
*Jul 13 21:29:43.055: %CRYPTO-6-GDOI_ON_OFF: GDOI is OFF
*Jul 13 21:29:43.147: %SNMP-5-COLDSTART: SNMP agent on host R1 is undergoing a c
old start
*Jul 13 21:29:43.203: %LINEPROTO-5-UPDOWN: Line protocol on Interface FastEthern
et0/0, changed state to down
*Jul 13 21:29:44.539: %LINK-5-CHANGED: Interface FastEthernet0/0, changed state
to administratively down
R1>
```

图 2.67　没有密码策略时进入控制线的状态

第二步 现在配置路由器或者交换机的控制线访问密码，具体配置如下。当完成并保存配置后，再次重新启动路由器，当通过控制线访问路由器时，会出现图 2.68 所示的步骤要求输入访问密码。

关于配置路由器控制线访问的密码的指令如下。

R1(config)#line console 0

* 进入控制线路。

R1(config-line)#login

* 对控制线路进行登录配置。

R1(config-line)#password ccna123W

* 设置控制线登录配置的密码。

R1(config-line)#exec-timeout 10 30

* 设置控制线的空闲超时时间为 10min30s。

图 2.68　要求提供密码的控制台访问

3. 设置密码长度限制、密码加强

实施目标：要求配置路由器的密码安全策略。

实施环境：任意一台思科的路由器或者交换机。

实施背景：要求为思科的路由器或者交换机配置密码安全策略，当用户为网络设备配置任何密码时，要求最少需要 8 个字符串，并对密码字符串的内容进行加密。

实施步骤：

第一步 在没配置密码安全策略时，可以通过 show running-config 指令查看当前运行的配置文件，如图 2.69 所示，可清晰地看出没有启动加密密码的功能，所以 enable 用户的密码字符串的内容清晰可见，而且只有 4 个字符串的长度，这不能达到建议的密码长度（至少 8 位）。

```
R1#show running-config
Building configuration...

Current configuration : 798 bytes
!
! Last configuration change at 01:18:10 UTC Sun Jul 15 2012
!
upgrade fpd auto
version 15.0
service timestamps debug datetime msec
service timestamps log datetime msec
no service password-encryption      ←—— 指示没有启动加密密码的功能
!
hostname R1
!
boot-start-marker
boot-end-marker
!
enable password ccie      ←— 密码字符串的内容清晰可见，而且只有4个字符
```

图 2.69　没有启动密码安全策略的配置文件

第二步 现在使用如下配置制订密码的安全策略，要求用户在配置任何密码字符串时，至少需要 8 个字符的长度，并按要求对密码字符串的内容进行加密，具体配置如下。

R1(config)#security passwords min-length 8

* 设置密码的最小长度。

R1(config)#service password-encryption

* 设置加密密码字符串。

当完成上述配置后，此时在路由器上使用 enable password ccie 来为 enable 用户设置密码，会出现图 2.70 所示的提示，配置的密码无效，因为目前所配置的密码长度只占 4 个字符串的长度，不满足上面所要求的密码安全策略。

```
R1(config)#enable password ccie
% Invalid Password length - must contain 8 to 25 characters. Password configuration failed
```

提示：设置的密码无效，因为不能满足密码字符串的长度！要求长度在8-25个字符之间。

图 2.70　不满足密码安全策略时的提示

现在使用指令 enable password ccie123W 完成对 enable 用户密码的配置，这次能够成功将密码完成配置，因为它已经满足策略的要求。

现在可以通过 show running-config 指令再查看当前运行的配置文件，如图 2.71 所示，加密密码的功能也被启动，也可以看出密码字符串的内容已经被加密不再以明文的形式显示在配置文件中。这里需要注意，service password-encryption 是使用 Vigenere 加密算法来完成的。事实上，这种加密方式比较脆弱，现在网络上很多软件都提供了破解这种加密的软件，它不如 enable secret ccie123W 的 5 型密码（不可被恢复）安全。

```
R1#show running-config
Building configuration...

*Jul 15 01:38:09.783: %SYS-5-CONFIG_I: Configured from console by console
Current configuration : 849 bytes
!
! Last configuration change at 01:38:09 UTC Sun Jul 15 2012
!
upgrade fpd auto
version 15.0
service timestamps debug datetime msec
service timestamps log datetime msec
service password-encryption          <—— 加密密码功能被启动
!
hostname R1
!
boot-start-marker
boot-end-marker
!
security passwords min-length 8
enable password 7 141411020955787813   <—— 密码字符串的内容已经被加密
```

图 2.71　查看已经配置密码安全策略的配置文件

知识拓展　网络结构的攻击

从计算机网络诞生至今，不可否认信息安全是现在 IT 领域中最令人头痛的问题，而且毫无疑问地说今天的信息安全防御工作多数仍然停留在计算机上，即努力地加固主机、安装杀毒软件、安装防火墙、安装反木马程序等。事实上，这些工作虽然是需要专业人员去不断努力完善的，但值得提出的论点是："能被安全产品防御的安全违例事件，就不是一个太大的问题。"更令人担忧的是："安装的安全产品在面对入侵或者攻击时往往视而不见。"

因为现今的网络黑客入侵与攻击的手段越来越高明，而且针对的攻击对象也从单纯的计算机转向了整体的网络结构与网络设计，包括从设备本身的工作原理入手，而且 80%的网络安全违例事件都是来源于用户一向比较自信的"内部网络"。一件很恐怖的事情将会发生："企业网络用什么，黑客就攻击什么！"而网络结构与设计的脆弱，往往是用户不会花太多精力思考的事情，甚至于有时会被完全忽略。而基于网络结构与设计的攻击与入侵正好是安全产品（包括防火墙、杀毒软件、入侵检测系统和入侵防御系统）根本不可防御与检测的盲区。

习　题

一、选择题

1. 标准 ACL 控制列表的序列号范围为（　　）。
   A. 1～99　　B. 101～200　　C. 201～300　　D. 99～100
2. SSH（Secure Shell）默认的连接端口为（　　）。
   A. 23　　B. 90　　C. 22　　D. 121
3. RIP 串接的路由器最多不能超过（　　）个。
   A. 11　　B. 13　　C. 15　　D. 12
4. Cisco 路由器使用（　　）作为域名解析时到达 DNS 服务器的默认地址。
   A. 255.255.255.255　　B. 224.0.0.1　　C. 224.0.0.3　　D. 255.0.0.0
5. Telnet 协议使用的端口号为（　　）。
   A. 23　　B. 90　　C. 22　　D. 121

二、简答题

1. 简述 SSH 与 Telnet 的区别。
2. 什么是 PVLAN?
3. 简述链路状态路由与矢量路由的区别。

项目3

企业级园区网络边界设备安全加固

- 了解防火墙概念。
- 熟悉防火墙的基本配置。
- 了解入侵检测系统的概念。
- 熟悉入侵检测系统的基本配置。
- 了解 NBAR 技术。

- 能够配置防火墙让其代理内部计算机上网。
- 能够配置入侵检测系统来防止外部的攻击。
- 能够配置 NBAR 进行基于内容和基于大型文件的过滤。

天隆科技公司的网络管理员小刘接到各个部门的反映，公司的网络速度越来越慢。他通过排查分析后发现，公司的边界网络设备没有任何安全性可言，时常受到外界的攻击。攻击流量大量占用了网络带宽，影响了正常办公流量。

项目分析

网络管理员小刘根据以上的现状分析，得出造成以上问题的原因及解决思路如下。

1）企业网络边界没有安全设备。

2）在安全设备上代理员工计算机上网。

3）部署能够发现攻击的网络安全设备。

4）测试攻击行为。

5）对网络病毒进行过滤。

6）对下载大型文件进行过滤。

本项目首先通过在企业网络边界部署防火墙和入侵检测设备，然后配置防火墙和入侵检测系统，使员工计算机能够访问互联网。在防火墙上配置安全策略，让防火墙病毒不能入侵内部网络，不允许员工下载大型文件。

本项目实施完成以下任务：

任务一 防火墙部署；

任务二 入侵检测系统部署；

任务三 内网行为控制系统部署。

任务3.1 部署防火墙

1. 理解防火墙

防火墙指的是一个由软件系统和硬件设备集成、在企业内部网络和外部网络之间、专用网络与公共网络的边界上构造的企业网络的保护设备，是一种获取安全性方法的实现方式。它是在安全网络（企业内部网络）与非安全网络（Internet）之间建立的一个安全网关（Security Gateway），从而保护内部网络免受非法用户的侵入。防火墙主要由服务访问规则、验证工具、包过滤和应用网关4种类型组成。防火墙在企业网络中的部署示意图如图3.1所示。典型的两种部署方式，一种部署在企业内部网络与Internet网络的边界上，用于防御Internet上可能面向企业内部网络的安全威胁，在这样的部署环境

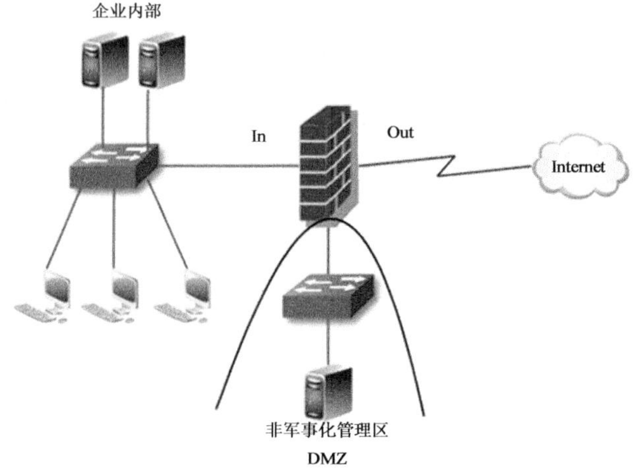

图3.1 部署在企业内部网络与Internet网络的边界上的防火墙

中，企业内部网络的安全等级高于其他所有接口的安全等级。第二种防火墙的部署方案用于企业内部网络中的两个不同网络之间，如图 3.2 所示。出于某种目标过滤两个不同网络之间的通信，或者防御企业内部两个不同网络之间的安全威胁，在这种部署环境中，防火墙两个接口的安全等级可以根据实际情况进行自定义，或者使用相同的安全等级。

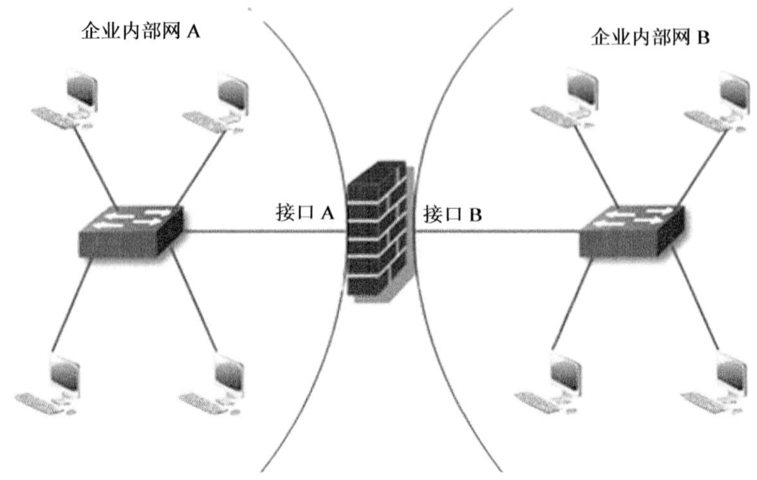

图 3.2　部署在企业内部不同网络之间的防火墙

2. 思科 PIX 防火墙

（1）PIX 防火墙的概念

PIX 防火墙是思科的硬件防火墙，具有工作速度快、使用方便等特点。它是集包过滤、应用层检测及状态检测于一体的安全防御设备。它由专用的安全操作系统与硬件结合组成，属于典型的嵌入式系统。

（2）PIX 防火墙的技术特点和优势

1）非通用、安全、实时和嵌入式系统：典型的代理服务器要对每个数据包进行很多处理，消耗大量的 CPU 资源，而 PIX 防火墙是使用安全、实时、嵌入式的操作系统，增强了网络的安全性。

2）适应性安全算法（ASA）：该算法对经过 PIX 防火墙的连接采用了基于状态的控制。

3）直通（Cut-through）代理：这种类型的代理对出、入连接都采用基于用户的认证方式，与代理服务器相比具有更好的性能。

4）基于状态的包过滤：这种方式是把有关数据包的大量信息放入表中，并进行分析的一种安全措施。要建立一个会话，该连接的相关信息必须与表中的信息匹配。

5）高可靠性：两个思科防火墙可以配置成全冗余方式，提供基于状态的故障倒换能力。

（3）PIX 专用的 Finesse 操作系统

Finesse 是思科私有的操作系统，既非 UNIX 也非 Windows NT，是类似 IOS 的操作系统，可以减少通用操作系统带来的风险。该操作系统具有卓越的性能，可以同时处理 50 万个连接，比任何基于 UNIX 的防火墙性能都高得多。

（4）PIX 防火墙的产品线

思科 PIX 防火墙系列产品，如图 3.3 所示。

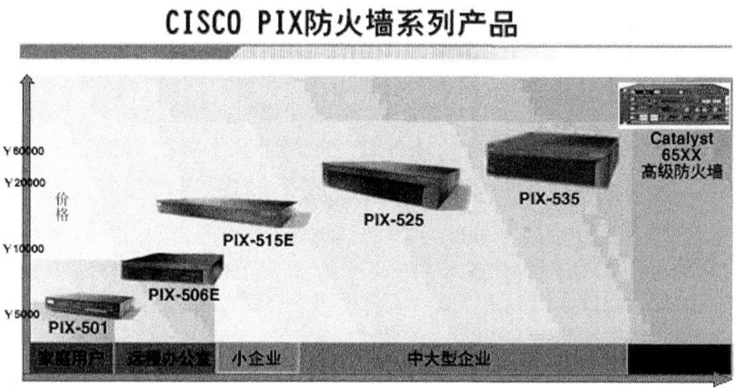

图 3.3　PIX 产品结构

1）Cisco PIX 501：Cisco PIX 501 防火墙是市场领先的 Cisco PIX 防火墙系列的一部分，可以通过一个紧凑的、整合的解决方案提供强大的安全功能、小型办公室联网功能和强大的远程管理功能，尤其适用于保障高速的、“永续运行的”宽带环境的安全。

2）Cisco PIX 506E：Cisco PIX 506E 防火墙是市场领先的 Cisco PIX 防火墙系列的一部分，可以通过一个经济有效的、高性能的解决方案提供丰富的安全功能和强大的远程管理功能，尤其适用于为远程/分支机构保障互联网连接。

3）Cisco PIX 515E-UR-BUN：Cisco PIX 515E-UR-BUN 可以提供业界领先的状态防火墙和 IP 安全（IPSec）虚拟专用网服务。Cisco PIX 515E 是针对中小型企业和企业远程办公机构而设计的，具有更强的处理能力和集成化的、基于硬件的 IPSec 加速功能。

4）Cisco PIX 525-UR：Cisco PIX 525-UR 防火墙是世界领先的 Cisco Secure PIX 防火墙系列的组成部分，能够为当今的网络客户提供很好的安全性和可靠性。它所提供的完全防火墙保护及 IP 安全（IPSec）虚拟专网（VPN）能力特别适合于保护企业总部的边界。

5）Cisco PIX 535-UR：Cisco PIX 535-UR 是一种能够提供空前保护能力的通用防火墙设备。它与 PIX 操作系统（OS）紧密集成在一起，该操作系统是一种消除了安全漏洞和性能退化开销的专用固化系统。PIX 535 防火墙的核心是基于自适应安全算法（ASA）的一种保护机制，它可以提供面向静态连接的防火墙功能，能够进行 50 万个同时连接，并同时防止常见的拒绝服务（DoS）攻击。

6）Cisco FWSM 高端防火墙：Cisco FWSM 高端防火墙是一种高速的、集成化的防火墙，可以提供业界最快的防火墙数据传输速率，5Gbps 的吞吐量，100000cps，以及一百万个并发连接。在一个设备中最多可以安装 4 个 FWSM 防火墙模块，因而每个设备最高可以提供高达 20Gbps 的吞吐量。

注意

重点理解 PIX 防火墙的适应性安全算法（ASA）。

ASA 关心的数据流状态信息如下。

① IP 分组的源 IP 与目标 IP。

② TCP 序列号和附加的 TCP 标记。

③ UDP 分组流和定时器。

TCP 为连接所生成的初始序列号（ISN）不是随机的，这可能会导致 TCP 会话劫持。ASA 算法通过计算一个较随机的序列号来解决这个问题，它将这个数字作为流分组的序列号，并记下两个随机数之间的差别。当接收到流出分组的返回数据时，在把分组转发给位于内部的主机之前，这种算法将先用一个正确的序列号来代替被改变的序列号。它可以控制半开会话的数目限制、超时时间等。ASA 算法工作原理如图 3.4 所示。

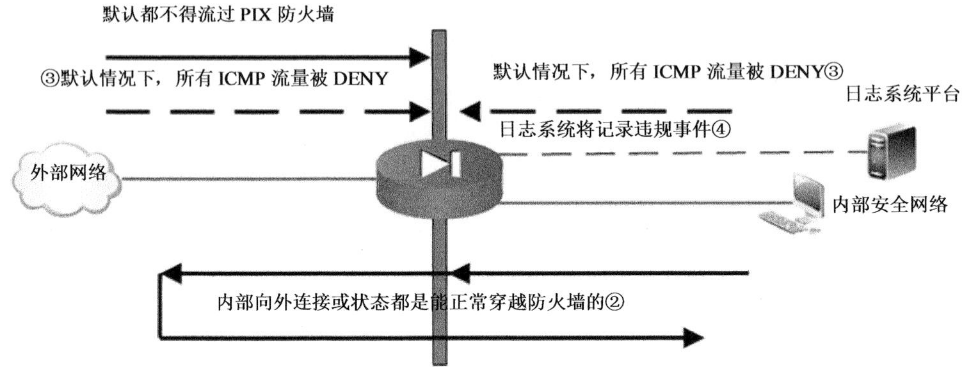

图 3.4　ASA 工作示意图

（5）适应性安全算法（ASA）对穿越防火墙的流量控制原则

1）不经过转换、连接和特别说明，任何流量都不得流过 PIX 防火墙。

2）允许所有高安全级别的流量流向低安全级别，有 ACL 控制除外。

3）除非经过特别说明，否则所有 ICMP 流量被拒绝，包括以内部主动发起到外部并返回的 icmp echo 应答。

4）所有破坏上述原则的行为都被日志系统记录。

（6）PIX 的安全区域划分原则

1）安全级别 100：这是 PIX 防火墙内部接口的最高安全级别，是 PIX 防火墙的默认设置，而且不能改变。因为 100 是值得信任的最高接口安全级别，所以，应该把企业网络建立在这个接口的后面。除非经过特定的允许，否则其他的接口都不能访问这个接口，而这个接口后面的每台设备都可以访问公司网络外的接口。

2）安全级别 0：这是 PIX 防火墙外部接口的最低安全级别，是 PIX 防火墙的默认设置，而且不能改变。因为 0 是值得信赖的最低接口安全级别，所以应该把最不值得信赖的网络连接到这个接口的后面。除非经过特定的许可，否则它不能访问其他接口，而这个接口通常用于连接 Internet。

3）安全级别 1～99：这些是分配与 PIX 防火墙相连接的边界接口安全级别。可以根据每台设备的访问情况来为它们分配相应的安全级别。

3. 思科 ASA 防火墙

ASA 是思科系列中全新（2005 年推出）的防火墙和反恶意软件安全用具，均是 5500 系列。企业版包括 4 种：Firewall，IPS，Anti-X，以及 VPN。和 PIX 类似，ASA 也提供诸如入侵防护系统（IPS，intrusion prevention system），以及 VPN 集中器。ASA 可以取代 3 种独立设备——PIX 防火墙、Cisco VPN 3000 系列集中器与 Cisco IPS 4000 系列传感器。ASA 可加装 CSC-SSM 模块（CSC-SSM，内容安全以及控制安全服务，Content Security and Control Security Service）提供 anti-X 功能。

（1）Cisco ASA 防火墙特性（表 3.1）

表 3.1　Cisco ASA 防火墙特性

特性	Cisco ASA 5505	Cisco ASA 5510	Cisco ASA 5520	Cisco ASA 5540	Cisco ASA 5550
防火墙吞吐量	最大 150 Mbps	最大 300 Mbps	最大 450 Mbps	最大 650 Mbps	最大 1.2 Gbps
3DES/AES VPN	最大 100 Mbps	最大 170 Mbps	最大 225 Mbps	最大 325 Mbps	最大 425 Mbps
IPsec VPN 对等体	10;25	250	750	5000	5000
高级 AnyConnect VPN 对等体（包括/取大）	2/25	2/250	2/750	2/5000	2/5000
并发连接	10,000;25,000	50,000;130,000	280,000	400,000	650,000
新连接/秒	4000	9000	12,000	25,000	36,000
集成的网络端口	8 端口快速以太网交换机（包括 2 个 PoE 端口）	5 个快速以太网端口；2 千兆位以太网+3 个快速以太网端口	4 千兆位以太网 1 个快速以太网	4 千兆位以太网 1 个快速以太网	8 千兆位以太网， 4 个 SFP 光纤， 1 个快速以太网
虚拟接口（VLAN）	3（无集群支持）/20（有集群支持）	50/100	150	200	400
安全上下文（包括/最大化）	0/0	0/0(Base);2/5(Security Plus)	2/20	2/50	2/100
高可用性	不支持； 无状态 活动/备用和冗余 ISP 支持	不支持；活动/活动和活动/备用	活动/活动和活动/备用	活动/活动和活动/备用	活动/活动和活动/备用
扩展槽	1,SSC	1,SSM	1,SSM	1,SSM	0

（2）Cisco PIX 和 Cisco ASA 防火墙的区别

Cisco PIX 一直都是思科确定的防火墙，在 2005 年 5 月，思科推出了一个新的产品——适应性安全产品（Adaptive Security Appliance，ASA）。Cisco PIX 是一种专用的硬件防火墙。所有版本的 Cisco PIX 都有 500 系列的产品号码。最常见的家用和小型网络用产品是 PIX 501；而许多中型企业则使用 PIX 515 作为企业防火墙。PIX 防火墙使用 PIX 操作系统。虽然 PIX 操作系统和思科 IOS 看起来非常相似，但是对那些非常熟悉 IOS 的用户来说，还是会给他们带来不便。PIX 系列的防火墙使用 PDM（PIX 设备管理器，PIX Dcvicc Managcr）作为图形接口。该图形界面系统是一个通过网页浏览器下载的 Java 程序。一般情况下，一台 PIX 防火墙有个外向接口，用来连到一台 Internet 路由器中，这台路由器再连接到 Internet 上。同时，PIX 也有一个内向接口，用来连到一台局域网交换机上，该交换机连入内部网络。

而 ASA 是思科系列中全新的防火墙和反恶意软件安全用具。ASA 系列产品都是 5500 系列。企业版包括 4 种：Firewall、IPS、Anti-X 以及 VPN。而对小型和中型公司来说，还有商业版本。总体来说，Cisco 一共有 5 种型号。所有型号均使用 ASA 7.2.2 版本的软件，接口也非常接近 Cisco PIX。Cisco PIX 和 ASA 在性能方面有很大的差异，但是，即使是 ASA 最低的型号，其所提供的性能也比基础的 PIX 高得多。和 PIX 类似，ASA 也提供入侵防护系统（IPS，intrusion prevention system），以及 VPN 集中器。实际上，ASA 可以取代 3 种独立设备——Cisco PIX 防火墙，Cisco VPN 3000 系列集中器以及 Cisco IPS 4000 系列传感器。

4. 在防火墙上实现 NAT

网络地址转换（Network Address Translation，NAT），是将 IP 数据包包头中的 IP 地址转换为另一个 IP 地址的协议。当 IP 数据包通过路由器或者安全网关时，路由器或者安全网关会把 IP 数据包的源 IP 地址和/或者目的 IP 地址进行转换。在实际应用中，NAT 主要用于私有网络访问外部网络或外部网络访问私有网络的情况，NAT 有以下优点。

1）通过使用少量的公有 IP 地址代表多数的私有 IP 地址，缓解了可用 IP 地址空间枯竭速度。

2）NAT 可以隐藏私有网络，达到保护私有网络的目的。

3）私有网络一般使用私有地址，RFC1918 规定的 3 类私有地址如下。

① A 类：10.0.0.0～10.255.255.255（10.0.0.0/8）。

② B 类：172.16.0.0～172.31.255.255（172.16.0.0/12）。

③ C 类：192.168.0.0～192.168.255.255（192.168.0.0/16）。

上述 3 个范围的 IP 地址不会在因特网上被分配，因而可以不必向 ISP（Internet Service Provider）或注册中心申请，而在公司或企业内部自由使用。

安全网关执行 NAT 功能时，处于公有网络和私有网络的连接处。图 3.5 描述了 NAT 的基本转换过程。

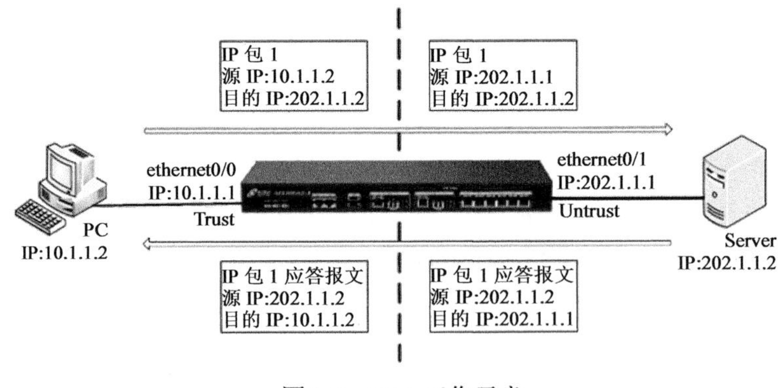

图 3.5 NAT 工作示意

防火墙处于私有网络和公有网络的连接处。当内部 PC（10.1.1.2）向外部服务器（202.1.1.2）发送一个 IP 包 1 时，IP 包将通过防火墙。安全网关查看包头内容，发现该 IP 包是发向公有网络的，然后它将 IP 包 1 的源地址 10.1.1.2 换成一个可 Internet 上选路的公有地址 202.1.1.1，并将该 IP 包发送到外部服务器，与此同时，防火墙还在网络地址转换表中记录这一映射。外部服务器给内部 PC 发送 IP 包 1 的应答报文 2（其初始目的地址为 202.1.1.1），到达安全网关后，安全网关再次查看包头内容，然后查找当前网络地址转换表的记录，用内部 PC 的私有地址 10.1.1.2 替换目的地址。这个过程中，安全网关对 PC 和 Server 来说是透明的。对外部服务器来说，它认为内部 PC 的地址就是 202.1.1.1，并不知道 10.1.1.2 这个地址。因此，NAT“隐藏”了企业的私有网络。

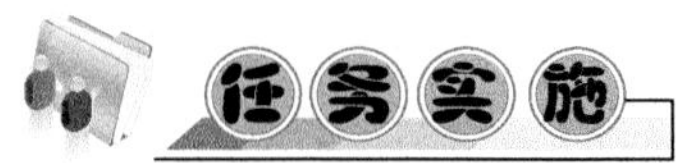

实施目标：理解 PIX 防火墙的基本配置、安全区域划分、流量访问与控制。

实施环境：如图 3.6 所示。

实施背景：配置思科的 PIX 防火墙，让安全网络的主机能够访问外部区域，反之，则不能。要求外部区域和安全网络可以访问 DMZ 区域，但是 DMZ 区域不能访问安全网络。

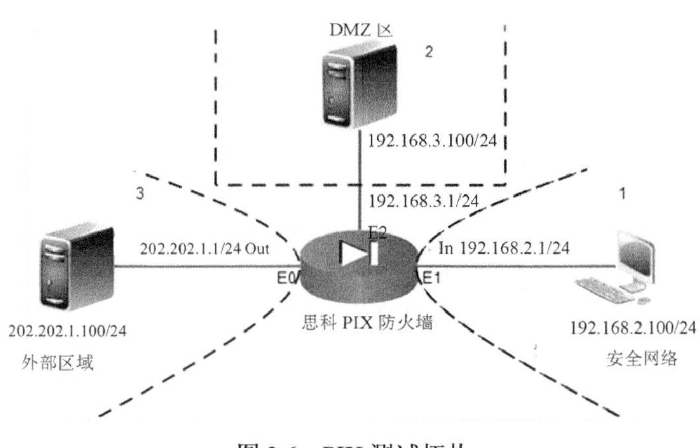

图 3.6　PIX 测试拓扑

实施步骤：

第一步 配置防火墙的接口基本信息，包括为 PIX 防火墙重命名，配置接口的名称、接口的安全级别及 IP 地址等必备关键信息，重命名 PIX 防火墙为“myPIX”。配置指令如下。

```
pixfirewall(config)# hostname myPIX
```

第二步 进入 PIX 防火墙的外部接口 E0，并将 E0 接口命名为“out”，将接口安全级别设为 0（表示最低安全级别接口，在现实环境中一般指示 Internet 接口），写入 IP 地址。配置指令如下。

```
myPIX(config)# interface e0
myPIX(config-if)# nameif out
myPIX(config-if)# security-level 0
```

myPIX(config-if)# ip address 202.202.1.1 255.255.255.0

myPIX(config-if)# no shutdown

第三步 进入 PIX 防火墙的内部接口 E1，并将 E1 接口命名为“in”，将接口安全级别设为 100（表示最高安全级别接口，在现实环境中一般指示企业网络内部接口），输入 IP 地址。配置指令如下。

myPIX(config)# interface e1

myPIX(config-if)# nameif in

myPIX(config-if)# security-level 100

myPIX(config-if)# ip address 192.168.2.1 255.255.255.0

myPIX(config-if)# no shutdown

第四步 进入 PIX 防火墙的内部接口 E2，并将 E2 接口命名为“dmz”，将接口安全级别设为 50（表示处于高安全级别“100”与最低安全级别接口“0”之间，在现实环境中一般指示企业网络提供对外访问的服务器区域，可以设定的安全级别范围是 0~100），写入 IP 地址。配置指令如下。

myPIX(config)# interface e2

myPIX(config-if)# nameif dmz

myPIX(config-if)# security-level 50

myPIX(config-if)# ip address 192.168.3.1 255.255.255.0

myPIX(config-if)# no shutdown

第五步 根据 PIX 防火墙的适应性安全算法（ASA）对穿越防火墙的流量控制的原则——不经过转换连接或特别说明，任何流量都不得流过 PIX 防火墙。那么，仅完成了第一步的配置是不能让防火墙不同区域的主机进行通信的，所以现在需要继续将内部区域进行 NAT 转换后连接到外部区域。配置指令如下。

myPIX(config)# global (out) 1 interface

第六步 配置 PIX 防火墙，将名称为 out 的外部接口配置成转换接口。所有通向非安全区域的内部主机都会使用转换成外部接口的 IP 地址。配置 PIX 防火墙将内部接口所连接的子网 192.168.2.0 进行换转。数字 1 对应 global (out) 1 interface 语句中的数字 1，指示哪些子网被翻译，被翻译成什么地址。配置指令如下。

myPIX(config)# nat (in) 1 192.168.2.0 255.255.255.0

第七步 尝试在内部主机上访问外部主机的 Web 服务，如图 3.7 所示，现在可以成功访问外部主机上的 Web 服务。可以通过 show xlate 指令查看 PIX 开设临时会话的情况。192.168.2.2 被 NAT 翻译成了 202.202.1.1，并且通过 202.202.1.1 访问 202.202.1.100。

配置指令如下：

MyPIX# shou xlate

1 in use, 1 most used

PAT Global 202.202.2.2<1024>Local 192.168.2.2<1036>

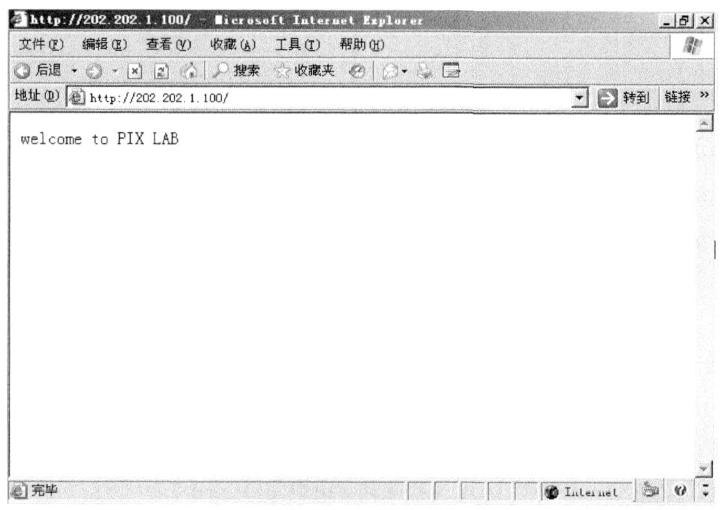

图 3.7 Web 访问

第八步 虽然现在内部主机通过 NAT 可以访问外部的 Web 服务器，但是从 192.168.2.2 的主机 ping 202.202.1.100 是无法 ping 通的，如下所示。

```
C:\>ping 202.202.1.100 –t
Pinging 202.202.1.100 with 32 bytes of data:
Request timed out.
Request timed out.
Request timed out.
Request timed out.
```

注意

在 PIX 防火墙的配置过程中，即便是服务访问成功了，也不代表能 ping 通提供服务的计算机。这是因为 PIX 的适应性安全算法（ASA）对穿越防火墙的流量控制原则是——除非经过特别说明，否则所有 ICMP 流量将被 DENY，包括以内部主动发起到外部并返回的 icmp echo 应答。

如果要允许 icmp echo 流量返回内部网络，需执行如下配置指令。

```
myPIX(config)# access-list permiticmp permit icmp any any echo-reply
myPIX(config)# access-group permiticmp in interface out
```

其中，access-list 表示 PIX 上的访问控制列表的开始；permiticmp 是访问控制列表的名称；Permit 关键字表示访问控制列表的允许选项；第一个 any 表示任何源地址；第二个 any 表示任何目标地址；echo-reply 表示 icmp 的应答消息。第二行的 access-group 表示应用访问控制列表；permiticmp 表示被应用的访问控制列表名称；in 表示在流量进入的方向上应用访问控制列表；Interface out 表示访问控制列表被应用在 out 接口上。当访问控制列表配置完成并应用到 out 接口上时，内部安全网络对外部网络主机的 ping 成功，如下所示。

Request timed out.
Request timed out.
Request timed out.
Request from 202.202.1.100: bytes=32 time=38ms TTL=128
Request from 202.202.1.100: bytes=32 time=31ms TTL=128
Request from 202.202.1.100: bytes=32 time=42ms TTL=128

再次通过 show xlate 可以看到内部网络主机 192.168.2.2 被翻译成 202.202.1.1 的 ICMP 的临时会话，如下所示。

MyPIX# show xlate
2 in use, 2 most used
PAT Global 202.202.1.1<1024>Local 192.168.2.2<1037>
PAT Global 202.202.1.1<1>Local 192.168.2.2 ICMP id 512

任务 3.2 部署入侵检测系统

1. 入侵检测系统

入侵检测系统（IDS）是完成对网络通信进行即时监视与审核的安全设备。当发现可疑传输，如病毒，黑客的扫描、攻击时会发出警报，或者采取主动反应措施，例如记录安全性事件发生的时间，包括开始时间与结束时间，以哪个 IP 节点产生，产生的行为是什么等。入侵检测系统与防火墙设备的不同之处在于，入侵检测设备是一种实时主动的安全防护技术，可以说它是企业网络的第二道安全门卫，在企业网络中有着重要的作用。一般地，IDS 系统在企业网络环境中的部署如图 3.8 所示。其可分为如下几种典型的部署：第一种部署方式是在每个子网或者每个 VLAN 内进行部署，这样可以加强入侵检测系统对企业内部网络的安全审计，因为企业网络安全事件的发生多数情况是由内部网络引起的，来自 Internet 上的安全事件只是少部分而已；第二种部署方式是部署在企业网络的通信主干上，用于对进入或者流出企业网络的流量进行主动分析，一般与交换机的端口镜像技术结合使用，即可对出入企业网络的总体流量作检测；第三种部署是将入侵检测系统部署在防火墙已经规划出的非军事防御区域（DMZ）中，因为 DMZ 区域的主机需要提供给 Internet 上的用户访问，就区域本身的特性而言，它是非安全的。所以，防火墙对 DMZ 区域的监管与控制没有企业内部网络那样严格。因此，在 DMZ 区域部署入侵检测系统是非常必要的，因为入侵检测系统的实时监控减少了 DMZ 区域的安全威胁。

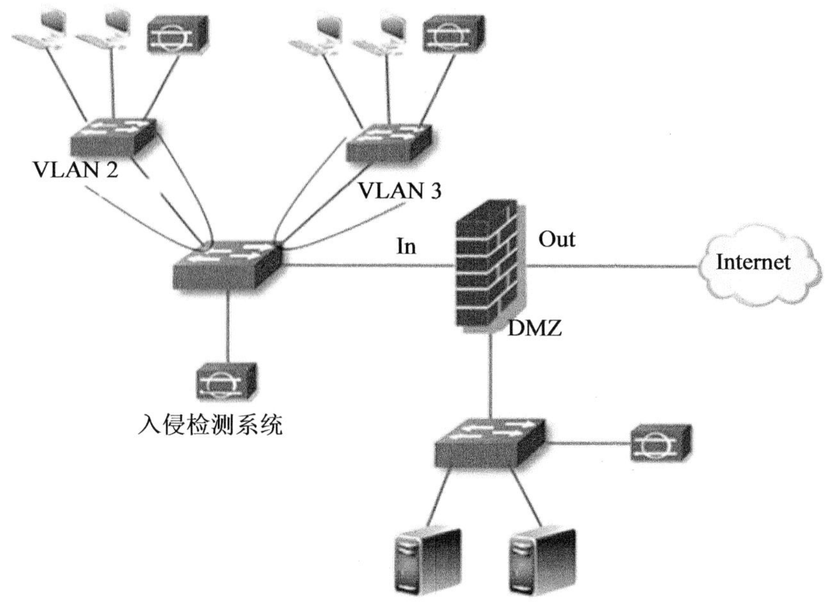

图 3.8 IDS 系统在企业网络环境中的部署

> **注意**
>
> 入侵检测设备对企业的网络安全具有不可忽视的作用与意义。但是入侵检测系统有两个天生的缺陷：一是入侵检测设备时常出现误报警，二是入侵检测设备对安全违规事件无法采取防御措施。

2. 入侵检测系统的类型

入侵检测系统可分为基于主机的入侵检测系统（HIDS）和基于网络的入侵检测系统（NIDS）。

1）基于主机的入侵检测系统（HIDS）：它通过分析系统的审计数据来发现可疑的活动，如内存和文件的变化等。其输入数据主要来源于系统的审计日志，一般只能检测该主机上发生的入侵。

2）基于网络的入侵检测系统（NIDS）：即通过连接在网络上的站点捕获网上的包，并分析其是否具有已知的攻击模式，以此来判别是否为入侵者。当该系统发现某些可疑的现象时会产生告警，并会向一个中心管理站点发出“告警”信号。

3. 入侵检测系统检测流量的方式

1）穿越模式：穿越模式是指被 IDS 系统检测的流量必须经过 IDS 系统本身，否则不能完成流量的分析与识别，如图 3.9 所示。

2）旁路模式：旁路模式是指被 IDS 系统检测的流量不需要穿越 IDS 系统本身，而是与交换机的端口镜像技术相结合。将流经交换机某个端口的流量镜像一份到连接有旁路模式 IDS 的端口上，完成流量的分析与识别，如图 3.10 所示。

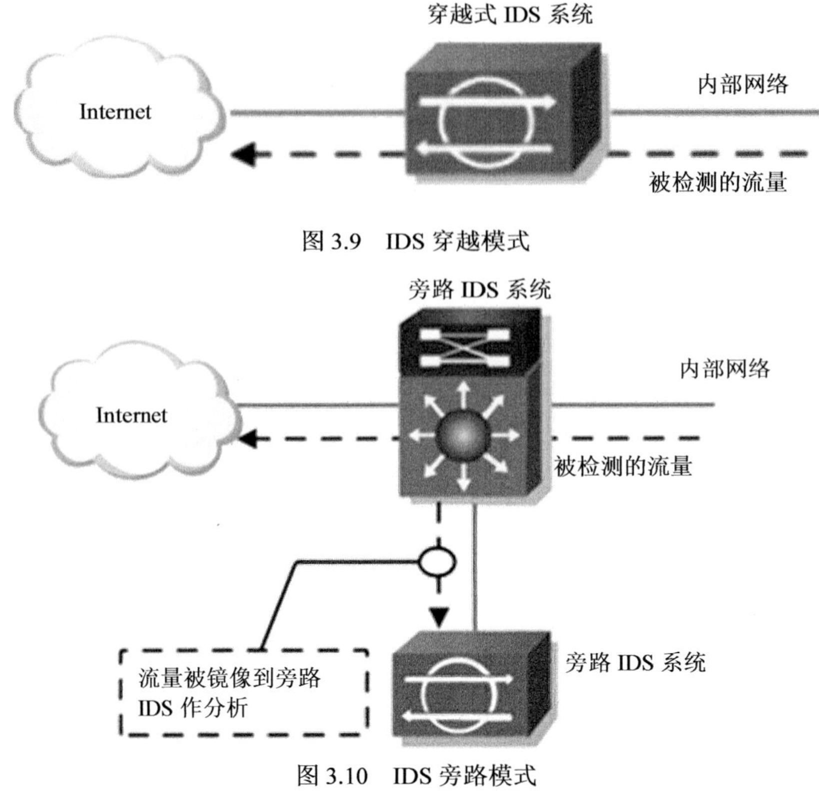

图 3.9 IDS 穿越模式

图 3.10 IDS 旁路模式

4. 思科 IDS 的检测依据

思科 IDS 的检测依据是基于签名检测的。签名是一种规则，用于检查一个或一系列数据包的某些内容，例如匹配数据包头信息或者数据有效载荷信息。签名是思科基于网络 IDS 解决方案的核心。

注意

需要指出的是，签名的数目多并不一定使得基于签名的 IDS 解决方案更好，重要的是在检测攻击时签名的灵活性。例如，在一个 IDS 方案中，可能需要 3 个独立的签名来检测 3 种独立的攻击。在另一个不同的方案中，单个的签名可以检测所有 3 种攻击。选择基于签名的 IDS 解决方案时，应该更关注签名的灵活性，以及自己能够建立签名的能力。

具体的基于思科 IOS 的入侵检测签名列表如表 3.2 所示。

表 3.2 思科 IOS 所支持的 IDS 签名列表

签名号	类 型	描 述
1000	信息类，原子类	IP 包头中存在有害选项，或者 IP 包头是不完整或者畸形的
1001	信息类，原子类	IP 包头中标记了选项 7（记录数据包的路由）
1002	信息类，原子类	IP 包头中标记了选项 4（请求时间戳信息）

续表

签名号	类 型	描 述
1003	信息类，原子类	IP 包头中标记了选项 2（安全）。这是一个已过时的选项
1004	信息类，原子类	IP 包头中标记了选项 3（松散的源路由信息）
1005	信息类，原子类	IP 包头中标记了选项 8（SATNET 流标识）。这是一个已过时的选项
1006	信息类，原子类	为数据包请求严格的源路由
1100	攻击类，原子类	“更多分片”标记被设置为 1，或者在偏移域中指示了一个偏移量
1101	攻击类，原子类	IP 协议号为 134 或者超过 134 的数据包。这些没有定义的或保留的协议不应该被使用（IP 协议通常到 101）。
1102	攻击类，原子类	指示一个 Land.c 攻击，这种攻击中，源地址和目标地址相同
1104	攻击类，复合类	在源 IP 地址域中检测到 127.0.0.1
1105	攻击类，复合类	在源 IP 地址域中检测到广播地址（255.255.255.255）
1106	攻击类，复合类	在源 IP 地址域中检测到组播地址
1107	信息类，复合类	检测到 RFC1918 中定义的地址
1202	攻击类，复合类	重组的数据包大于指定的长度，或者大于 65, 535 字节
1206	攻击类，复合类	任何小于 400 字节的分片（除了最后一个分片）
2000	信息类，原子类	ICMP 类型域被设置为 0（回声应答）
2001	信息类，原子类	ICMP 类型域被设置为 1（主机不可达）
2002	信息类，原子类	ICMP 类型域被设置为 4（源端被关闭）
2003	信息类，原子类	ICMP 类型域被设置为 5（重定向）
2004	信息类，原子类	ICMP 类型域被设置为 8（回声请求）
2005	信息类，原子类	ICMP 类型域被设置为 11（超时）
2006	信息类，原子类	ICMP 类型域被设置为 12（数据包中的参数问题）
2007	信息类，原子类	ICMP 类型域被设置为 13（时间戳请求）
2008	信息类，原子类	ICMP 类型域被设置为 14（时间戳应答）
2009	信息类，原子类	ICMP 类型域被设置为 15（信息请求）
2010	信息类，原子类	ICMP 类型域被设置为 16（信息应答）
2011	信息类，原子类	ICMP 类型域被设置为 17（子网掩码请求）
2012	信息类，原子类	ICMP 类型域被设置为 18（子网掩码应答）
2150	攻击类，原子类	ICMP 数据包的“更多分片”标识为被设置为 1，或者在包头中指示另外一个偏移量
2151	攻击类，原子类	IP 包头中的长度被设置为大于 1024 字节的值
2154	攻击类，原子类	ICMP 数据包设置了最后一个分片位，并且以下条件成立：（“IP 偏移量”*8）+“IP 数据长度”＞65,535。这被称为“死亡之 ping”
3038	攻击类，复合类	TCP 报文中没有设置 SYN、FIN、ACK 或 RST 标志（勘查扫描）
3039	攻击类，复合类	一个分片的 TCP FIN 数据包被发送到低于 1024 端口，这被称为孤立的 FIN
3040	攻击类，原子类	TCP 报文的标志域中没有设置任何标志位
3041	攻击类，原子类	TCP 报文中设置了 SYN 和 FIN 两个标志位
3042	攻击类，原子类	TCP 报文中设置了 FIN 位，但没有设置 ACK 位
3043	攻击类，复合类	一个分片的 TCP 报文中设置了 SYN 和 FIN 两个标志位

续表

签名号	类　型	描　述
3050	攻击类，复合类	多个 TCP 连接被初始化，但没有完成。这个签名只查看端口 21、23、25 和 80
3100	攻击类，复合类	这个签名查找针对 RFC 兼容 SMTP 服务器的 mail 攻击，如 sendmail
3101	攻击类，复合类	在 E-mail 消息的 To 域中有管道符（|）
3102	攻击类，复合类	在 E-mail 消息的 From 域中有管道符（|）
3103	攻击类，复合类	在 E-mail 消息中有 expn 或 vrfy 命令
3104	攻击类，复合类	在 E-mail 消息中有 wiz 或者 debug 命令
3105	攻击类，复合类	在 E-mail 消息头中有：decode@
3106	攻击类，复合类	带有超过 250 个（默认的）接收者的 E-mail 消息
3107	攻击类，复合类	Majordomo 中的一个 bug 允许远程用户在服务器上执行命令
3150	攻击类，复合类	在 FTP 连接中执行 FTP 的 site 命令
3151	信息类，复合类	在 FTP 连接中执行 FTP 的 syst 命令
3152	攻击类，原子类	在 FTP 连接中执行 FTP 的 cwd~root 命令
3153	攻击类，原子类	在 FTP 连接中，使用一个和请求源不同的地址执行一个 port 命令
3154	攻击类，原子类	在 FTP 连接中指定了一个低于 1024 或者超过 65,535 的端口号
3215	攻击类，复合类	有人使用目录遍历 bug，试图在一台 IIS Web 服务器上执行一个命令（IIS DOT DOT EXECUTE 攻击）
3229	攻击类，复合类	有人试图通过一台 Web 服务器来访问 win-c-sample 程序
3233	攻击类，复合类	检测到对 CGI-bin 计数程序的缓存溢出尝试
4050	攻击类，原子类	UDP 报文的长度小于 IP 包头中指定的长度
4051	攻击类，复合类	源端口是 7、19 或 135 并且目的端口是 135 的 UDP 数据包（snork 攻击）
4052	攻击类，复合类	发送到 7 或 19 的 UDP 流量（Chargen 攻击）
4100	攻击类，复合类	有人试图通过 TFTP 访问/etc/passwd 文件
4600	攻击类，复合类	一个畸形的系统日志消息被发送到 UDP 端口 514，这被称为 Cisco IOS UDP 炸弹
5034	攻击类，复合类	有人试图通过 HTTP 服务运行 newdsn.exe 程序
5035	攻击类，复合类	攻击者试图通过 CGI-bin 程序 HylaFAX Faxsurvey 来发送命令
5041	攻击类，复合类	攻击者试图通过 CGI-bin 脚本来执行命令
5043	攻击类，复合类	攻击者试图访问 ColdFusion 服务器上的脚本
5044	攻击类，复合类	攻击者试图通过与 Webcon.se Guestbook 相关联的 CGI-bin 脚本 rguest.exe 或 wguest.exe 来执行命令
5045	攻击类，复合类	一个 CGI-bin 脚本试图执行 xterm-display 命令来攻击 UNIX WWW 服务器
5050	攻击类，复合类	检测到一个针对 Windows IIS 服务器的.htr 缓存溢出攻击
5055	攻击类，复合类	使用一个很长的用户名/口令组合使 HTTP 的缓存溢出
5071	攻击类，复合类	攻击者试图访问 Windows WWW 上的 msacds.dll 文件来执行命令或者查看被保护的文件
5081	攻击类，复合类	攻击者试图访问 Windows WWW 服务器上的 cmd.exe 程序
5090	攻击类，复合类	攻击者试图以 0,0 结尾的文件名来访问 FrontPage 的 CGI 脚本
5114	攻击类，复合类	攻击者试图利用 WWW IIS 中的改变目录编码../

续表

签名号	类　型	描　述
5116	攻击类，复合类	攻击者发送 Shell 元字符，使其以 Endymion MaiMan 的 CGI 脚本中的特权级别执行
5117	攻击类，复合类	攻击者试图执行可以利用 phpGroupWare 中的弱点代码
5118	攻击类，复合类	攻击者发送一个特点的HTTP/GET请求将文件上传到Web服务器上(这被称为eWave ServletEXEC 3.0C 文件上传攻击)
5123	攻击类，复合类	一个异常强大的 HTTP GET 请求被发送到 Web 服务器
6050	信息类，复合类	有人试图访问 DNS 服务器上的所有记录
6051	信息类，复合类	检测到使用端口 53 进行 DNS 区域传输（合法的）
6052	攻击类，复合类	检测到使用不同于 53 的端口进行 DNS 区域传输
6053	信息类，复合类	有人请求 DNS 服务器上的所有记录
6054	信息类，复合类	有人请求 DNS 服务器的版本
6055	攻击类，复合类	检测到使用超过 255 个字符的逆向查询，试图使缓存溢出
6056	攻击类，复合类	检测到对 DNS 服务器的一个 DNS NXT 缓存溢出攻击
6057	攻击类，复合类	检测到对 DNS 服务器的一个 DNS SIG 缓存溢出攻击
6062	信息类，复合类	使用字符串 Authors.Bind 发起类型为 TXT 的 DNS 查询
6063	信息类，复合类	检测到为了区域传输进行类型为 251 的 DNS 查询
6100	信息类，原子类	有人试图在一台主机上登记新的 RPC 服务
6101	信息类，原子类	有人试图在一台主机上取消一个 RPC 服务的登记
6102	信息类，原子类	到一台主机的一个 RPC 转储请求
6103	攻击类，原子类	一个代理的 RPC 请求被发送到一台主机的端口映射进程
6150	信息类，原子类	一个请求被发送到 YP 服务器守护进程的端口映射器进程
6151	信息类，原子类	一个请求被发送到 YP bind 守护进程的端口映射器进程
6152	信息类，原子类	一个请求被发送到 YP 口令守护进程的端口映射器进程
6153	信息类，原子类	一个请求被发送到 YP 更新守护进程的端口映射器进程
6154	信息类，原子类	一个请求被发送到 YP 传输守护进程的端口映射器进程
6155	信息类，原子类	一个请求被发送到 YP mount 守护进程的端口映射器进程
6175	信息类，原子类	一个请求被发送到 YP rexd 守护进程的端口映射器进程
6180	信息类，原子类	一个调用被发送到 rexd 守护进程的端口映射器进程，这通常暗示一个访问攻击
6190	攻击类，原子类	一个很大的 statd 请求被发送，这可能暗示着一个缓存溢出攻击方法
8000:2101	攻击类，原子类	有人在 FTP 会话中输入了字符串 password，这可能暗示有人正试图下载系统的口令文件

（1）签名的实现方式

1）基于上下文：为匹配检查数据包头。

2）内容：为匹配检查数据包内容。

在寻找匹配时，上下文签名只检查数据包头信息。这些信息包括 IP 地址域、IP 协议域、IP 分片参数、IP/TCP/UDP 校验和、IP 和 TCP 端口号、TCP 标识、ICMP 信息类型及其他信息。另一方面，内容签名查看数据包的有效载荷和数据包头信息。如很多Web服务器攻击会发送包含在应用数据中的异常或者特定的URL。

（2）思科IDS的签名分类

通常思科将IDS的签名分为以下4种基本的签名类型。

1）信息类（良性的）：这些签名是由一般的网络活动触发的。例如，ICMP回声请求及TCP或UDP连接的打开和关闭。

2）勘查类：这些签名是由勘测攻击触发的。勘查攻击用来发现可以达到的资源和主机，以及它们可能包含的任何弱点，勘查攻击的例子包括ping扫描、DNS查询和端口扫描。

3）访问类：这些攻击是由访问攻击触发的。包括未授权的访问、未授权的权限提升和访问被保护的或敏感数据。访问攻击的例子包括Back Orifice、针对Microsoft IIS的编码攻击和NetBus。

4）DoS类：这些签名是由DoS攻击触发的。DoS攻击试图降低资源和系统的服务能力，或使其崩溃。DoS攻击的例子包括TCP SYN洪水、死亡之ping、LAND攻击等。

5. 测试攻击行为

为了确保了网络安全性，把网络分为入侵防护、积极防御和深入防御。

（1）入侵防护

向我们的网络中加入入侵防护可以使我们更积极的防御网络攻击、滥用以及非授权访问。入侵防护提供以下关键功能。

1）比传统解决方案更高的安全性。

2）应对变化的威胁的高级技术。

3）增强的抗应用攻击性。

4）有效的攻击消除。

5）广泛的网络可见性。

6）对已发布和未发布威胁的更强大的防御。

（2）积极防御

从传统上讲，安全管理员通过对已知漏洞打补丁并定义密码策略等安全要求来确保网络安全。这种方法类似于在我们的房屋的门和窗户上安装锁来防止盗贼。这种方法的问题在于它代表了一种确保安全的被动方法。由于网络是动态的实体，使用被动方法确保安全，无法在持续变化的潜伏着威胁的环境里提供足够的保护。入侵检测系统集中于以下关键组成部分。

1）检测。

2）阻止。

3）反应。

（3）深入防御

任何一种完备的安全解决方案都需要包括多层。突破多层安全堡垒显然比仅突破一层安全堡垒要困难。入侵检测系统通过从主机级到网络级地支持传感器，保护了广泛的安全边界。一些主要的功能如下。

1）应用级加密保护。
2）安全策略增加（资源控制）。
3）Web 应用保护。
4）缓冲区溢出检测。
5）网络攻击检测网络侦察检测。
6）拒绝服务检测。
7）多个监测位置。

实施目标：基于思科 IOS 防火墙的入侵检测系统配置。

实施环境：如图 3.11 所示。

实施工具：集成思科的 IOS 的入侵检测系统组件、SDM 工具、LAND 攻击器。

实施背景：基于思科 IOS 防火墙的入侵检测系统是思科 IOS 防火墙的一个特性组件，它是 NIDS 的一种，并且是属于穿越模式的 IDS。配置思科 IOS 的入侵检测系统有两种方式，一种是基于命令提行进行 IDS 配置，另一种是基于 SDM（Security Device Manager），由思科公司提供的全新图形化路由器管理工具——配置 IOS 的入侵检测系统。在该环境中使用思科公司的 SDM 来完成 IDS 系统的配置。

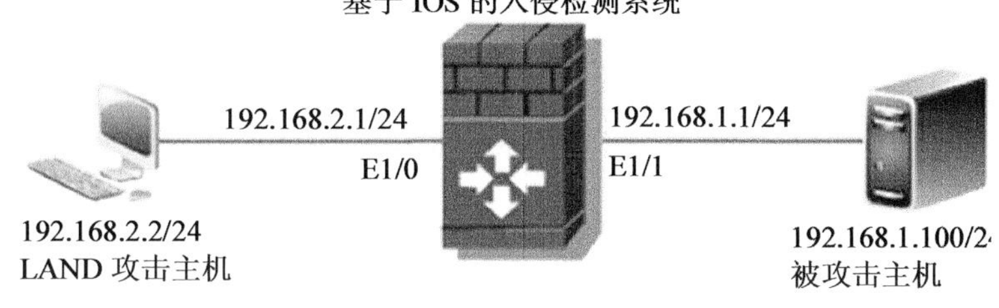

图 3.11　IOS 防火墙的入侵检测系统

实施步骤：

第一步 当 SDM 主机配置完成后，通过 SDM 主机登录到路由器，如图 3.12 所示，单击“启动”按钮，弹出如图 3.13 所示的对话框，输入控制路由器的用户名与密码，单击“是”按钮，通过 SDM 启动路由器配置界面，导航到 IPS 配置区域，如图 3.14 所示。

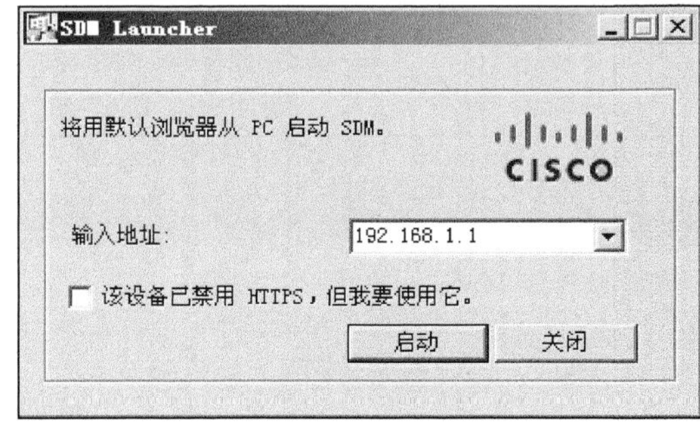

图 3.12　被管理设备地址

图 3.13　被管理设备的 15 级用户

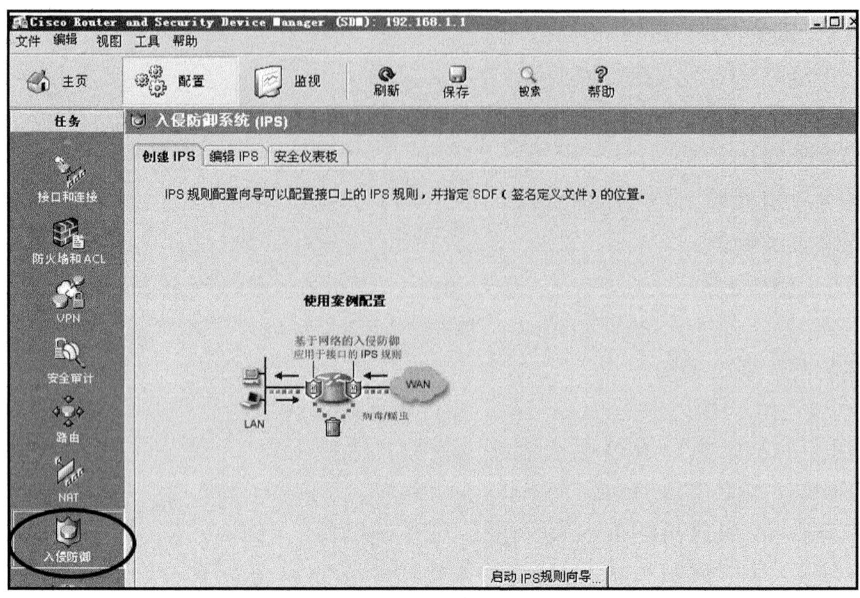

图 3.14　配置界面

注意

为什么这里出现的是 IPS，而不是 IDS？事实上，IPS 是 IDS 的加强系统，IDS 能成功检测到网络的各种行为，而 IPS 能针对网络上的攻击和其他风险行为做出防御措施，其对网络流量的监视行为与 IDS 相同。

第二步 启动 IPS 的配置向导，选择审计与检查的流量方向。注意，这里配置的“入站”和“出站”的参考物是流量的方向，而不是“出接口”和“入接口”。这里的 E1/0 是连接外部网络（非安全区域）的接口，E1/1 是内部网络（安全区域）接口，所以，IPS 需要审计 E1/0 的进入流量和 E1/1 的外出流量。选中如图 3.15 所示的流量审计方

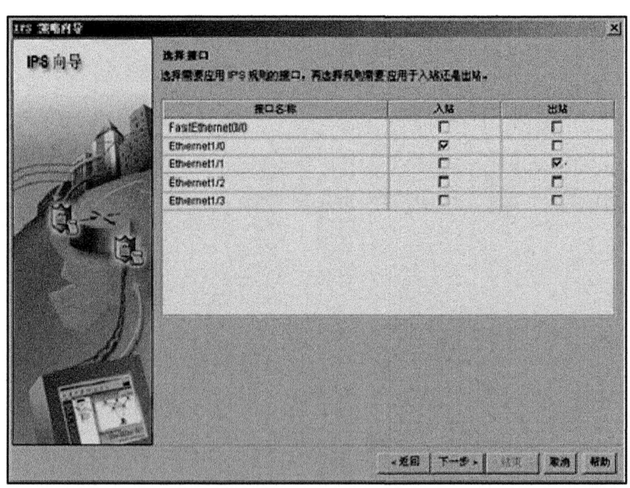

图 3.15　要检查接口

向，单击“下一步”按钮。弹出图 3.16 所示的对话框，选择“签名定义（SDF）”文件的位置，签名定义文件是指 IDS 或 IPS 用来发现和检测各种安全信息的库文件，可从思科的官方网站下载获得。如果 SDM 没有找到定位的 SDF 文件，IOS 将使用内置的 SDF 完成 IPS 的检测，在该实验中使用的是内置的 SDF。选择“使用内置签名”复选框，单击“下一步”按钮，完成配置。此时，SDM 向路由器传送执行指令，如图 3.17 所示。

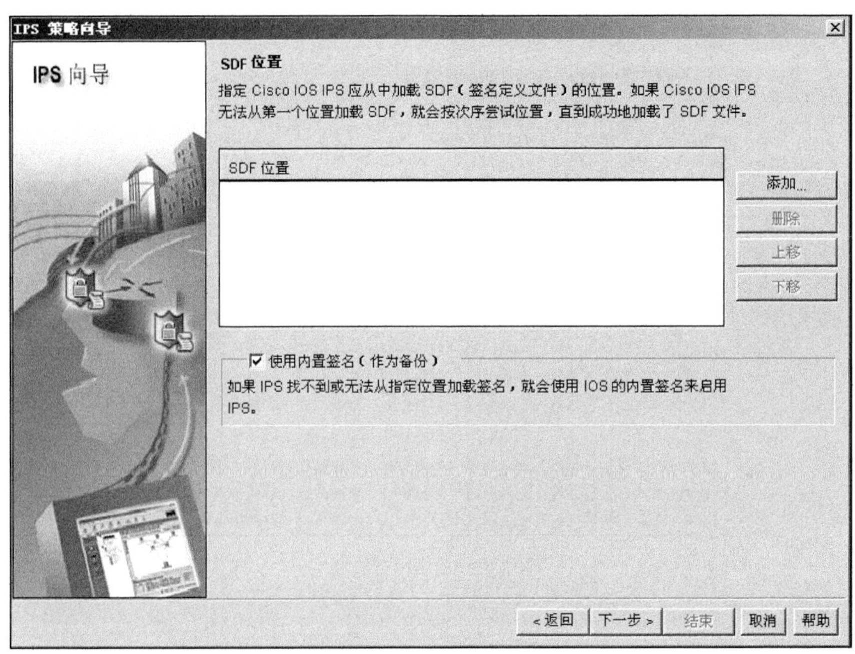

图 3.16　SDF 指定

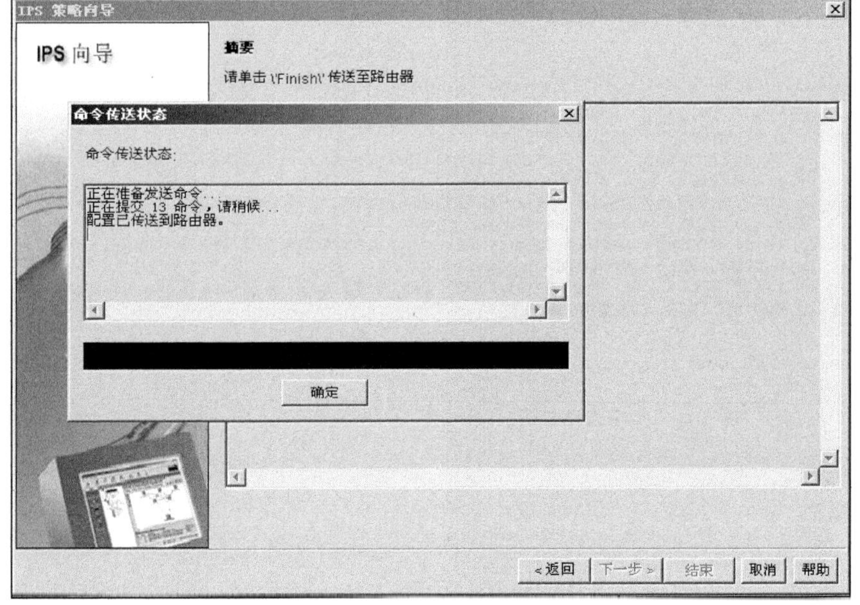

图 3.17　配置命令发送给设备

第三步 对基于思科路由器上的 IPS 功能做测试。在 192.168.2.2 的主机上发起对 192.168.1.2 的 LAND 攻击，并验证 IPS 的工作效果。指令 Land15 是发起 LAND 攻击的关键字，80 是表示攻击目标的端口，192.168.2.2 是攻击目标的 IP 地址，如图 3.18 所示。

```
C:\>land15 80 192.168.2.2
```

```
Creating Socket...

LAND Target:4329127

LAND Data buffering...

Now start Landing 4329127 ...

+++++65536 Land Data send OK+++++
+++++65536 Land Data send OK+++++
+++++65536 Land Data send OK+++++
+++++65536 Land Data send OK+++++
+++++65536 Land Data send OK+++++
+++++65536 Land Data send OK+++++
+++++65536 Land Data send OK+++++
+++++65536 Land Data send OK+++++
+++++65536 Land Data send OK+++++
+++++65536 Land Data send OK+++++
+++++65536 Land Data send OK+++++
+++++65536 Land Data send OK+++++
```

图 3.18 LAND 攻击

第四步 此时回到路由器查看控制口发出的 IPS 上的报告，如图 3.19 所示，显示数字签字 1102。通过查询 IOS 的数字签字列表，可知道 1102 表示 LAND 攻击，且该类签名属于网络攻击类。

```
IDS#
*Feb 23 13:36:37.631: %IPS-4-SIGNATURE: Sig:1102 Subsig:0 Sev:5 Impossible IP pa
cket [0.0.0.80:192 -> 0.0.0.80:192]
*Feb 23 13:36:37.635: %IPS-4-SIGNATURE: Sig:1102 Subsig:0 Sev:5 Impossible IP pa
cket [0.0.0.80:192 -> 0.0.0.80:192]
*Feb 23 13:36:37.639: %IPS-4-SIGNATURE: Sig:1102 Subsig:0 Sev:5 Impossible IP pa
cket [0.0.0.80:192 -> 0.0.0.80:192]
*Feb 23 13:36:37.643: %IPS-4-SIGNATURE: Sig:1102 Subsig:0 Sev:5 Impossible IP pa
cket [0.0.0.80:192 -> 0.0.0.80:192]
*Feb 23 13:36:37.647: %IPS-4-SIGNATURE: Sig:1102 Subsig:0 Sev:5 Impossible IP pa
cket [0.0.0.80:192 -> 0.0.0.80:192]
```

图 3.19 IDS 报警信息

任务 3.3 部署内网行为控制系统

一、在企业网边界进行访问内容过滤

NBAR（Network-Based Application Recognition，基于网络的应用识别）的作用主要是对动态分配 TCP/UDP 端口号的应用程序和 HTTP 流量等进行分类，在分类的同时，还可以对该分类数据流量进行统计。NBAR 对网络数据的匹配特点之一就是通过自身的一个匹配协议列表，它对网络所使用的大多数协议都能进行识别。如果 NBAR 匹配协议列表中不能对新的协议进行匹配分类，可采用思科提出的 PDLM（数据包描述语言模块）和自定义的匹配方式。因为 NBAR 还可以报告包括输入/输出数据包总数和字节数，以及输入/输出比特率等在内的流量统计信息，所以当网络发生拥塞时，NBAR 是常见的流量分类统计分析工具。

NBAR 技术除了可以完成大规模的流量统计与文件识别外，还可以完成对网络病毒的深度审计与防御。例如，使用 NBAR 可以成功地识别“红色代码”、“妮姆达”等通过网络传播的病毒。下面将分析使用 NBAR 对“红色代码”病毒的审计与过滤原理。

“红色代码”病毒是一种新型网络病毒，其传播所使用的技术可以充分体现网络时代网络安全与病毒的巧妙结合，将计算机病毒与木马程序合为一体，开创了网络病毒传播的新途径，是非常危险的病毒种类。“红色代码”病毒可以完全取得所攻击计算机的权限从而为所欲为，窃取机密数据，严重威胁到网络安全，具体过程如图 3.20 所示。

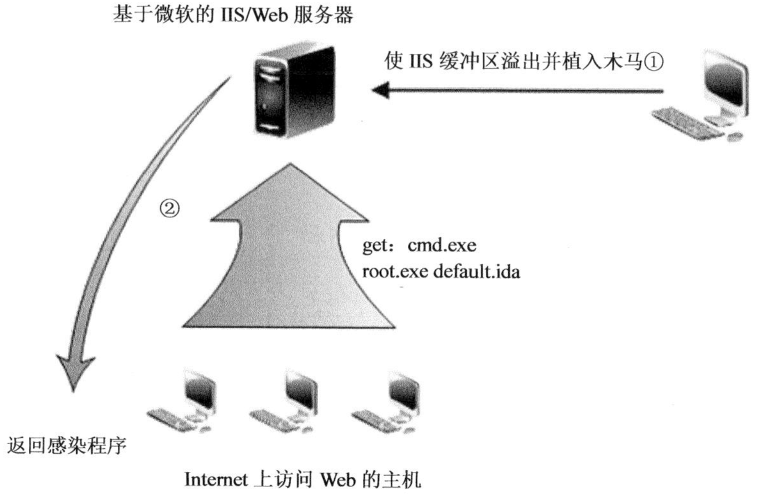

图 3.20 “红色代码”病毒攻击过程

攻击者通过攻击微软的 IIS 服务架设的 Web 服务器，让其缓存区溢出，获得管理员的权限，并在 Web 服务器上植入木马程序。如果此时 Internet 上有主机访问被感染病毒的 Web 服务器，那么这些主机将被感染“红色代码”病毒。这些被感染的主机可能被攻击者命令对某台服务器发起攻击。“红色代码”病毒的感染特征在于，访问者会在 HTTP 的 GET 消息中携带 cmd.exe、root.exe、default.ida 等特征字符。防御“红色代码”病毒的交叉感染，建议通过 NBAR 识别并过滤 HTTP 的 GET 消息中携带的 cmd.exe、root.exe、default.ida 等特征字符。“妮姆达”病毒也可以通过相似的原理进行识别与过滤。

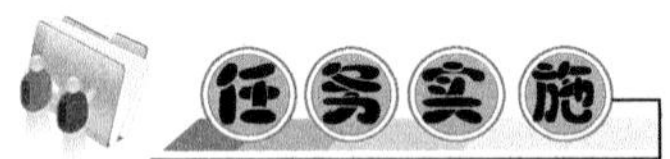

实施目标：利用 NBAR 识别并过滤“红色代码”病毒。

实施环境：如图 3.21 所示。

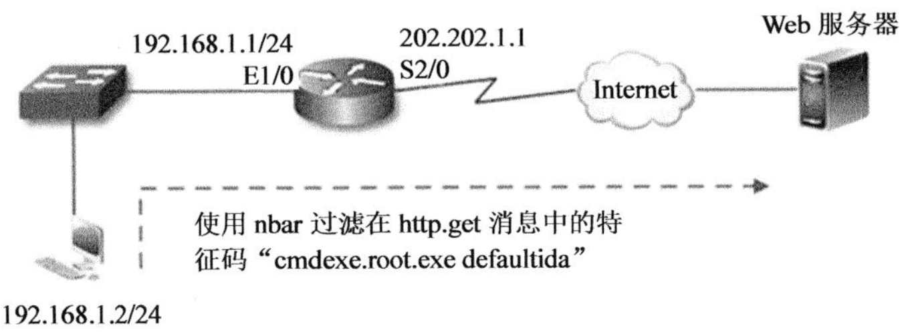

图 3.21 利用 NBAR 识别并过滤“红色代码”病毒

实施背景：主机 192.168.1.2 通过路由器 R1 访问 Internet 上被感染“红色代码”病毒的 Web 服务器，在路由器 R1 上将启用路由器的 NBAR 识别功能来识别并过滤“红色代码”的交叉感染途径。

实施步骤：在路由器 R1 上完成如下配置。

```
r1(config)#class-map filterredcode
r1(config-cmap)#match protocol http url "*cmd.exe*"
r1(config-cmap)#match protocol http url "*root.exe*"
r1(config-cmap)#match protocol http url "*default.ida*"
r1(config)#policy-map denyredcode
r1(config-pmap)#class filterredcode
r1(config-pmap-c)#drop
r1(config-pmap)#inte s2/0
r1(config-if)#service-policy input denyredcode
```

二、在安全边界设备上如何过滤大型文件下载

在工作时间内，企业网络的 WAN 资源很宝贵，如果在企业网络的使用高峰期，管

理员在企业网络的出口上统计使用类型时，会发现正在占用 WAN 资源的数据有部分与企业业务无关，如 MP3、大型视频文件、图片文件的下载等。正是这些高抢占率的文件占用了企业的 WAN 带宽，从而导致企业的业务流量访问非常缓慢。但是这些类型的文件往往不好过滤。如果是 FTP 下载，该协议拥有一个明确的端口号，只要明确拒绝该端口号的连接，FTP 下载就会被终止，但如果是音乐与大型的视频文件（如*.mp3 和*.avi），它们只是一种没有明确的端口号文件类型，要过滤此类的文件就显得相当困难。除非有一种方法能够在用户的请求报文中找到某些关键字，根据这些关键字再来过滤或者限速流量。但是要识别用户请求报文中的这些关键字，并不是一件容易的事情，必须要对用户请求的报文作“深度检测”才能完成相关文件的过滤。通常，要完成“深度检测”只有两个办法可以做到。第一是使用“上网行为”管理控制系统，关于这方面的产品市场有很多，该系统就能完成对用户的请求报文进行“深度检测”，但这是借助第三方的商用产品来完成的工作，这种概念被企业接受的程度也不同，有的企业愿意接受，而部分企业则不愿意花钱购置这样的商用产品；第二就是在这里要讲述的不借助商用产品，而是使用原有设备的流量检测功能来完成对音乐、大型视频文件、图片文件的过滤。这样既能够达到管理员的应用需求，又能让原有资源利用率更充分。

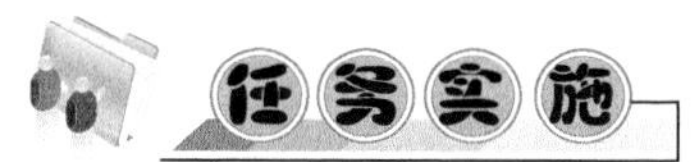

实施目标：利用 NBAR 防止泛滥下载 MP3、大型的视频文件和图片文件。

实施环境：如图 3.22 所示。

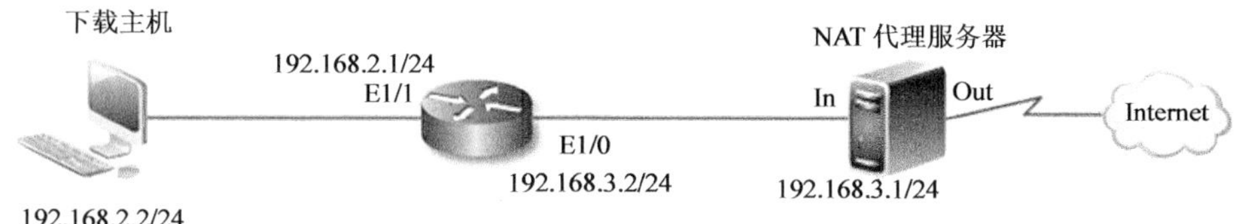

图 3.22　NBAR 防止泛滥下载 MP3、大型的视频文件和图片文件环境

实施工具：思科路由器上的 NBAR 识别工具。

实施背景：在图 3.22 所示的网络环境中，企业网络边界使用基于 Windows 2003 的服务器作为NAT服务器代理内部的 192.168.3.0/24 和 192.168.2.0/24 的子网接入 Internet。在实施任务之前，首先应该完成网络环境的基本配置，其中包括 Windows 2003 服务器的 NAT 配置，如图 3.23 所示。还包括路由器 R1 的基本配置，企业内部网络的动态路由等。特别值得注意的是，在路由器 R1 上必须配置一条默认路由，方便 192.168.2.0/24 的子网能成功地访问 Internet。路由器 R1 最终的路由表如图 3.24 所示。然后在下载主机上安装 Sniffer，方便分析 MP3 格式音乐下载的请求数据帧。

实施步骤：

第一步 在完成演示背景所描述的基础配置后，首先尝试 MP3 音乐下载，以 http://music.baidu.com 的下载为例，如图 3.25 所示，可以不受限制地进行 MP3 音乐的下载。然后利用 Sniffer 捕获并分析申请 MP3 下载的数据帧，在图 3.25 中可以看出所有

MP3 文件的请求都是基于 HTTP 应用协议完成的，而且是属于 HTTP 协议的 GET 消息。在图 3.26 所示的数据帧中，不论是 MP3 的搜索或者是 MP3 的下载都会有一个“MP3”

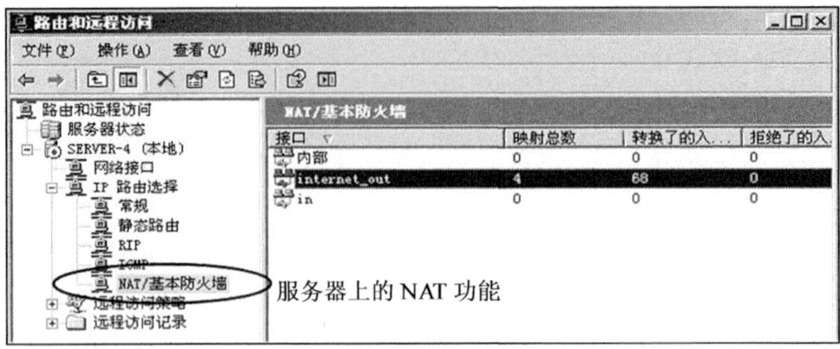

图 3.23　Windows 2003 服务器的 NAT 配置

```
Gateway of last resort is 192.168.3.1 to network 0.0.0.0

R     192.168.0.0/24 [120/2] via 192.168.3.1, 00:00:33, Ethernet1/0
C     192.168.2.0/24 is directly connected, Ethernet1/1
C     192.168.3.0/24 is directly connected, Ethernet1/0
S*    0.0.0.0/0 [1/0] via 192.168.3.1
```

图 3.24　最终的路由表

图 3.25　不受限制地进行 MP3 音乐的下载

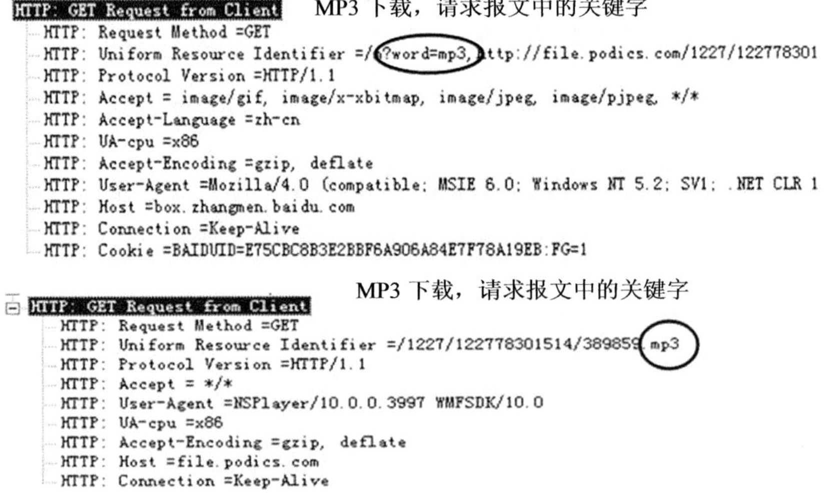


```
HTTP: GET Request from Client
  HTTP: Request Method =GET
  HTTP: Uniform Resource Identifier =/?word=mp3,http://file.podics.com/1227/122778301
  HTTP: Protocol Version =HTTP/1.1
  HTTP: Accept = image/gif, image/x-xbitmap, image/jpeg, image/pjpeg, */*
  HTTP: Accept-Language =zh-cn
  HTTP: UA-cpu =x86
  HTTP: Accept-Encoding =gzip, deflate
  HTTP: User-Agent =Mozilla/4.0 (compatible; MSIE 6.0; Windows NT 5.2; SV1; .NET CLR 1
  HTTP: Host =box.zhangmen.baidu.com
  HTTP: Connection =Keep-Alive
  HTTP: Cookie =BAIDUID=E75CBC8B3E2BBF6A906A84E7F78A19EB:FG=1
```



```
HTTP: GET Request from Client
  HTTP: Request Method =GET
  HTTP: Uniform Resource Identifier =/1227/122778301514/389859.mp3
  HTTP: Protocol Version =HTTP/1.1
  HTTP: Accept = */*
  HTTP: User-Agent =NSPlayer/10.0.0.3997 WMFSDK/10.0
  HTTP: UA-cpu =x86
  HTTP: Accept-Encoding =gzip, deflate
  HTTP: Host =file.podics.com
  HTTP: Connection =Keep-Alive
```

图 3.26　Sniffer 捕获并分析申请 MP3 下载的数据帧

的关键字。只要使用NBAR标识出该关键字，就能把具有该关键字的HTTP的GET消息丢弃，这样就完成了过滤MP3的下载。

第二步 使用NBAR识别在HTTP GET请求消息中出现的关键字“MP3”的请求消息，并将该类型数据报文分类到叫做“drop”的类中，然后执行策略将其丢弃。在路由器R1上的具体配置如下。

```
r1(config)#class-map match-any drop
r1(config-cmap)#match protocol http url "*MP3*"
r1(config)#policy-map qos
r1(config-pmap)#class drop
r1(config-pmap-c)#drop
r1#config)#inte e1/1
r1#config-if)#service-policy input qos
```

指令解析：class-map match-any drop建立一个名为“drop”的NBAR的识别类。match protocol http url "*MP3*"让NBAR识别类去识别HTTP协议GET消息中的URL字段中包含有关键字“MP3”的请求。“*MP3*”是一种正则式的表达方式，“*”表示在该位置上匹配零个或多个字符串。而该正则式表达的完整意思是在HTTP GET的请求URL字段中，不管该URL字符串以什么开始或者结束，只要在该字符串中包含了关键字“MP3”，就将其规划到drop这个NBAR识别类中。policy-map qos建立一个名为“qos”的策略。class drop在qos策略下进入drop分类。drop表示执行的qos行为是丢弃。service-policy input qos表示将qos策略应用到路由器R1的E1/1接口的进入方向。这样就可以成功地识别基于HTTP协议的MP3下载请求，并丢弃它。完成MP3文件下载的过滤。此时再到下载主机上请求MP3下载，就会出现图3.27所示的下载失败的提示。

第三步 完成对MP3文件下载的过滤后，再对大型的视频文件、图片文件进行过

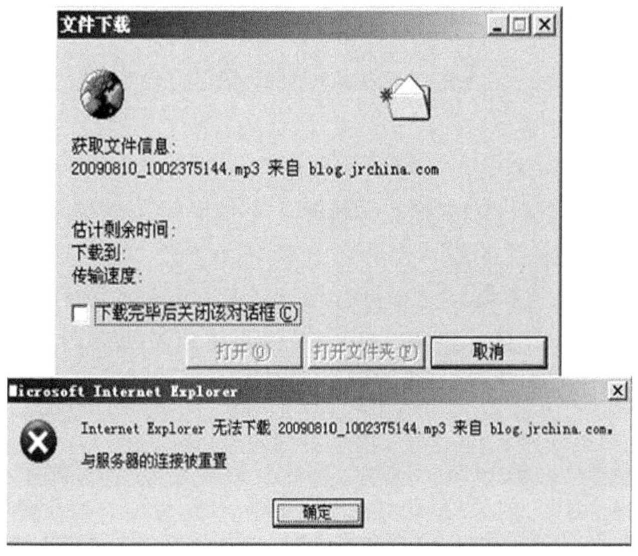

图3.27 下载失败的提示

滤就变得非常容易。在视频文件类型中，*.avi 类型的视频文件相对其他视频文件是一个较大的视频文件类型。而在图片文件类型中，*.bmp 类型的图片文件是一个较大的图片文件。所以，在 NBAR 中增加这两种文件类型完成识别并丢弃就完成了对大型视频文件或图片文件的过滤。当然还可以根据企业本身的需求特性来定义更多的访问识别与相关的控制策略，这里不再多述。在 R1 上的配置如下。

```
r1(config)#class-map match-any drop
r1(config-cmap)#match protocol http url "*mp3*"
r1(config-cmap)#match protocol http url "*avi*"
r1(config-cmap)#match protocol http url "*bmp*"
r1(config)#policy-map qos
r1(config-pmap)#class drop
r1(config-pmap-c)#drop
r1#config)#inte e1/1
r1#config-if)#service-policy input qos
```

注意

利用 NBAR 可以完成对企业网络数据的深度检测，完成许多企业用户 Internet 行为的审计与控制。但是该技术对色情网站的任何资源下载无效，因为色情网站的访问与下载都是被色情网站执行了加密处理的。而 NBAR 无法识别被加密的流量，包括其他的商用系统都无法对加密流量执行深度检测。也正是因为这个原因，很多色情网站都对站内的相关资源进行加密，逃避检测。针对该类网站最好的过滤方式是利用已经公开的“反色情网站库”进行过滤。

知识拓展 入侵检测传感器为什么叫 IDS 和 IPS

思科的入侵检测系统(IDS)和入侵防御系统(IPS)只是一种版本定义的差别，并不是从真正的安全行为上来定义。IDS 只能做检测，不能防御，例如基于 IOS 的入侵检测系统，在 IOS 版本为 12.3 及之前的版本都叫做 IDS，而 IOS12.4 后将入侵检测系统叫做 IPS；对于专业的硬件传感器在 4.0 版本之前叫做 IDS，在 5.0 版本后叫做 IPS，主要是版本的差别，当然功能也在逐步完善。本项目中将思科的传感器统称为 IPS。

习　　题

一、选择题

1.（　　）指的是一个由软件系统和硬件设备集成、在企业内部网络和外部网络之间、专用网络与公共网络之间的边界上构造的企业网络的保护设备，是一种获取安全性方法的实现方式。

A. 防火墙　　B. 路由器　　C. 交换机　　D. IDS

2. 通常思科将 IDS 的签名分为（　　）种基本的签名类型。

A. 1　　B. 2　　C. 3　　D. 4

3. 入侵检测系统检测流量的方式有（　　）种。

A. 1　　B. 2　　C. 3　　D. 4

4.（　　）是将 IP 数据包包头中的 IP 地址转换为另一个 IP 地址的协议。

A. NAT　　B. CDP　　C. UDP　　D. UTP

5.（　　）主要是对动态分配 TCP/UDP 端口号的应用程序和 HTTP 流量等进行分类，在分类的同时，还可以对该分类数据流量进行统计。

A. HTTP　　B. NBAR　　C. IDS　　D. PDLM

二、简答题

1. 什么是 PIX 防火墙？
2. 简述 NAT 的优点。
3. 简述入侵检测系统的作用。

项目 4 企业级园区网络远程接入安全加固

- 了解 VPN 的概念及原理。
- 了解 VPN 的工作组件。
- 熟悉 VPN 的配置。

- 能够配置基于 PPTP 的 VPN。
- 能够配置基于场对场的 VPN。

由于业务发展需要，天隆科技公司在异地建立了分支机构办公点，领导找到小刘让他通过互联网使分支机构办公点的网络跟总部连接，就像通过局域网直接连接到总部，而感觉不到是通过互联网连接的。同时出差人员分布在各个地方，让出差人员能够通过某种安全的方式进入总部网络，访问总部资源。

项目分析

网络管理员小刘通过分析以上的现状，得出解决问题的方法如下所述。

1）总部和分支机构需要用场对场的 VPN 进行连接。

2）一部分出差人员访问总部资源使用一种安全的、需要客户端进行远程接入的 VPN。

本项目首先通过在企业网络边界和分支机构边界的设备进行 IPSce 的 VPN 配置，再在总部边界设备上配置基于 PPTP（客户拨入访问资源）的 VPN。

本项目实施完成以下任务：

任务一　配置基于 PPTP 的 VPN；

任务二　配置基于场对场的 VPN。

任务 4.1 配置基于 PPTP 的 VPN

1. 理解 VPN

VPN 即虚拟专用网，是通过一个公用网络（通常是因特网）建立一个临时的、安全的连接，是一条穿过混乱的公用网络的安全、稳定的隧道。通常 VPN 是对企业内部网的扩展，通过它可以帮助远程用户、公司分支机构、商业伙伴及供应商同公司的内部网建立可信的安全连接，并保证数据的安全传输。VPN 可用于不断增长的移动用户的全球因特网接入，以实现安全连接；可用于实现企业网站之间安全通信的虚拟专用线路，用于经济有效地连接到商业伙伴和用户的安全外联网虚拟专用网。

VPN 架构中采用了多种安全机制，如隧道技术（Tunneling）、加解密技术（Encryption）、密钥管理技术和身份认证技术（Authentication）等，通过上述各项网络安全技术，确保资料在公众网络中传输时不被窃取，或是即使被窃取了，因在传输的过程中进行了加密，对方亦无法读取数据包内所传送的资料内容。

2. 理解 VPN 的组网类型

这时所指的 VPN 的类型，主要是从接入方式上来区分的，大致分为两种：远程访问型的 VPN 接入与场对场的 VPN 接入。

（1）远程访问型的 VPN 接入

远程访问类型的 VPN 接入（Remote Access VPN），如图 4.1 所示。一般也叫做“点对网”（一个通信点连接一个网络）的 VPN 连接，通常这种连接方式发生在某个公派外地的个人用户通过远程拨号 VPN 的方式来连接企业总部，以获取安全访问企业内部资源的过程，该连接方式多用于出差用户到固定办公场所的 VPN 连接，它的移动性和灵活性相较场对场的 VPN 而言将更好。

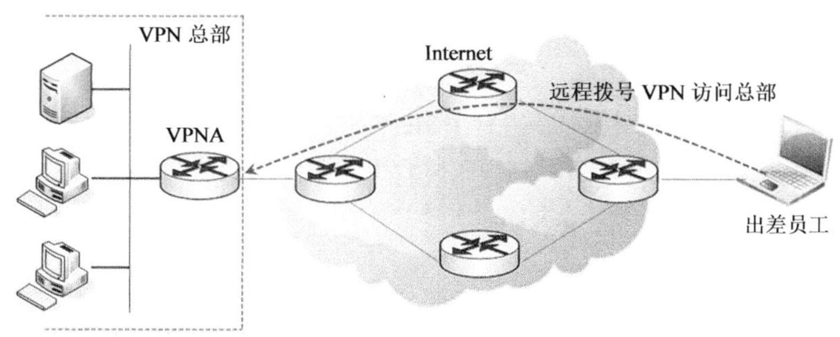

图 4.1　远程访问型的 VPN

（2）场对场的 VPN 接入

场对场的 VPN 接入（Site to Site VPN），如图 4.2 所示，一般也叫做“网对网”（一个网络对另一个网络）的 VPN 连接，通常这种连接方式发生在两个远程机构的边界网关设备上，所有穿越了两台边界网关设备的数据都会被 VPN 作加密处理，该连接方式大多用于两个较为固定的办公场所，而且两个场所之间需要持续性的 VPN 连接。

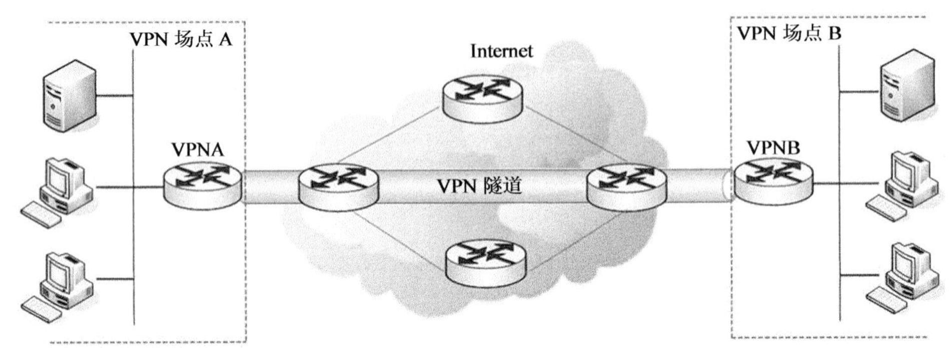

图 4.2 场对场的 VPN

3. 理解 VPN 的协议 PPTP、L2TP、IPSec

1）PPTP（Point to Point Tunneling Protocol，点到点的隧道协议），该协议的最初倡导者是微软公司，后来有许多厂商联盟参与了开发。它是一种支持多协议虚拟专用网络的 VPN 协议，属于 OSI 二层协议，其原形是 PPP。该协议是在 PPP 协议的基础上开发的一种新的增强型安全协议，所以 PPTP 与 PPP 类似，它内嵌并集成了许多安全认证方式，可以通过密码身份验证协议（PAP）、可扩展身份验证协议（EAP）等方法增强安全性。可以使远程用户通过连接到 Internet 后，再通过 2 次拨号的方式连接到企业的 VPN 服务器，通常 PPTP 协议用于 Microsoft Windows NT 工作站、Windows XP、Windows 2000/2003/2008、Windows 7 的 VPN 拨号，如神州数码也在它的 IOS 系统中支持该协议。

注意

PPTP 始终存在一个问题，就是该协议一直都处于一种半开放状态，虽然后来有部分厂商参与了标准制订，但是这些厂商通常都和微软合作比较紧密，换言之，部分厂商还是不支持 PPTP。

2）L2TP（Layer 2 Tunneling Protocol 第二层的遂道协议），L2TP 是一种工业标准的 Internet 隧道协议，L2TP 协议最初是由 IETF 起草，微软、思科、3COM 等公司参与并制定的二层隧道协议。它集成了 PPTP 和 L2F 两种二层隧道协议的优点，L2F 是思科公司的当时 VPN 的私有解决方案。L2TP 将 PPP 通过公共网络进行隧道传输，提供数据机密性的保障。

3）IPSec（IP Security IP 安全协议）是定义在 IETF RFC 里各种标准的合并，它只支持 TCP/IP 协议。IPSec 被设计用来专门在公共网络 Internet 上保护敏感数据的安全，

IPSec 能用来保障数据的机密性、完整性和数据验证。它是目前 VPN 应用中最为广泛的协议，因为它是一组开放标准，这使得其他的厂商在开发 VPN 时，最低限度将支持 IPSec，这也是本任务后续描述中的重点。

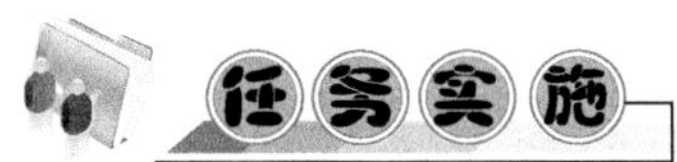

实施目标：完成出差员工计算机通过 PPTP VPN 的方式拨入内网，并与内网计算机进行通信。

实施工具：使用思科 7200 系列路由器、Windows XP 操作系统。

实施环境：如图 4.3 所示。

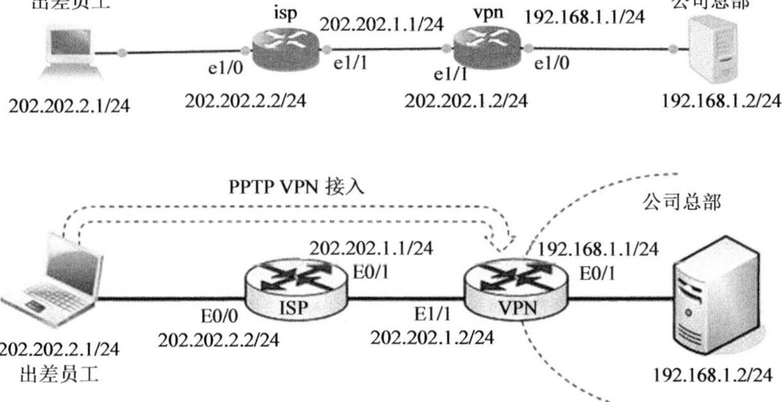

图 4.3 PPTP VPN 拨入内网

第一步 配置 ISP 路由器、VPN 路由器接口的 IP 地址和启动路由协议，让出差员工计算机与企业 VPN 设备的 E1/1 接口能够互相通信，配置如下。

```
ISP:
ISP(config)#interface e1/0
ISP(config-if)#ip address 202.202.2.2 255.255.255.0
ISP(config-if)#no shutdown
ISP(config)# interface e1/1
ISP(config-if)#ip address 202.202.1.1 255.255.255.0
ISP(config-if)#no shutdown
ISP(config)#router rip
ISP(config-router)#no auto-summary
ISP(config-router)#version 2
ISP(config-router)#network 202.202.2.0
ISP(config-router)#network 202.202.1.0
VPN:
VPN(config)# interface e1/1
```

VPN(config-if)#ip address 202.202.1.2 255.255.255.0

VPN(config-if)#no shutdown

VPN(config)#router rip

VPN(config-router)#no auto-summary

VPN(config-router)#version 2

VPN(config-router)#network 202.202.1.0

第二步 配置思科 PPTP VPN，配置如下。

VPN：

VPN(config)#username test1 password test1

* 创建一个拨号用户名和密码。

VPN(config)#vpdn enable

* 启用路由器的虚拟专用拨号网络 vpdn。

VPN(config)#vpdn-group PPTP-VPN

* 建立一个名为 PPTP-VPN 的组。

VPN(config-vpdn)#accept-dialin

* 允许拨入。

VPN(config-vpdn-acc-in)#protocol pptp

* 在 vpdn 组中使用 pptp 协议。

VPN(config-vpdn-acc-in)#virtual-template 1

* 创建一个虚拟拨号接口 1。

VPN(config)#interface virtual-template 1

* 进入虚拟接口 1。

VPN(config-if)#ip unnumbered e1/1

* 使用 e1/1 的 ip 地址作为本地接口 ip。

VPN(config-if)#peer default ip address pool PPTPVPN-POOL

* 给远程拨号分配 PPTPVPN-POOL 地址池中的地址。

VPN(config-if)#ppp encrypt mppe 128 required

* 配置加密长度为 128。

VPN(config-if)#ppp authentication ms-chap-v2

* 启动认证方式为 ms-chap-v2。

VPN(config)#ip local pool PPTPVPN-POOL 192.168.1.100 192.168.1.101

* 配置 PPTPVPN-POOL 地址池。

第三步 在出差员工计算机桌面上的“网上邻居”图标右击选择“属性”列表中的“创建一个新的连接”，弹出“新建连接向导”，如图 4.4 所示。

第四步 单击“下一步”按钮，选择“连接到我的工作场所的网络”，如图 4.5 所示。

第五步 单击“下一步”按钮，选择“虚拟专用网络连接”，如图 4.6 所示。

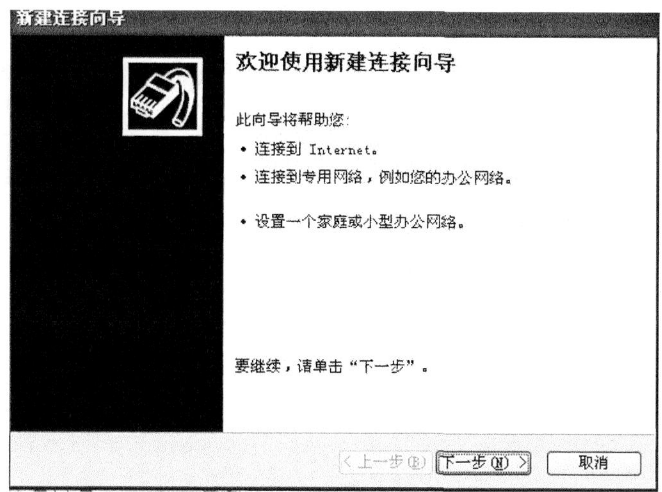

图 4.4　进入新建连接向导

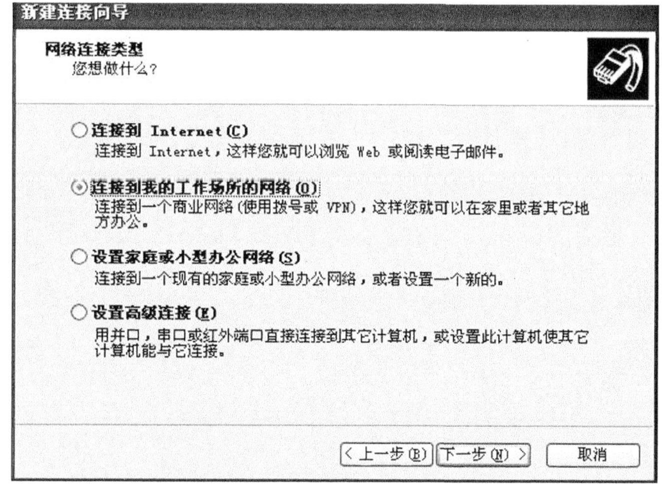

图 4.5　连接到工作场所的网络

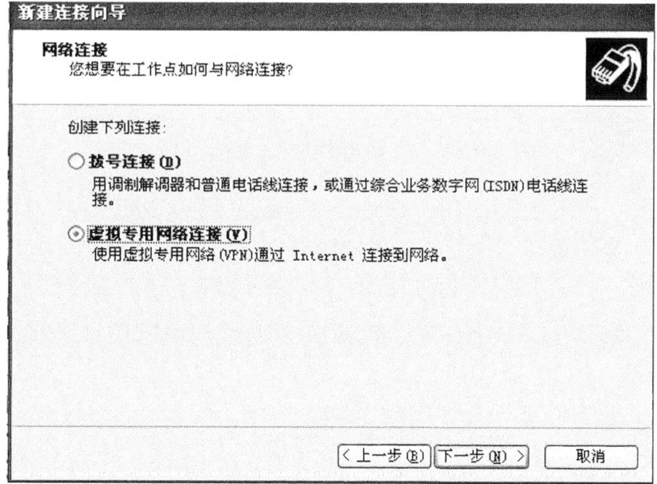

图 4.6　虚拟专用网络连接

第六步 单击“下一步”按钮，输入需要拨入的公司名，如图 4.7 所示。

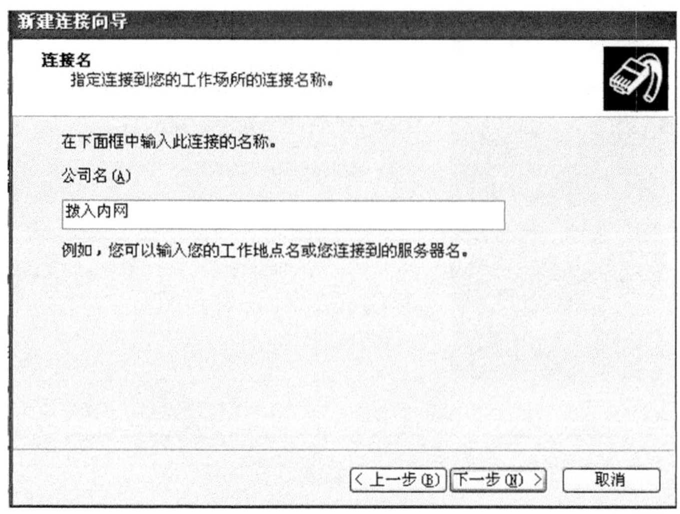

图 4.7　拨入会话的个公司名称

第七步 单击“下一步”按钮，输入路由器拨入网关的 IP 地址。注意，这里输入的 IP 地址，也是 VPN 服务器连接 Internet 的地址，如图 4.8 所示。

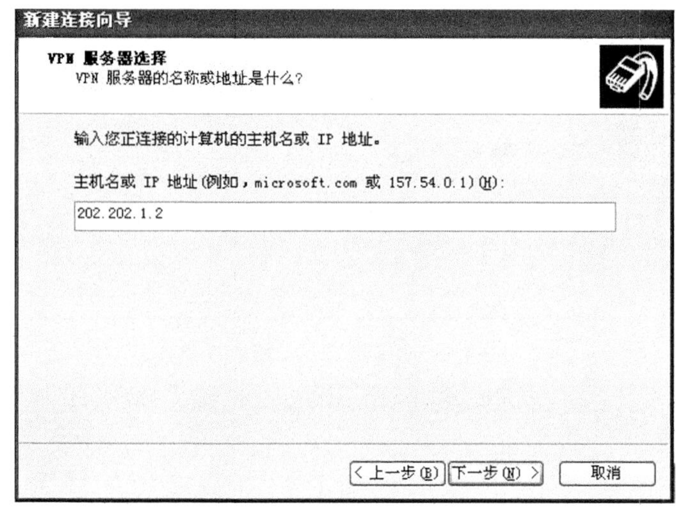

图 4.8　远程 VPN 服务器的地址

第八步 单击“下一步”按钮，Internet 计算机通过 PPTP VPN 拨入内网的配置完成。弹出“连接内网”界面，在该界面输入在服务器创建的用户名和密码，如图 4.9 所示。

第九步 拨入成功后，在命令提示符模式下测试与内网服务器的连通性，如图 4.10 所示。

连接 内网

用户名(U): test1

密码(P): *****

为下面用户保存用户名和密码(S):

只是我(N)

任何使用此计算机的人(A)

连接(C) 取消 属性(O) 帮助(H)

图 4.9 输入拨入的用户名和密码

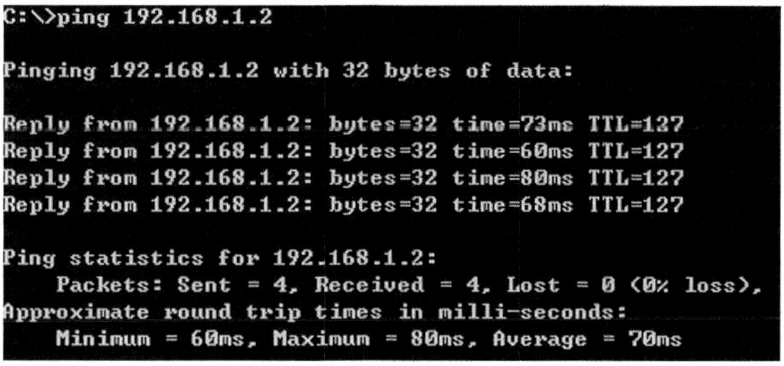

```
C:\>ping 192.168.1.2

Pinging 192.168.1.2 with 32 bytes of data:

Reply from 192.168.1.2: bytes=32 time=73ms TTL=127
Reply from 192.168.1.2: bytes=32 time=60ms TTL=127
Reply from 192.168.1.2: bytes=32 time=80ms TTL=127
Reply from 192.168.1.2: bytes=32 time=68ms TTL=127

Ping statistics for 192.168.1.2:
    Packets: Sent = 4, Received = 4, Lost = 0 (0% loss),
Approximate round trip times in milli-seconds:
    Minimum = 60ms, Maximum = 80ms, Average = 70ms
```

图 4.10 测试与内网通信

任务 4.2 配置基于场对场的 VPN

1. IPSec 的定义

IPSec 是为实现 VPN 功能使用的最普遍的协议。IPSec 不是一个单独的协议，它给出了应用于 IP 层上网络数据安全的一整套体系结构。该体系结构包括认证头协议(Authentication Header，AH)、封装安全负载协议(Encapsulating Security Payload，ESP)、密钥管理协议(Internet Key Exchange，IKE)和用于网络认证及加密的一些算法等。IPSec

规定了如何在对等体之间选择安全协议、确定安全算法和密钥交换，向上提供了访问控制、数据源认证和数据加密等网络安全服务。

2. 理解关于 IPSec 的传输模式和隧道模式

1）IPSec 的传输模式：一般为 OSI 的传输层，以及更上层提供安全保障，传输模式一般用于主机到主机的 IPSec，或者远程拨号型 VPN 的 IPSec。如图 4.11 所示，在传输模式中，原始的 IP 头部没有得到保护，因为 IPSec 的头部插在原始 IP 头部的后面，所以原始的 IP 头部将始终暴露在外，而传输层以及更上层的数据可以被传输模式所保护。

注意

当使用传输模式的 IPSec 在穿越非安全的网络时，除了原始的 IP 地址以外，在数据包中的其他部分都是安全的。

2）IPSec 的隧道模式：它将包括原始 IP 头部在内的整个数据包都保护起来，它将产生一个新的隧道端点，然后使用这个隧道端点的地址来形成一个新的 IP 头部。在非安全网络中，只对这个新的 IP 头部可见，对原始 IP 头部和数据包都不可见。图 4.11 所示的网络环境中，会在路由器 VPNA 和 VPNB 的外部接口上产生一个隧道端点，而它们的接口地址正是这个隧道端点的地址，也是形成 IPSec 隧道模式中的新 IP 头部，隧道模式一般应用于连接场到场的 IPSec 的 VPN。

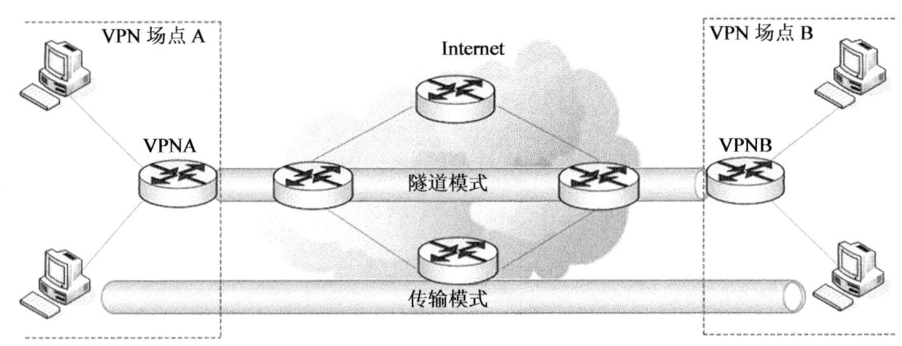

图 4.11 理解 IPSec 的传输模式与隧道模式

3. 理解 IPSec 的 AH 认证头部与 ESP 封装安全性载荷

IPSec 使用两种附加首部 AH 或者 ESP 来保障数据的完整性或者私密性，通常 AH 用来保障数据的完整性，ESP 用来保障数据的私密性。用户可以选择使用 AH 或者 ESP，或者同时使用两者。

1）AH（Authenticaton Header）：认证头部，它使用 IP 协议号 51，主要提供数据完整性保证、数据验证和保护数据回放攻击。AH 功能可以保证整个数据报文的的完整性，当然那些易发生变化的字段（如 TTL）除外。AH 在传输模式与隧道模式下对 IP 报文的保护情况如图 4.12 所示，无论 IPSec 处于传输模式或者隧道模式，AH 都可以保障整个数据报文的完整性。

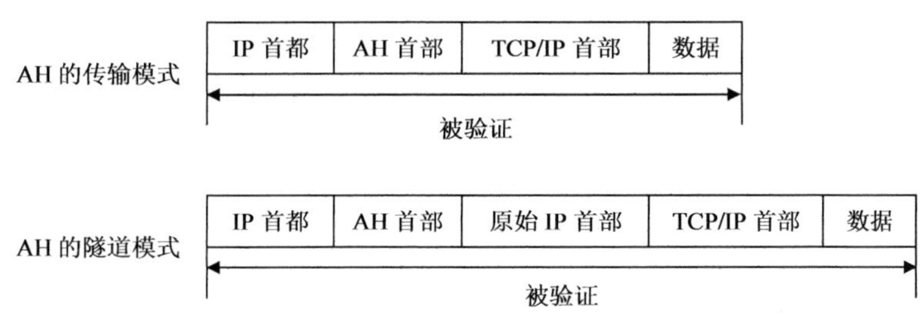

图4.12 在传输模式和隧道模式中AH的验证范围

注意

此时可能会出现一个疑问，前面在描述IPSec的传输模式中提到，因为IPSec的头部插在原始IP头部的后面，所以原始的IP头部将始终暴露在外，没有得到保护。但在如图4.12所示的环境中，又说：无论IPSec处于传输模式或者隧道模式，AH可以保障整个数据报文的完整性，这不是自相矛盾吗？需要区分的是：前面所提到的原始的IP头部将始终暴露在外，没有得到保护，是指的可见性（或者叫私密性），而这里AH指示的是数据完整性。

2）ESP（Encapsulate Security Payload）：封装安全载荷，它使用IP协议号50；ESP提供数据机密性保障，另外，ESP也可以要求接收方主机使用防重放保护功能，通常ESP使用DES、3DE3、AES完成数据加密。ESP可以独立使用，也可以与AH一起使用，但是同时使用ESP与AH的并没有特别的优势，因为ESP具备IPSec所提到的所有功能，包括认证。如果选择了ESP的认证和加密，加密将在认证之前进行，这样做的原因是它可以使信宿主机（接收点）快速地检测并拒绝重放攻击或者虚假伪造的数据包，在数据解密之前，信宿主机可以对发来的数据包进行认证，这样它可以降低被DoS攻击的危险。ESP在传输模式与隧道模式下对IP报文的保护情况如图4.13所示。

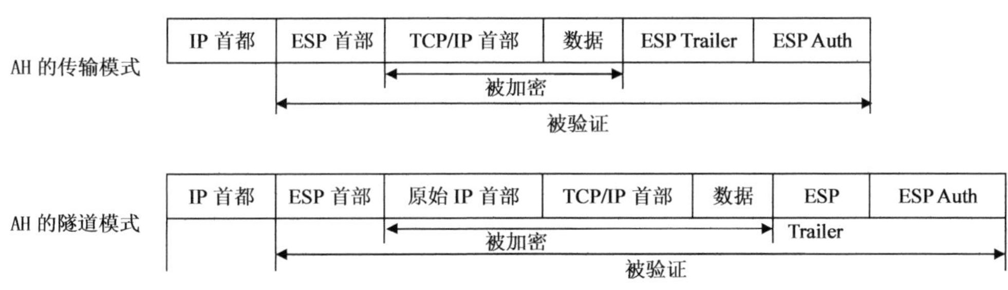

图4.13 在传输模式和隧道模式中ESP的保护范围

注意

IPSec的AH是不具备加密功能的，只有ESP才具备！

4. 理解关于 IPSec 的安全关联

安全关联（Security Association）是 IPSec 保障数据安全最重要的概念之一，它表示两个 IPSec 对端体之间的安全策略协定，描述了对等方如何使用 IPSec 来保护网络流量。安全对端体两端的 SA 必须相同，才能完成安全协商，如图 4.14 所示，注意 IPSec 的安全关联（SA）总是一种单向行为，但通信往往是双向的过程，所以 IPSec 将为一个完整的通信建立两个 SA，一个用于通信的进入，一个用于通信的外出。配置 IPSec 的变换集，就是配置 IPSec 安全关联（SA）的一种体现，当然安全关联还包括定义感兴趣的加密流量，关于这些在本任务的后面进行介绍。

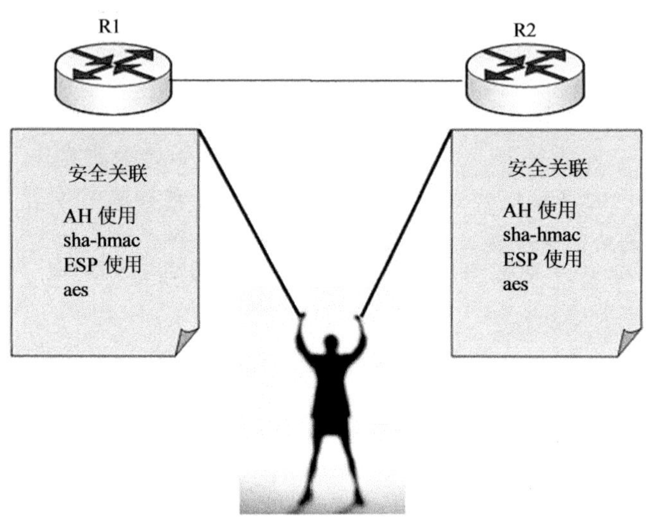

图 4.14　IPSec 的安全关联（SA）

5. 理解 Internet key exchange (IKE)作用

1）IKE 通过提供额外的特性，灵活性和易于配置的 IPSec 标准，增加了 IPsec 的安全性与灵活性，提供了 IPSec 对等端的验证、协议密钥、保护了 IPSec SA 的协商，可以说是 IPSec 的第二重安全保障。关于 IKE 的作用如图 4.15 所示，它的优势如下所述。

① 消除了安全对端体两端把 IPSec 安全参数手工放入到加密表。

② 允许为 IPSec 安全关联（SA）指定一个生存期。

③ 允许在 IPSec 会话期间改变加密密钥。

④ 允许 IPSec 更容易扩展使用 PKI 架构，如数字证书的使用。

⑤ 允许对等方的动态验证。

2）理解 IKE 的变换集。IKE 使用大量的独立安全参数，来保障协商的安全，但它并不是试图去单独协商每个安全参数，而是将这些不同的安全参数组合成一个集合，这个集合就称为 IKE 的变换集，或者称为 IKE 的安全策略，与 IPSec 的安全关联一样，如果两个对等设备之间没有相同的安全参数集，那么它们的 IKE 协商将会失败，IKE 的变换集有以下 5 个重要参数。

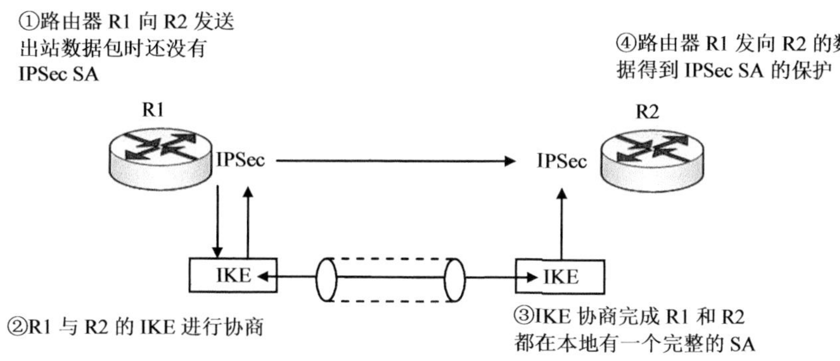

图 4.15　IKE 的基本作用

① IKE 的加密算法：常用的加密算法（DES、3DES、AES）。

② IKE 的验证算法：常用的验证算法（MD5、SHA-1）。

③ IKE 的密钥：主要用于完成对等体验证，其中包括使用预共享密钥、RSA 签名（数字证书）、Nonce（只使用一次的临时数）。

注意

在 CCNA 阶段，只使用预共享密钥配置 IKE。

④ Diffie-Hellman 版本：它是创建 VPN 最重要的问题之一——交换密钥。VPN 使用 Diffie-Hellman 算法建立只有协商两端才知道的一个共享安全密钥。这允许 VPN 的两端通过非安全的通道共享密钥，思科的设备支持 3 组 Diffie-Hellman，分别是 768 比特素数的组 1；1024 比特素数的组 2；1536 比特素数的组 5。素数越大，生成的密钥就越长，安全性越高，密钥计算的时间也越长。

⑤ IKE 的生命周期：时间或者比特数。

6. 简述 IPSec 的工作过程

IPSec 的基本工作过程如图 4.16 所示。

IPSec 的基本工作原理如下所述。

第一步，首先是 IPSec 通信的发送方感知要加密的数据流量，如果满足所定义的加密数据流量的规划就进入 IPSec 的第二步，该过程将被 IPSec 配置中的 ACL 所定义；否则，将使用正常路由的方式来转发数据。

第二步，进入 IKE 第一阶段的协商，其中包括协商的 3 个内容。第 1 个内容是交换 IKE 的基本安全策略集，此内容被 IPSec 配置中的 crypto isakmp policy 1（或者其他编号）所定义，这个策略集编号只在本地有效，协商双方所定义的这个策略集编号不一定必须相同；第二个内容是创建与交换 DH 公钥，这个内容被 IPSec 配置中的 group 1、2、5、7 定义，其目的是允许 VPN 的双方在不安全的通信通道上建立一个共享密钥；第三个内容是协商对等验证，使用什么样的方式来完成对等验证，有 PSK 预共享密钥、RSA 签名、RSA 加密随机数等方法，一般都使用 PSK（预共享密钥），这个内容被 IPSec 配置中的 authentication pre-share 所定义。上述的 3 个内容都属于 IKE 的第一阶段协商，核心目标是：为 IKE 第二阶段的协商奠定基础和保护第二阶段的协商。

第三步，进行 IKE 第二阶段的协商，在这个阶段中主要协商 IPSec 的安全参数，因为它只产生在 IKE 第一阶段成功协商完成之后，所以，通常把 IKE 的第二阶段叫做“快速模式”。它在 IPSec 配置中由 crypto ipsec transform-set 定义。

第四步，当完成上述步骤的协商后，开始安全的发送数据。IPSec 将保护这些会话。

第五步，当需要被保护的数据收发完成后，IPSec 完成隧道终结。

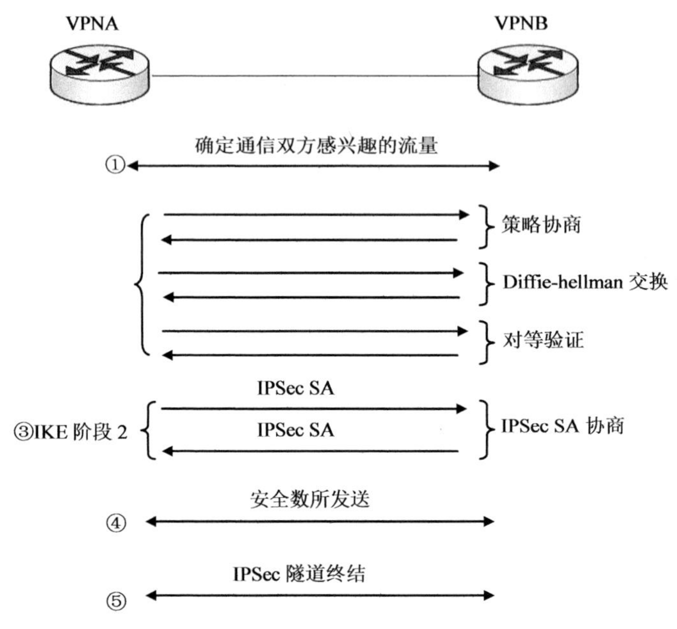

图 4.16　IPSec 的基本工作过程

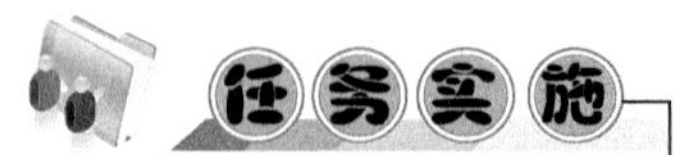

实施目标：基于场对场 IPSec VPN 的配置。

实施工具：思科路由器 3 台。

实施环境：图 4.17 所示的实施环境。

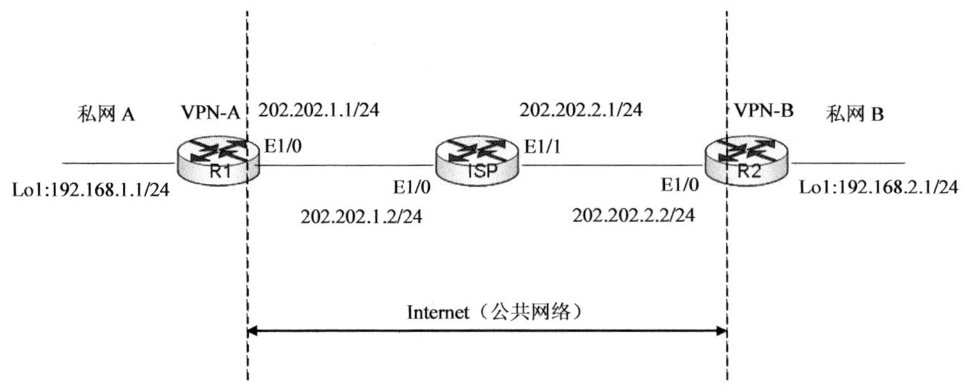

图 4.17　基于思科 IOS 路由器场对场 IPSec VPN 的环境

实施背景：图4.17所示的演示环境，已经明确区分出私有网络A和B，以及Internet部分，现在要求在路由器R1和R2上使用环回接口192.168.1.1和192.168.2.1来模拟两个私网的IP地址，要求私网A 192.168.1.0/24与私网B 192.168.2.0/24的通信经过IPSec-VPN进行加密，要求IPSec的AH使用哈希SHA；ESP使用AES完成加密；IKE的安全策略集的加密方式为AES；Hash验证为SHA；对等端的认证方式为预共享；使用1536比特素数的Diffie-Hellman组；要求IKE的生存周期为40000。根据上述安全参数的要求配置路由器R1和R2基于IOS的IPSec-VPN。

实施步骤：

第一步 首先在路由器R1、ISP、R2上完成VPN之前的基础配置，其中包括为各个网络设备配置接口IP，启动路由，确保公共网络部分的路由学习正常。

路由器R1的基本配置如下。

```
R1(config)#interface e1/0
R1(config-if)#ip address 202.202.1.1 255.255.255.0
R1(config-if)#no shutdown
R1(config)#interface loopback 1
R1(config-if)#ip address 192.168.1.1 255.255.255.0
R1(config)#router rip
R1(config-router)#no auto-summary
R1(config-router)#version 2
R1(config-router)#network 202.202.1.0
R1(config-router)#exit
```

路由器ISP的基本配置：

```
ISP(config)#interface e1/0
ISP(config-if)#ip address 202.202.1.2 255.255.255.0
ISP(config-if)#no shutdown
ISP(config-if)#exit
ISP(config)#interface e1/1
ISP(config-if)#ip address 202.202.2.1 255.255.255.0
ISP(config-if)#no shutdown
ISP(config-if)#exit
ISP(config)#router rip
ISP(config-router)#no auto-summary
ISP(config-router)#version 2
ISP(config-router)#network 202.202.1.0
ISP(config-router)#network 202.202.2.0
ISP(config-router)#exit
```

路由器R2的基本配置如下。

```
R2(config)#interface e1/0
```

R2(config-if)#ip address 202.202.2.2 255.255.255.0

R2(config-if)#no shutdown

R2(config)#interface loopback 1

R2(config-if)#ip address 192.168.2.1 255.255.255.0

R2(config)#router rip

R2(config-router)#no auto-summary

R2(config-router)#version 2

R2(config-router)#network 202.202.2.0

R2(config-router)#exit

第二步 完成上述配置后，正常情况下，路由器 R1 的公共网络接口 IP 202.202.1.1 应该能成功的 ping 通路由器 R2 的公共网络接口 IP 202.202.2.2，如图 4.18 所示。

```
R1#ping 202.202.2.2

Type escape sequence to abort.
Sending 5, 100-byte ICMP Echos to 202.202.2.2, timeout is 2 seconds:
!!!!!
Success rate is 100 percent (5/5), round-trip min/avg/max = 44/58/72 ms
R1#tr
R1#traceroute 202.202.2.2

Type escape sequence to abort.
Tracing the route to 202.202.2.2

  1 202.202.1.2 44 msec 28 msec 40 msec
  2 202.202.2.2 40 msec *  72 msec
```

图 4.18 完成基础配置后测试连通性

注意

现在私网 A（192.168.1.0）无法与私网 B（192.168.2.0）通信，在实际工程应用中也是如此，因为这两个网络没有被动态路由协议所公告，事实上，在实际工程应用中，也不会在路由器上使用动态路由来公告这两个子网，因为它们是 RFC1918 所定义的私有网络专用地址，这样做是为了让实验环境更真实！

第三步 开始配置路由器 R1 和 R2 上的 IPSec-VPN，在这里给出一个配置思路，步骤如下所述。

1）首先定义一个 IPSec 的变换集。

2）然后定义一个 IKE 的安全策略集。

3）由于 IKE 的安全策略集使用了预共享密钥，所以这里需要配置预共享密钥的字符串。

4）然后通过 ACL 列表定义感兴趣的加密流量。

5）然后定义一个加密图，将 IPSec 的变换集、IKE 的安全策略集、感兴趣的加密流量和 VPN 的对端 IP 地址全部关联到加密图中。

6）指定 VPN 的静态路由。

7）将加密图应用到对应的物理接口。

有关指令如下。

在路由器 R1 上定义 IPSec 的变换集如下。

R1(config)#crypto ipsec transform-set vpn ah-sha-hmac esp-aes

* 定义 IPsec 的变换集，AH 安全算法为 sha-hmac；ESP 使用 AES 完成加密。

在路由器 R1 上定义 IKE 的安全策略集如下。

R1(config)#crypto isakmp policy 1

*定义 IKE 安全策略集 1。

R1(config-isakmp)#encryption aes

*IKE 的加密方式为 AES。

R1(config-isakmp)#hash sha

*IKE 的 HASH 验证为 SHA。

R1(config-isakmp)#authentication pre-share

* IKE 验证方式为预共享密钥。

R1(config-isakmp)#group 5

*IKE 使用 Diffie-Hellman 的组 5。

R1(config-isakmp)#lifetime 40000

*定义 IKE 的生存周期。

R1(config-isakmp)#exit

在路由器 R1 上定义预共享密钥字符串如下。

R1(config)#crypto isakmp key ccna address 202.202.2.2

* 在 R1 上定义与 R2（202.202.2.2）协商的预共享密钥字符串为“ccna”。

在路由器 R1 上定义感兴趣的加密流量如下。

R1(config)#access-list 101 permit ip 192.168.1.0 0.0.0.255 192.168.2.0 0.0.0.255

* 定义感兴趣的加密流量，加密源子网 192.168.1.0 到目标子网 192.168.2.0 的流量。

在路由器 R1 上定义加密图，将 IPSec 的变换集、IKE 的安全策略集、感兴趣的加密流量和 VPN 的对端 IP 地址全部关联到加密图中。

R1(config)#crypto map ccna_vpn 1 ipsec-isakmp

* 定义加密图 ccna_vpn。

R1(config-crypto-map)#set transform-set vpn

* 在加密图中调用 IPsec 的变换集 vpn。

R1(config-crypto-map)#set peer 202.202.2.2

* 在加密图中设置 VPN 的对端 IP 地址。

R1(config-crypto-map)#match address 101

* 在加密图中申明感兴趣的加密流量列表 101。

R1(config-crypto-map)#exit

指定 VPN 的静态路由。

R1(config)#ip route 192.168.2.0 255.255.255.0 e1/0

* 配置 VPN 的静态路由，到目标 192.168.2.0 通过本地路由器 R1 的 E1/0 接口转发。

将加密图应用到对应的物理接口。

```
R1(config)#interface e1/0
R1(config-if)#crypto map ccna_vpn
```

* 在接口上应用加密图。

```
R1(config-if)#exit
```

关于路由器 R2 的 IPSec-VPN 的完整配置如下。

```
R2(config)#crypto ipsec transform-set vpn ah-sha-hmac esp-aes
R2(config)#crypto isakmp policy 1
R2(config-isakmp)#encryption aes
R2(config-isakmp)#hash sha
R2(config-isakmp)#authentication pre-share
R2(config-isakmp)#group 5
R2(config-isakmp)#lifetime 40000
R2(config-isakmp)#exit
R2(config)#crypto isakmp key ccna address 202.202.1.1
R2(config)#access-list 101 permit ip 192.168.2.0 0.0.0.255 192.168.1.0 0.0.0.255
R2(config)#crypto map ccna_vpn 1 ipsec-isakmp
R2(config-crypto-map)#set transform-set vpn
R2(config-crypto-map)#set peer 202.202.1.1
R2(config-crypto-map)#match address 101
R2(config-crypto-map)#exit
R2(config)#ip route 192.168.1.0 255.255.255.0 e1/0
R2(config)#interface e1/0
R2(config-if)#crypto map ccna_vpn
R2(config-if)#exit
```

注意

路由器 R2 上的 VPN 配置，基本上与路由器 R1 的配置相似，这里不再重复。但是必须强调：路由器 R1 与 R2 上的 IPSec 变换集和 IKE 安全策略所使用的各项安全参数必须同相，否则 VPN 将无法正常工作！

第四步 测试 VPN 配置完成后的连通性，并查看路由器 R1 或者 R2 使用 IPSec 加密或者解密的情况。使用扩展的 ping 命令完成连通性测试，如图 4.19 所示。在 ping 时，目标地址为 192.168.2.1，源地址为 192.168.1.1，并要求连续发送 10 个 ping 包。完成该指令后，显示 10 个 ping 包，有 9 个成功通信。

```
R1#ping
Protocol [ip]:
Target IP address: 192.168.2.1  ←── Ping的目标地址
Repeat count [5]: 10  ←── Ping的数据包个数为10
Datagram size [100]:
Timeout in seconds [2]:
Extended commands [n]: y  ←── 使用带扩展命令的ping
Source address or interface: 192.168.1.1  ←── 使用192.168.1.1作为ping的源地址
Type of service [0]:
Set DF bit in IP header? [no]:
Validate reply data? [no]:
Data pattern [0xABCD]:
Loose, Strict, Record, Timestamp, Verbose[none]:
Sweep range of sizes [n]:
Type escape sequence to abort.
Sending 10, 100-byte ICMP Echos to 192.168.2.1, timeout is 2 seconds:
Packet sent with a source address of 192.168.1.1
.!!!!!!!!!
Success rate is 90 percent (9/10), round-trip min/avg/max = 72/116/152 ms
```

源地址192.168.1.1 ping 目标地址192.168.2.1的10个包的结果

图 4.19　使用扩展的 ping 命令

注意

在这里必须使用扩展的 ping 命令来完成 VPN 的检测，其主要目标在于申明源地址为 192.168.1.1；如果不使用扩展的 ping，那么路由器 R1 将使用距离目标 192.168.2.2 最近接口上的 IP 地址来作为源地址（202.202.1.1），这样就不满足 VPN 中感兴趣的加密条件，达不到测试 VPN 的目的。

完成上述的测试后，可以在路由器 R1 上通过执行 show crypto ipsec sa 来查看 IPSec SA 的状态，以及路由器执行加解密数据的情况，如图 4.20 所示，可看出已经分别有 9 个数据包被加解密。然后，可以通过执行 show crypto isakmp sa 来查看 IKE 的 SA 状态，如图 4.21 所示，可以看出两个 VPN 隧道端点的 IP 地址，以及隧道协商成功的状态。最后可以通过在路由器 R1 和 R2 上执行 show crypto isakmp policy 来查看两台路由器正在使用的安全策略，如图 4.22 所示，两台路由器使用的 IKE 安全策略完全一致。当然这也是必需的，否则基于 IPSec 的 VPN 无法正常工作。

```
R1#show crypto ipsec sa
                                                    被定义要加密的流量
interface: Ethernet1/0
    Crypto map tag: ccna_vpn, local addr 202.202.1.1

   protected vrf: (none)
   local  ident (addr/mask/prot/port): (192.168.1.0/255.255.255.0/0/0)
   remote ident (addr/mask/prot/port): (192.168.2.0/255.255.255.0/0/0)
   current_peer 202.202.2.2 port 500
     PERMIT, flags={origin_is_acl,}
    #pkts encaps: 9, #pkts encrypt: 9, #pkts digest: 9   ←── 被加密和解
    #pkts decaps: 9, #pkts decrypt: 9, #pkts verify: 9        密的数据包
    #pkts compressed: 0, #pkts decompressed: 0
    #pkts not compressed: 0, #pkts compr. failed: 0
    #pkts not decompressed: 0, #pkts decompress failed: 0
    #send errors 1, #recv errors 0

     local crypto endpt.: 202.202.1.1, remote crypto endpt.: 202.202.2.2
     path mtu 1500, ip mtu 1500, ip mtu idb Ethernet1/0
     current outbound spi: 0x25DACAA5(635095717)
     PFS (Y/N): N, DH group: none
```

图 4.20　查看 IPSec 的 SA 状态

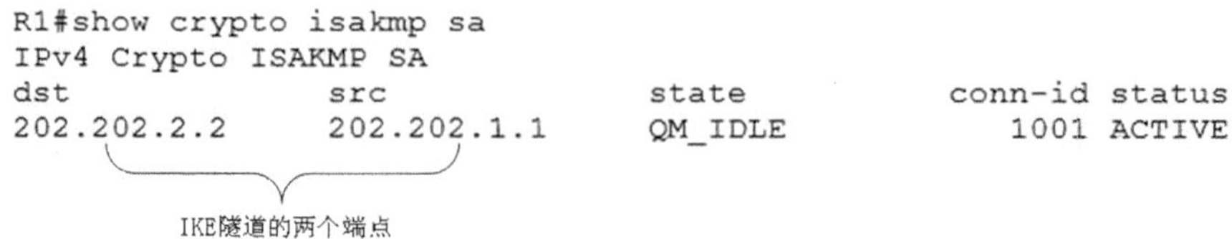

```
R1#show crypto isakmp sa
IPv4 Crypto ISAKMP SA
dst             src             state          conn-id status
202.202.2.2     202.202.1.1     QM_IDLE           1001 ACTIVE
```


图 4.21 查看 IKE 的 SA 状态

```
R1#show crypto isakmp policy

Global IKE policy
Protection suite of priority 1
        encryption algorithm:   AES - Advanced Encryption Standard (128 bit keys).
        hash algorithm:         Secure Hash Standard
        authentication method:  Pre-Shared Key
        Diffie-Hellman group:   #5 (1536 bit)
        lifetime:               40000 seconds, no volume limit


R2#show crypto isakmp policy

Global IKE policy
Protection suite of priority 1
        encryption algorithm:   AES - Advanced Encryption Standard (128 bit keys)
        hash algorithm:         Secure Hash Standard
        authentication method:  Pre-Shared Key
        Diffie-Hellman group:   #5 (1536 bit)
        lifetime:               40000 seconds, no volume limit
```

图 4.22 查看 VPN 两端的 IKE 策略集

第五步 通过捕获建立 IPSec-VPN 后的通信数据帧，来验证发送的数据包将会被 IPSec 验证与加密，如图 4.23 所示，是成功通信的 9 个 ping 包，被 ESP 封装的状态，因为 ping 是一种往返通信过程，所以 9 个 ping 包将产生 18 个 ESP 的封装；拆分任意一个 ESP 包文，可以得到图 4.24 所示的报文，可看出 ping（ICMP）没有被申明，因为它被加密，已经具备私密性。

```
202.202.1.1    202.202.2.2    ESP    194 ESP (SPI=0x8273a77f)
202.202.2.2    202.202.1.1    ESP    194 ESP (SPI=0xbd761b8b)
202.202.1.1    202.202.2.2    ESP    194 ESP (SPI=0x8273a77f)
202.202.2.2    202.202.1.1    ESP    194 ESP (SPI=0xbd761b8b)
202.202.1.1    202.202.2.2    ESP    194 ESP (SPI=0x8273a77f)
202.202.2.2    202.202.1.1    ESP    194 ESP (SPI=0xbd761b8b)
202.202.1.1    202.202.2.2    ESP    194 ESP (SPI=0x8273a77f)
202.202.2.2    202.202.1.1    ESP    194 ESP (SPI=0xbd761b8b)
202.202.1.1    202.202.2.2    ESP    194 ESP (SPI=0x8273a77f)
202.202.2.2    202.202.1.1    ESP    194 ESP (SPI=0xbd761b8b)
202.202.1.1    202.202.2.2    ESP    194 ESP (SPI=0x8273a77f)
202.202.2.2    202.202.1.1    ESP    194 ESP (SPI=0xbd761b8b)
202.202.1.1    202.202.2.2    ESP    194 ESP (SPI=0x8273a77f)
202.202.2.2    202.202.1.1    ESP    194 ESP (SPI=0xbd761b8b)
202.202.1.1    202.202.2.2    ESP    194 ESP (SPI=0x8273a77f)
202.202.2.2    202.202.1.1    ESP    194 ESP (SPI=0xbd761b8b)
202.202.1.1    202.202.2.2    ESP    194 ESP (SPI=0x8273a77f)
202.202.2.2    202.202.1.1    ESP    194 ESP (SPI=0xbd761b8b)
```

9个ping通的数据包，由于ping是往返类型的数据，所以会出现18个ESP封装。

图 4.23 ICMP 被 ESP 封装的状态

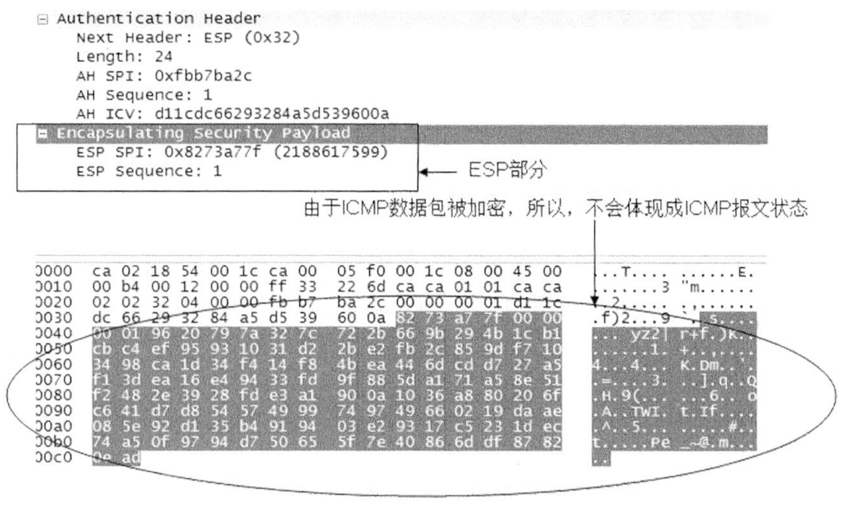

图 4.24　拆分 ESP 报文的状态

知识拓展　远程接入安全专线在实际生活中的应用

租用线路也叫做“专线”。专线顾名思义是一条用于连接两个企业或者一个企业的总部与分支机构的专用线路。该线路是一条点到点的链路，在该链路上没有第三方的接入，是为两个固定通信场所开设的专用通信通道。电信运营商提供该专用通信的物理线路，企业以租用该线路的方式支付通信费用，所以也把专线叫做“租用线路”。租用线路（专线）的特性有以下几点：①有较高的安全性，因为整个链路上就只有两个通信点，那么非法用户就丧失了违规行为的机会；②一般情况下带宽的利用率较高，因为在链路上只有两个点，没有“带宽竞争”用户的存在；③有较高的稳定性，非常适合于重要而敏感的数据传递，同时也非常适合传递语音、视频等多媒体文件；④相较于其他 WAN 连接方式而言成本较高，因为是电信运营商为企业的两个场所，架设的专用通信通道。

习　题

一、选择题

1. （　　）是通过一个公用网络（通常是因特网）建立一个临时的、安全的连接，是一条穿过混乱的公用网络的安全、稳定的隧道。

A. router　　B. switch　　C. pptp　　D. VPN

2. VPN 从接入方式上来区分类型分为（　　）类。

A. 1　　B. 2　　C. 3　　D. 4

3. 下面不是 IKE 的加密算法的是（　　）。

A. DES　　B. SHA-1　　C. 3DES　　D. AES

4. ESP 使用的协议号为（　　）。

A. 40　　B. 22　　C. 90　　D. 50

5. AH 使用的协议号为（　　）。

A. 99　　B. 23　　C. 55　　D. 51

二、简答题

1. 什么是 IPSec 的安全关联？
2. 简述 IKE 的作用。
3. 什么是 IPSec？IPSec 的作用是什么？

项目 5

企业级园区网络数据安全加固

- 了解磁盘阵列技术的概念。
- 熟悉磁盘阵列的实施。
- 了解数据备份的概念。
- 熟悉数据备份的实施。

- 能够配置 RAID 5 磁盘阵列。
- 能够配置数据自动备份。

天隆科技公司的网络管理员小刘发现，公司内部服务器的存储速度越来越慢，而且这些数据并没有安全保障，容易丢失，并且这些服务器也没有做其他的备份服务。针对这种现状，对公司服务器数据安全加固已成当务之急。

网络管理员小刘通过以上的现状的分析，得出造成以上问题的原因如下。

1）没有部署镜像磁盘阵列。

2）没有对服务器做备份服务。

本项目首先对磁盘做镜像磁盘阵列，然后做保护数据安全灾难，最后对整个服务器制订一个高效的自动备份计划。

本项目实施完成以下任务：

任务一　部署磁盘阵列对数据的安全保护；

任务二　部署自动备份对数据的安全保护。

任务 5.1 部署磁盘阵列对数据的安全保护

一、部署镜像磁盘阵列

1. 理解磁盘阵列

磁盘阵列（Redundant Arrays of Inexpensive Disks，RAID）是对存储数据进行灾难保护的一种重要方案，其原理是利用数组方式来完成磁盘组合，配合数据分散排列的设计，提升数据的安全性。磁盘阵列是由很多个价格便宜、容量较小、稳定性较高、速度较慢的磁盘组合成的一个大型的磁盘集合。在储存数据时，利用这项技术将数据切割成许多区段，分别存放在各个硬盘上，可以完成多个硬盘的同步读写，减少错误和冗余、增加效率。磁盘阵列的提供形式大致可以分为：磁盘阵列柜、磁盘阵列卡和软件磁盘阵列。

1）磁盘阵列柜。磁盘阵列柜的原理是利用数组方式来完成磁盘组，配合数据分散排列的设计，提升数据的安全性。磁盘阵列柜是一种很成熟的数据存储设备，由于它具有数据存储速度快、存储容量大等优点，所以，磁盘阵列柜通常比较适合在企业内部的中小型中央集群网存储区域进行海量数据存储。它的成本相比其他阵列方式要偏高，如图 5.1 所示。

2）磁盘阵列卡。磁盘阵列卡是用来完成磁盘阵列廉价冗余的方案，如图 5.2 所示。

3）软件磁盘阵列。使用操作系统或第三方的软件同样可以完成磁盘阵列，如 Windows 2000/XP/2003/2005 都具备实现磁盘阵列的功能。本任务主要介绍利用 Windows 操作系统实现磁盘阵列的方式。

图 5.1 磁盘阵列柜

图 5.2 磁盘阵列卡

注意

实现 Windows 操作系统的磁盘阵列，需要将磁盘从基本磁盘转换为动态磁盘。

2. 理解 Windows 操作系统的动态磁盘

动态磁盘可以提供一些基本磁盘不具备的功能，例如，创建可跨越多个磁盘的卷（跨区卷和带区卷）和创建具有容错能力的卷（镜像卷和 RAID-5 卷）。动态磁盘上的所有卷都是动态卷，同时也能突破传统的“基本磁盘只能有 4 个主分区”的原则。基本磁盘上的逻辑管理单元叫分区，这些分区又包括：主分区、扩展分区和逻辑分区。动态磁盘上的逻辑管理单元叫卷集，简称“卷”。可以通过图 5.3 所示的操作将基本磁盘转换成动态磁盘。在默认情况下，Windows 操作系统的磁盘是基本磁盘。

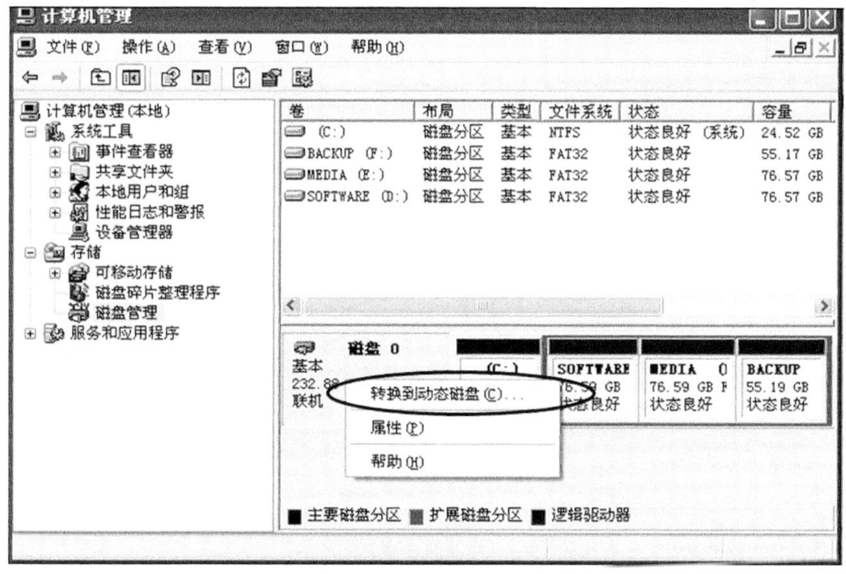

图 5.3 将基本磁盘转换成动态磁盘

注意

在实施 Windows 的卷集特性功能时，必须将基本磁盘升级成动态磁盘。而且动态磁盘是针对整个物理硬盘进行升级，而不能将基本磁盘的某个分区升级成动态磁盘。

3. 理解 Windows 服务器的简单卷

简单卷：由单个动态磁盘的磁盘空间所组成的动态卷。简单卷可以由磁盘上的单个区域或同一磁盘上连接在一起的多个区域组成，它只能在动态磁盘上创建简单卷。而且简单卷不能容错，可以将简单卷理解为等同在基本磁盘上的分区，如图 5.4 所示。

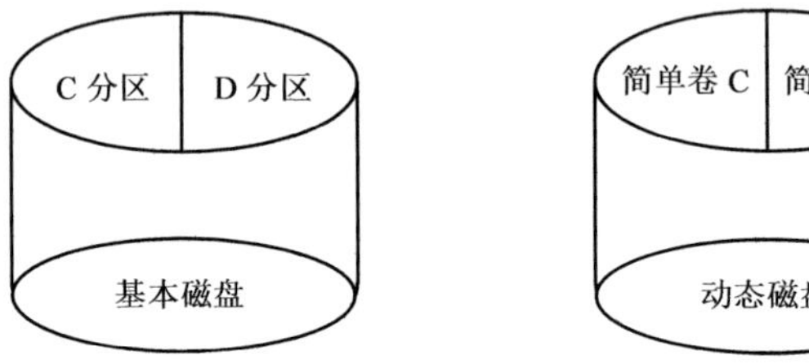

图 5.4　简单卷

4. 理解 Windows 服务器的跨区与带区阵列

1）跨区卷：由多个物理磁盘上的磁盘空间组成的卷，可以通过向其他动态磁盘扩展来增加跨区卷的容量。它只能在动态磁盘上创建跨区卷，跨区卷不提供冗余，需要至少两块或两块以上的磁盘，每块磁盘提供空间容量可不同，空间利用率为 100%。跨区卷和简单卷没有太大区别，简单来说就是跨区卷分区在两块磁盘上，读写速度一般，如果格式化一块磁盘分区，另一块磁盘分区同时也被格式化，如图 5.5 所示。

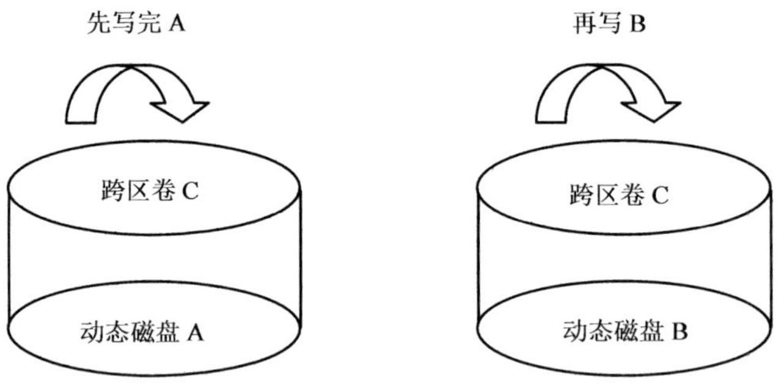

图 5.5　跨区卷

跨区卷的特点如下所述。

① 一个卷在两个物理磁盘上。

② 不是同时写数据，先写完第一张磁盘再写第二张。

2）带区卷：由两块或两块以上的物理磁盘所组成的卷。每块磁盘提供同样大小的空间，数据读写时在两块磁盘上进行，读写速度最快，磁盘利用率为 100%，格式化时同跨区卷一样，会同时格式化所有磁盘分区中的内容，如图 5.6 所示。

带区卷的特点如下所述。

① 一个卷在两个物理磁盘上。

② 同时写数据，写入数据的速度有很大提高。

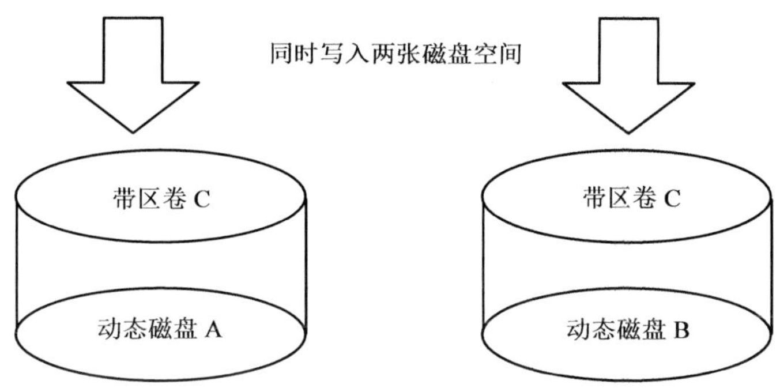

图 5.6 带区卷

5. 理解 Windows 服务器的镜像阵列

镜像卷：是指在两个物理磁盘上建立的可以复制数据的容错卷，使用两个相同的卷（称为镜像）。镜像卷提供数据冗余以便复制包含在卷上的信息，镜像总位于另一个磁盘上，如果其中一个物理磁盘出现故障，该磁盘上的数据将不可用，但系统可以在其他磁盘上的镜像中继续操作。镜像卷只能在动态磁盘上创建，它由两块磁盘组成，读写速度一般，一块用于存储数据，另一块则用于备份。当一块磁盘或磁盘内数据丢失或损坏时，可用另一块磁盘上的镜像内容进行找回，空间利用率为 50%，如图 5.7 所示。

镜像卷的特点如下所述。

① 一个卷在两个物理磁盘上。

② 写入数据到一张磁盘的数据会镜像到另一个磁盘里，有容错能力，但利用率只有 50%。

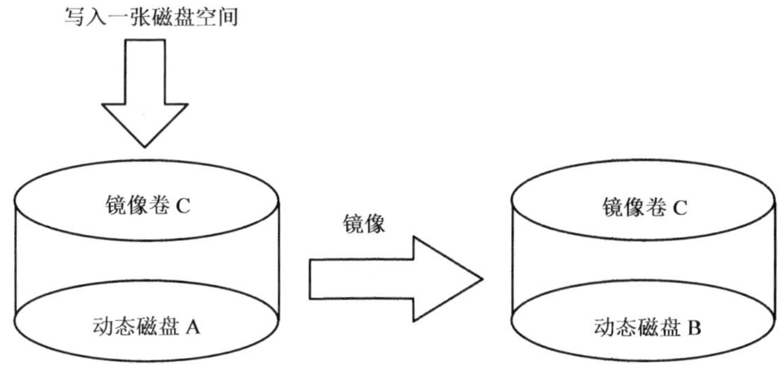

图 5.7 镜像卷

实施目标：完成基于 Windows 2003 的镜像阵列。

实施工具：Windows 2003 服务器。

实施环境：如图 5.8 所示。

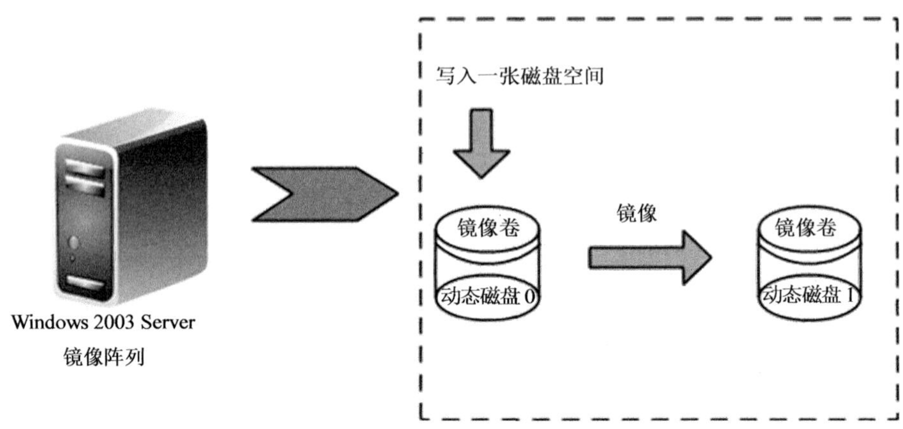

图 5.8　基于 Windows 系统的镜像阵列

实施背景：首先把 Windows 2003 Server 上的基本磁盘 0 和基本磁盘 1 转换成动态磁盘，然后在动态磁盘 0 和动态磁盘 1 上做一个镜像阵列，在这个镜像卷中写入数据。接着制造一个故障，如把动态磁盘 1 禁用，模拟数据丢失后的效果。之后再来查看这个镜像卷中的数据，会发现数据仍然不会丢失，这是因为镜像阵列具有冗余的功能。

实施步骤：

第一步 选择“开始”→“程序”→“管理工具”→“计算机管理”命令，展开“磁盘管理”选项，如图 5.9 所示。右击，在弹出的快捷菜单中选择“转换成动态磁盘”

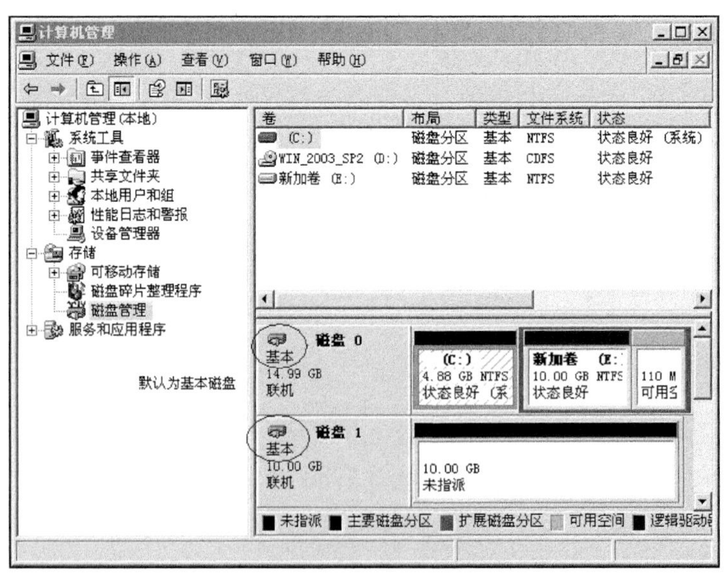

图 5.9　转换动态磁盘

命令，完成转换后的界面如图 5.10 所示。转换完成后必须重启计算机。

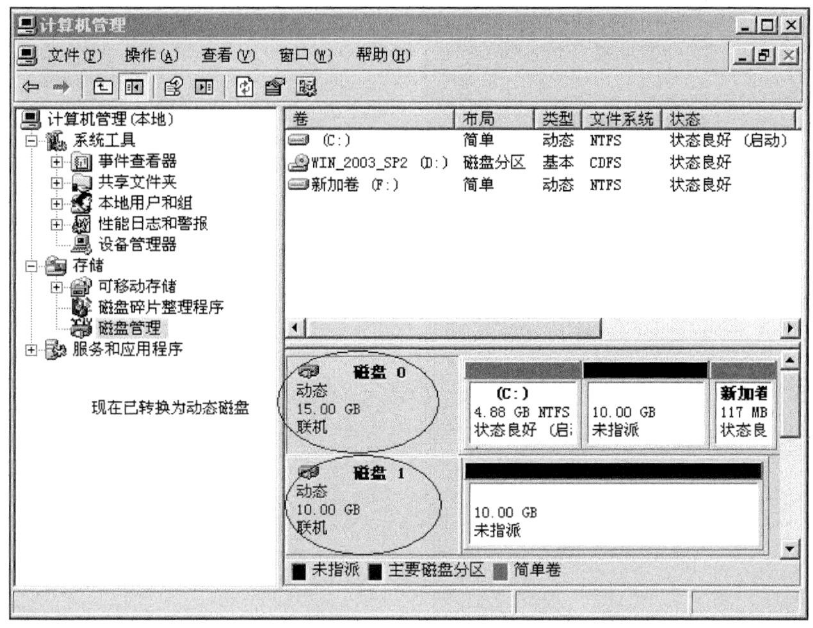

图 5.10 转换完成

第二步 在动态磁盘 0 尚未分配的空间上右击，在弹出的快捷菜单中选择“新建卷”命令，弹出图 5.11 所示的“新建卷向导”对话框。单击“下一步”按钮，弹出图 5.12 所示的对话框，选择“镜像”单选按钮。注意：需要至少两块物理磁盘此选项才可用。

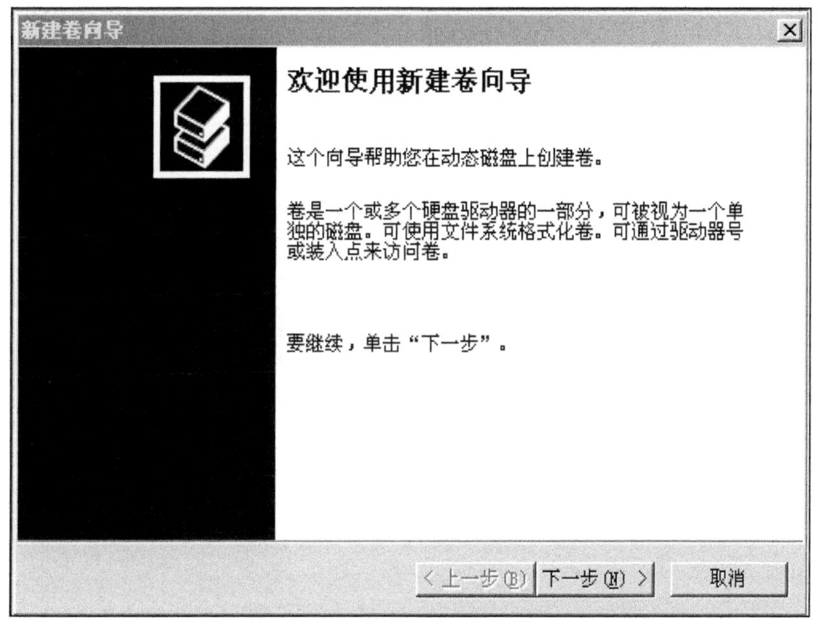

图 5.11 “新建卷向导”对话框

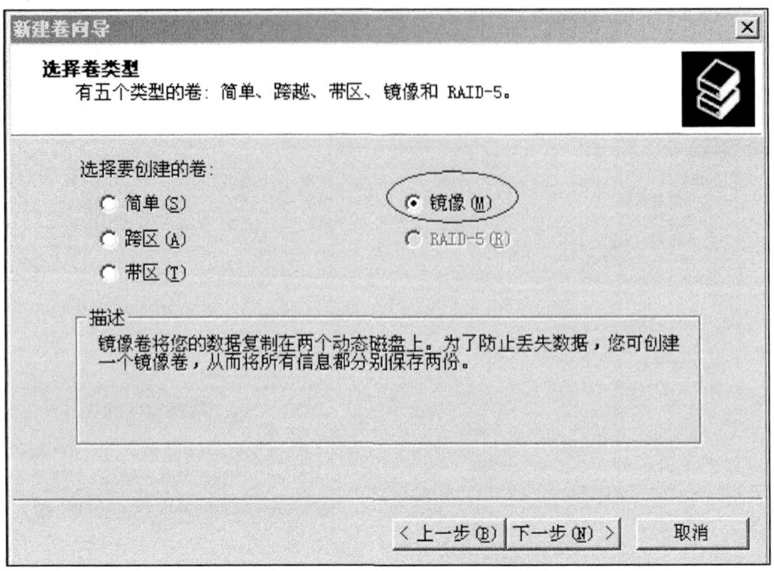

图 5.12 选择“镜像”单选按钮

第三步 单击“下一步”按钮，在图 5.13 所示的对话框中选择完成镜像卷配置所需要的物理硬盘，并指定镜像卷的空间大小。确保两个动态磁盘上有足够的未分配空间，把两块物理硬盘 0 和 1 添加到对话框右边“已选的”列表中，然后在“选择空间量（MB）”滚动列表中指定新建镜像卷的空间大小，该空间大小是受最小可分配磁盘空间所决定的。单击“下一步”按钮，弹出图 5.14 所示的对话框，为镜像卷指定驱动器符号，镜像卷的两块物理硬盘使用一个驱动器符号，把两块物理硬盘当做一块物理硬盘使用。事实上，一块物理磁盘用于存储数据，另一块物理硬盘用于镜像数据，起到冗余的作用。单击“下一步”按钮，弹出图 5.15 所示的对话框，选择“执行快速格式化”复选框，快速格式化对两块硬盘的操作速度最快。

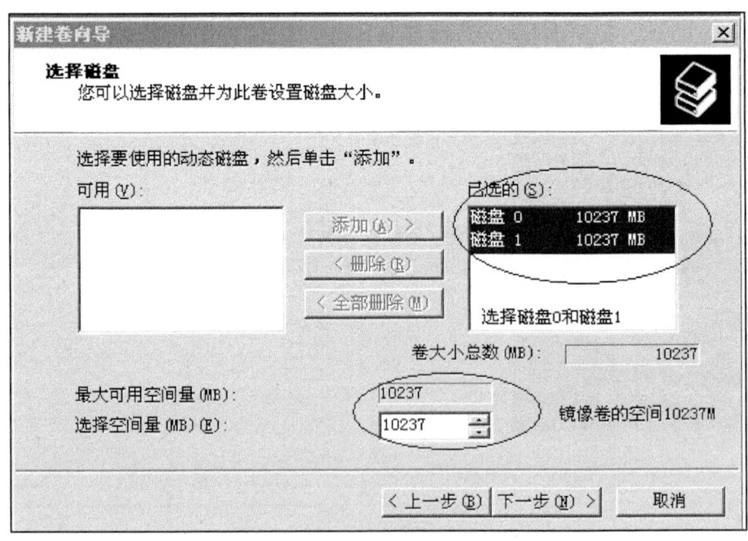

图 5.13 指定镜像卷的空间大小

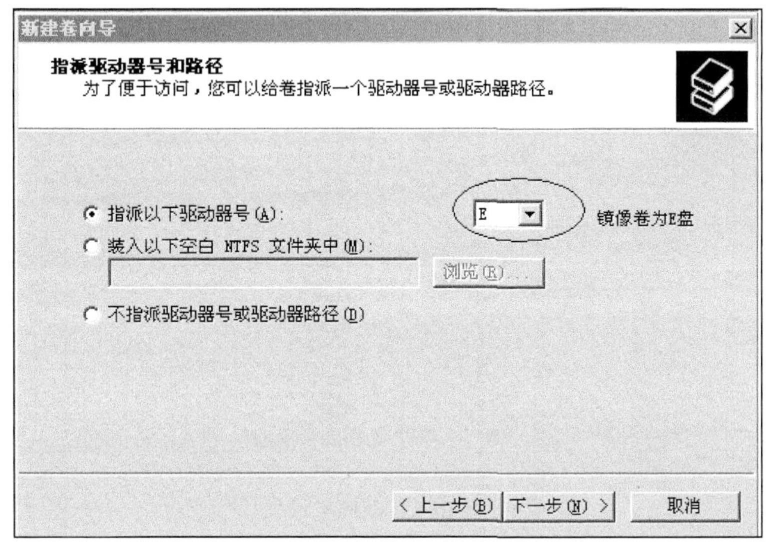

图 5.14　为镜像卷指定驱动器符号

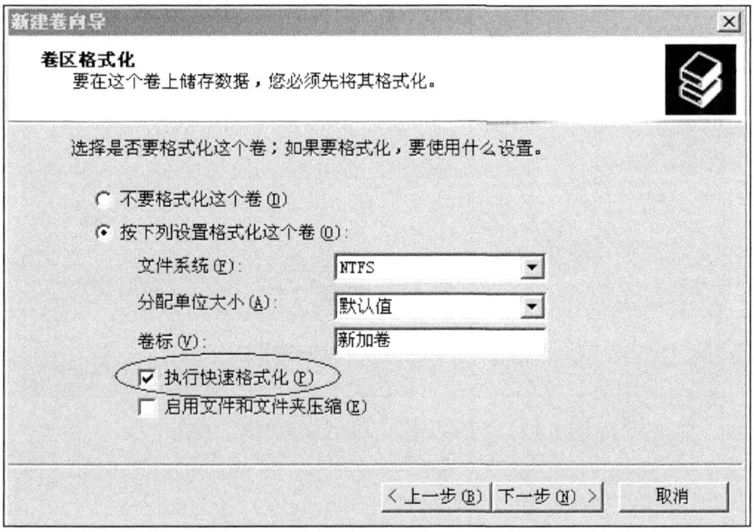

图 5.15　快速格式化

第四步 完成第三步的操作后，“镜像卷”将开始完成同步工作。在两块物理硬盘上显示“重新同步”进程，如图 5.16 所示。同步工作完成后显示“状态良好”，如图 5.17 所示。

第五步 检测“镜像卷”的冗余效果。在新建的镜像卷（E:）中建立一个“test”文件夹，在 test 文件夹中建立一个“test”文本文档，如图 5.18 所示。制造一桩磁盘故障事件，例如，将镜像卷中的一个磁盘禁用，如图 5.19 所示。此时虽然动态磁盘 1 已丢失，如图 5.20 所示，但是仍然能访问新加卷（E:）中的文件，如图 5.21 所示，成功证明镜像卷的冗余效果。

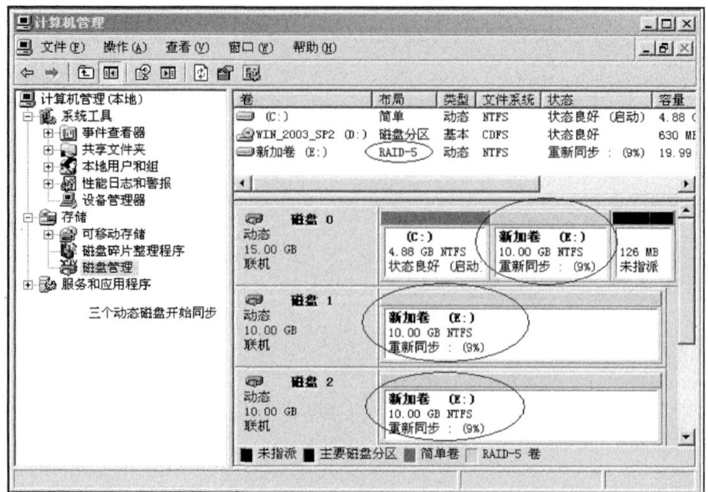

图 5.16 重新同步进程

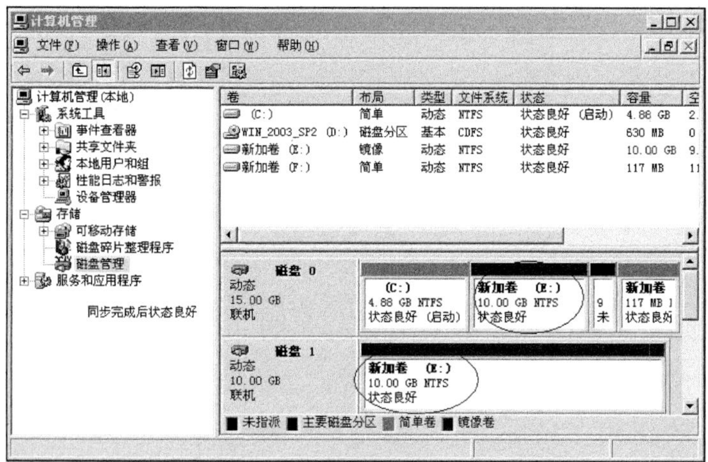

图 5.17 同步工作完成后显示“状态良好”

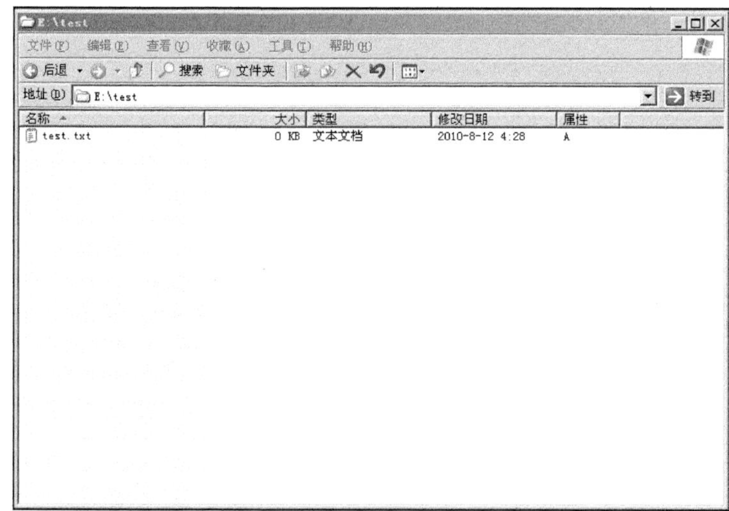

图 5.18 建立文本文档

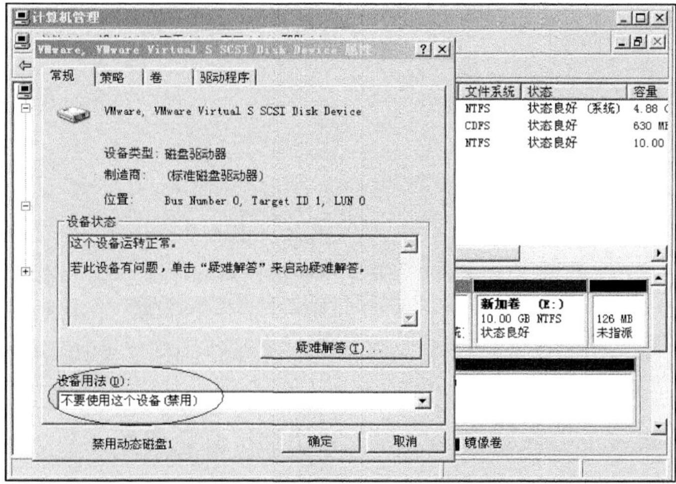

图 5.19 将镜像卷一个磁盘禁用

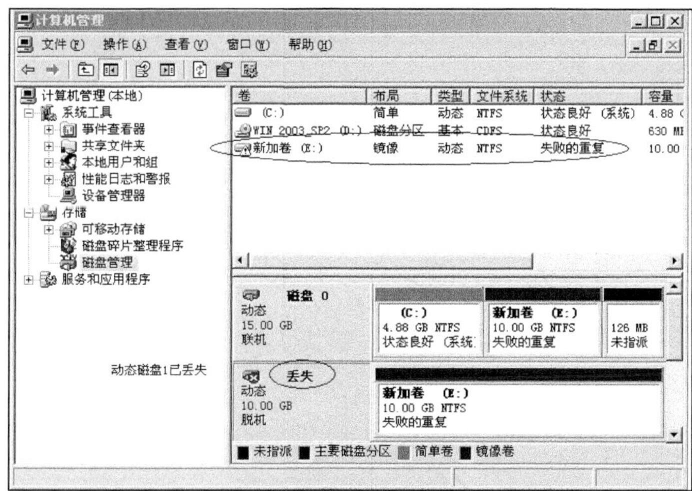

图 5.20 仍然能访问

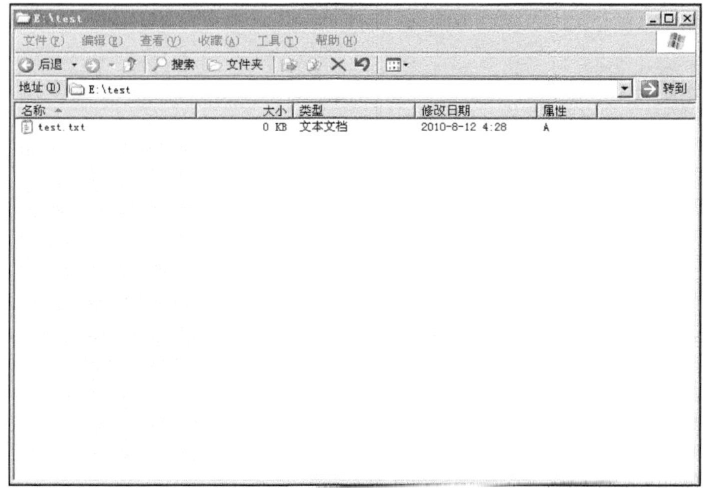

图 5.21 证明镜像卷的冗余效果

二、部署 RAID-5 磁盘阵列

RAID-5 卷：具有数据和奇偶校验的容错卷，间歇地分布于 3 个或更多的物理磁盘。奇偶校验用于在失败后重建数据的计算值，如果物理磁盘的某一部分失效，可以用余下的数据和奇偶校验重新创建磁盘上失效的那一部分上的数据。RAID-5 卷只能在动态磁盘上创建，并且不能镜像或扩展 RAID-5 卷。它由 3 块或 3 块以上磁盘组成，读写速度较快，一块磁盘损坏或数据丢失，可以恢复全部数据，磁盘利用率为 n-1/n（n 为磁盘个数）。它的优势是数据读写速度高、容错功能强、数据恢复快，多用于服务器，如图 5.22 所示。

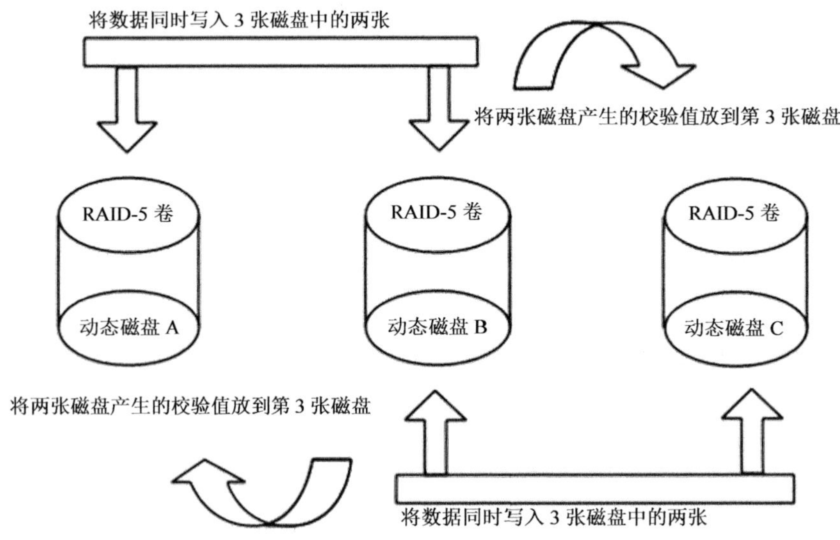

图 5.22 RAID-5 卷

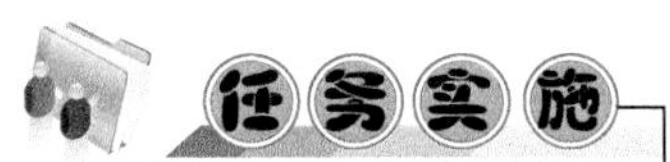

实施目标：完成基于 Windows 2003 的 RAID-5 阵列。

实施工具：Windows 2003 服务器。

实施环境：如图 5.23 所示。

实施步骤：

第一步 选择“开始”→“程序”→“管理工具”→“计算机管理”命令，展开“磁盘管理”选项，选择“基本磁盘 0、基本磁盘 1、基本磁盘 2”，右击，在弹出的快捷菜单中选择“转换到动态磁盘”命令，转换成动态磁盘，如图 5.24 所示。转换完成后必须重启计算机。

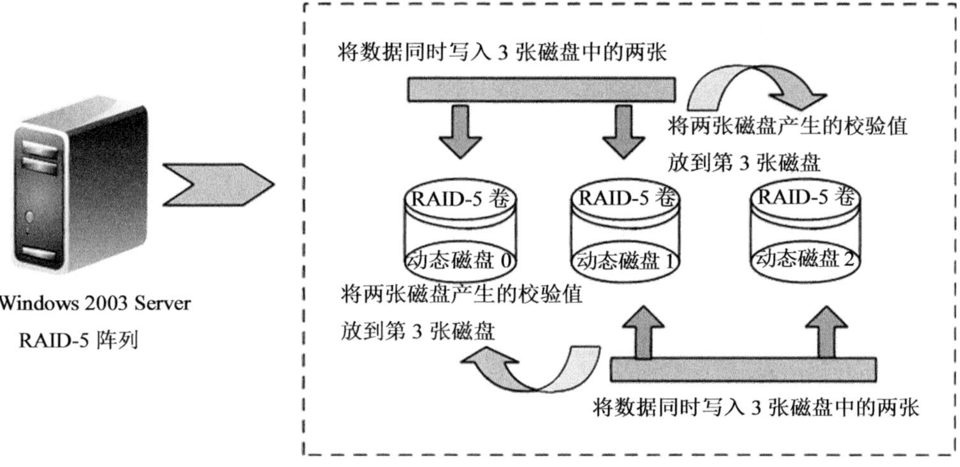

图 5.23 RAID-5 阵列

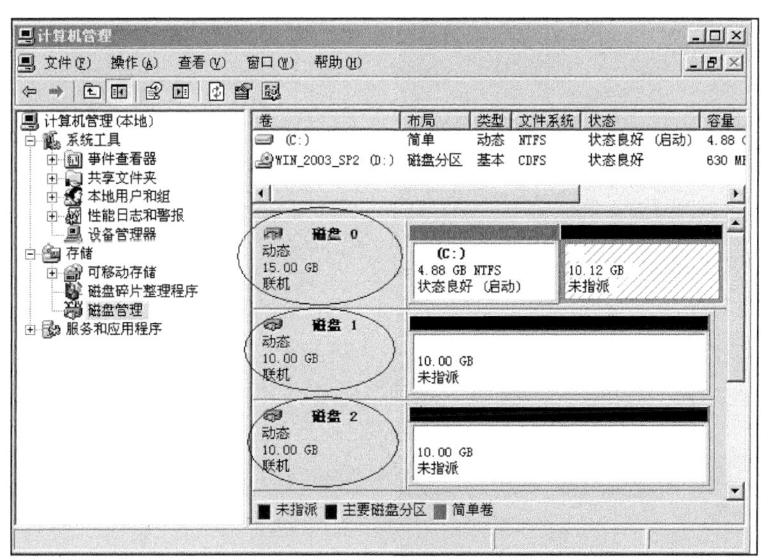

图 5.24 转换动态磁盘

第二步 在“动态磁盘 0”尚未分配的空间上单击鼠标右键，在弹出的快捷菜单中选择“新建卷”命令，弹出图 5.25 所示的“新建卷向导”对话框。单击“下一步”按钮，弹出图 5.26 所示的对话框，选择“RAID-5”单选按钮（必须使用 3 块或者 3 块以上的物理硬盘该选项才可用）。单击“下一步”按钮，出现图 5.27 所示的对话框，可以为 RAID-5 选择磁盘，并指定磁盘空间大小。要确保 3 块动态磁盘上有足够的未分配空间，把 3 个物理硬盘：磁盘 0、磁盘 1、磁盘 2 全部添加到对话框右边“已选的”列表中，然后再在“选择空间量”滚动列表中指定新建卷的磁盘空间大小，该空间大小由最小可分配磁盘空间所决定。单击“下一步”按钮，弹出图 5.28 所示的对话框，为 RAID-5 指定驱动器符号，3 块物理硬盘在这里将同时使用一个驱动器符号。单击“下一步”按钮，弹出图 5.29 所示的对话框，选择格式化新建的卷，3 块磁盘上的 RAID-5 卷开始同步，如图 5.30 所示。同步完后，显示“状态良好”，如图 5.31 所示，RAID-5 的配置完成。

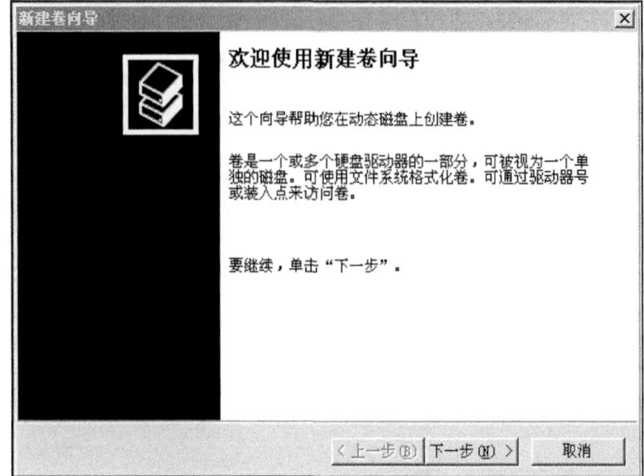

图 5.25 转换完成

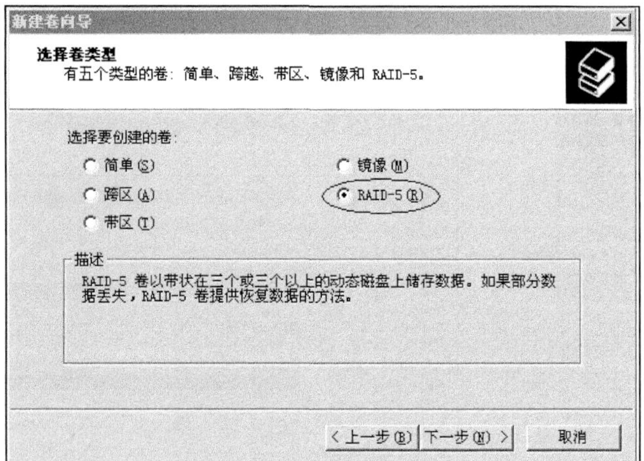

图 5.26 选择“RAID-5”

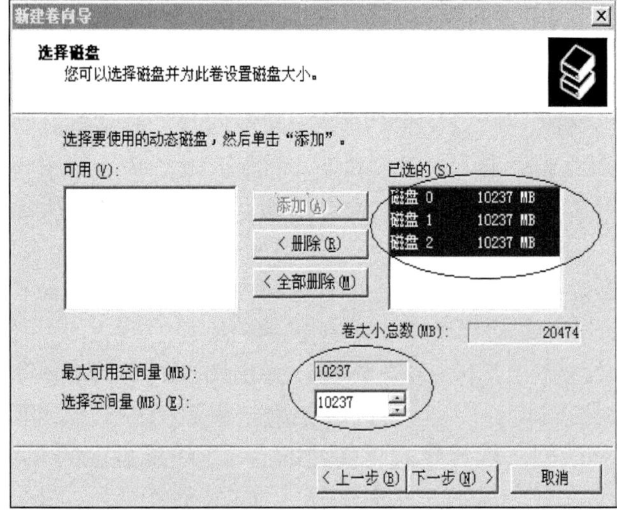

图 5.27 指定磁盘空间大小

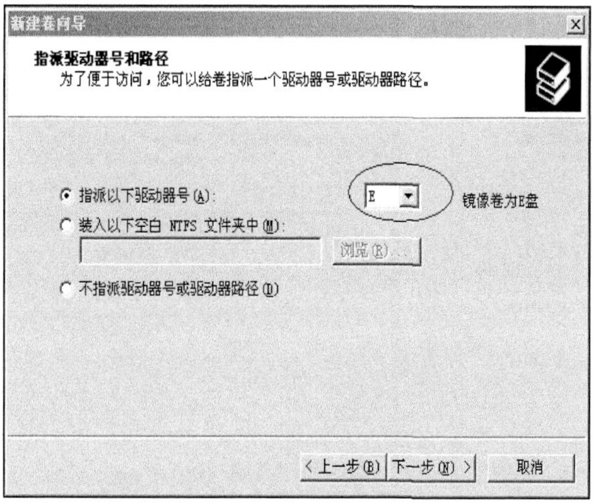

新建卷向导

指派驱动器号和路径
为了便于访问，您可以给卷指派一个驱动器号或驱动器路径。

指派以下驱动器号(A): E 镜像卷为E盘
装入以下空白 NTFS 文件夹中(M):
浏览(R)...
不指派驱动器号或驱动器路径(D)

< 上一步(B) 下一步(N) > 取消

图 5.28 指定驱动器符号

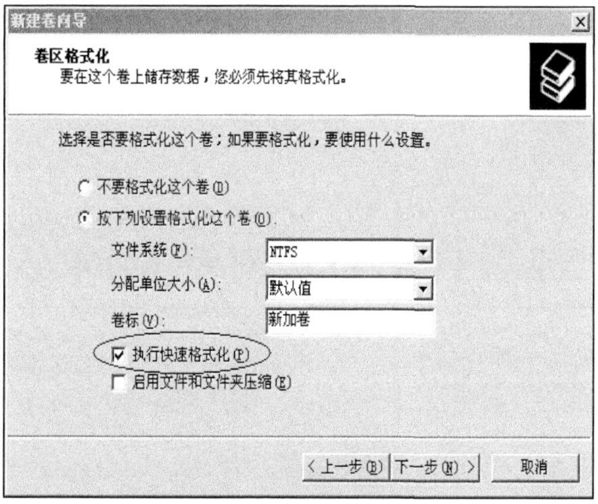

新建卷向导

卷区格式化
要在这个卷上储存数据，您必须先将其格式化。

选择是否要格式化这个卷；如果要格式化，要使用什么设置。

不要格式化这个卷(D)
按下列设置格式化这个卷(O):
文件系统(F): NTFS
分配单位大小(A): 默认值
卷标(V): 新加卷
执行快速格式化(P)
启用文件和文件夹压缩(E)

< 上一步(B) 下一步(N) > 取消

图 5.29 格式化新建的卷

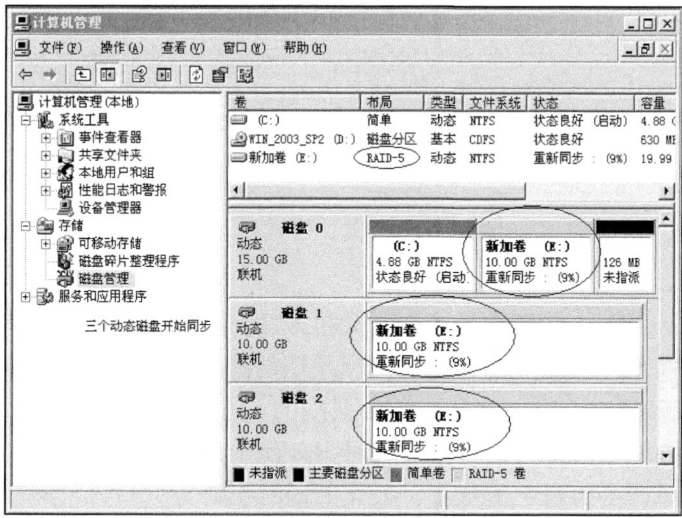

图 5.30 开始同步

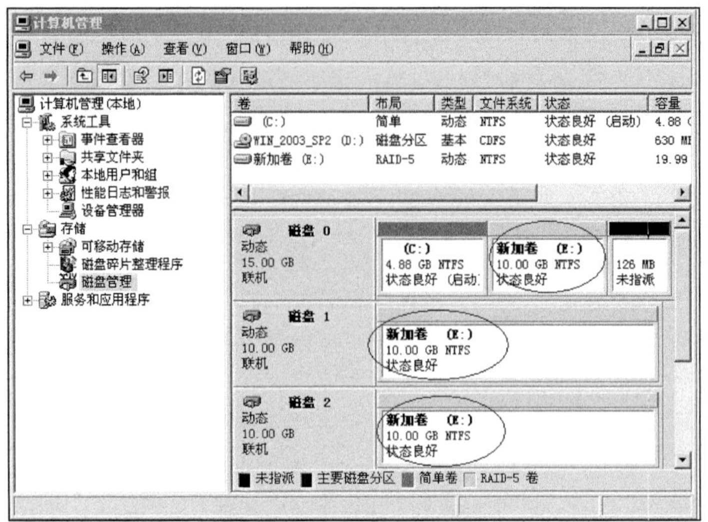

图 5.31 同步完成

第三步 开始检测 RAID-5 卷的冗余效果，可以与镜像卷的测试采取相同的检测方法，此处不再重复。

任务 5.2 部署自动备份对数据的安全保护

一、保护数据安全灾难

注意

数据备份与灾难保护是两项不同的任务，不可以把灾难保护理解为备份，备份一般是建立在灾难保护之上的。

1. 灾难保护并不能替代数据备份

数据灾难保护是网络管理员为了在计算机或服务器在遇到不可抗拒的自然灾难时，尽可能减少因系统故障而造成的停机时间所采取的措施，可以采取各种冗余的方案来确保数据不丢失。在 Windows 2003 服务器上典型的灾难保护叫做 RIAD（简称磁盘冗余阵列）。RAID-1 也称磁盘镜像，它将数据同时写入两个磁盘，如果其中的一个磁盘出现故障，系统将使用另一个磁盘上的数据，操作的同时也将数据写入主磁盘和辅助磁盘（或称镜像磁盘）。RAID-5 卷是将数据和奇偶校验存储在 3 个或更多物理磁盘的容错卷，如果物理磁盘的某一部分丢失，可以使用余下的数据和奇偶校验值重新恢复磁盘上丢失的那一部分数据。虽然 RIAD 有效地保护了数据（一块物理硬盘出现了问题，数据不会丢失），但灾难保护都有一个特点，那就是它不会为数据去创建副本。而在多数情况下，所有的硬盘都是处于同一台服务器或者阵列框中的，如果这台服务器或阵列框遭遇了自然灾难（如惨痛的“5·12”），即便是对数据进行了灾难保护也没有任何意义。如果整个服务器或者阵列框都完全损坏，那么即便是采用了数据灾难保护也不能保障数据的安全。不过可以使用数据备份来解决，如果系统硬件或存储媒体发生故障，“备份”实用程序将有助于防止数据意外丢失。如用户可以使用“备份”创建硬盘中数据的副本，然后将数据存储到其他存储设备或者是不同地理位置的存储介质中，如将北京的数据远程存储到重庆。备份存储介质可以是逻辑驱动器（如硬盘）或者单独的存储设备（如磁盘库），以确保用户能够在异地或者不同的存储设备上还原数据。数据备份才是保障数据安全的最后防线。

2. 理解各种数据备份的方式

备份工作是保证企业数据安全的一个重要行为，它是必须完成的网络管理任务，但是在完成备份工作的同时还需要考虑备份的效率与合理性。对于某些每天都有庞大数据量产生的企业，可能每一天，甚至每几小时就需要执行一次备份。如果不设计一种合理的备份方案，那么每次在执行新的备份任务时就会把已经备份的数据再执行一次备份，这是相当低效率而且不科学的做法。因此设计一个合理的备份方式显得特别重要，例如 Windows 操作系统就提供了多种备份方式，普通备份、增量备份、差异备份、副本备份和每日备份。

1）普通备份。复制所有选中文件，并且备份后标记每个文件（清除“存档”属性以指明文件已被备份）。使用普通备份，只需要拥有备份文件或磁带的最新副本就能还原所有的文件，在首次创建备份集时通常会执行普通备份。

标注每个文件表示标记每个已备份文件，它使用清除“存档”属性的方式来指明文件已被备份，“存档”属性指示只要数据被修改就会设置此属性，如图 5.32 所示。企业财务文件夹下级目录中存在一个 A 文件夹和 B 文件夹，如果此时 A 文件夹和 B 文件夹的“存档”属性是“未被清除状态”，则表示两个文件夹没被执行备份工作。当完成对企业财务文件夹的备份任务后，A 文件夹和 B 文件夹的“存档”属性将被标记为“清除状态”，表示 A 文件夹和 B 文件夹已经被完成备份。如果此时再次对 A 文件夹和 B 文件夹进行修改操作，或者在企业财务文件夹目录下再建立 C 文件夹，那么这些修改后的文件夹或者新建的文件夹的“存档”属性都将被标记。备份系统将清晰地识别在已经备份的企业财务文件夹中哪些文件夹被做了修改，新建了哪些文件夹，哪些没有执行备份，这将有助于结合其他的几种备份方式来提高备份效率。

2）增量备份。指备份上一次正常备份或增量备份后，创建或改变的文件，将被标记为已经备份（“存档”属性将被清除）。如果使用正常备份和增量备份的组合，则需要保留上一次普通备份集和所有增量备份集，以便还原数据。例如在星期一完成一个普通

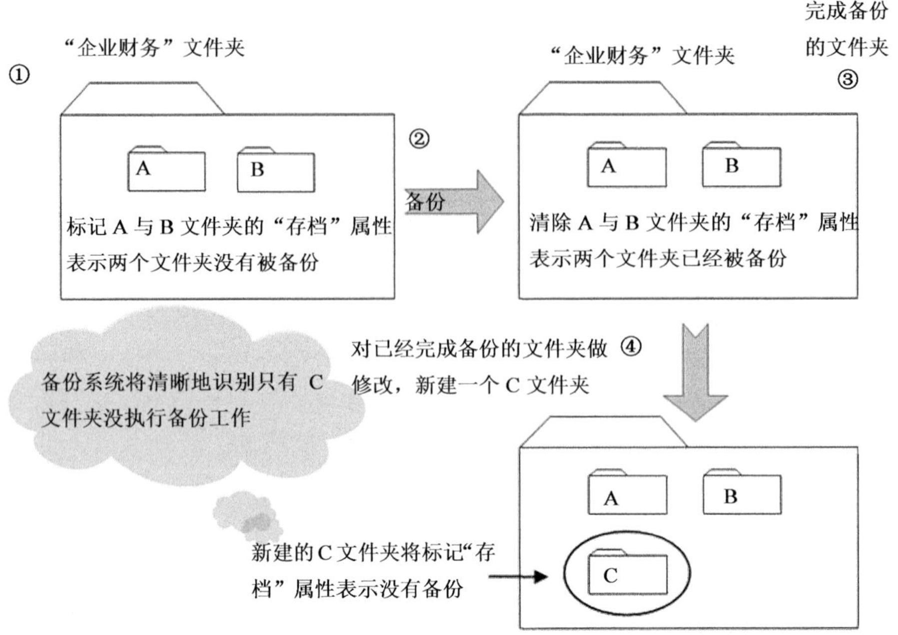

图 5.32 "存档"属性

备份，到了星期二可能有员工对已经备份的部分数据做了修改，或者又新创建了部分数据，此时可以选择执行增量备份。这样的备份将不再备份已备份且未被修改的数据，只备份发生改变和新创建的这一部分数据，这将提高备份的效率，节省备份的时间。但是它会产生一个独立的备份包，并且每执行一次增量备份都会产生一个这样的独立备份包。例如从星期二到星期四都执行了增量备份，而在星期五的时候存储系统发生了故障，此时要恢复数据就必须首先还原星期一的普通备份，再逐一还原星期二到星期四的增量备份包，如果缺少一个增量包，数据将无法完整还原。

注意

增量备份能够识别已经备份并且数据被做了修改或新创建的这一部分数据，这是因为"存档"属性备份标记未被清除的原因。增量备份能提高备份效率，节省备份时间，但是还原效率效低，因为它需要逐一还原。

3）差异备份。备份从上次正常备份或增量备份后创建或修改的差异备份副本文件。它不会将文件标记为已经备份（不清除"存档"属性）。如果要执行普通备份和差异备份的组合，那么在还原文件和文件夹时需要上次已执行过的普通备份和差异备份。例如在星期一完成一个普通备份，星期二的时候可能有员工对已经备份的部分数据做了修改或者新创建了部分数据，此时可以执行一个差异备份，它只备份已经备份但是被做了修改的数据部分和新创建的数据部分。在星期三和星期四也完成差异备份（事实上星期四的差异备份会重复执行星期二和星期三已经被执行差异备份的所有备份，而不论这些数据是否被修改）。而星期五的时候存储系统发生故障，此时如果要恢复数据只需要首先还原星期一的普通备份，再还原星期四的差异备份就能恢复所有数据，因为它只有两个备份包，一个是普通备份包，一个是最后的差异备份包。

注意

差异备份不将文件标记为已经备份（不会清除“存档”属性），所以它的备份效率没有增量备份高，所用的备份时间比增量备份长。但是它方便数据还原，因为还原时只需要一个普通备份包和一个最后的差异备份包。

4）每日备份。备份在执行备份的当天所修改的所有选中的文件，备份的文件将不会标记为已经备份（不会清除“存档”属性），一般在实际的工程环境中并不常用。

5）副本备份。复制所有选中的文件，但不将这些文件标记为已经备份（不会清除“存档”属性）。如果要在普通备份和增量备份之间备份文件，复制将非常有用，这是因为复制不影响其他的备份操作。一般用于将备份数据从一个物理存储介质复制到另一个物理存储介质。

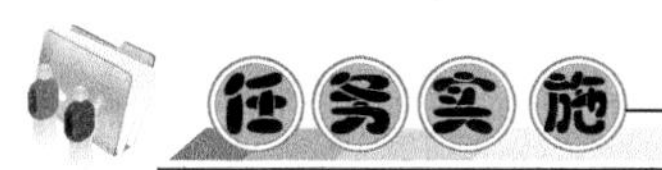

在本任务的前几个小节分别描述了备份是保证数据安全的一个重要行为，但是就备份行为而言可能存在机密数据泄露的问题。因为一般需要执行备份工作的系统管理员或者用户在执行文件备份时，至少需要有“读”的权限，只有这样他们才能完成备份工作。如果机密文件已被备份执行人员阅读了，那么该文件哪里还有机密性可言。所以，很多时候，企业高层行政人员的文件都由本人完成备份工作。这对于现代化的企业而言是相当不科学的做法，因为企业高层行政人员如果不具备良好的计算机操作知识，那么他们将无法完成备份。所以作为一个合格的企业网络管理人员，应该为他们建立一个安全的数据备份与还原方案。

实施目标：在不拥有对文件及文件夹的“读”权限时完成对文件与文件夹的备份工作。

实施工具：Windows 操作系统内置的备份组。

实施环境：Windows 操作系统主机或服务器。

实施步骤：

第一步 使用系统管理员（administrator）用户登录计算机。在 Windows 操作系统上建立两个用户，一个名为“manger”，用来模拟企业高层行政人员；另一个名为 backup，用来执行备份工作。用户建立好后注销计算机。

第二步 使用 manger 用户登录计算机，在任意一个 NTFS 磁盘分区上建立一个名为“机密”的文件，然后任意输入一些数据，保存并退出该文件。在该文件的“安全”选项中进行 NTFS 权限设置，除了 manger 用户以外，不允许任何用户访问该文件，如图 5.33 所示。当 NTFS 权限设置完成后，注销计算机。然后企业高层行政人员指示 IT 运维人员（backup）用户对“机密”的文件执行备份。

第三步 使用 backup 用户登录计算机，执行“机密”文件备份。备份的具体执行过程前面的小节已明确演示，这里不再多述。当完成整个备份过程，会出现图 5.34 所示的对话框，在“状态”位置可以看到“已完成，但有跳过的文件”。如果要查看跳过的原因，可以单击该对话框中的“报告”按钮，打开图 5.35 所示的报告内容。“机密”文件并没有备份成功，因为 backup 用户没有对该文件的访问权限，除非该用户至少拥有对该文件“读”权限。但是如果委派 backup 用户对该文件有“读”的权限，那么该用户就可以看到“机密”文件的内容。

机密 属性
常规 安全 摘要
组或用户名称(G):
manger (SNIFFER-00A8CBA\manger)
添加(D)... 删除(R)
manger 的权限(P) 允许 拒绝
完全控制
修改
读取和运行
读取
写入
特别的权限
特别权限或高级设置，请单击“高级”。 高级(V)
确定 取消 应用(A)

图 5.33 NTFS 权限设置

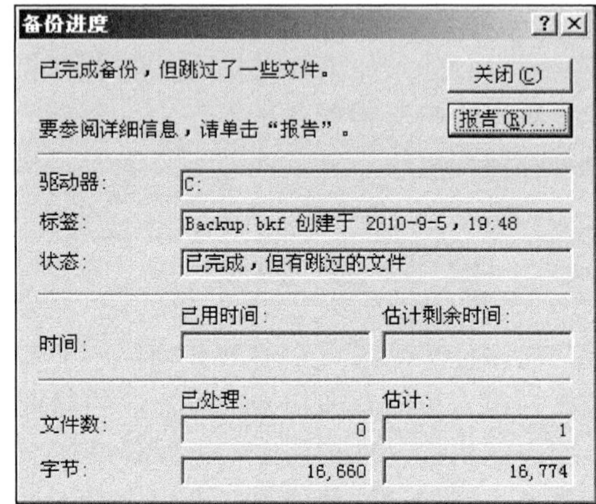

图 5.34 完成整个备份过程

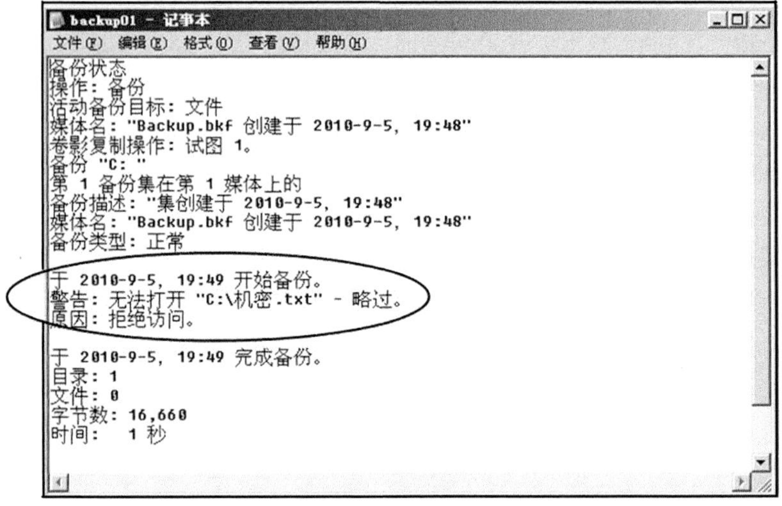
backup01 - 记事本

文件(F) 编辑(E) 格式(O) 查看(V) 帮助(H)

备份状态
操作：备份
活动备份目标：文件
媒体名："Backup.bkf 创建于 2010-9-5, 19:48"
卷影复制操作：试图 1。
备份 "C: "
第 1 备份集在第 1 媒体上的
备份描述："集创建于 2010-9-5, 19:48"
媒体名："Backup.bkf 创建于 2010-9-5, 19:48"
备份类型：正常

于 2010-9-5, 19:49 开始备份。
警告：无法打开 "C:\机密.txt" - 略过。
原因：拒绝访问。

于 2010-9-5, 19:49 完成备份。
目录：1
文件：0
字节数：16,660
时间： 1 秒

图 5.35 报告内容

注意

此时需要一种方案能做到既能让 backup 用户执行“机密”文件的备份，又让该用户不能访问文件。

第四步 使用系统内置的备份组可以完成这个目标。现在把 backup 用户加入到系统内置的 Backup Operators 小组，因为 Backup Operators 小组为了备份或还原文件可以替代安全限制，如图 5.36 所示，现在 backup 用户对“机密”文件在没有任何权限的前提下，也能完成备份工作。

图 5.36　Backup Operators 属性

二、制订高效自动备份计划

对于不同的行业及不同的业务性质，企业每天所产生的数据量也会有所不同。例如，金融和医疗行业等，每天都会有大量的数据产生，而正常情况下这些数据每天必须执行备份。如果不制订一个合理的备份计划，将会导致备份管理员每天都在备份工作上花掉大量的时间和精力。所以，除了制订一个合理的备份计划外，还需要制订一种自动备份的方式，而且该方式无须备份管理人员值守，而是让备份进程在预设时间启动，完成自动备份的过程。这将在很大程度上提高备份工作的效率。

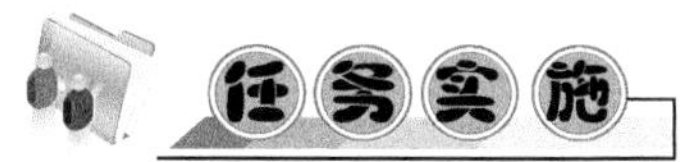

实施目标： 制订自动备份计划。

实施环境： 如图 5.37 所示。

实施工具： Windows 2003 集成的系统备份工具。

实施背景： 192.168.100.2 是一台前台业务主机，每天都会产生大量的数据，所有产生的数据被存储到前台主机上一个名为“收费”的文件夹中。由于这些数据非常重要，所以要求前台主机将这些重要数据在每天下午下班后（17:30）自动备份到集中存储的服务器 192.168.100.1 上一个名为“业务文件”的文件夹目录中，并且每周星期一执行普通备份，每周星期二到星期五执行增量备份。

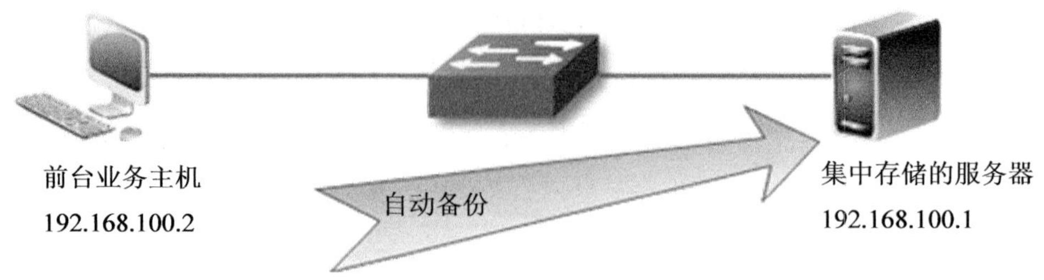

图 5.37　自动备份实验拓扑

第一步 选择“开始”→“程序”→“附件”→“系统工具”→“备份”命令，启动备份向导。在备份向导中选择图 5.38 所示的对话框中的“让我选择要备份的内容”单选按钮，此时会弹出图 5.39 所示的对话框，选择需要执行备份的文件。单击“下一步”按钮，出现图 5.40 所示的对话框，指定存储备份包的服务器位置和备份包的名称。单击“下一步”按钮，会弹出图 5.41 所示的对话框，单击“高级”按钮，弹出图 5.42 所示的对话框，指定备份类型，在这里选择“正常”。单击“下一步”按钮，弹出图 5.43 所示的对话框，此时会出现两个选项：一个是“备份后验证数据”，表示备份工作完成后需要对备份数据进行校验，建议选择此项；另一个选项是“停用卷阴影复制”，表示被执行备份的文件即便是正在被操作，也可以完成对该文件的备份，建议选择此项。单击“下一步”按钮，会弹出图 5.44 所示的对话框，选择“将这个备份附加到现有备份”单选按钮，单击“下一步”按钮，在图 5.45 所示的对话框中选择普通备份的作业计划为每周星期一下午的 17:30 开始执行。完成作业计划的配置后会弹出图 5.46 所示的对话框，要求输入运行计划的“运行方式”和“密码”，输入后，整个普通备份自动作业计划配置完成。

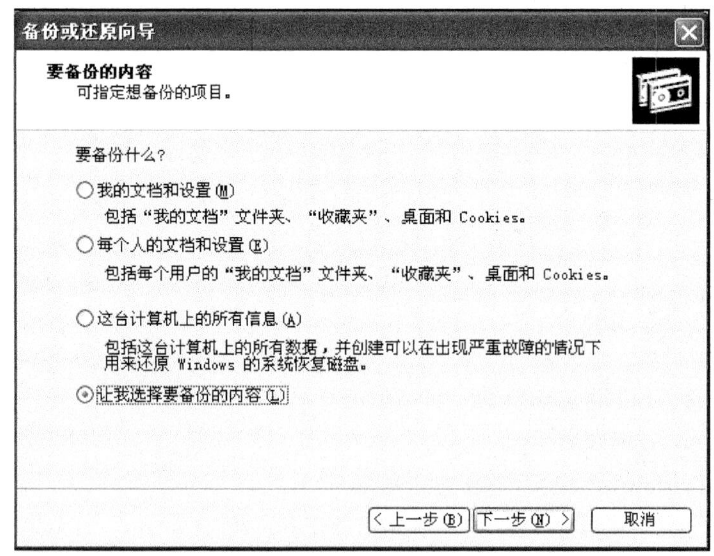

图 5.38　选择要备份的文件内容

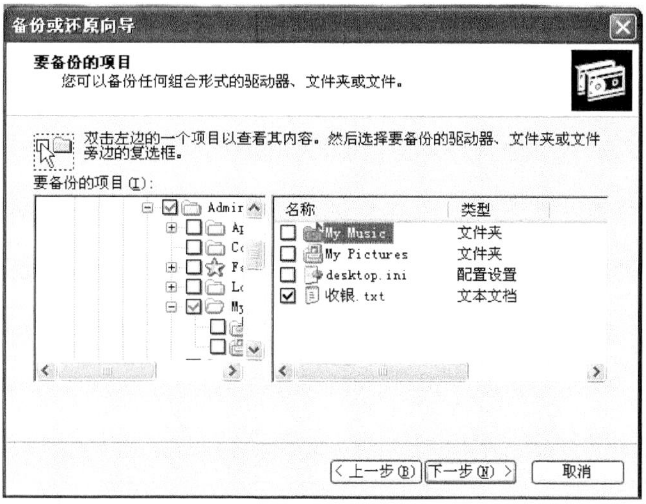

图 5.39　选择需要执行备份的文件

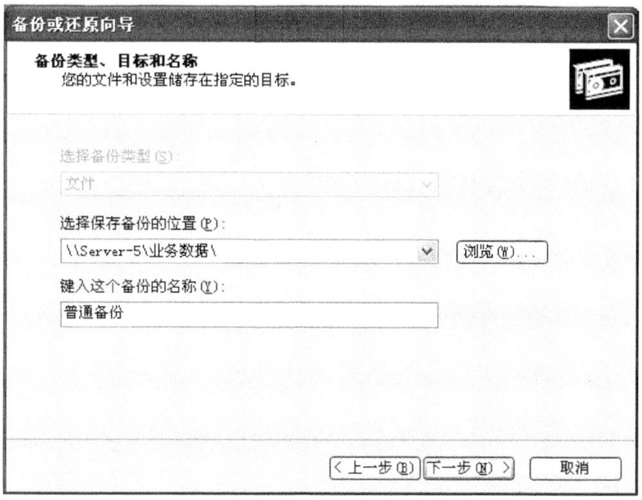

图 5.40　指定存储备份包的服务器位置和备份包的名称

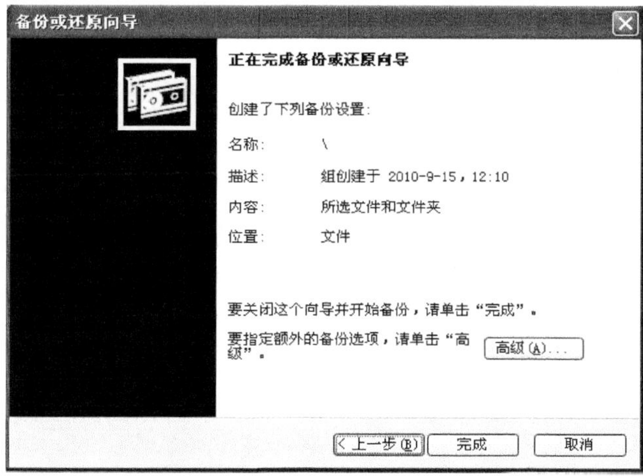

图 5.41　单击“高级”按钮

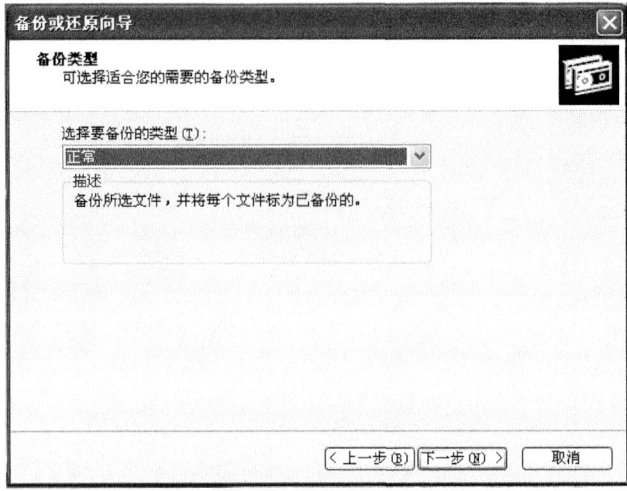

图 5.42 指定备份类型

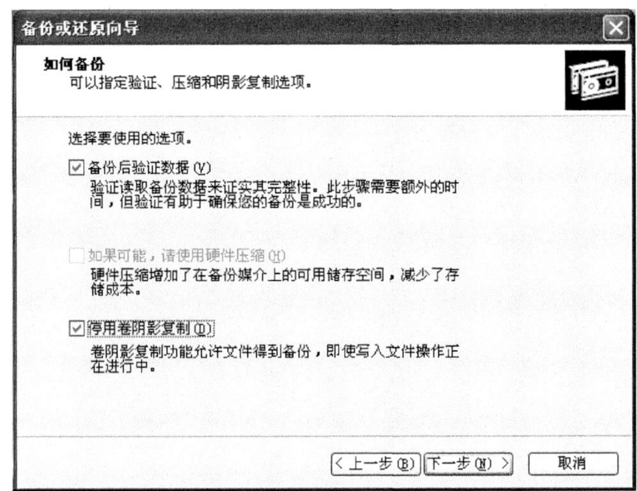

图 5.43 选择要使用的选项

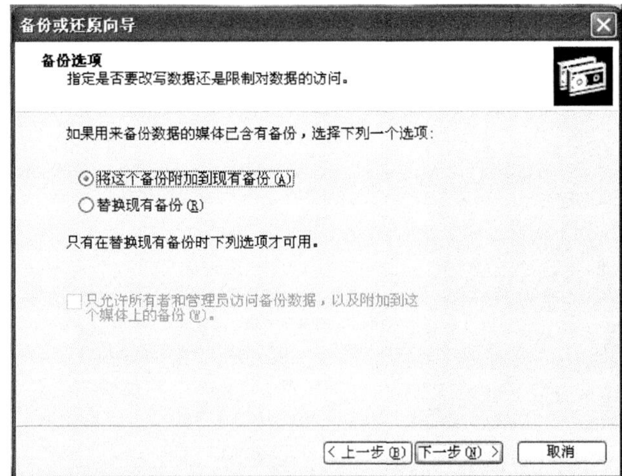

图 5.44 将这个备份附加到现有备份图

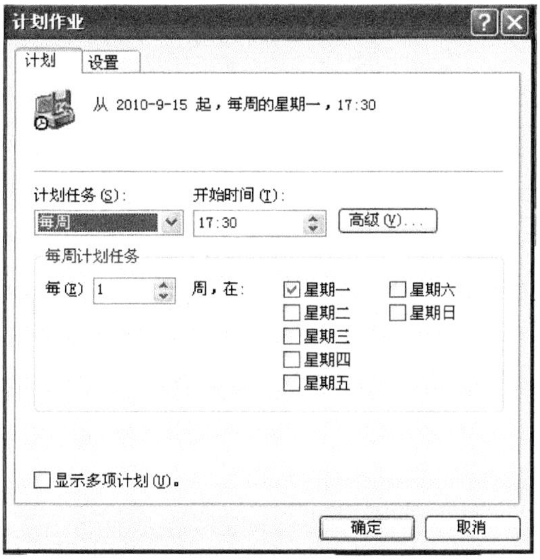

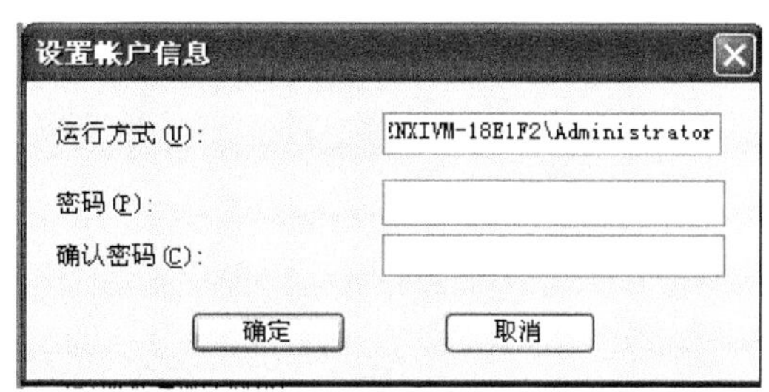

图 5.45 选择普通备份的作业计划

图 5.46 输入运行计划的“运行方式”和“密码”

第二步 配置增量备份的自动作业计划。该配置过程与第一步普通备份作业的配置基本相同，只是在选择备份类型时选择“增量备份”，然后在定制增量备份自动作业时选择图 5.47 所示的作业时间。

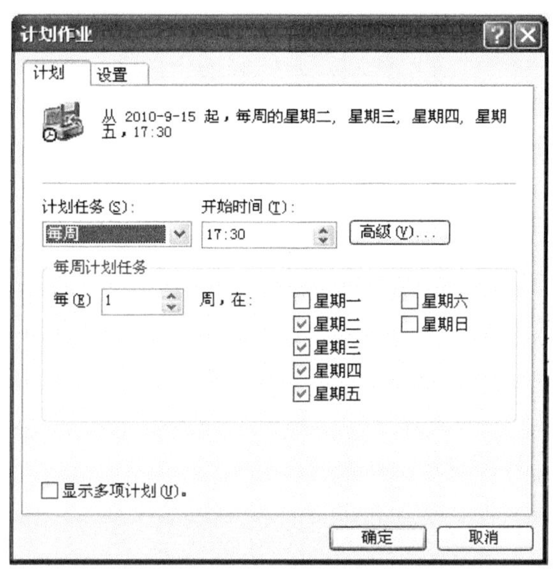

图 5.47 定制增量备份自动作业时选择

第三步 在“计划任务”里校验当前的备份自动作业。选择“开始”→“设置”→“控制面板”→“任务计划”命令，如图 5.48 所示，可清晰地看到两个备份计划作业的时间。

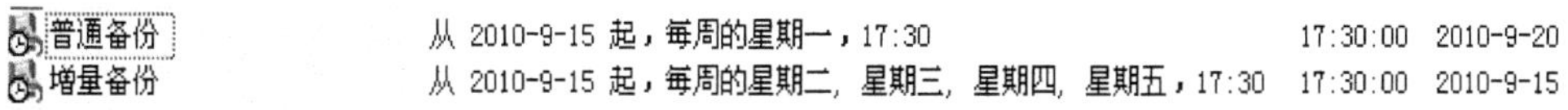

图 5.48 两个备份计划作业的时间

注意

自动进行备份工作的时间应该选择在下班后或者业务空闲时，例如，每天下班后2小时或午夜时分，这是因为在日常工作时间内进行备份很可能会影响整体网络的业务流量，并且这时备份的速度也很慢。

知识拓展 物理阵列卡的种类

第一种是IDE阵列卡，以前主要用在一些数据重要或要接很多个硬盘的服务器与工作站电脑中，可以支持 RAID 0、1 、0+1、3、5 等。现在基本已经淘汰了。

第二种是 SATA 阵列卡，主要作用于大容量数据存储、网吧、数据安全等服务器领域，同时一些低端卡也满足了一些家用客户的需求，能够支持 RAID 0、1、0+1、5、6 等。

第三种是SCSI阵列卡，使用在高端工作站或者是服务器中，可以支持很多块SCSI接口的硬盘。能够支持RAID 0、1、0+1、3、5 等。这种阵列卡性能很好速度很快，当然价格也较高。现在基本已经淘汰了。

第四种是 SAS 阵列卡，主要使用在一些高端工作站与服务器中，已经取代了昔日的SCSI接口，并且可以兼容SATA接口硬盘，能够支持RAID 0、1、0+1、5、50、6、60 等。

习　　题

一、选择题

1.（　　）是对存储数据进行灾难保护的一种重要方案，其原理是利用数组方式来完成磁盘组合，配合数据分散排列的设计，提升数据的安全性。

A. 磁盘阵列　　B. 磁盘碎片　　C. 操作系统　　D. 磁盘恢复

2. 磁盘阵列的提供形式大致分为（　　）种。

A. 1　　B. 2　　C. 3　　D.4

3.（　　）是网络管理员为了在计算机或服务器在遇到不可抗拒的自然灾难时，尽可能减少因系统故障而造成的停机时间所采取的措施，可以采取各种冗余的方案来确保数据不丢失。

A. 数据灾难保护　　B. 数据备份　　C. 数据通信　　D. 数据保护

4.（　　）具有数据和奇偶校验的容错卷，间歇地分布于3个或更多的物理磁盘。

A. 简单卷　　B. 带区卷　　C. RAID-5 卷　　D. 镜像卷

5. 动态磁盘上的所有卷都是动态卷，同时也能突破传统的“基本磁盘只能有（　　）

个主分区”的原则。

A. 1　　B. 2　　C. 3　　D. 4

二、简答题

1. 什么是 Windows 服务器的 RAID-5 阵列？
2. 什么是差异备份？
3. 什么是跨区卷？

项目 6

企业级园区网络攻击与防御措施

- 了解 ARP 攻击的目的。
- 了解 CAM 表与交换机的关系。
- 熟悉 DHCP 的工作原理。
- 熟悉 TCP 的工作原理。
- 熟悉 ICMP 的工作原理。
- 熟悉 DNS 的工作原理。
- 熟悉 FTP 的工作原理。

- 能够防御 ARP 攻击。
- 能够加固交换机防御 CAM 表溢出的攻击。
- 能够配置交换机防御 DHCP 攻击。
- 能够加固路由器防御 TCP 攻击。
- 能够加固路由器防御 ICMP 攻击。

天隆科技公司的网络管理员小刘发现，公司的网络不时会受到攻击，并且网络速度也变得越来越慢。根据这一现状小刘要制订出解决方案。

天隆科技公司的网络管理员小刘针对以上的网络问题，分析得出这一问题可能的原因有以下几种。

1）受到了网络攻击。

2）网络上有木马病毒。

解决思路

本项目分别为设备实施 ARP 攻击安全加固、对交换机攻击安全加固、对 TCP 洪水攻击安全加固、对 ICMP 攻击安全加固、对 DHCP 攻击安全加固等做出相应现状和解决方案。

本项目实施完成以下任务：

任务一 防御交换机的常见攻击；

任务二 防御服务器的常见攻击。

任务 6.1 防御交换机的常见攻击

一、实施对 ARP 攻击安全加固

ARP 欺骗攻击的诞生是利用以太网通信的原理来实现的。以太网通信的根本因素并不是利用 IP 地址进行通信，而是利用 MAC 地址进行通信。ARP 协议是为了解析目标主机 IP 地址与目标主机 MAC 的对应关系。这里主要讲述 ARP 的安全威胁。

在以太网的环境中，如果 IP 主机需要自动地请求目标主机的 MAC，那么 ARP 协议就必须被使用，于是黑客便利用 ARP 在网络中的工作原理发明了 ARP 欺骗攻击。黑客用攻击主机的 MAC 地址去对应网关的 IP 地址的方式，让正常的客户主机以为黑客的主机是网关，使得正常用户的主机上原本将发送给网关的数据，发送给了黑客的主机。这些正常的数据包括邮箱的账号与密码、QQ 的账号与密码，以及其他的安全敏感数据等，黑客很有可能从中非法获利。

1）ARP 欺骗攻击的目的：非法获得被黑主机的敏感数据。攻击原理如图 6.1 所示。

从图 6.1 中可以看出，在没有受到 ARP 攻击前，192.168.1.3 与 192.168.1.2 的主机

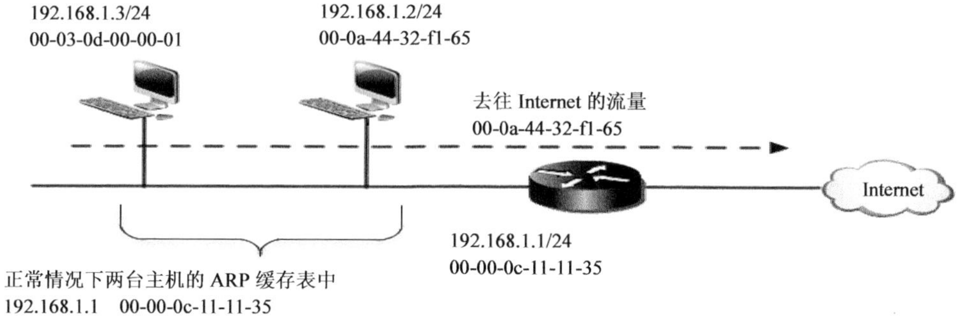

图 6.1 非法获得被黑主机的敏感数据的攻击原理

的 ARP 缓存记录应该是网关 IP 对应真实的 MAC，即网关 192.168.1.1 对应的 MAC 地址是 00-00-0C-11-11-35，但在受到 ARP 攻击后结果将如图 6.2 所示。

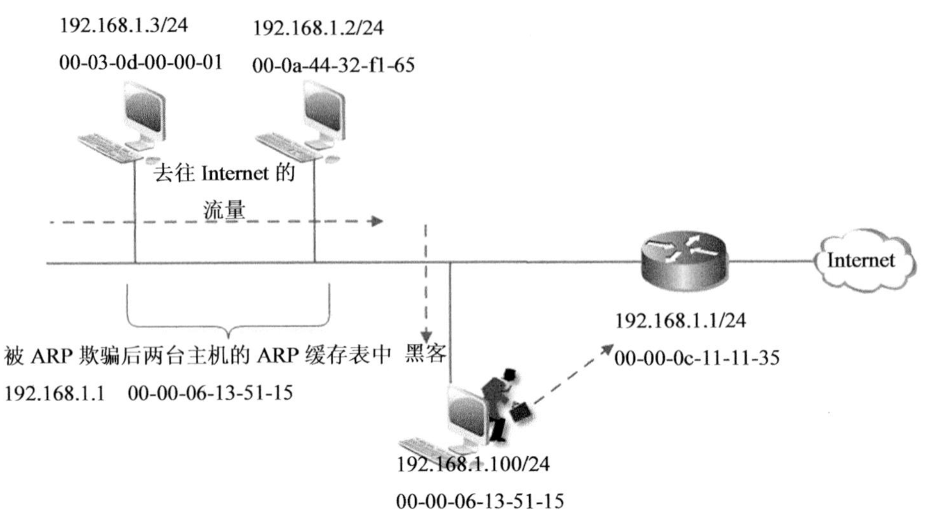

图 6.2 ARP 攻击后的结果

从图 6.2 可以看出，当网络受到 ARP 攻击后，在正常主机 192.168.1.2 与 192.168.1.3 的 ARP 缓存表中驻留的不是真实网关 192.168.1.1 的 MAC 地址，而是原网关地址的 IP 192.168.1.1 与黑客主机的 MAC 地址 00-00-06-13-51-15。现在，主机 192.168.1.2 与 192.168.1.3 将原本发送给网关并由网关转发给 Internet 的流量全部发送给了黑客主机，此时黑客就可以利用协议分析器或其他的分析工具对用户的流量进行分析和还原。例如，通过分析得到用户的邮箱密码、QQ 密码及其他敏感的安全数据，导致用户最终遭受泄密损失。最后，黑客再通过真实的网关将流量转发到 Internet，从而避免通信被切断后引起的怀疑。这正是某些用户在受到 ARP 攻击后会感到网络速度缓慢，几乎达到无法忍受的程度的主要原因。

2）ARP 攻击的关键总结：ARP 欺骗攻击就是 MAC 地址的欺骗。MAC 地址欺骗就是欺骗受害者的 ARP 表中 IP 与 MAC 的对应关系，受害者的数据在发向该目的 IP 的同时，会去查找该目的 IP 和其对应的 MAC 地址，从而使数据发向该 MAC 地址所对应的主机，但此时的 MAC 地址对应的主机其实为攻击主机。黑客正是通过这样的手段达到了对数据的正常截取的目的，从而实现 ARP 欺骗攻击。

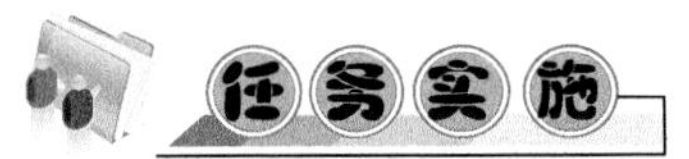

实施目标：利用 ARP 欺骗主机 A 以获得主机 A 的敏感信息。

实施环境：如图 6.3 所示。

实施工具：Arpspoof。它是 Dsniff 软件包的一个组件程序，可以用来进行 ARP 欺骗并且不易被安全检测设备察觉。

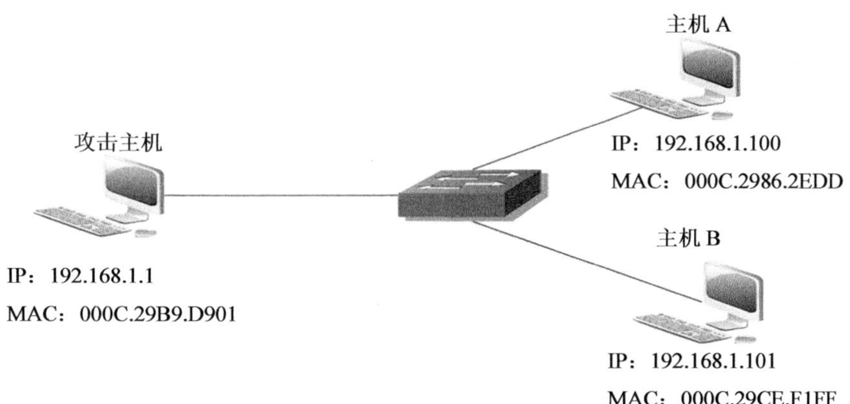

图 6.3　实施 ARP 的攻击与防御的环境

实施步骤：

第一步 查看每台主机 MAC 与 IP 地址的对应关系，以方便观察实施效果，如表 6.1 所示。

表 6.1　每台主机 MAC 与 IP 地址的对应关系

主 机 名 称	主机 IP	主机 MAC
主机 A	192.168.1.100	000C.2986.2EDD
主机 B	192.168.1.101	000C.29CE.F1FF
攻击主机	192.168.1.1	000C.29B9.D901

如果主机 A 与主机 B 属于正常通信，在主机 A 上的 ARP 缓存记录应如图 6.4 所示。

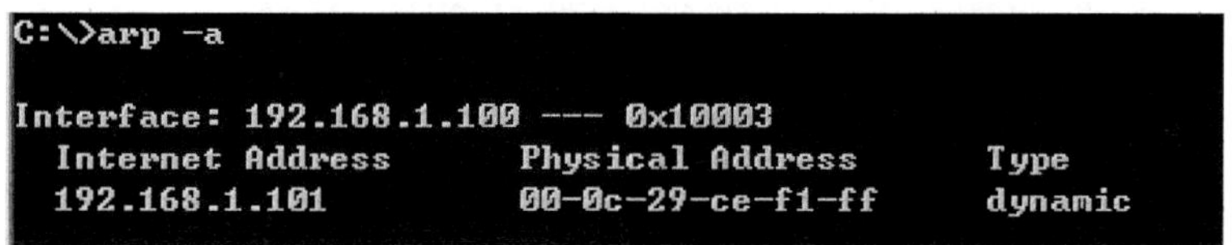
```
C:\>arp -a

Interface: 192.168.1.100 --- 0x10003
  Internet Address      Physical Address      Type
  192.168.1.101         00-0c-29-ce-f1-ff     dynamic
```

图 6.4　主机 A 上的 ARP 缓存记录

通过图 6.4 可以看出，缓存显示 B 主机的 IP 地址 192.168.1.101 对应的 MAC 地址应该是 000C.29CE.F1FF。主机 B 对主机 A 发起连续的 ping 不会有任何丢包现象。此时攻击主机也没法获取主机 A 与主机 B 之间的通信流量。

第二步 攻击主机为了利用非法行为取得 192.168.1.101 与 192.168.1.100 主机的通信流量，于是就欺骗主机 A，告诉主机 A 自己是主机 B，并伪造攻击主机的 MAC 地址去映射主机 B 的 IP 地址。具体操作如下。

root@ccie-desktop:~# arpspoof –i eth2 –t 192.168.1.100 192.168.1.101

欺骗指令说明：arpspoof 表示启动 ARP 欺骗；–i 表示发送欺骗包的接口，在本实施中发送 ARP 欺骗包的接口是 Ubuntu 系统的 2 号以太网接口（eth2）；–t 表示欺骗哪台主机，本实验中是欺骗主机 A（192.168.1.100）；欺骗主机对主机 A 说自己是 192.168.1.101。当发出上述指令后，主机 B 到主机 A 上的 ping 立刻丢包，如图 6.5 所示。

丢包的原因是，主机 A（192.168.1.100）把回送给主机 B（192.168.1.101）的所有数据送到了攻击主机（000C.29B9.D901），可以通过查看主机A上的ARP缓存来证实这一点。如图6.6所示，在主机A上的ARP缓存中清晰可见，现在192.168.1.101这个IP地址对应的MAC地址并不是主机B的MAC地址而是攻击主机的MAC地址000C.29B9.D901。但如果没有欺骗行为，主机 A 中的 ARP 缓存应该存储的是 192.168.1.101 与 000C.29CE.F1FF的对应关系。而现在主机A发送给主机B的所有数据将全部被攻击主机获取，当然也包括敏感的数据。

```
Reply from 192.168.1.100: bytes=32 time<1ms TTL=128
Reply from 192.168.1.100: bytes=32 time<1ms TTL=128
Reply from 192.168.1.100: bytes=32 time<1ms TTL=128
Reply from 192.168.1.100: bytes=32 time<1ms TTL=128
Reply from 192.168.1.100: bytes=32 time<1ms TTL=128
Reply from 192.168.1.100: bytes=32 time<1ms TTL=128
Request timed out.
Request timed out.
Request timed out.
Request timed out.
```

图 6.5　ping 立刻丢包

```
C:\>arp -a

Interface: 192.168.1.100 --- 0x10003
  Internet Address      Physical Address      Type
  192.168.1.101         00-0c-29-b9-d9-01     dynamic
```

图 6.6　查看主机 A 上的 ARP 缓存

第三步 实施防御ARP攻击的方案，在主机A上完成的指令如图6.7所示。

```
C:\>arp -s 192.168.1.101 00-0c-29-ce-f1-ff
```

图 6.7　实施防御 ARP 攻击的方案

利用手工静态方式将主机B的IP地址与主机B的MAC地址进行捆绑，去覆盖被欺骗的ARP对应关系。可以看见通信立刻恢复正常，如图6.8所示。

```
Request timed out.
Request timed out.
Request timed out.
Request timed out.
Request timed out.
Request timed out.
Request timed out.
Reply from 192.168.1.100: bytes=32 time<1ms TTL=128
Reply from 192.168.1.100: bytes=32 time<1ms TTL=128
Reply from 192.168.1.100: bytes=32 time<1ms TTL=128
Reply from 192.168.1.100: bytes=32 time<1ms TTL=128
```

图 6.8　通信恢复正常

二、实施对交换机攻击安全加固

网桥与二层交换机面对的网络安全威胁。网桥与二层交换机的工作原理都是利用“MAC 地址自学习”技术来构建 MAC 地址表，然后数据包通过 MAC 地址表进行二层选路，从而提高网桥或二层交换机的数据转发速度。另外，数据不会广播到网桥或二层交换机的每一个端口上，也增强了安全性。但是网桥或者二层交换机的 MAC 地址表是有容量限制的，MAC 地址表也叫 CAM 表，它受网桥或者二层交换机的内存限制，一般 CAM 表的容量可以容纳几千到几万条 MAC 记录，这会因不同的交换机品牌与等级的差异而有所不同。如果这些 CAM 表在几秒的时间内被攻击入侵者充满，那么就会造成交换机 CAM 表溢出，导致正常的 CAM 无法被交换机成功地学习到，交换机就无法执行正常的 MAC 地址与端口对应关系的选路，进入交换机的数据包就会被广播到每一个端口，这时交换机与集线器就变成了同一种网络设备，入侵者只要将计算机接入到交换机的任何端口上就可以成功地侦听交换机的所有数据。分析具体攻击原理如图 6.9 所示。

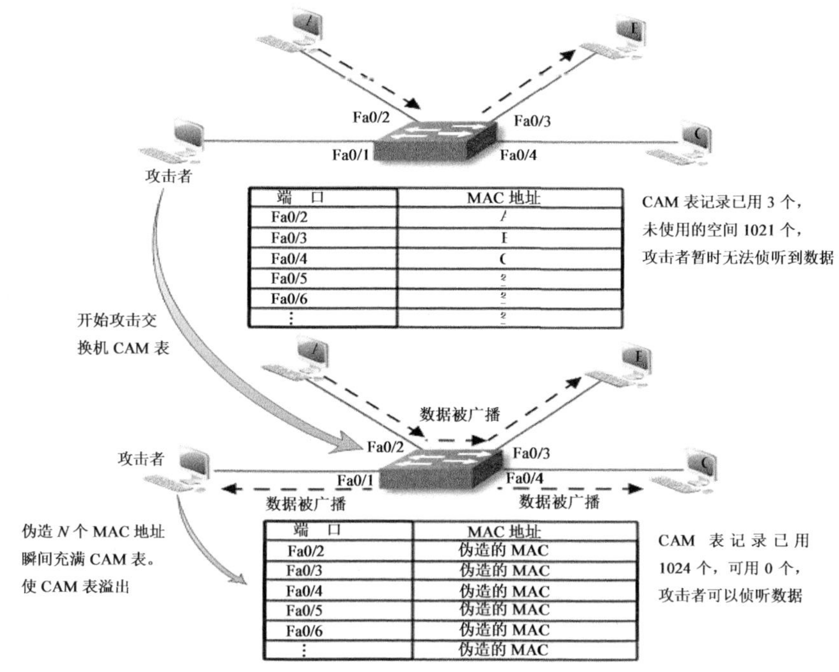

图 6.9 分析二层交换机被攻击的原理

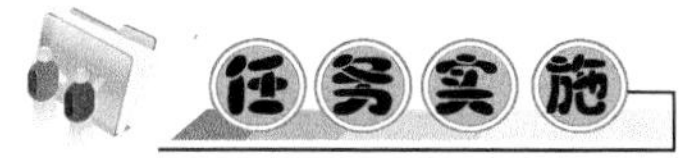

实施目标：分析瞬间发送成千上万的伪造 MAC 地址充满二层交换机的 CAM 表，让 CAM 表溢出（如图 6.9 所示），二层交换机将以广播的方式转发数据，黑客侦听敏感数据。

实施工具：利用 macof 可让二层交换机的 CAM 表溢出。它是 dsniff 套件的一个组件，属于 Linux 操作系统平台上的一款相当不错的网络安全逆向检测工具。

实施环境：如图 6.10 所示。

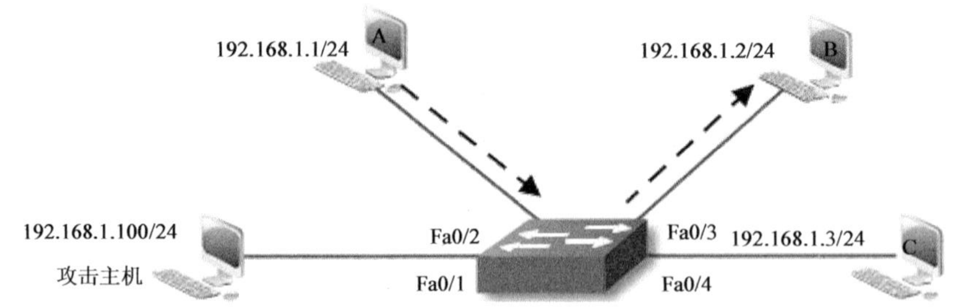

图 6.10 网桥与二层交换机的入侵与防御环境

实施背景：证明交换机是利用 CAM 表选路。如果 CAM 的地址自学习完成，则主机 A 与主机 B 的通信不会广播到 C 主机，所以在没有发现攻击前，主机 C 不会捕获到主机 A 与主机 B 之间的通信数据。利用 macof（MAC 洪泛攻击软件）在瞬间让交换机的 CAM 表溢出，这时主机 C 可以成功地捕获 A 与 B 之间的通信数据。

实施步骤：攻击主机是一台安装有 Ubuntu 操作系统的主机，并成功地安装了 dsniff 攻击软件，确保 dsniff 软件中的 macof 可用。利用下述指令发起攻击。

root@ccie-desktop:~# macof

图 6.11 所示是交换机没有受到 macof 洪泛攻击时，通过 show mac-address-table 指令查看到二层交换机 MAC 地址自学习的情况，以及 MAC 地址对应的交换机的端口号。图 6.12 所示为该交换机可容纳自学习 MAC 地址有 8192 个，目前只使用了 4 个 MAC 地址。

```
switch#show mac-address-table
Destination Address   Address Type   VLAN   Destination Port
-------------------   ------------   ----   --------------------
cc00.0ed4.0000           Self          1       Vlan1
000c.29f6.4c81           Dynamic       1       FastEthernet0/1
000c.299b.e5e4           Dynamic       1       FastEthernet0/2
000c.29c8.a830           Dynamic       1       FastEthernet0/3
```

图 6.11 交换机没有受到 macof 洪泛攻击时的状态

```
switch#show mac-address-table count

NM Slot: 0
-------------

Dynamic Address Count:                  3
Secure Address (User-defined) Count:    0
Static Address (User-defined) Count:    0
System Self Address Count:              1
Total MAC addresses:                    4
Maximum MAC addresses:                  8192
```

图 6.12 交换机使用 4 个 MAC 地址的状态

图 6.13 所示是 macof 洪泛攻击后的效果，可看到从 Fa0/1 端口进入了很多 MAC 地址。事实上，图 6.11 并没有显示所有 MAC 地址。从图 6.14 中可以看出交换机可容纳的 MAC 地址总数是 8192 个，但是就在 macof 发起攻击后的几秒时间内，交换机的 MAC

地址使用数就从4个猛增至8189个，把交换机的CAM表充满。当交换机的CAM表被充满时，就会将进入端口的数据进行广播，通信的安全性将受到严重威胁。

```
switch#show mac-address-table
Destination Address  Address Type  VLAN  Destination Port
-------------------  ------------  ----  --------------------
cc00.0ed4.0000          Self          1     Vlan1
000c.29f6.4c81          Dynamic       1     FastEthernet0/1
000c.299b.e5e4          Dynamic       1     FastEthernet0/2
000c.29c8.a830          Dynamic       1     FastEthernet0/3
18bb.e070.375e          Dynamic       1     FastEthernet0/1
40a5.bc24.1704          Dynamic       1     FastEthernet0/1
8aca.f453.9cb0          Dynamic       1     FastEthernet0/1
4cc5.030f.1392          Dynamic       1     FastEthernet0/1
d23d.a855.76cd          Dynamic       1     FastEthernet0/1
0c6d.7100.b5cf          Dynamic       1     FastEthernet0/1
504e.a107.a0ce          Dynamic       1     FastEthernet0/1
2e11.671a.52a4          Dynamic       1     FastEthernet0/1
eeb3.b105.3370          Dynamic       1     FastEthernet0/1
f6a6.a514.783c          Dynamic       1     FastEthernet0/1
ce14.f410.09db          Dynamic       1     FastEthernet0/1
4a21.9d40.648e          Dynamic       1     FastEthernet0/1
40a3.5e6f.d134          Dynamic       1     FastEthernet0/1
20aa.994d.ef43          Dynamic       1     FastEthernet0/1
0a69.957a.185e          Dynamic       1     FastEthernet0/1
a4e3.2a13.4f5f          Dynamic       1     FastEthernet0/1
26f6.da23.0953          Dynamic       1     FastEthernet0/1
fcb6.a03c.01be          Dynamic       1     FastEthernet0/1
94d1.762e.04c5          Dynamic       1     FastEthernet0/1
0ca8.4c79.674e          Dynamic       1     FastEthernet0/1
1495.9c3b.d06a          Dynamic       1     FastEthernet0/1
74fe.0425.3bb9          Dynamic       1     FastEthernet0/1
7ac4.721c.eff6          Dynamic       1     FastEthernet0/1
06b5.9026.7291          Dynamic       1     FastEthernet0/1
a244.4032.1875          Dynamic       1     FastEthernet0/1
e673.ac6f.d159          Dynamic       1     FastEthernet0/1
b678.887a.d2c7          Dynamic       1     FastEthernet0/1
9ed8.c03b.1820          Dynamic       1     FastEthernet0/1
d477.dd46.db5a          Dynamic       1     FastEthernet0/1
84e0.a254.bdaf          Dynamic       1     FastEthernet0/1
809b.5725.6e4f          Dynamic       1     FastEthernet0/1
6e99.ed03.84ff          Dynamic       1     FastEthernet0/1
fe9b.6126.bda8          Dynamic       1     FastEthernet0/1
12bb.7742.8b3c          Dynamic       1     FastEthernet0/1
56de.467b.1436          Dynamic       1     FastEthernet0/1
544e.b047.d57f          Dynamic       1     FastEthernet0/1
2467.5c78.7cf2          Dynamic       1     FastEthernet0/1
```

图6.13　macof洪泛攻击后的效果

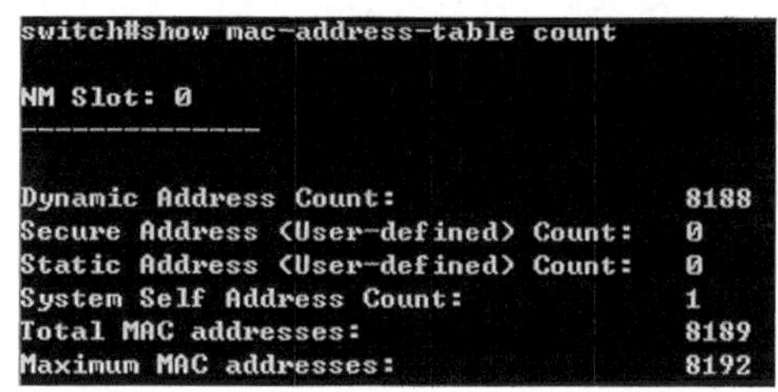

```
switch#show mac-address-table count

NM Slot: 0
--------------

Dynamic Address Count:                   8188
Secure Address (User-defined) Count:     0
Static Address (User-defined) Count:     0
System Self Address Count:               1
Total MAC addresses:                     8189
Maximum MAC addresses:                   8192
```

图6.14　交换机被攻击后对MAC的统计

注意

macof针对MAC地址的洪泛，安全软件如防火墙、防毒软件一般视而不见，无法成功抵挡或者说成功防御的能力很低。

防御方式： 建议使用以下两种方案防御基于macof对二层交换机的攻击。

1）端口安全。

2）在端口上阻止单播洪泛。

端口安全的实现如下所示。

Switch#config terminal

Switch(config)#interface fastethernet0/1
* 进入需要配置的端口。
Switch(config-if)#switchport mode access
* 设置为交换访问模式。
Switch(config-if)#switchport port-security
* 打开端口安全模式。
Switch(config-if)#switchport port-security maximum 1
* 保证该端口只能容纳一个 MAC 地址的学习空间。
Switch(config-if)#switchport port-security mac-address 00c2.00f1.0009
* 将一个 MAC 地址与一个端口进行静态绑定。
Switch(config-if)#switchport port-security violation {protect |restrict | shutdown }

在 port-security 后面的关键字 violation 是指定如果有非法接入端口的处理方式，共有 3 种解决方式，分别是 protect、restrict 和 shutdown。protect 指示当已经超过所允许学习的最大 MAC 地址数时，交换机将继续工作，但是将把来自新主机的数据帧丢弃，不发任何警告信息。restrict 指示交换机将继续工作，但是将把非法的数据帧丢弃，向 console 平台发警告信息。shutdown 指示关闭端口为 err-disable 状态，除非管理员手工激活，否则该端口失效。

在端口上阻止单播洪泛的实现方法如下所述。

在默认情况下，如果交换机收到数据包的目标 MAC 是一个未知目标 MAC 地址(在 CAM 表中没有记录)，那么交换机会将该数据广播到所有端口上。例如 macof 就可以瞬间让交换机的 CAM 表充满，交换机就无法再利用正常的 MAC 地址进行转发。CAM 中存储的都是不正确的 MAC 与交换机端口的对应关系，此时原本正常的目标 MAC 就会变成一个未知目标 MAC，数据包会被广播到交换机的所有端口，当然也包括敏感的机密信息。要阻止这种行为就只有阻止未知单播地址洪泛。在交换机上的操作指令如下。

Switch(config)#interface fastethernet0/1
Switch(config-if)#switchport block unicast

任务 6.2 防御服务器的常见攻击

一、实施对 DHCP 攻击安全加固

1. 黑客攻击 DHCP 服务器的目的

DHCP 服务是企业网络构架中相当重要的一个基础服务，它为企业网络中的客户机

提供动态的 IP 地址分配及其他的 TCP/IP 属性，如 DNS 默认网关域名。由于企业网络主机数目庞大，不可能利用手工方式填写 IP 地址，所以只能利用 DHCP 提供动态分配。环境中的 DHCP 服务器集中地为网络的客户机分发 IP 地址及默认网关等关键信息，客户机利用所分得的默认网关访问 Internet，如图 6.15 所示。

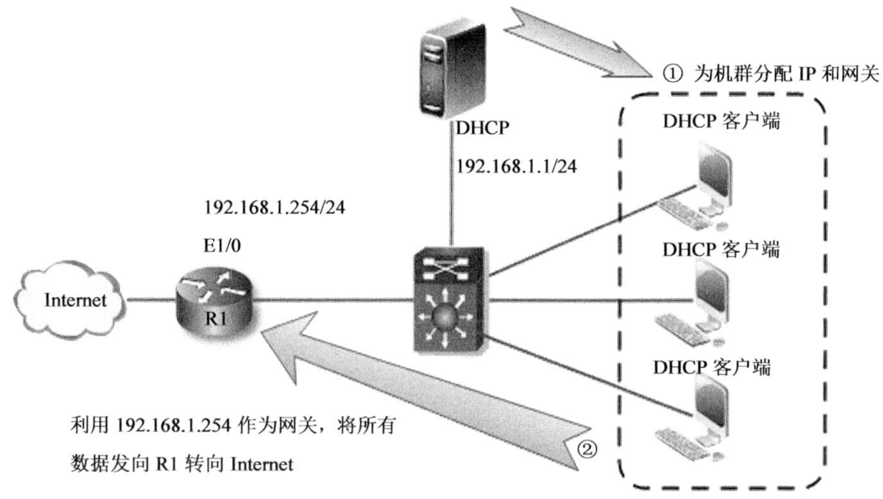

图 6.15　客户机利用所分得的默认网关访问 Internet

遭遇 DHCP 欺骗后的情况如图 6.16 所示。黑客会在瞬间消耗完 DHCP 服务器上所有可分配的 IP 地址，让正常的 DHCP 服务器无法提供 IP 地址及相关 TCP/IP 属性的分配。此时黑客将自己伪装成 DHCP 服务器，为网络中的客户机分配 IP 地址及相关 TCP/IP 属性。

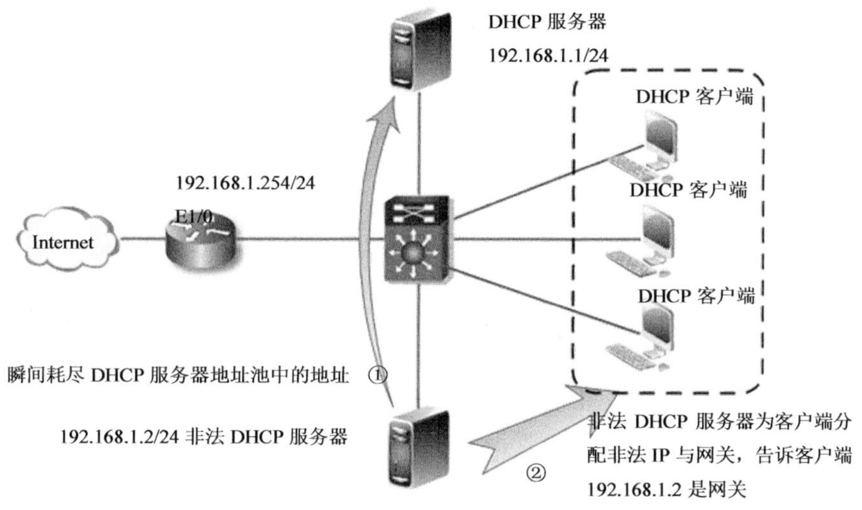

图 6.16　遭遇 DHCP 欺骗后的情况

2. 分析 DHCP 攻击的原理

1）DHCP 攻击主机首先向网络中发送大量的 DHCP Discover 请求包，因为是伪造不同的源 MAC 进行发送的，所以在几秒的时间内 DHCP 服务器的 IP 地址池就会被这些伪造的 MAC 地址用尽，当地址池的 IP 被用尽后，DHCP 就无法再向企业客户机分配 IP 地址。

2）这时攻击主机就把自己伪装成 DHCP 服务器，向企业客户端提供 IP 地址及相关属性配置。此时的攻击主机如果把自己的 IP 地址作为网关发给客户机，企业客户机就会把原本发向网关的数据转发给攻击主机，这些数据中很可能就有包含着账号和密码等敏感的信息。

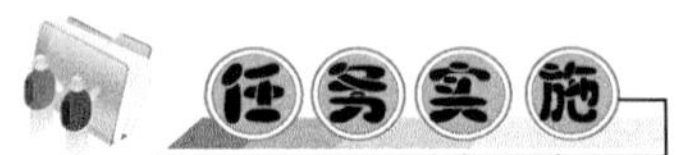

实施目标：基于 DHCP 服务器的完整攻击过程与防御方式。

实施工具：Yesinia 攻击器。

实施环境：如图 6.16 所示。

实施背景：192.168.1.1 是企业网络正常的 DHCP 服务器；192.168.1.2 是基于 DHCP 发起攻击的主机，该主机使用 Ubuntu 操作系统，利用 Yesinia 完成攻击。

实施步骤：

第一步 黑客需要观察企业网络正常的 DHCP 服务器是否正常工作，了解具体哪台主机是 DHCP 服务器，同时也是在寻找攻击目标。在该实施环境中，可以切换到 DHCP 客户端上利用 ipconfig/all 指令看到 DHCP 服务器的相关信息，如图 6.17 所示。DHCP 服务器是 192.168.1.1。

```
Ethernet adapter 本地连接:

   Connection-specific DNS Suffix  . : ccie.com
   Description . . . . . . . . . . . : Intel(R) PRO/1000 MT Network Connection
   Physical Address. . . . . . . . . : 00-0C-29-87-BC-EB
   DHCP Enabled. . . . . . . . . . . : Yes
   Autoconfiguration Enabled . . . . : Yes
   IP Address. . . . . . . . . . . . : 192.168.1.3
   Subnet Mask . . . . . . . . . . . : 255.255.255.0
   Default Gateway . . . . . . . . . : 192.168.1.254
   DHCP Server . . . . . . . . . . . : 192.168.1.1
   DNS Servers . . . . . . . . . . . : 192.168.1.253
   Lease Obtained. . . . . . . . . . : 2010年1月21日 2:53:08
   Lease Expires . . . . . . . . . . : 2010年1月29日 2:53:08
```

图 6.17 DHCP 客户端上利用 ipconfig/all 指令看到 DHCP 服务器的相关信息

此时再切换到 DHCP 服务器上查看 DHCP 的状态信息，如图 6.18 所示，目前 DHCP 的工作状态正常，分配出一个 IP 地址 192.168.1.3 给一台名为“server-5”的主机。同时还可以查看 DHCP 的作用域信息，得到进一步的作用域统计信息，如图 6.19 所示，可分配的地址总数为 252 个，只分配出一个 IP 地址，可用的 IP 地址还有 251 个，可用率为 99%。

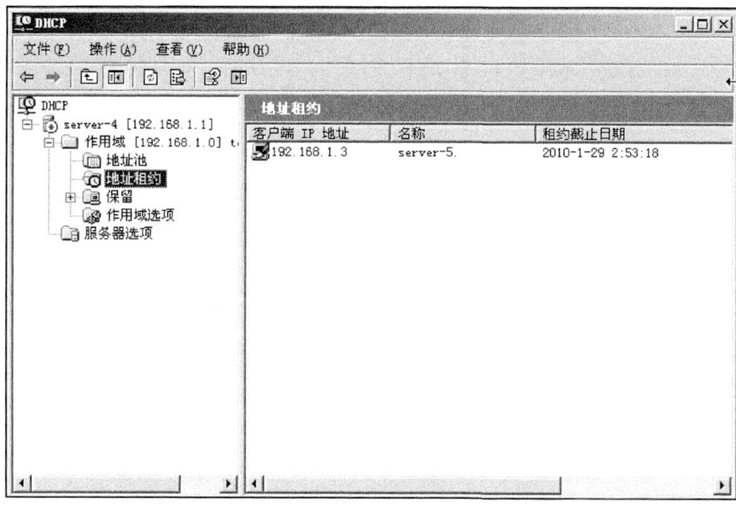

图 6.18　DHCP 的工作状态正常

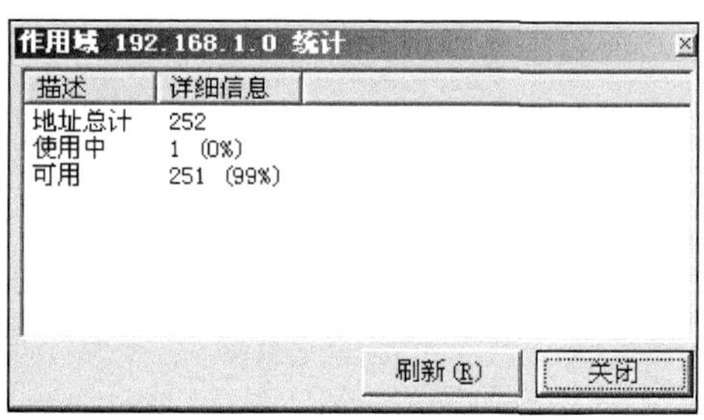

图 6.19　DHCP 的作用域信息

第二步 在 192.168.1.2 主机上利用在 Ubuntu 系统下的 Yesinia 发起对 DHCP 服务器的地址耗尽攻击。启动 Ubuntu 操作系统后，在命令提示终端窗口中输入“yersinia–G”，如下所示。

root@ccie-desktop: ~#yersinia -G

打开 Yesinia 的图形操作界面，然后选择 DHCP 选项卡，如图 6.20 所示。选择 sending DISCOVER packet 单选按钮，然后开始发起攻击，等待 1～3s 后，切换到 DHCP 服务器（192.168.1.2），再次查看服务器的状态。

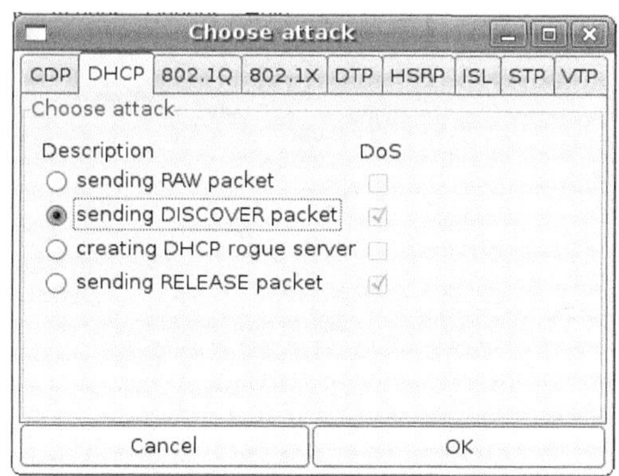

图 6.20　选择 DHCP 攻击

第三步 再次观察企业网络 DHCP 地址的使用情况，如图 6.21 所示，DHCP 服务器呈现蓝色叹号，这表示 DHCP 地址池被用完。图 6.22 所示是对 DHCP 地址池的统计情况，可看出 252 个地址全部被使用，可用率是 0%，表示 DHCP 地址耗尽欺骗成功。

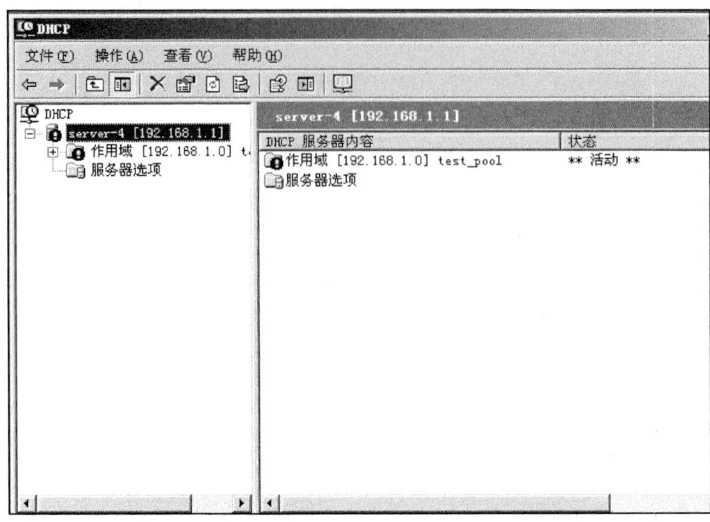

图 6.21 企业网络 DHCP 地址的使用情况

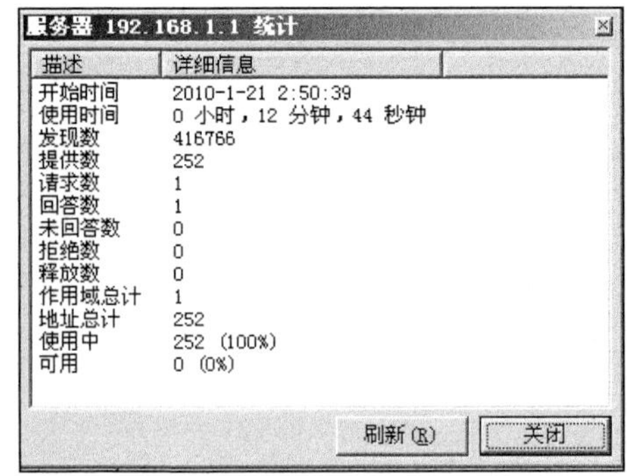

图 6.22 DHCP 地址池的统计情况

之所以能够成功实现 DHCP 地址耗尽欺骗，是因为欺骗主机通过伪造不同的源 MAC 地址，瞬间向 DHCP 服务器发送了大量的 DHCP Discover 请求广播，从而导致地址池耗尽。如图 6.23 所示为攻击主机在瞬间向 DHCP 服务器发送的请求广播帧。

1	20.26...	E427A1...	*BROADCAST	DHCP	Discover
2	20.26...	228C43...	*BROADCAST	DHCP	Discover
3	20.26...	5EAD0E...	*BROADCAST	DHCP	Discover
4	20.26...	CASTLE...	*BROADCAST	DHCP	Discover
5	20.26...	0A63D4...	*BROADCAST	DHCP	Discover
6	20.26...	C0DABC...	*BROADCAST	DHCP	Discover
7	20.26...	523A63...	*BROADCAST	DHCP	Discover
8	20.26...	AA662A...	*BROADCAST	DHCP	Discover
9	20.26...	466AC0...	*BROADCAST	DHCP	Discover
10	20.26...	E66A64...	*BROADCAST	DHCP	Discover
11	20.26...	B2135D...	*BROADCAST	DHCP	Discover
12	20.26...	AC459A...	*BROADCAST	DHCP	Discover
13	20.26...	88B007...	*BROADCAST	DHCP	Discover
14	20.26...	48E12C...	*BROADCAST	DHCP	Discover

图 6.23 瞬间向 DHCP 服务器发送的请求广播帧

当 DHCP 完成欺骗攻击后，黑客就可以向企业网络中注入非法的 DHCP 服务器，从而欺骗企业主机，并将网关地址变更为黑客自己。这时企业内部所有的主机会将原本传递给网关的流量发送到攻击主机上，这其中很可能包括企业的敏感信息。

> **注意**
>
> 使用该攻击方式进行实验时，DHCP 服务器的防火墙或者安全类软件无任何报警行为，属于高危险安全事件。

由于防火墙与安全类软件对 DHCP 耗尽攻击没有任何报警行为，而且该攻击方式又是一种基于网络设计与结构类的攻击，所以防御方式也只能通过基于网络设计与结构类的思想进行解决。这里建议使用 DHCP 监听技术（DHCP Snooping）。

DHCP Snooping 技术是防止"伪造 DHCP"攻击的最佳方案。通过建立和维护 DHCP Snooping 绑定表，过滤不可信任的 DHCP 信息，DHCP Snooping 绑定表包含不信任区域的用户 MAC 地址、IP 地址、租用期、VLAN-ID 接口等信息。除此之外，DHCP-Snooping 允许将某个物理端口设置为信任端口或不信任端口。信任端口可以正常接收并转发 DHCP Offer 报文，而不信任端口会将接收到的 DHCP Offer 报文丢弃。这样，就可以让交换机完成对流氓 DHCP 服务器的屏蔽，在图 6.16 所示的环境中，就是利用 DHCP Snooping 对 DHCP 服务器做安全保护，如图 6.24 所示。

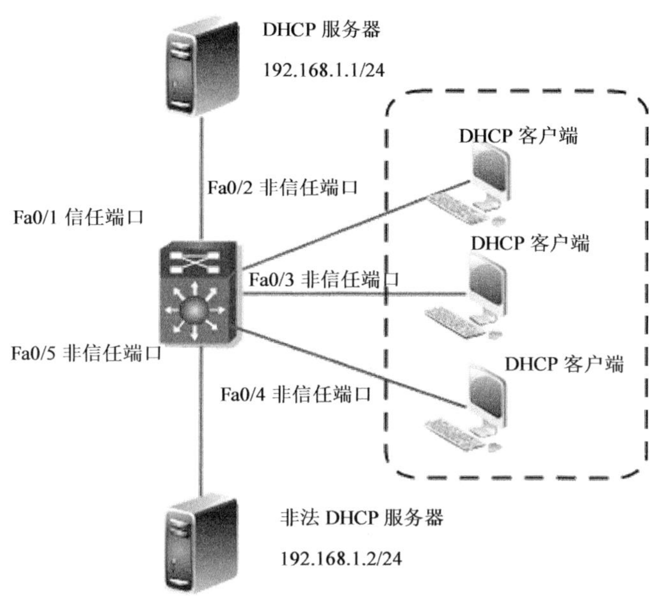

图 6.24 利用 DHCP Snooping 对 DHCP 服务器做安全保护

在图 6.24 所示的环境中，将交换机 Fa0/1 接口配置为 DHCP Snooping 技术的信任端口，因为该端口连接的是企业网络真正的 DHCP 服务器，所以信任端口将允许可以正常地接收与发送 DHCP 的各种报文。将交换机的 Fa0/5 接口配置成为 DHCP Snooping 技术的非信任端口，那么该端口将不允许接收 DHCP Offer 报文，如果此时接收到 DHCP

Offer 报文，说明流氓 DHCP 服务器正在为企业网络提供非法的 IP 地址。具体配置指令如下。

sw（config）#ip dhcp snooping

* 启动 DHCP Snooping 功能。

sw（config）#ip dhcp snooping vlan 2

* 可以针对具体的 VLAN 进行配置。

sw（config）Interface fa0/1

sw（config-if）ip dhcp snooping trust

将 Fa0/1 接口配置为信任端口，默认其他端口都是非信任端口，所以关于 Fa0/1～Fa0/5 不需要做任何配置，它们将处于非信任端口模式下。

注意

以上配置可以防止企业网络中出现非法 DHCP，但是对瞬间耗尽 DHCP 地址的攻击行为没有任何防御能力。因为瞬间耗尽 DHCP 地址的攻击行为发生时，黑客是利用瞬间伪造出大量的 DHCP Discover 消息完成攻击的，而且 DHCP Snooping 技术的非信任端口仍然可以让 DHCP Discover 消息通过。所以要完成防御瞬间耗尽 DHCP 地址的攻击还需要限制 DHCP 报文的发送速度。可以在交换机的 Fa0/5 接口下配置如下指令：

sw（config-if）#ip dhcp snooping limit rate 5

* 对 DHCP 的报文限速为 5pps。

二、实施对 TCP 洪水攻击安全加固

TCP/IP（Transmission Control Protocol / Internet Protocol），为传输控制协议 / 因特网互联协议。这个协议是 Internet 最基本的协议，是 Internet（国际互联网）的基础。简单地说，它是由网络层的 IP 协议和传输层的 TCP 协议组成的，或者说 TCP/IP 是一个协议集。这里主要讨论 TCP 协议和它的可靠传输原理。

可靠传输就是指在数据正式传输之前，利用一种触发和认定的方式来保证发送方与接收方之间的可靠性，以防止数据在传输的过程中出现丢包及其他传输不可达的现象。而在网络世界中的 TCP 协议，就是利用这样的确认过程来保障数据报文的可靠性，这就是网络世界中著名的“TCP 3 次握手”。

TCP 协议是一个相互触发、相互确认的过程。客户机要触发服务器，服务器也要触发客户机。建立握手状态的标记 syn=1 表示开始触发，ack=1 表示对触发的回应确认。并且在 TCP 建立可靠连接时只会使用这两个标记。正确的 TCP 握手过程如图 6.25 所示。

1）客户机要触发服务器，向服务器发出 syn=1 的信号。

2）服务器向客户机发送 ack=1 的确认信号。

3）服务器再向客户机发送 syn=1 的触发信号，以达到相互触发的效果。

4）客户机再回应服务器的触发信号 ack=1。

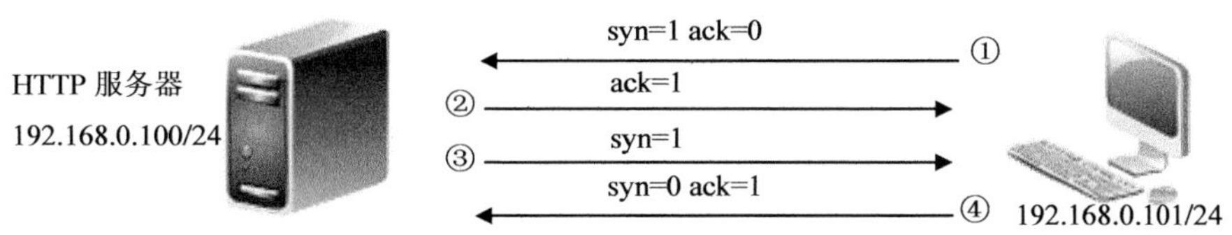

图 6.25　正确的 TCP 握手过程

上述为 TCP 握手过程，但是以上过程就是 4 次握手了，而并非所谓的“TCP 3 次握手”那么为什么也会叫“TCP 3 次握手”呢？这是因为服务器与其把给客户机的 ack=1 确认信息和触发客户机的 syn=1 分成两次发送，倒不如将其两次合并成一个信号：syn=1，ack=1。其实 syn=1 是触发客户机的，而 ack=1 是响应客户机触发的消息。所以将 4 次握手变 3 次，这是“TCP3 次握手”的得名，也是对 TCP 正确的理解，如图 6.26 所示。

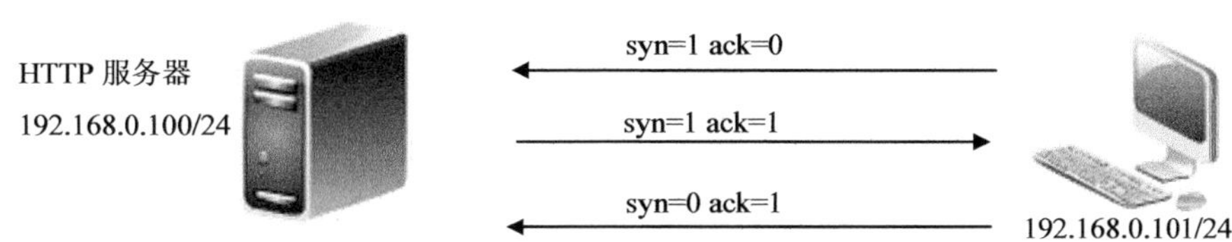

图 6.26　TCP 3 次握手

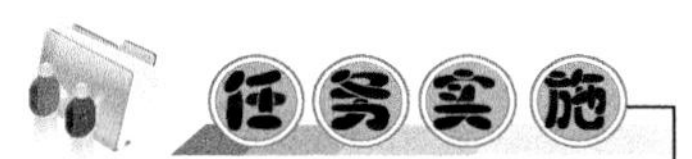

实施目标：利用 TCP 洪水攻击来攻击 Web 服务器并理解防御方案。

实施环境：图 6.27 所示是一个企业网络的简单模拟环境，有两台路由器 R1 与 R2 分别连接两个不同的子网 192.168.3.0 与 192.168.2.0。192.168.3.100 是一台 Web 服务器，192.168.2.2 是实施环境中的攻击主机。

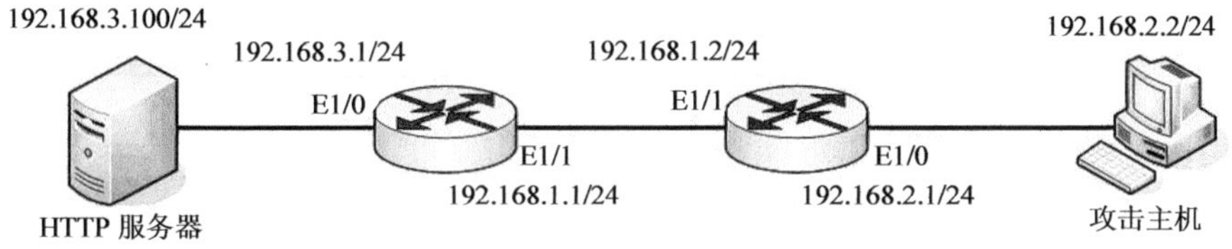

图 6.27　基于 TCP/IP 半开会话的攻击

实施前的准备工作要完成基础网络结构配置，包括配置 R1 和 R2 的路由，两台处于不同子网主机的网关，并保证两台主机能相互通信。

实施步骤：

第一步 在 Web 服务器（192.168.3.100）上启动“Windows 任务管理器”，可看到没有受到攻击前的网络利用率及趋势曲线几乎为 0%，如图 6.28 所示。

第二步 在攻击主机上打开基于 TCP 的洪水攻击器并设置攻击参数，如图 6.29 所示。然后激活线程，开始攻击。

图 6.28　没有受到攻击前的网络利用率及趋势曲线

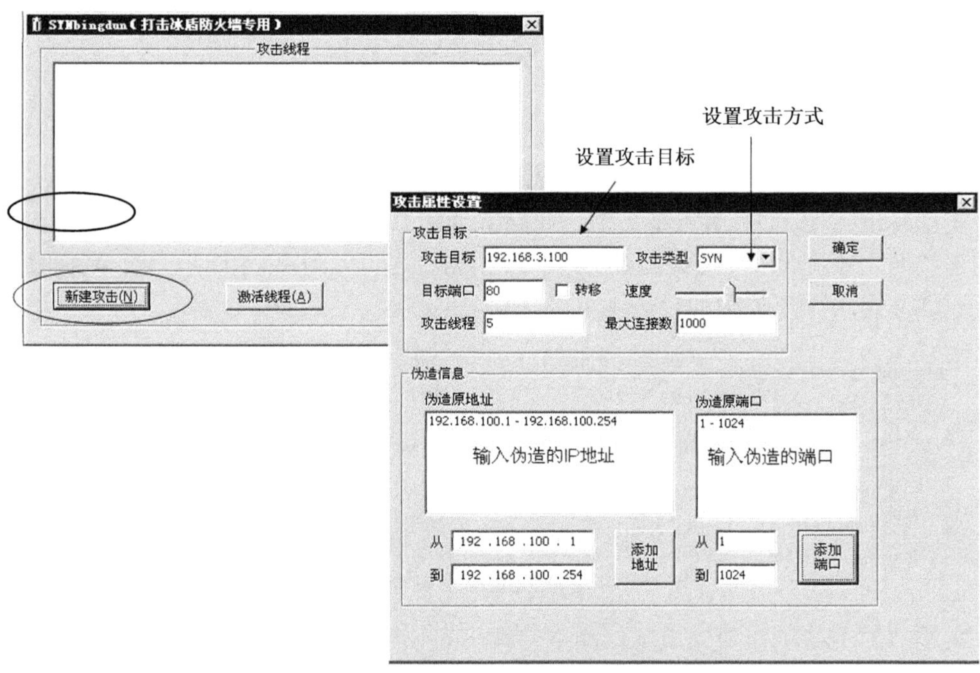

图 6.29　设置 TCP 洪水攻击器攻击参数

第三步 再次查看 Web 服务器的“Windows 任务管理器”，可看到图 6.30 所示的网络占用率明显成上涨曲线趋势。

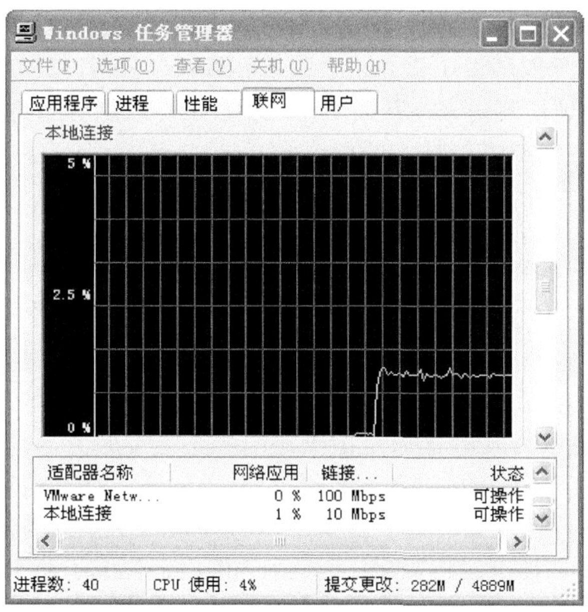

图 6.30　网络占用率成上涨曲线趋势

此时在被攻击的 Web 服务器上利用 Sniffer_pro 捕获攻击主机发来的攻击流量，如图 6.31 所示。以 192.168.100.13 到 192.168.3.100 的 TCP 连接为例，首先可以发现 192.168.100.0 子网中的任何地址都是伪造来欺骗 Web 服务器的，然后可以看到 192.168.100.13 向 Web 服务器 192.168.3.100 发起了一次 TCP 连接，Web 服务器 192.168.3.100 也回应了 192.168.100.13。但 192.168.100.13 是一个伪造的 IP 地址，它永远不可能再给 Web 服务器第 3 次 TCP 确认，那么整个 TCP 3 次握手过程就只完成了两次，整个 TCP 会话处于半开状态。虽然只有几个这样的会话，对服务器的影响还不是太大，但是当这样的会话在短时间内出现成千上万个时，将会对服务器的资源和网络开销造成极大的影响。因此防御基于 TCP 半开会话的洪水攻击是一项相当重要的工作，不容忽视。

Source Address	Dest Address	Summary	Len (B
[192.168.100.13	[192.168.3.100]	TCP: D=80 S=336 SYN SEQ=2439277930 LEN=0 WIN:	62
[192.168.3.100]	[192.168.100.13	TCP: D=336 S=80 RST ACK=2439277931 WIN=0	60
[192.168.100.10	[192.168.3.100]	TCP: D=80 S=598 SYN SEQ=2605650448 LEN=0 WIN:	62
[192.168.3.100]	[192.168.100.10	TCP: D=598 S=80 RST ACK=2605650449 WIN=0	60
[192.168.100.18	[192.168.3.100]	TCP: D=80 S=236 SYN SEQ=2737222961 LEN=0 WIN:	62
[192.168.3.100]	[192.168.100.18	TCP: D=236 S=80 RST ACK=2737222962 WIN=0	60
[192.168.100.23	[192.168.3.100]	TCP: D=80 S=313 SYN SEQ=3732333319 LEN=0 WIN:	62
[192.168.3.100]	[192.168.100.23	TCP: D=313 S=80 RST ACK=3732333320 WIN=0	60
[192.168.100.20	[192.168.3.100]	TCP: D=80 S=615 SYN SEQ=1748188505 LEN=0 WIN:	62
[192.168.3.100]	[192.168.100.20	TCP: D=615 S=80 RST ACK=1748188506 WIN=0	60
[192.168.100.25	[192.168.3.100]	TCP: D=80 S=100 SYN SEQ=1260899194 LEN=0 WIN:	62
[192.168.3.100]	[192.168.100.25	TCP: D=100 S=80 RST ACK=1260899195 WIN=0	60
[192.168.100.15	[192.168.3.100]	TCP: D=80 S=282 SYN SEQ=3161087065 LEN=0 WIN:	62
[192.168.3.100]	[192.168.100.15	TCP: D=282 S=80 RST ACK=3161087066 WIN=0	60
[192.168.100.9]	[192.168.3.100]	TCP: D=80 S=661 SYN SEQ=2634597183 LEN=0 WIN:	62
[192.168.3.100]	[192.168.100.9]	TCP: D=661 S=80 RST ACK=2634597184 WIN=0	60
[192.168.100.20	[192.168.3.100]	TCP: D=80 S=784 SYN SEQ=862265867 LEN=0 WIN=	62
[192.168.3.100]	[192.168.100.20	TCP: D=784 S=80 RST ACK=862265868 WIN=0	60

图 6.31　利用 Sniffer_pro 捕获攻击主机发来的攻击流量

防御 TCP 半开会话攻击的解决方案有以下几种。

1）第一种解决方案：基于单播的逆向路径检测（uRPF）。

基于单播的逆向路径检测技术是一种对进入路由器接口的数据包的源 IP 地址的可

达性进行检测的技术。如果源 IP 地址是非伪造的地址，那么 uRPF 检测就可以成功，数据包进入路由器执行选路转发工作，反之则丢弃数据包。所以只要是伪造的 IP 地址都会被 uRPF 技术成功地检测出来，从而防止欺骗攻击。以思科的路由器为例，开启基于单播的逆向路径检测（uRPF）技术的指令 ip verify unicast reverse-path（在接口配置模式下）。

2）第二种解决方案：TCP 截取防御技术。

TCP 截取防御 TCP 洪水攻击有两种方式，一种叫做 TCP 截取，一种叫做 TCP 监听。

TCP 截取是指路由器在 TCP 服务器与客户机之间作为一个 TCP 连接的代理，先由路由器完成对 TCP 客户端 3 次握手，如果 3 次握手顺利完成，路由器再把客户的连接发向服务器。如果出现 TCP 洪水攻击，路由器可作为服务器与客户端之间的一个缓冲设备。TCP 截取方式的优势是由于路由器充当了服务器与客户端之间的缓冲，所以服务器不会因 TCP 洪水攻击造成过多的半开会话。TCP 截取方式的劣势是如果不加筛选地截取分析所有的 TCP 3 次握手，将导致路由器的处理性能下降，从而使正常的 TCP 3 次握手的速度也将变慢，这是因为路由器完成了两次 3 次握手，如图 6.32 所示。

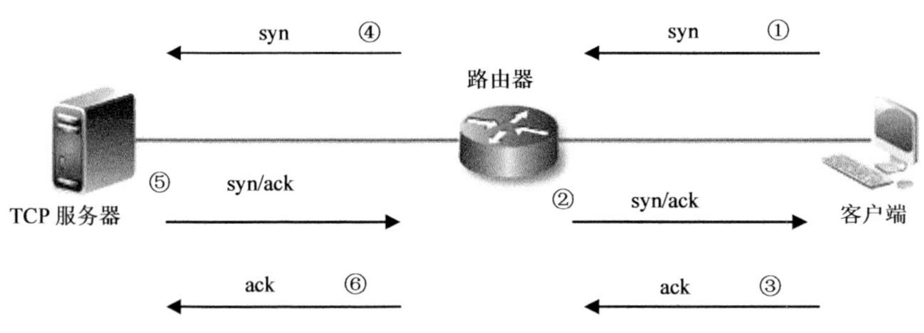

图 6.32 路由器完成了两次 3 次握手

TCP 监视方式是一种可节省开销的被动方式，路由器此时不在服务器与客户机之间充当代理，由客户机直接与服务器发生 3 次握手，而监视的作用在于限制客户机发向服务器的半开会话数目。如果超过限定的数目，那么监视 TCP 握手的路由器将暂时不接收新的 TCP 会话。监视模式还负责监视完成 3 次握手所需要的等待时间，如果超时即复位会话。TCP 监视方式的优势为能最终抵御 TCP 洪水攻击；节省路由器的开销，至少比截取方式开销少。TCP 监视方式的劣势为服务器在短时间内会遭遇半开连接，直到半开会话的最大连接数。

注意

使用 TCP 的监视方式，在设定阈值时一定要评估企业网络在没有受到攻击时的正常 TCP 连接数目大约是多少（常态采样）。如果没有进行这样的评估，那么在 TCP 监视模式下所设定的最大半开会话数目要么是让正常的 TCP 连接失败，要么无法在短时间内抵御基于 TCP 半开会话的攻击。

在路由器 R1 上完成如下配置。

TCP 截取使用截取方式。

R1(config)#ip tcp intercept mode intercept

TCP 截取使用监视方式。

R1(config)#ip tcp intercept mode watch

定义 TCP 截取或者监视那些感兴趣的流量，这里主要是 HTTP 流量。

R1(config)#access-list 101 permit tcp any any eq 80

R1(config)#ip tcp intercept list 101

定义 TCP 截取或者监视的几个时间参数，watch-timeout 是指在 TCP 的监视方式下，等待 TCP 完成 3 次握手的最长时间，默认是 30s；finrst-timeout 是路由器收到复位信号后，等待多少时间后再拆出 TCP 连接；connection-timeout 是 TCP 连接的最长时间。

R1(config)#ip tcp intercept watch-timeout 5

R1(config)#ip tcp intercept finrst-timeout 10

R1(config)#ip tcp intercept connection-timeout 3600

定义路由器允许接收的最大半开会话数的最高峰值，这里是 800 个半开会话。如果当路由器已接收到 800 个半开会话后，就不再接收新的半开会话，直到半开会话的数目低于了 low 所定义的门限值，才开始再次接收新的半开会话。

R1(config)#ip tcp intercept max-incomplete low 200

R1(config)#ip tcp intercept max-incomplete high 800

定义路由器每分钟可以接收的最大半开会话高峰值，如果在 1min 内达到了配置的 high 值就不再接收 TCP 连接，直到 TCP 会话连接数降到 low 门限值，才会再接收新的 TCP 连接。这个选项配置对防御 TCP 洪水攻击特别有效，因为 TCP 洪水攻击正是在 1min 内就产生很多的假地址发起对服务器的初始连接。

R1(config)#ip tcp intercept one-minute low 100

R1(config)#ip tcp intercept one-minute high 400

定义 TCP 的丢弃方式，该选项表示达到 TCP 连接的最大数时，路由器会将新的 TCP 会话丢弃。random 表示随机丢弃；oldest 表示丢弃老的 TCP 会话。

R1(config)#ip tcp intercept drop-mode random

R1(config)#ip tcp intercept drop-mode oldest

查看 TCP 截取的状态与目前的连接情况。

R1#show tcp intercept statistics

R1#show tcp intercept connections

三、实施对 ICMP 攻击安全加固

ICMP 协议原本是用于判断网络连通性的协议，ping 是一个基于 ICMP 进行工作的应用程序。但这些开放式协议往往被黑客用来对目标主机实现攻击，使得被攻击的服务

器因为过大的开销，而无法完成正常的服务功能。基于 ICMP 攻击的典型方式：Ping Of Death（死亡之 ping）。

“死亡之 ping”是一种基于 ICMP 最基本、最简单的 DoS 攻击形式。它能造成较为恶劣的后果，瞬间产生成千上万的 ICMP 数据流量，这样会导致正常的网络流量被淹没。一般情况下，每个主机能处理的 ping 的大小是有限制的。例如，Windows 操作系统将 ICMP 包的大小限制在 64KB 以内，如果超过了 64KB，就会出现内存分配错误，导致 TCP/IP 堆栈崩溃，最后造成接收方主机死机。

任务实施

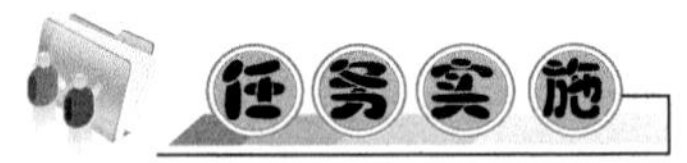

实施目标：完成 ICMP 的攻击，理解防御手段。

实施工具：Ping Of Death（死亡之 ping）。

实施环境：如图 6.33 所示。

192.168.2.1/24
E1/1
R1
192.168.1.1/24
E1/0
被攻击主机
192.168.2.2/24
ICMP 攻击主机
192.1681.2/24

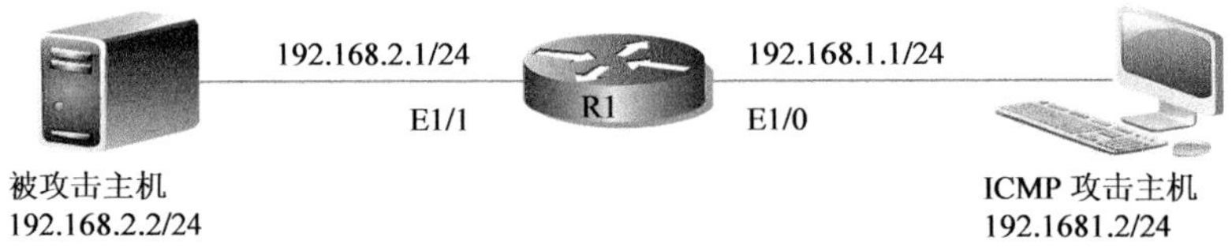

图 6.33　ICMP 协议的攻击环境

实施背景：192.168.1.2 是 ICMP 的攻击主机，192.168.2.2 是被攻击主机。在 192.168.1.2 上发起死亡之 ping 正式攻击前，建议先在主机 192.168.1.2 上对主机 192.168.2.2 发起一个正常的 ping。捕获并提取正常的 ping 数据帧进行保留，稍后再与攻击发起后的 ping 数据帧作对比，便可找到不同之处。192.168.1.2 ping 192.168.2.2 的正常数据帧如图 6.34 所示，正常的 ping 默认只有 32B。

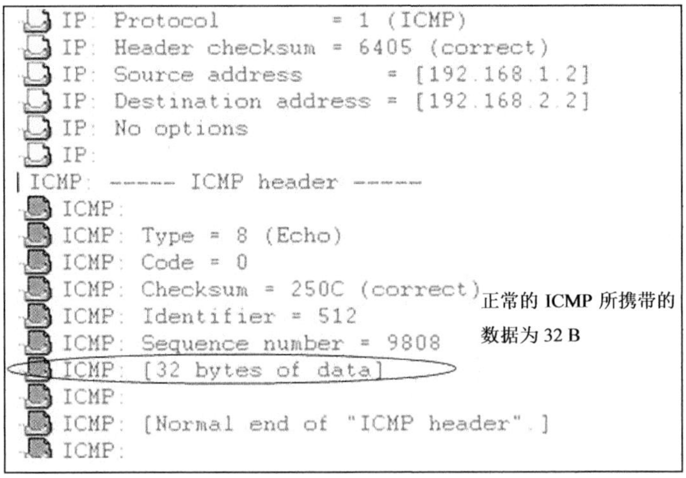

IP: Protocol = 1 (ICMP)
IP: Header checksum = 6405 (correct)
IP: Source address = [192.168.1.2]
IP: Destination address = [192.168.2.2]
IP: No options
IP:
ICMP: ----- ICMP header -----
ICMP:
ICMP: Type = 8 (Echo)
ICMP: Code = 0
ICMP: Checksum = 250C (correct)
ICMP: Identifier = 512
ICMP: Sequence number = 9808
ICMP: [32 bytes of data]
ICMP:
ICMP: [Normal end of "ICMP header".]
ICMP:
正常的 ICMP 所携带的数据为 32 B

图 6.34　192.168.1.2 ping 192.168.2.2 的正常数据帧

实施步骤：

第一步 在 192.168.1.2 的主机上，启动死亡之 ping 的攻击器，如图 6.35 所示。在指示的位置输入攻击目标的 IP 地址、攻击时 ICMP 所携带的数据包大小，以及每毫秒的攻击效率等相关信息。

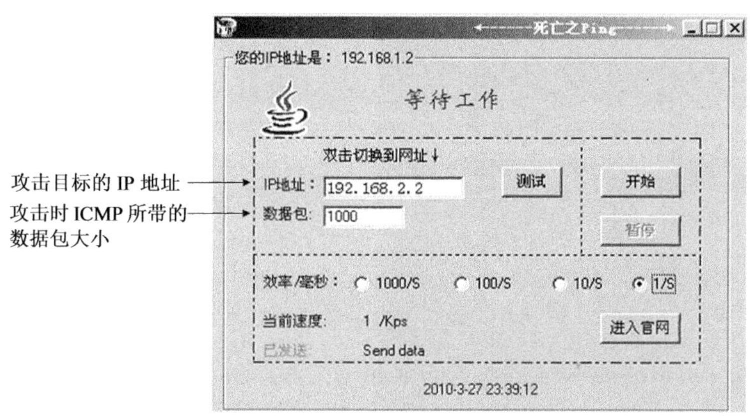

图 6.35 启动死亡之 ping 的攻击器

第二步 在被攻击主机上安装使用 Sniffer_pro 捕获数据帧，并统计协议分布示意图，如图 6.36 所示。被攻击主机上的流量以 ICMP 流量为最高排位，可以说明正在受到基于 ICMP 的攻击。如果来自 192.168.1.2 主机上的攻击再持续一段时间，主机 192.168.2.2 就会出现速度缓慢，最终死机的情况。

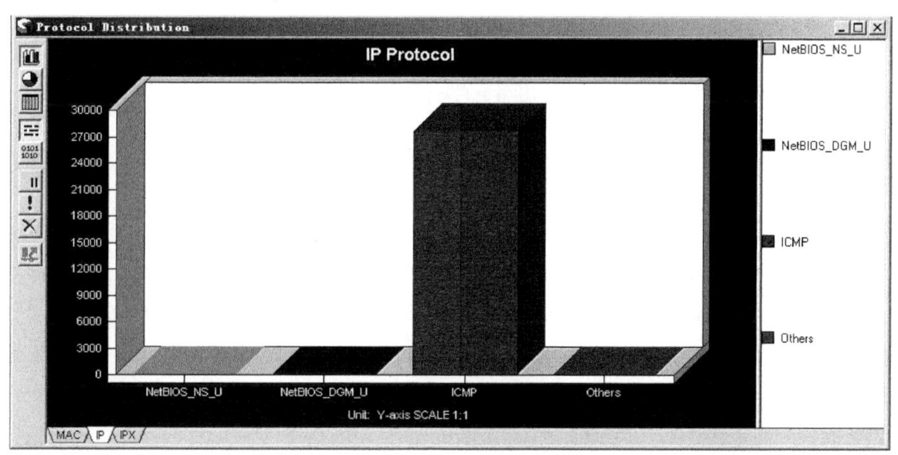

图 6.36 统计协议分布示意图

第三步 在 192.168.2.2 主机上捕获攻击时的 ICMP 数据帧，经过分析，如图 6.37 所示。发起 ICMP 攻击的数据帧与常规 ICMP 数据帧（如图 6.34）相比较，可以看出常规的 ICMP 数据帧所携带的数据包大小默认为 32B，而发起 ICMP 攻击的数据帧所携带的数据包大小为 1000B，比正常的 ICMP 数据帧所携带的数据包要大得多。如果持续不断地发送如此庞大的 ICMP 数据包，将会导致被攻击的主机内存溢出，最终死机。

```
IP: Protocol          = 1 (ICMP)
IP: Header checksum = 4E8B (correct)
IP: Source address       = [192.168.1.2]
IP: Destination address = [192.168.2.2]
IP: No options
IP:
ICMP: ----- ICMP header -----
ICMP:
ICMP: Type = 8 (Echo)
ICMP: Code = 0
ICMP: Checksum = 88FE (correct)
ICMP: Identifier = 512
ICMP: Sequence number = 51041
ICMP: [1000 bytes of data]
ICMP:
ICMP: [Normal end of "ICMP header".]
ICMP:
```

攻击时 ICMP 所携带的数据为 1000B

图 6.37 在 192.168.2.2 主机上捕获攻击时的 ICMP 数据帧

防御方式：可以通过网络设备上的限速器来限制通过设备的 ICMP 流量，该实施环境的网络设备是路由器（R1），那么限速器应在 R1 上进行配置。配置方法如下。

r1(config)#access-list 101 permit icmp any any

该语句的意思是定义需要限制速度的流量类型，这里定义的类型是 ICMP 流量。

R1(config)#inteface ethernet 1/0

R1(config-if)#rate-limit input access-group 101 32000 1500 2000 conform-action transmit exceed-action drop

该语句的意思是在路由器的接口模式下定义 rate-limit（限速器）。input 是限制流量的方向，该实施环境应该在 R1 的 E1/0 的入（input）方向上限制 ICMP 的流量，当然也可以在 R1 的 E1/1 的出（output）方向上应用。但是一般建议限速器应用到流量的入方向，这是因为配置在流量的入方向上，多余的 ICMP 流量就不会进入路由器，不会增加设备 CPU 的开销。access-group 101 是引用 ACL 所定义的 ICMP 流量；32000 是路由器允许通过的正常 ICMP 流量的平均速度；1500 和 2000 表示路由器允许的正常突发量与最大突发量；conform-action transmit 表示如果数据匹配上述定义的速度就会被转发；exceed-action drop 表示如果超过了上述所定义的速度就会将多余的 ICMP 数据包丢弃。

当配置完限速器后，可以通过 show interface e1/0 rate-limit 指令查看路由器接口上的限速器转发与丢弃状态。如果 ICMP 攻击还没有开始，执行指令 show interface e1/0 rate-limit 将如图 6.38 所示。明确显示 Conformed（配置）为 0 个数据包；Drop（丢弃）也为 0 个数据包，说明现在还没有发动 ICMP 攻击。

```
r1#show interfaces e1/0 rate-limit
Ethernet1/0
  Input
    matches: access-group 101
      params:  32000 bps, 1500 limit, 2000 extended limit
      conformed 0 packets, 0 bytes; action: transmit
      exceeded 0 packets, 0 bytes; action: drop
      last packet: 9475736ms ago, current burst: 0 bytes
      last cleared 00:03:42 ago, conformed 0 bps, exceeded 0 bps
```

图 6.38 没有发动 ICMP 攻击的状态

当 192.168.1.2 主机发起 ICMP 攻击时，再次使用 show interface e1/0 rate-limit 指令查看路由器的接口限制器，如图 6.39 所示。可以看到 Conformed（匹配）为 127 个数据包，说明这 127 个数据包被执行 Transmit（转发）；而 Drop（丢弃）的数据包却有 1 605 722 个数据包。可以清晰地看出当 ICMP 攻击发生时，大多数的 ICMP 数据包是被丢弃的，只有少数的 ICMP 数据包在符合限速器规定时才被转发。

```
r1#show interfaces e1/0 rate-limit
Ethernet1/0
  Input
    matches: access-group 101
      params:  32000 bps, 1500 limit, 2000 extended limit
      conformed 127 packets, 132334 bytes; action: transmit
      exceeded 1541 packets, 1605722 bytes; action: drop
      last packet: 4ms ago, current burst: 1288 bytes
      last cleared 00:06:44 ago, conformed 2000 bps, exceeded 31000 bps
```

图 6.39 少数的 ICMP 数据包在符合限速器规则时才被转发

注意

多数用户在发生 ICMP 攻击时，选择直接过滤掉所有的 ICMP 流量。这样做是不科学的，不建议利用完全过滤 ICMP 流量来阻止 ICMP 攻击。因为这样将导致正常的 ICMP 流量也被阻断，为网络故障的诊断造成困难，所以建议使用限制器来完成对 ICMP 攻击的防御。

四、实施对 DNS 攻击安全加固

DNS（Domain Name Service）为主机和网络服务提供域名解析。本小节主要介绍：什么是域名，为什么需要域名，DNS 的作用及工作原理，并通过分析 DNS 的数据帧，来深入地理解 DNS 服务。

人类对数字的记忆敏感程度不及对标识性字符串的记忆。例如问一个会使用 Internet 的人网易的 IP 地址是多少？可能得到“不知道”的答复。但如果问：“网易的网址是什么？”他肯定很快地回答：“www.163.com。”这个“www.163.com”就是 DNS 的一个完整域名（FQDN）。FQDN，即一个主机别名+域名后缀=FQDN，如图 6.40 所示。

图 6.40 主机别名与域名后缀

1. 理解主机别名与域名后缀

首先讨论域名后缀，再来讨论主机别名。域名后缀是由多个 DNS 树形区域组成的，DNS 是一个逻辑的树形结构区域，如图 6.41 所示。

163.com 实际上是 com 这个域名下属的一个名为 163 的子区域，而通常称呼一个域名后缀时，会将其整个树形逻辑结构体现出来。163.com 域名的逻辑层次是从右自左，右边代表上级区域，左边代表下级区域，这就是一个域名后缀。

2. 为什么 DNS 会存在一个树形结构，以及区域的逻辑化与层次化

首先了解在 DNS 出现以前的名称解析服务。用网络对象的 IP 去映射名称的思想，并不是现在才出现的，在先前有一种基于网络基本输入输出接口（NetBIOS）的名称解析，最先是由 IBM 公司提供该名称解析服务，它处于一个平面式结构中，无逻辑层次，如图 6.42 所示。

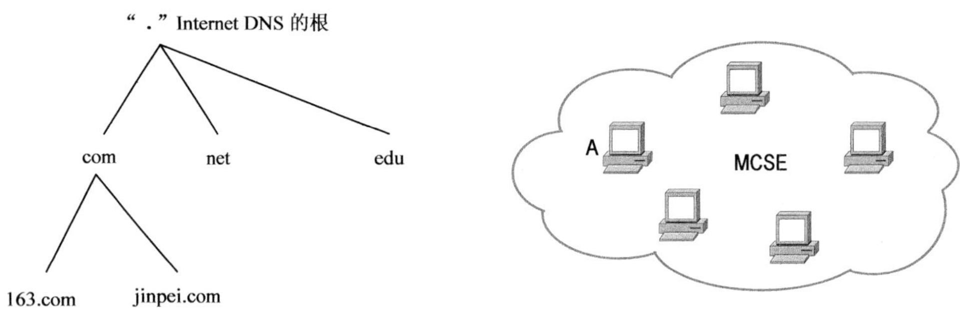

图 6.41 域名后缀是由多个 DNS 树形区域组成，DNS 是一个逻辑的树形结构区域

图 6.42 平面式结构

在一个叫 MCSE 的平面范围内，如果有一个主机名为 A，那么在 MCSE 这个平面内就不能有另一个主机名为 A，否则会出现名称冲突。后来将这个平面层次化，形成一种树形的逻辑关系，如图 6.43 所示。

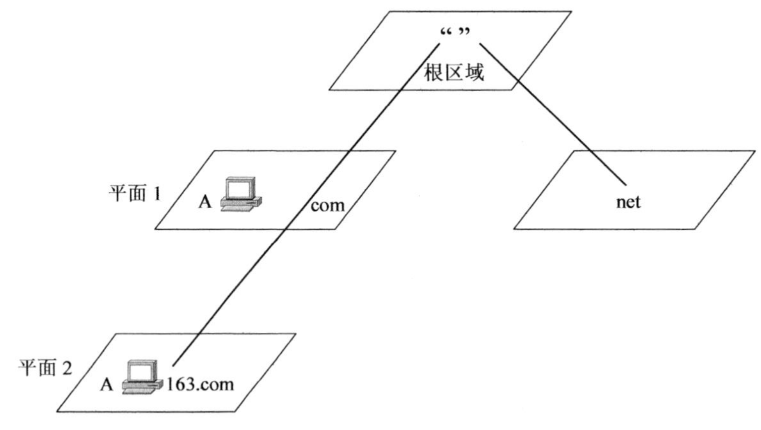

图 6.43 树形的逻辑关系

如果将名称解析层次化在整个树形组织结构中，就可以有两个计算机的别名叫 A，而不会冲突。因为引入树形结构后，平面 1 的主机名为 A.com，平面 2 的主机名为 A.163.com，所以它们根本不会冲突。区别主机的名称叫做 FQDN，FQDN 必须是别名+DNS 后缀来进行完全识别，所以在整个树形组织结构中，虽然有两个主机别名叫“A”，但是一个后缀是 com，另一个后缀名为 163.com，代表了两个不同域名层次的主机，所以不可能冲突。而在 DNS 中的 FQDN 的别名，别名的意义标识所属 DNS 区域内的一台主机，如 www.163.com 的 www 其实就是在 163.com 这个 DNS 区域的某一个主机的别名。而人们习惯性利用 www 这个别名来表示该主机是一台 http 服务器。

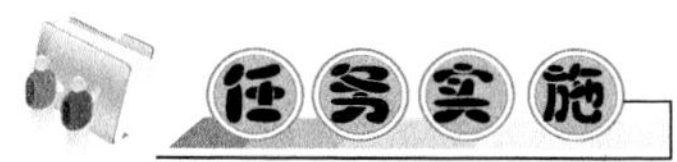

DNS 欺骗攻击是攻击主机通过伪造 DNS 服务器的应答消息，进而欺骗 DNS 客户端的一种行为，具体原理如图 6.44 所示。

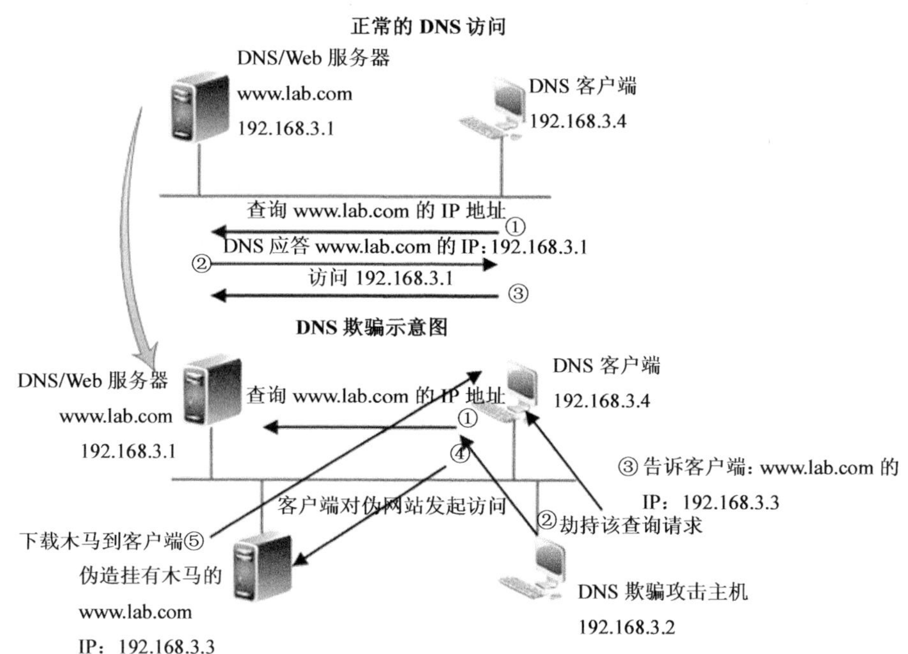

图 6.44 DNS 欺骗攻击原理

分析 DNS 欺骗攻击的原理如下。

1）DNS 客户机对 DNS 服务器发起 www.lab.com 域名请求的解析。

2）原本真实的 www.lab.com 对应的 IP 地址应该是 192.168.3.1，此时 DNS 客户机发向真实 DNS 服务器的请求会话被 DNS 欺骗攻击主机所劫持。

3）DNS 欺骗攻击主机伪造 DNS 的应答数据帧，告诉 DNS 客户端 www.lab.com 的 IP 是 192.168.3.3。但事实上 www.lab.com 的 IP 地址应该是 192.168.3.1。

4）此时 DNS 客户端收到伪造的 DNS 应答数据帧，误认为 192.168.3.3 就是 www.lab.com。所以客户端在下次访问时会连接到 192.168.3.3 的伪网站，而该网站的主页上就可能挂有木马或非法脚本。

5）木马与恶意脚本通过访问被成功地植入到客户机中。

实施目标：伪造真实 DNS 服务器的客户应答消息，欺骗 DNS 客户机，声明攻击主机是最终的 DNS 解析的目标 IP，让 DNS 客户机把所有的数据发向攻击主机。攻击主机从而获得机密敏感的资源。

实施工具：Cain & Abel 是由 Oxid.it 开发的一个针对 Microsoft 操作系统的免费口令恢复工具和应用层欺骗工具。它的功能十分强大，可以进行网络嗅探、网络欺骗、破解加密口令、解码被打乱的口令、显示口令框、显示缓存口令和分析路由协议等操作，甚至还可以监听内网中他人使用 VoIP 拨打电话。

实施环境：如图 6.45 所示。在实施环境中，192.168.3.1 是真实的 DNS 服务器与 Web 服务器，它负责提供 192.168.3.0 子网的域名解析，在 192.168.3.1 上建立一个叫做“lab.com”的测试域名区域，在该区域中建立一个 192.168.3.1 对应别名“www”的一条 A 记录。在 192.168.3.2 上配置 192.168.3.1 作为该主机的 DNS 地址，确保 192.168.3.2 到 192.168.3.1 的 DNS 解析成功，如图 6.45 所示，可看出 www.lab.com 对应名称解析是 192.168.3.1。

```
C:\>ping www.lab.com -t

Pinging server-4.lab.com [192.168.3.1] with 32 bytes of data:

Reply from 192.168.3.1: bytes=32 time<1ms TTL=128
Reply from 192.168.3.1: bytes=32 time<1ms TTL=128
Reply from 192.168.3.1: bytes=32 time<1ms TTL=128
Reply from 192.168.3.1: bytes=32 time<1ms TTL=128
```

图 6.45　192.168.3.2 到 192.168.3.1 的 DNS 解析成功

如果在 DNS 客户机上安装了微软的网络监视器，可以捕获分析 DNS 服务器回应数据帧，如图 6.46 所示。

```
DNS: 0xE0BC:Std Qry Resp. for www.lab.com. of type Canonical name on class INET addr.
  DNS: Query Identifier = 57532 (0xE0BC)
+ DNS: DNS Flags = Response, OpCode - Std Qry, AA RD RA Bits Set, RCode - No error
  DNS: Question Entry Count = 1 (0x1)
  DNS: Answer Entry Count = 2 (0x2)
  DNS: Name Server Count = 0 (0x0)
  DNS: Additional Records Count = 0 (0x0)
+ DNS: Question Section: www.lab.com. of type Host Addr on class INET addr.
- DNS: Answer section: www.lab.com. of type Canonical name on class INET addr. (2 records present)
  + DNS: Resource Record: www.lab.com. of type Canonical name on class INET addr.
  - DNS: Resource Record: server-4.lab.com. of type Host Addr on class INET addr.
      DNS: Resource Name: server-4.lab.com.
      DNS: Resource Type = Host Address
      DNS: Resource Class = Internet address class
      DNS: Time To Live = 3600 (0xE10)
      DNS: Resource Data Length = 4 (0x4)
      DNS: IP address = 192.168.3.1
```

图 6.46　DNS 服务器回应数据帧

可看出 www.lab.com 解析出的 IP 地址是 192.168.3.1。

实施步骤：

第一步 如图 6.47 所示，打开 Cain 工具的界面，进行扫描，确定网络上活动的主机。在图 6.48 所示的界面中单击 Configure 按钮弹出 Cofiguration Dialog 对话框，如图 6.49 所示。选择需要执行侦听的网卡。在图 6.48 所示的空白部分右击，在弹出的快捷菜单中选择 Scan MAC Addresses 命令，弹出图 6.50 所示的对话框。

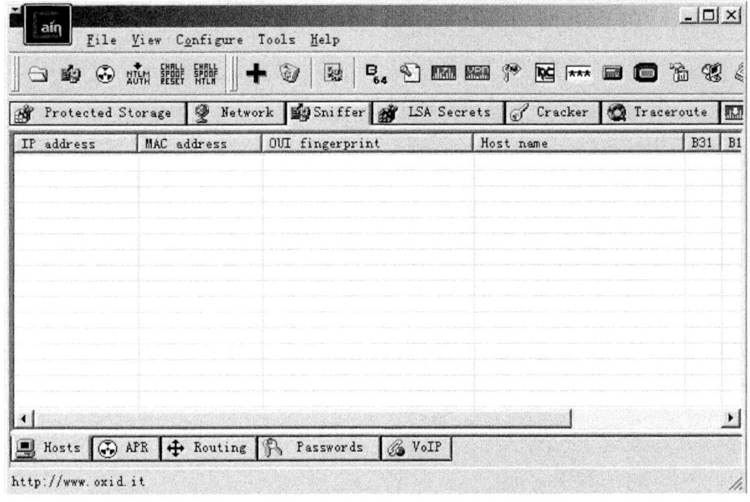

图 6.47　Cain 工具的界面

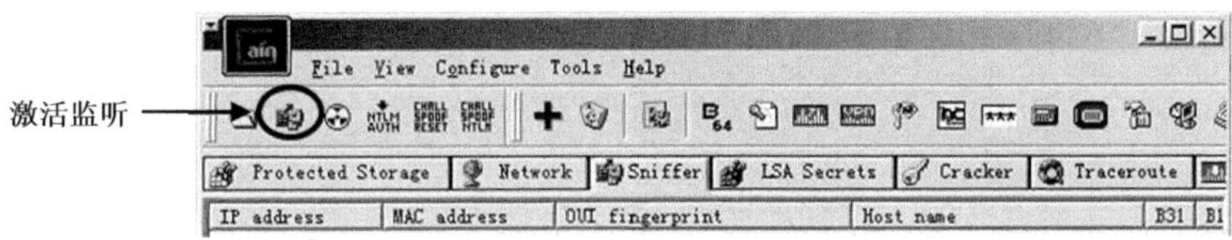

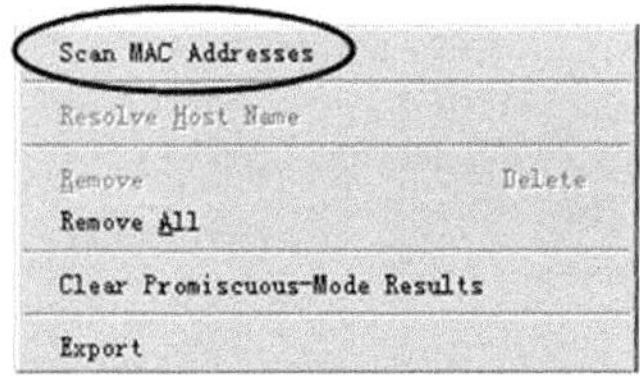

图 6.48　选择需要执行侦听的网卡

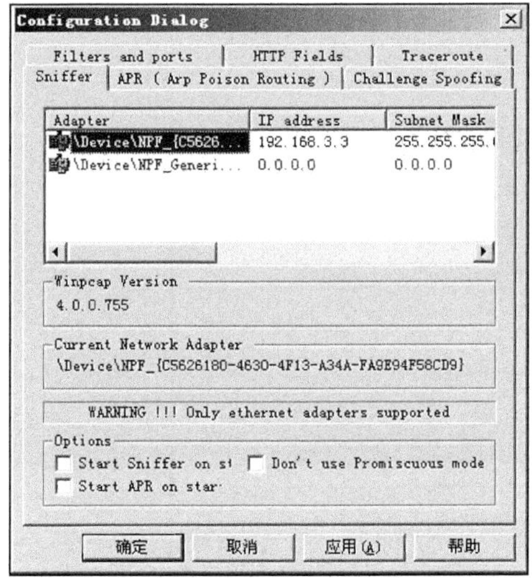

图 6.49　Configuration Dialog 对话框

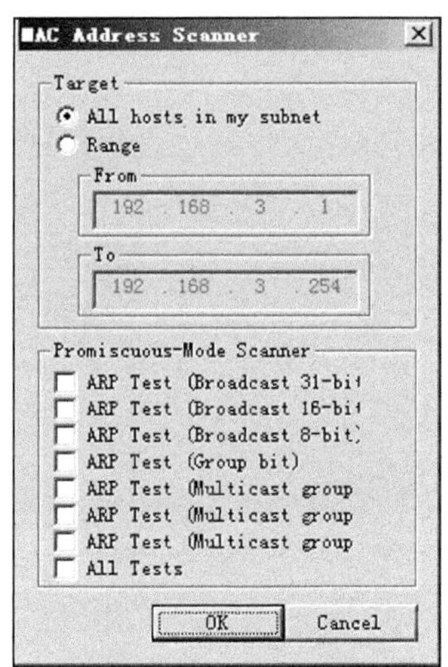

图 6.50　选择扫描的参数

在图 6.50 所示的 MAC Address Scanner 对话框中选择扫描的参数，其中，All hosts in my subnet 表示扫描攻击主机所在子网的所有主机；Range 表示可设置扫描的主机 IP 段。单击“OK”按钮，出现图 6.51 所示的扫描结果。

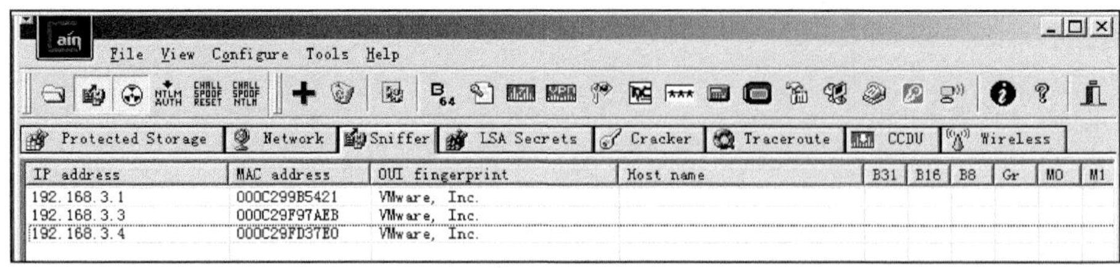

图 6.51　扫描结果

第二步 根据图 6.52 所示的步骤选择欺骗 DNS 客户端 192.168.3.4 与真实 DNS 服务器 192.168.3.1 之间的 DNS 会话。

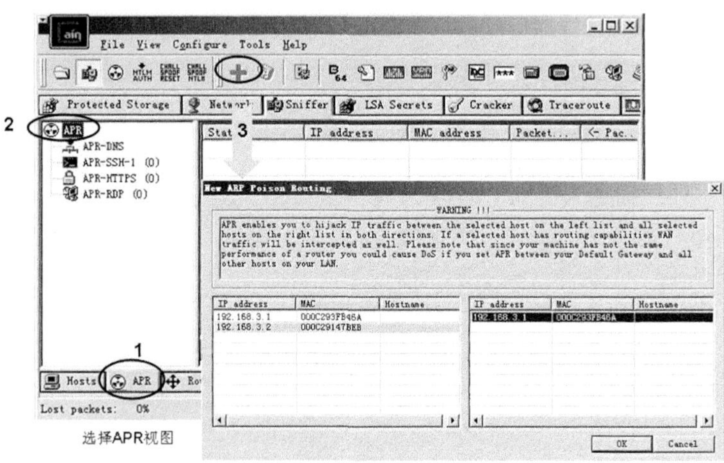

图 6.52　选择欺骗 DNS 客户端的步骤

第三步 根据图 6.53 所示的步骤，攻击主机将伪造 DNS 的应答帧，指示 www.lab. com 对应的 IP 地址是 192.168.3.3，以达到欺骗 DNS 客户端的目的。

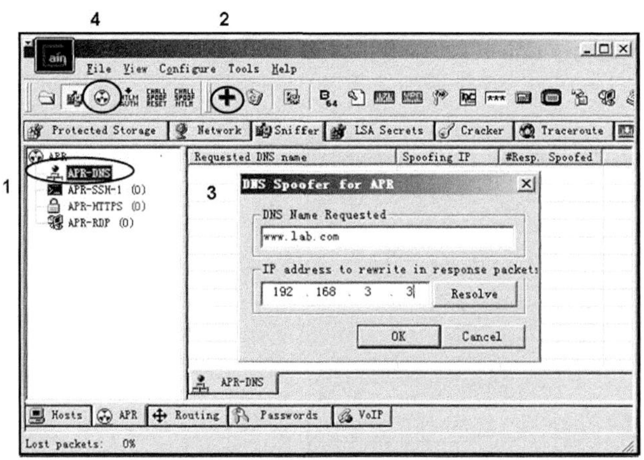

图 6.53　伪造 DNS 的应答帧的步骤

第四步 查看 DNS 欺骗的结果，如图 6.54 所示，在 DNS 客户机上发起持续对 www.lab.com 进行 ping 操作。解析结果如图 6.55 所示，现在 www.lab.com 对应的 IP 地址是 192.168.3.3，也就是木马网页主机。

```
DNS: 0xE1B6:Std Qry Resp. for www.lab.com. of type Canonical name on class INET addr.
  DNS: Query Identifier = 57782 (0xE1B6)
  DNS: DNS Flags = Response, OpCode - Std Qry, AA RD RA Bits Set, RCode - No error
  DNS: Question Entry Count = 1 (0x1)
  DNS: Answer Entry Count = 2 (0x2)
  DNS: Name Server Count = 0 (0x0)
  DNS: Additional Records Count = 0 (0x0)
  DNS: Question Section: www.lab.com. of type Host Addr on class INET addr.
  DNS: Answer section: www.lab.com. of type Canonical name on class INET addr. (2 records present)
    DNS: Resource Record: www.lab.com. of type Canonical name on class INET addr.
    DNS: Resource Record: server-4.lab.com. of type Host Addr on class INET addr.
      DNS: Resource Name: server-4.lab.com.
      DNS: Resource Type = Host Address
      DNS: Resource Class = Internet address class
      DNS: Time To Live = 3600 (0xE10)
      DNS: Resource Data Length = 4 (0x4)
      DNS: IP address = 192.168.3.3
```

图 6.54 DNS 欺骗的结果

```
C:\>ping www.lab.com -t

Pinging server-4.lab.com [192.168.3.3] with 32 bytes of data:

Reply from 192.168.3.3: bytes=32 time=1ms TTL=128
Reply from 192.168.3.3: bytes=32 time<1ms TTL=128
Reply from 192.168.3.3: bytes=32 time<1ms TTL=128
Reply from 192.168.3.3: bytes=32 time<1ms TTL=128
```

图 6.55 解析结果

防御方式：AntiARP-DNS 可以很好地防御 DNS 欺骗攻击。它包括对 ARP 和 DNS 欺骗攻击的实时监控和防御，受到攻击时会迅速记录，追踪攻击者并且控制攻击的程度至最低。能有效防止局域网内的非法 ARP 或 DNS 欺骗攻击。

知识拓展 木马与病毒对操作系统造成的威胁

1. 关于计算机木马病毒的一个希腊传说

特洛伊木马（Trojan Horse），源自一个古希腊传说，特洛伊王子帕里斯访问希腊，诱走了王后海伦，希腊人因此远征特洛伊。希腊人围攻特洛伊城长达 9 年，一直不破，直到第 10 年，一位名叫奥德修斯的希腊将领献了一计，将一批勇士埋伏在一匹巨大的木马腹内，放在城外并佯做全线退兵。特洛伊人以为获得了战斗的胜利，就把木马作为战利品搬入了城中。殊不知到了当天深夜，埋伏在木马中的希腊勇士跳出来打开了城门，假装退兵的希腊将士一拥而入攻下了城池。

而在计算机领域中，用特洛伊木马这个极具隐秘特性的希腊传说来诠释一种恶意的计算机程序。木马程序有较强的隐藏性，是一款用来进行完全控制行为的程序，一般不会直接对电脑产生危害，而是以完全控制被植入木马的主机为主要目标，以打开操作系统后门窃取用户敏感信息为目的。

2. 木马程序的基本原理

木马程序的基本原理如下所述。

1）黑客制作各种木马程序，利用文件捆绑机将制作完成的木马程序与电子邮件或其他应用程序进行捆绑，加强木马程序的隐藏性，并将捆绑有木马的电子邮件等发往入侵目标。

2）被入侵的主机盲目下载捆绑有木马的电子邮件，当用户打开邮件时，木马将被隐秘地植入到目标主机。

3）被植入木马的主机主动连接黑客主机。

4）黑客获得植入木马的目标主机的完全控制权，通过某些手段和渠道窃取用户的各种敏感信息与各种密码。

3. 木马的传播方式

木马的传播方式主要有两种：一种是通过 E-mail，控制端将木马程序以附件的形式夹在邮件中发送出去，收信人只要打开附件，系统就会感染木马；另一种是软件下载，一些非正规的网站以提供软件下载为名，将木马捆绑在软件安装程序上，下载后只要一运行这些软件的安装程序，木马就会被自动地安装在受害人的机器上。

4. 计算机病毒

计算机病毒是一个可执行的程序、代码或者脚本。计算机病毒具备很强的复制能力，使计算机运行性能下降，数据遭到破坏，对企业网络的信息工作造成极大的破坏和不可估计的损失。通过网络进行快速传播的网络病毒，会在企业网络中持续不断地寻找感染体，造成大量的扫描与探测流量，这些恶意流量会占据企业正常的业务网络，让业务流量的访问变得非常缓慢，甚至慢到让人无法接受的程度。

5. 以蠕虫病毒作为实例分析

蠕虫病毒是利用 Java、ActiveX、VB Script 等语言工具编写的一种可利用操作系统漏洞进行自我复制、网络传播、破坏性极高的恶意程序。它会大量占用网络资源与操作系统性能，导致网络的综合利用率降低，直接或间接地造成严重的经济损失。蠕虫病毒并不是单指某一种具体的病毒，而是将具备上述特征进行传播的病毒统称为蠕虫病毒。典型的蠕虫病毒包括爱虫、红色代码、冲击波、震荡波等，它们都属于蠕虫病毒的范围。

习　　题

一、选择题

1. TCP 截取防御 TCP 洪水攻击有（　　）种。

   A. 1　　B. 2　　C. 3　　D. 4

2. 基于 ICMP 攻击的典型方式是（　　）。

A. 死亡之 ping　　B. TCP 洪水攻击

C. ICMP 洪水攻击　　D. DNS 洪水攻击

3. ICMP 数据包最大限制为（　　）K。

A. 25　　B. 64　　C. 128　　D. 256

4. 在 port-security 当中处理的方式有（　　）种。

A. 1　　B. 2　　C. 3　　D. 4

5. （　　）是路由器允许通过的正常 ICMP 流量的平均速度。

A. 32000　　B. 1500　　C. 20000　　D. 2000

二、简答题

1. 网桥与二层交换机面对的网络安全威有哪些？
2. 黑客攻击 DHCP 服务器的目的是什么？
3. 简述追踪与查杀木马的过程。

项目 7

企业级园区网络安全监控与预警联动

- 了解日志采集的原理。
- 熟悉简单网络管理协议的原理。
- 熟悉 netflow 对网络流量的采集。
- 了解入侵检测系统的防御原理。

- 能够配置 syslog 对安全设备的日志采集与分析。
- 能够配置 SNMPv2 对网络安全设备的监控。
- 能够配置 SNMPv3 对网络安全设备的监控。
- 能够配置 netflow 对网络安全设备的流量采集。
- 能够配置 IPS 防御网络攻击。
- 能够配置 IPS 与路由器的协同防御。

由于天隆科技公司的网络引入了大量的网络元件与安全设备，包括各种服务器、路由器、交换机、防火墙、入侵检测与入侵防御设备、各种业务应用平台等。面对如此多的网络设备，领导让网络管理员小刘从统一性、方便性和管理逻辑的层次性制订出一套完善的管理方案。

项目分析

要完成信息安全的统一管理，首先必须完成对整个企业网络元件与设备的统一管理。通常会考虑对企业网络的所有元件与设备的统一管理，对各种网络元件与设备所产生的日志、安全性事件的分析，让设备能够进行联动防御等。

对网络的统一管理通常会考虑使用简单网络管理协议（SNMP）来完成对企业网络的所有元件与设备的统一管理。通过 SNMP 可以成功地监控各种网络设备的运行状态、CPU 的使用率、内存及接口的状态和资产型号等。网络流量的收集和日志的监控分别使用 netflow 和 syslog 完成。最后配置 IPS 结合路由器对网络实施协同防御。

本项目实施完成以下任务：

任务一　实施网络安全监控；

任务二　实施 IPS 的联动防御。

任务 7.1　实施网络安全监控

一、安全设备 syslog 日志集中采集与分析

1. 理解日志系统

企业级日志系统是记录整个企业级网络设备（包括服务器、路由器、交换机、防火墙、入侵检测、入侵防御等）所产生的行为的，对发现和修复网络故障、安全违例事件的追查、网络犯罪证取、性能监视等有着不可忽视的作用。所以，集中地收集各种网络设备上的日志有着重要的价值。实现集中收集日志需理解如下知识点。

1）收集日志的范围。

2）日志消息的组成。

3）日志消息的编码。

4）集中收集日志的组件。

5）日志文件类型的相互转换。

6）日志文件的解析与筛选。

2. 收集日志的范围

包括服务器操作系统的日志、路由器与交换机的日志、防火墙的日志、入侵检测与入侵防御的日志。服务器与操作系统的日志是记录服务器与操作系统中硬件、软件问题的信息，同时还可以监视系统中发生的事件。用户可以通过它来检查错误发生的原因，或者寻找受到攻击时攻击者留下的痕迹。路由器与交换机的日志是记录路由器与交换机的运行状况的，如接口状态、安全警告、环境条件、CPU 处理率及路由器的其他事件都可以被一台集中日志服务器收集并分析。防火墙的日志能够让网络管理员清晰地检测到

是否有非法攻击者正在对企业网络进行攻击，而且也能够允许网络管理员基于通信的关键信息对日志进行过滤，快速取得防火墙日志的核心内容。入侵检测系统与入侵防御系统的日志：日志记录是入侵检测与入侵防御设备的一个重要特征，这些设备都提供了精确的日志记录功能。比如当网络正在受到攻击或者入侵时，系统将产生攻击报警或错误信息，会把相应的事件进行归档和分类，再根据不同紧急程度或破坏程度向网络管理员提出报警，让网络管理员能及时防御网络违例事件。

3. 日志消息的组成

一个通用的日志消息组成大概分成 3 个部分：等级代码、日志头文件和日志信息文本。等级代码表示设备或操作系统产生日志信息的严重级别；日志头文件包含产生日志事件的时间、产生日志的网络元件名称、IP 地址等；日志信息文本包括一个文本消息的说明和与该说明有关的附加信息，一般这个部分的长度小于或者等于 1KB，如果没有经过特殊处理，该信息以明文的方式进行传递，如图 7.1 所示。

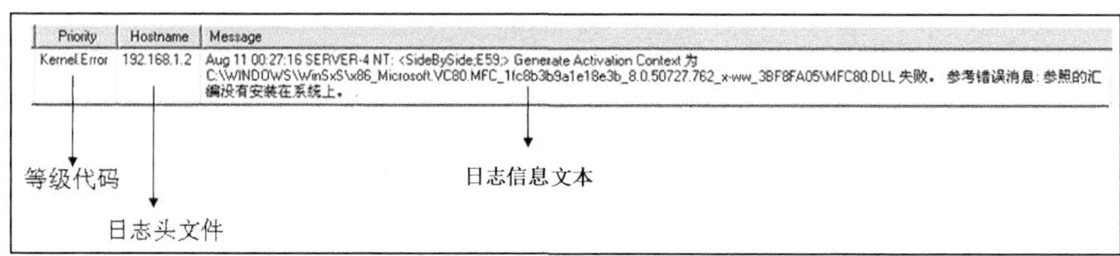

图 7.1 日志消息

4. 日志消息的编码

日志消息的设备和严重级别信息要用十进制数字编码。很多的操作系统的常驻进程和普通进程都指定了一个设备编号，如图 7.2 所示。表 7.1 所示的是常规被定义的日志消息编码与对应的说明。如果一个消息或进程没有被明确指定一个设备编号，那么它就可以使用本地的设备号或本地用户级的设备号。例如没有被思科列入常驻进程消息的日志将使用一个名为“local7”的本地设备号对日志消息进行编码，当然也可以更改。

Kernel 是 Syslog 消息编码 0 表示内核对象产生的日志！

图 7.2 日志设备编号

表 7.1 日志消息的设备严重级别编码表

十进制码	设 备	十进制码	设 备
0	内核消息	4	安全验证消息
1	用户级消息	5	Syslog 内部产生消息
2	邮件系统	6	行式打印机子系统
3	系统后台进程	7	网络消息子系统

续表

十进制码	设　备	十进制码	设　备
8	UUCP 子系统	16	本地使用（local0）
9	时钟进程	17	本地使用 1（local1）
10	安全验证消息	18	本地使用 2（local2）
11	FTP 进程	19	本地使用 3（local3）
12	NTP 子系统	20	本地使用 4（local4）
13	日志审计	21	本地使用 5（local5）
14	日志报警	22	本地使用 6（local6）
15	时钟进程	23	本地使用 7（local7）

5. 集中收集日志的组件

集中收集日志的优势在于与其各个设备产生的关键信息分散地放置在设备本地，不如考虑集中地收集和存储这些重要信息。“分散网络管理不如集中网络管理；分散安全管理不如集中安全管理”，即到达每台产生日志的本地查看日志事件，不如在一个物理位置统一查看日志事件，这样会更方便和高效。

集中收集日志的组件有 3 个部分：日志消息产生源、收集协议和日志软件。通常日志消息的产生源是一个网络元件，可以是服务器、路由器、交换机、防火墙、入侵检测或者入侵防御系统等。收集协议是指将网络元件所产生的日志消息运载到日志收集平台的一个通信协议。它是网络元件与日志软件之间的一种通信方式，如 Syslog 就是使用 UDP 的 514 号端口来运载日志消息。日志软件是指集中收集网络上各种设备所产生日志的用户应用平台，它可以直接与用户进行交互，提供用户随时查看具体某个时间段、某个 IP 地址所产生的具体日志信息等，还可以对收集的日志进行分类与过滤管理，从而方便用户快速地搜索并排除与故障相关的核心日志。集中收集日志的组件如图 7.3 所示。

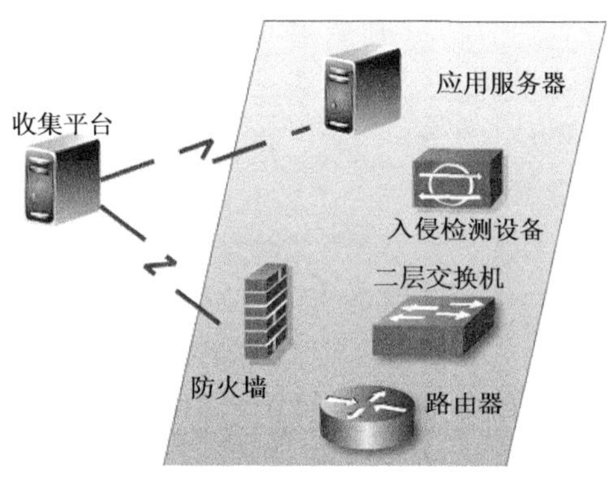

图 7.3　集中收集日志的组件

6. 日志文件类型的相互转换

一般情况下，日志文件的格式有两种：一种是基于 Windows 的日志文件格式；另一种是基于 Syslog 的日志文件格式。基于 Syslog 的日志文件格式是 UNIX 或 Linux 操作系统所支持的一种日志文件格式，大多数情况下网络设备（路由器、交换机）所产生的日志格式都是基于 Syslog 格式的。Windows 的日志只支持 3 种类型分类，具体如表 7.2 所示。而 Syslog 日志格式定义了 8 种类型的日志级别，具体如表 7.3 所示。

表 7.2 Windows 的日志格式的消息类型

日志类型	类型说明
错误	重要的问题，如数据丢失或功能丧失。例如，如果在启动过程中某个服务加载失败，将会记录“错误”事件
警告	虽然不是很重要，但是将来有可能导致问题的事件。例如，当磁盘空间不足时，将会记录“警告”事件
信息	描述了应用程序、驱动程序或服务的成功操作的事件。例如，当网络驱动程序加载成功时，将会记录一个“信息”事件

表 7.3 Syslog 日志的消息类型

日志类型	级 别	类型说明
Emergencies（非常紧急）	0	系统无法使用
Alerts（报警）	1	需要立即行动，马上处理
Critical（危急）	2	危急情况
Errors（错误）	3	出现错误
Warnings（警告）	4	警告
Notifications（通知）	5	系统正常但是较重要的情况
Informational（信息）	6	只通报情况
Debugging（调试）	7	调试信息

问题

如果需要部署集中收集日志，那么针对上述情况提出一个问题：既然 Windows 与 UNIX、Linux、网络设备的日志分别使用两种不同方式的日志类型，那么怎样对两种不同类型的日志进行集中收集呢？因为在一个真实的企业级网络环境中，应该既有 Windows 服务器，也有 UNIX、Linux 服务器，还有网络设备。那么，如何做到将不同日志文件类型做转换与收集呢？

首先，虽然 Windows 有产生日志和收集本地主机日志的功能，但是它不具备将企业级网络当中的各种不同网络元件所产生的日志进行集中收集的功能。如果需要对企业级网络中的日志进行集中收集，那么需要部署一个集中收集日志的服务端。这种服务端的应用软件有很多，有商业版本的、有免费版本的，如 Kiwi Syslog 就是一个免费的集中收集日志的服务端软件。

Kiwi Syslog 软件是基于 Windows 的 Syslog 服务器解决方案之一。这些产品的安装与配置非常简单，提供功能丰富的解决方案来接收、记录、显示并转发各种网络设备（路由器、交换机、UNIX 主机及其他启用 Syslog 的设备）的 Syslog 消息。

问题

现在使用 Syslog 软件解决了集中收集日志服务端的问题，接下来需要解决的是，Syslog 是基于 Syslog 日志消息类型的软件，这与基于 Windows 事件查看器里面的日志类型不是一种格式，那么，怎么才能把 Windows 所产生的日志类型转换成 Syslog 能够理解的日志类型显得非常重要。

基于 Windows 日志客户端的 NTSyslog 是安装在 Windows 上的日志客户端软件，是一款相当不错的软件。NTSyslog 不会用自身的方式去创建日志消息，它会采取一种非常干净的做法——将 Windows 自身产生的日志信息转化成一种 Syslog 能够识别和兼容的格式，然后再把转换后的格式发送到 Syslog 服务器进行集中存储与管理。这样既不会产生多余的非 Windows 系统产生的日志，又能让 Syslog 服务器理解它。

实施目标：集中收集 Windows 2003 服务器、路由器、交换机所产生的日志，分析日志采集协议数据帧。

实施环境：如图 7.4 所示。

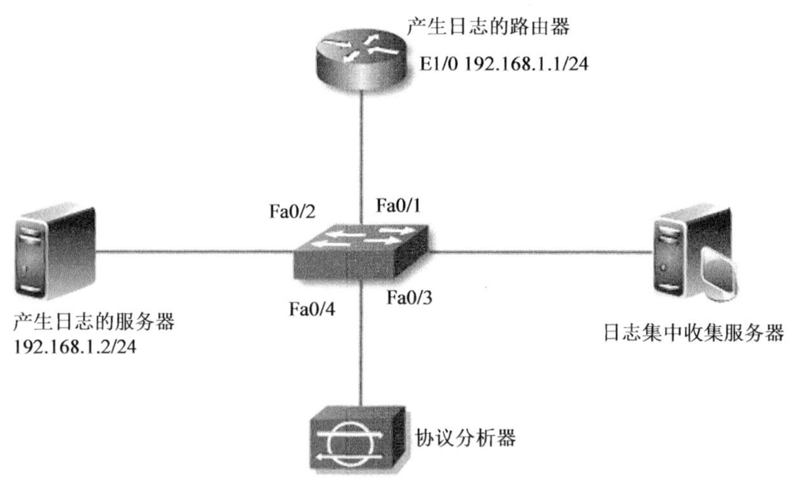

图 7.4 日志收集实验拓扑

实施工具：Kiwi Syslog 日志服务端软件，NTSyslog 日志服务端软件。

实施背景：在图 7.4 所示的环境中，192.168.1.100 是集中收集日志的服务器，已经在该服务器上成功地安装了日志服务端软件 Kiwi Syslog。192.168.1.1 是一台思科路由器，它是一台需要被采集日志的网络元件对象。192.168.1.2 是一台安装 Windows 操作系统的服务器，它也是一台需要被采集日志的网络元件对象，由于它自身的日志查看系统（Windows 事件查看器）对 Syslog 消息格式的日志不兼容，所以需要在 192.168.1.2 的计算机上安装 NTSyslog 来完成日志格式转换。

实施步骤：

第一步 首先在 192.168.1.2 上安装 Microsoft .NET Framework 2.0 的环境软件，如图 7.5 所示。注意，安装 NTSyslog 时必须先安装 .NET Framework 2.0，一般网络管理员很少去理会它，因为它实际上是一个程序员可以利用进行开发的“例程”库。NTSyslog 利用它可以在更大程度上实现对 Windows 操作系统的控制，当然也包括通过网络进行操作及提供公共语言环境的支持与安全性等。

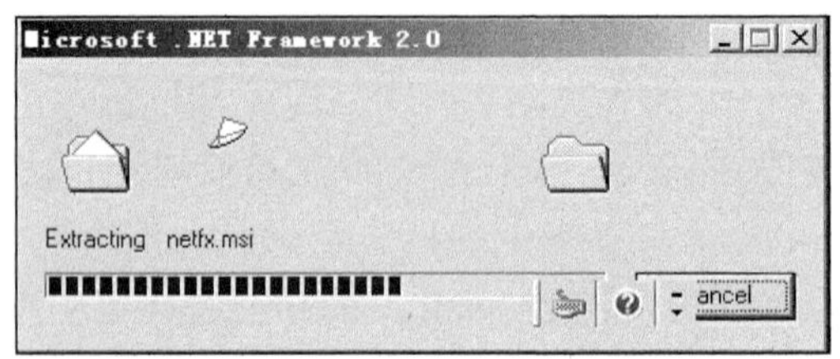

图 7.5 安装 .NET Framework 2.0

第二步 安装 NTSyslog 软件，安装完成后的界面如图 7.6 所示。

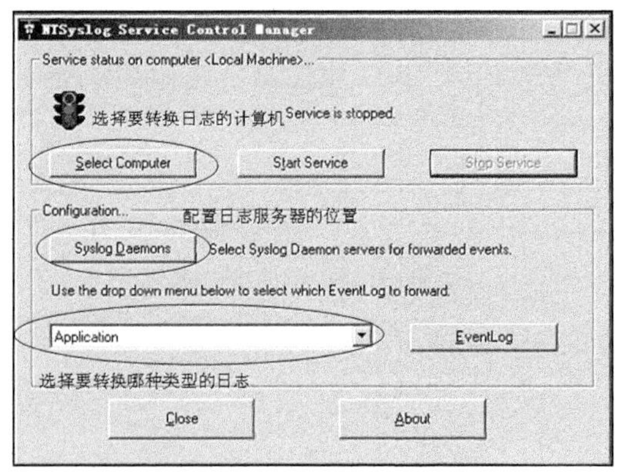

图 7.6 NTSyslog 操作界面

在图 7.6 所示的界面可以完成对 NTSyslog 的基本设置。在 Select Computer 中可设置需要转换日志的计算机，在该实施环境中就选择安装 NTSyslog 的本地计算机。在 Syslog Daemons 设置集中收集日志服务器的 IP 地址，它要求输入两个日志服务器的 IP 地址，一个是主日志服务器，另一个是从日志服务器。在该实施环境中只有一台日志服务器，所以主、从日志服务器的 IP 都设置为 192.168.1.100，如图 7.7 所示。

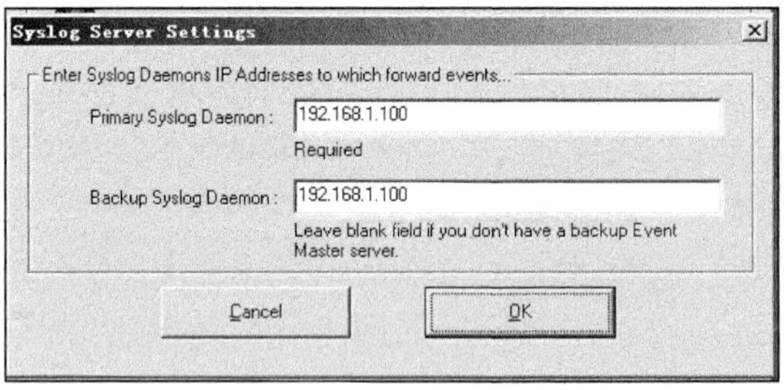

图 7.7 设置“集中收集日志服务器”的 IP 地址

在图7.8所示的对话框的最后一个下拉列表框中，选择要转换Windows的哪种日志分类为Syslog可识别和收集的日志消息。Windows默认有3种日志分类，分别是：应用程序日志、系统日志及安全日志，在该实施环境中选择“应用程序日志”。然后在下拉列表后面有Event log选项，如图7.8所示，可以在Application Settings对话框中选择转发应用程序日志的更详细的事件与事件等级，也可以单击Set default values按钮，这将保持系统默认的属性值，在该实施环境中选择转发所有的事件。到这里已经完成了对NTSyslog的基本属性设置。此时可以在图7.6所示的对话框中单击Start Service按钮，NTSyslog就开始正式对Windows所产生的日志事件进行转换与转发工作。

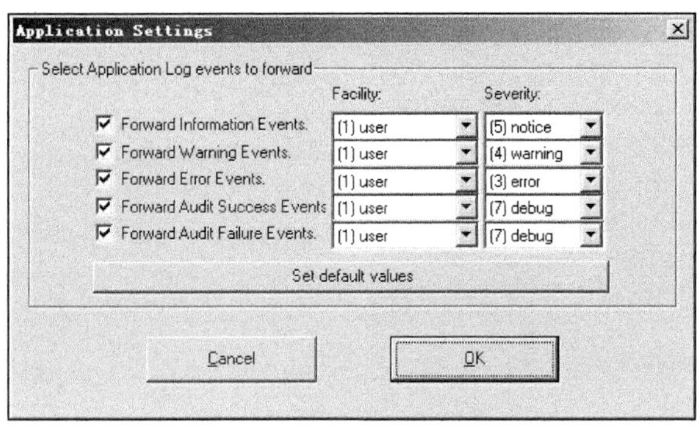

图7.8 详细的事件与事件等级

第三步 安装配置集中收集日志的服务端Kiwi Syslog。利用Kiwi Syslog的安装向导能够顺利地完成安装，值得注意的是，在图7.9所示的安装过程中的两个选项：一个是Install Kiwi Syslog Daemon as a Service（Kiwi Syslog将作为一个服务进行安装），指示Kiwi Syslog将作为Windows的一个服务，即使用户不登录Windows操作系统，Kiwi Syslog也可以被运行；另一个选项是Install Kiwi Syslog Daemon as an Application（Kiwi Syslog将作为一个应用程序进行安装），指示Kiwi Syslog将作为Windows的一个应用程序，而用户必须登录Windows操作系统以后，才能运行Kiwi Syslog。

完成Kiwi Syslog的安装后会出现图7.10所示的界面，这也是Kiwi Syslog的工作主

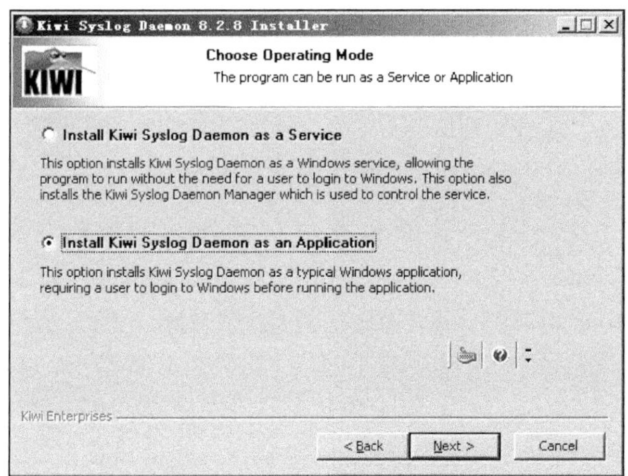

图7.9 安装Kiwi Syslog

窗口。现在开始配置 Kiwi Syslog 日志服务端程序。选择“File”→“Setup”命令，打开图 7.11 所示的界面，展开 Inputs 项，选择其下的 UDP 选项，配置服务器的侦听方式。其中所使用的端口号需要与 Kiwi Syslog 绑定 IP 地址。默认情况下 Kiwi Syslog 以 UDP 的 514 号端口作为侦听客户端日志消息的端口，而绑定的 IP 地址就是安装 Kiwi Syslog 服务器的 IP 地址。当然可以根据实际情况调整 Kiwi Syslog 使用 TCP 方式进行侦听，但不建议这样做，保持默认的协议与端口号。

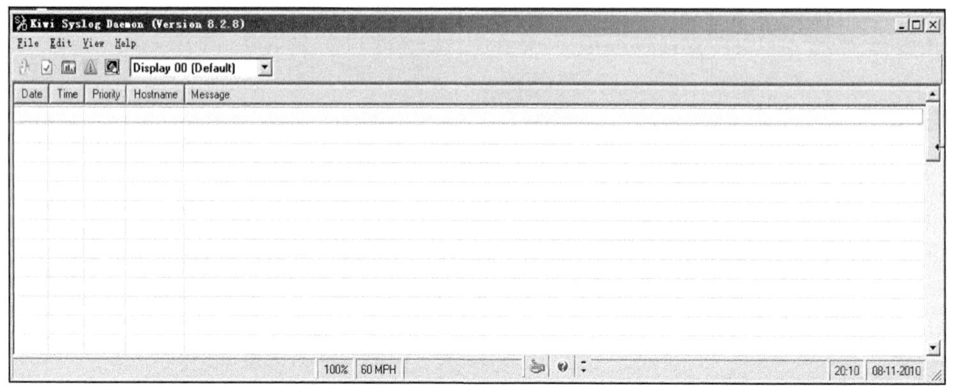

图 7.10　日志显示界面

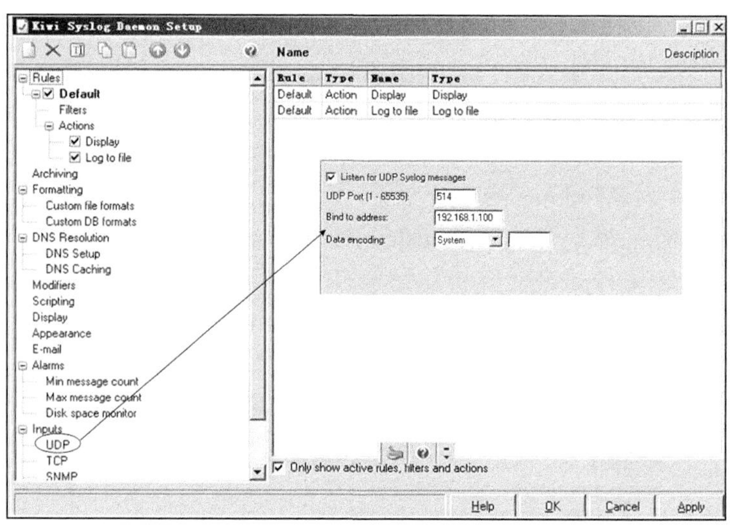

图 7.11　配置服务器的侦听方式

第四步 测试 192.168.1.2 计算机发送日志给 192.168.1.100 的效果。可以将 192.168.1.2 配置成 Windows 集成的 DHCP 应用服务，以确定 192.168.1.2 的主机是否把该安装信息的日志发送到 192.168.1.100 的日志服务器。当完成这个过程后，可以在 192.168.1.100 的日志服务器上看到图 7.12 所示的日志采集情况。可看出 192.168.1.2 成功地将 DHCP 加载的日志传送到了集中收集日志的服务器 192.168.1.00。

第五步 配置路由器与交换机的日志记录功能，并将日志发送到集中收集日志的服务器 192.168.1.100 上。

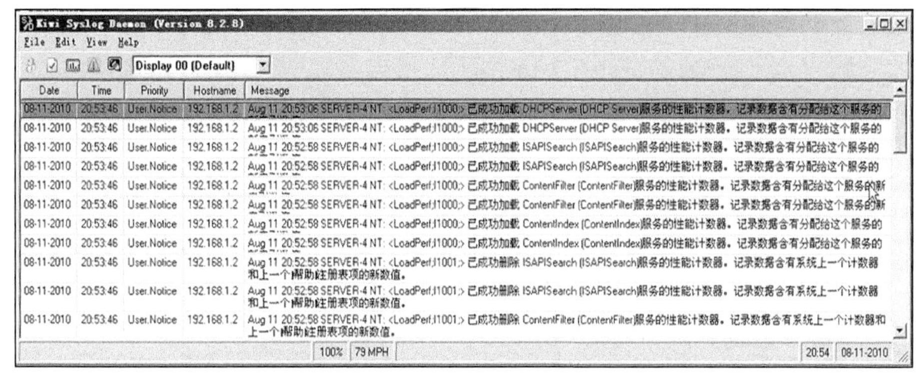

图 7.12　日志采集情况

在路由器上的配置指令如下。

R1(config)#logging on

R1(config)#logging host 192.168.1.100

R1(config)#logging source-interface e1/0

在交换机上的配置指令如下：

S1(config)#inte vlan 1

S1(config-if)#ip add 192.168.1.3 255.255.255.0

S1(config)#logging on

S1(config)#logging host 192.168.1.100

S1(config)#logging source-interface vlan1

解析配置指令：logging on 表示启动日志功能；logging host 192.168.1.100 表示日志服务器的位置；logging source-interface e1/0；表示端口 E1/0 作为日志更新端口。例如该实施环境的路由器 R1，将使用 E1/0 接口上的 IP 地址作为日志消息的更新源地址，交换机将使用 VLAN 1 接口上的 IP 地址作为日志消息的更新源地址。在一般情况下，将二层交换机的管理接口 VLAN 1 作为日志消息更新的源地址。

第六步 测试路由器上的日志消息是否会发送到日志服务器 192.168.1.100 上。在路由器 R1 上进入一个环回接口，将该接口执行 no shutdown 命令，再将该接口执行 shutdown 命令，可得到图 7.13 所示的结果，路由器 R1（192.168.1.1）将环回接口 lo0 的接口状态变化发送给了日志服务器。

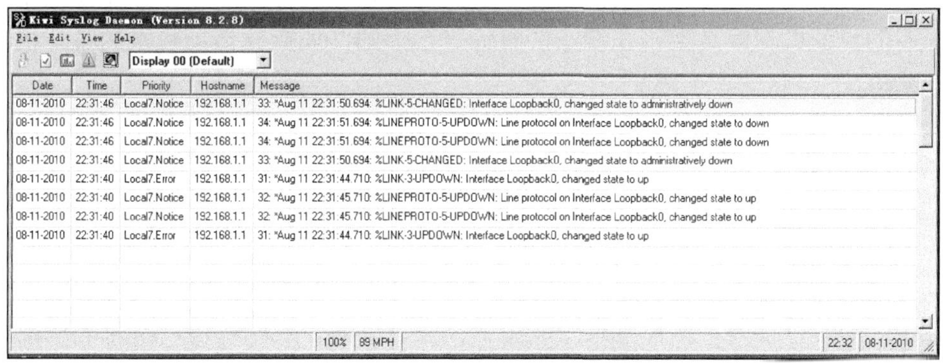

图 7.13　日志采集情况

第七步 利用协议分析器分析路由器 R1 发往日志服务器 192.168.1.100 的 Syslog 数据帧。理解日志采集协议，如图 7.14 所示。日志消息所使用的为 UDP 514 号端口，日志的内容以明文传递，没有被加密。

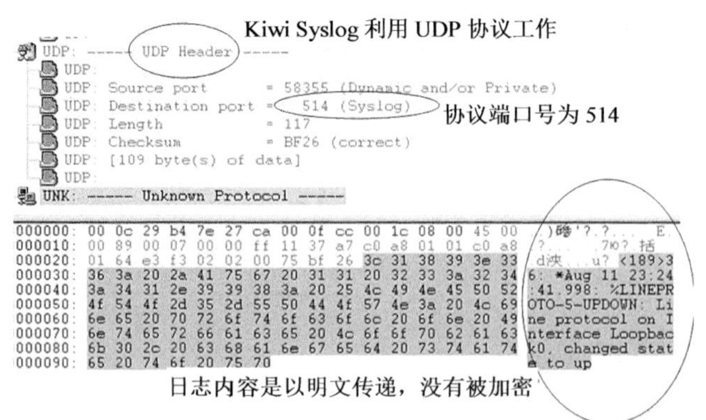

图 7.14 Syslog 数据帧

完成以上七个配置步骤后，很明显可以看出，基于 Windows 操作系统的服务器 192.168.1.2 和路由器 R1 都能成功地将本地的日志发向日志服务器。现在应该清楚一个概念，每个操作系统或者网络设备，随时都有相当庞大的日志数据产生。

二、使用 SNMPv2 对网络安全设备实时监控

1. 为企业网络配置统一的时钟系统

在网络世界里面有一个极为细致的服务很容易被网络管理者忽略掉，这就是网络的时钟系统。很多企业网络都没有统一的时钟标准，甚至根本就没有在网络上提供时钟服务。这将导致企业网络的各种安全控制机制、验证机制、日志收集失效或误报。如果正在遭遇网络攻击或者入侵，那么应该从日志中获得事件发生的时间，进一步对事件进行分析，如果没有完善的时钟统一机制，就很难判断什么时间发生了什么事件。即便企业网络有安全验证机制存在，如果没有统一的时钟，那个验证机制将永远无法正常工作。因为很多的验证机制都是架构在统一的时钟平台上的，如微软活动目录的验证机制。

> **注意**
>
> 很多企业网络的安全机制不统一，备份系统、冗余系统失败都是因为时钟不统一造成的。

设置时间的方式有两种：第一种方式，通过人工的方式，在每一台网络服务器或设备进行手工的时钟设备，这种方式一般用于一些较小的企业网环境。因为这种设置时间的方式较为原始，管理员必须手工地为每一个网络设备输入当地的时间，工作量较大，

而且时间的偏差很大。所以在大型企业中，一般不推荐使用这种方式设置网络设备的时钟。第二种方式，将时钟设置在某一台网络设备或者服务器上，让这台服务器作为整个网络的时钟源，然后时钟源将它的时钟同步到网络上的每一个设备上。这样做的优点在于时钟只需要在时钟源上做一次设置，其他的网络设备可以自动地同步时钟，减小了人工方式为网络设备配置时间的开销，而且降低了误差。

Network Time Protocol（NTP）是用来使计算机时间同步化的一种协议，它可以使计算机对其服务器或时钟源（如石英钟、GPS 等）做同步操作，提供高精准度的时间校正。提供时钟源的设备称为 NTP 服务器，接收时钟源的设备称为 NTP 客户端。

实现 NTP 服务需要图 7.15 所示的 NTP 配置环境。

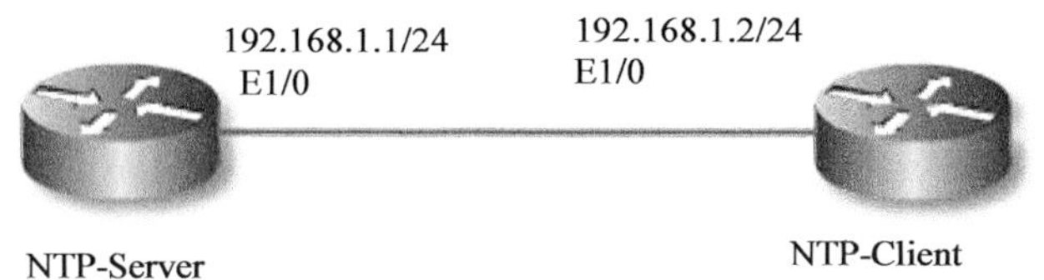

图 7.15 NTP 配置环境

NTP 服务器的配置如下。

1）ntp-server#clock set 22:25:00 27 may 2008：首先在时钟服务器上配置当地的时间（年月日）作为时钟源。

2）ntp-server(config)#ntp master：配置该设备为 NTP 的服务端（时钟源的提供服务器）。

3）ntp-server(config)#ntp source e1/0：指明向 NTP 客户端更新时钟消息的更新源接口。

配置 NTP 客户端以前，必须保证 NTP 客户端能 ping 通 NTP 服务器的时钟更新源地址，这里的源地址是 NTP 服务器的 E1/0 接口的 IP 地址 192.168.1.1。

ntp-client(config)#ntp server 192.168.1.1

在 NTP 客户端上指定 NTP 服务器的 IP，以便从 NTP 服务器获得时间。可利用 show ntp status 指令查看客户端是否从 NTP 服务端同步了时间，图 7.16 所示为 NTP 同步的结果。

```
ntp-client#show ntp status
Clock is synchronized, stratum 9, reference is 192.168.1.1
nominal freq is 250.0000 Hz, actual freq is 250.0000 Hz, precision is 2**18
reference time is CBE9AC47.4DE990C3 (22:27:19.304 UTC Thu May 29 2008)
clock offset is -8.1740 msec, root delay is 32.10 msec
root dispersion is 21.09 msec, peer dispersion is 12.88 msec
```

图 7.16 NTP 同步的结果

2. 理解 SNMP

要集中管理各个不同厂商的网络设备就必须理解一个用于网络管理的网络协议 SNMP（Simple Network Management Protocol，简单网络管理协议），它是基于 TCP/IP 工作的，对企业网络中支持 SNMP 的设备进行管理。SNMP 是专门设计用于在 IP 网络管理网络节点（服务器、工作站、路由器、交换机及 Hubs 等）的一种标准协议，它是一种应用层协议。SNMP 使网络管理员能够管理网络效能，发现并解决网络问题及规划网络增长。通过 SNMP 接收随机消息（及事件报告），使得网络管理系统获知网络出现问题。

1）SNMP 管理的网络由 3 个主要部分组成：被管理设备、SNMP 代理和网络管理系统。

① 被管理设备：通常有一个网络节点，可以是路由器、访问服务器、交换机和网桥、主机或打印机等。被管理设备有时被称为网络单元。

② SNMP 代理：是被管理设备上的一个网络管理软件模块，通常被集成到被管理的网络设备上。SNMP 代理拥有本地的相关管理信息，并将它们转换成 SNMP 兼容的格式消息，发送给网络管理平台。

③ 网络管理系统（NMS）：运行基于 SNMP 的网络管理应用程序以实现监控被管理的网络设备。此外 NMS 还为网络管理提供了大量的处理程序及必需的存储资源，任何受管理的网络至少需要一个或多个 NMS。整个 SNMP 的网络管理构建如图 7.17 所示。

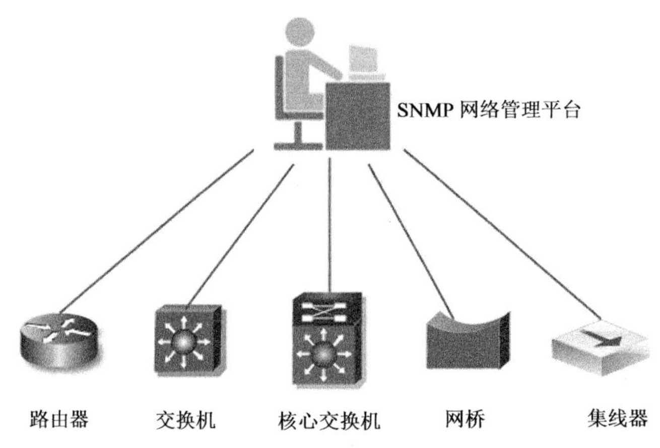

图 7.17　SNMP 的网络管理构建

2）关于 SNMP 的版本有如下几种。

① SNMPv1：SNMPv1 是最早的 SNMP 定义，其所有的 PDU 有相同的格式，相对简单，但存在严重的安全问题。

② SNMPv2：与 SNMPv1 相比较，在 MIB 的定义上有所增强，在安全性上有所增强，事实上整体报文结构的定义也有很大的区别。如存在基于共同体的 v2c、思科的网络设备就支持 SNMPv2c，在 SNMPv2 中还存在基于用户的 v2u，但无论是哪个 v2 版本，始终不变的是 PDU 报文格式。

③ SNMPv3：v3 成功地解决了 v2 存在多种变体的问题，并在 SNMP 报文首部标识出了处理安全性事务的专用字段，每种 SNMPv3 的安全性模型可以裁剪安全性字段，v3 具备更高的安全性与灵活性，但是很多厂商目前不支持这个版本。

3）SNMP 的报文格式。如图 7.18 所示。

版本标识符	团体名	协议数据单元

图 7.18　SNMP 的报文格式

① 版本识别符（Version Identifier）：确保 SNMP 代理使用相同的协议版本。每个 SNMP 代理都会丢弃与自己协议版本不同的数据报文。

② 团体名（Community Name）：用于 SNMP 代理与 SNMP 管理站之间进行认证。如果被管理设备与 SNMP 网络管理系统之间协同工作，那么要求它们的团体名称必须一致。在默认情况下，private 与 public 为 SNMP 的团体名，private 表示 SNMP 管理站可对 SNMP 代理（被管理设备）执行写操作，具备安全风险，如果不是必须，请小心使用。public 表示 SNMP 管理站可对 SNMP 代理（被管理设备）执行只读操作。

③ 协议数据单元（PDU）：PDU 指明了 SNMP 的消息类型及其相关参数。注意，PDU 消息是 SNMP 代理（被管理设备）发出的真实消息，如图 7.19 所示。

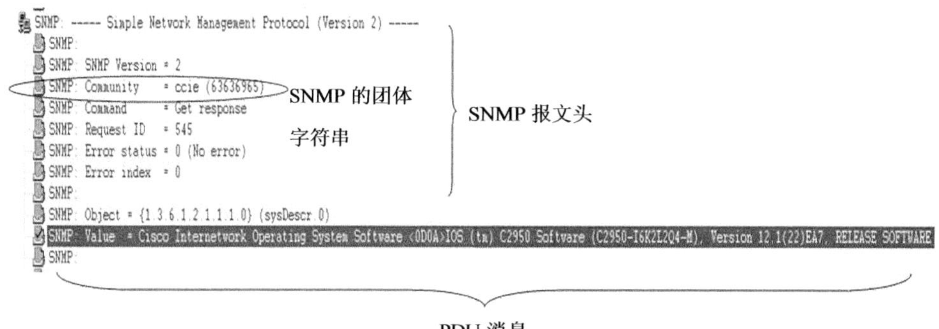

图 7.19 SNMP 报文的数据帧

注意

SNMP 数据报文与 PDU 之间的区别。SNMP 报文与 SNMP 的 PDU 报文，严格地说不是一回事。PDU 是被管理设备之间通信的真实消息，它和大量用于携带标识和安全性字段一起被嵌入到 SNMP 整体报文中，因此一般将 SNMP 的报文表达成 SNMP 报文首部与 PDU 消息体。

只要集成了 SNMP 管理信息库和 SNMP 代理的设备都可以被执行 SNMP 管理。管理信息库（Management Information Base，MIB）是执行 SNMP 网络管理的标准，在 MIB 库里面认定了网络代理设备必须保存的数据项目、数据类型及允许在每个数据项目中的操作。通过对这些数据项目的存取访问，就可以得到该网络设备的所有内容。在 MIB 中定义了可以访问的网络设备及其功能属性，网络设备的每个特性由对象识别符（Object Identifier，OID）唯一指定。MIB 是一个树形结构，SNMP 协议消息通过遍历 MIB 树形目录中的节点来访问网络中的设备。换而言之，一个可被 SNMP 执行管理的网络设备的那些功能和特性能被管理，是由 MIB 所定义的。MIB 的树形结构如图 7.20 所示。

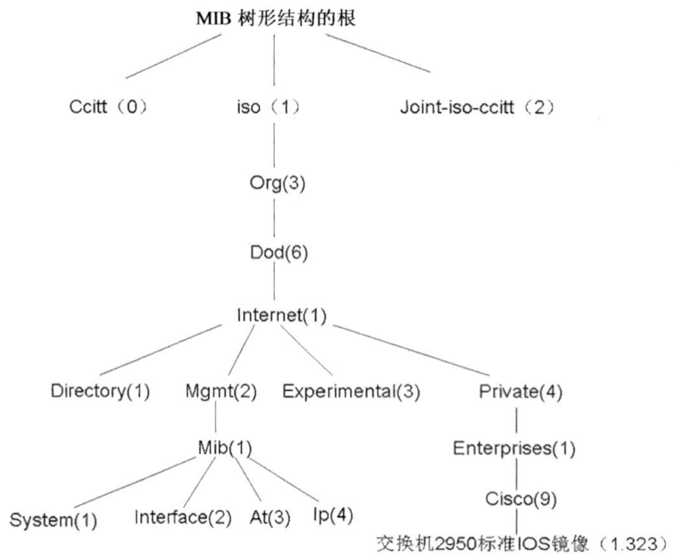

图 7.20 MIB 的树形结构

实例

理解 SNMP 协议消息通过遍历 MIB 树形目录中的节点来访问网络中的设备 OID，如图 7.21 所示，OID 1.3.6.1.4.1.9.1.323 的意义是什么？

Cisco Catalyst 2950 Series .1.3.6.1.4.1.9.1.323

图 7.21 OID 1.3.6.1.4.1.9.1.323

分析：1 代表 ISO 组织标准；3 代表 org；6 表示美国国防部；1 表示 Internet；4 表示私有定义；1 表示企业标准；9 表示思科公司；1.323 表示交换机 2950 上运行的标准镜像系统。NMS 平台正是使用这样的方式获得思科交换机 2950 的相关信息的。

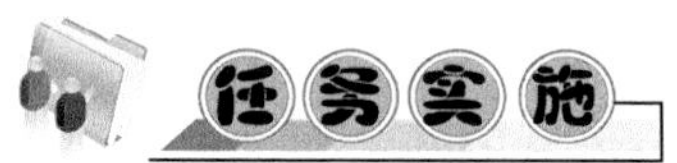

实施目标：使用 SNMPv2 协议完成企业网络设备的集中管理。

实施环境：如图 7.22 所示。

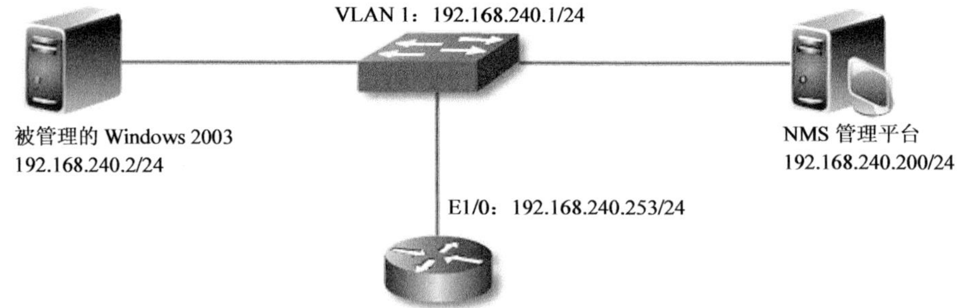

图 7.22 SNMP 协议完成企业网络设备的集中管理

实施工具：SNMP 与网络管理软件（AdventNet_ManageEngine OpManager 6.0 中文版）。

实施背景：在图 7.22 所示的网络环境中完成基本配置，打开服务器的 IP 地址配置，激活交换机或路由器的相关接口，为基于 SNMP 的网络管理做准备工作。

实施步骤：

第一步 在网络管理主机（192.168.240.200）上根据 AdventNet_ManageEngine OpManager 6.0 中文版的安装向导完成网络管理平台的安装与基本配置。安装完成后的启动界面如图 7.23 所示，提示要求输入用户名与密码，默认的用户名是 admin、密码是 admin。登录成功后出现图 7.24 所示的网络管理平台的整体界面。

图 7.23 启动界面

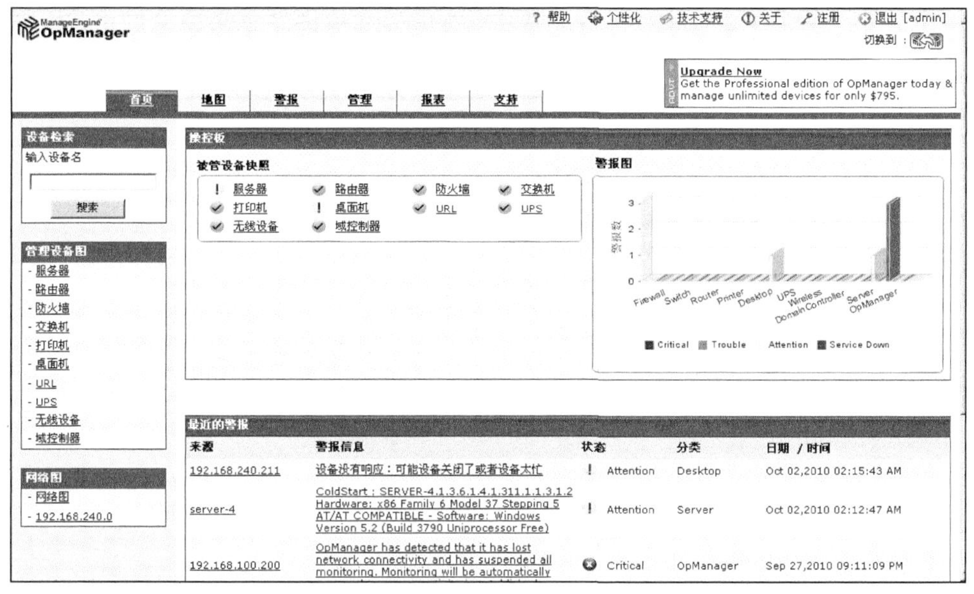

图 7.24 网络管理平台的一个整体界面

第二步 配置 AdventNet ManageEngine OpManager 6.0，执行 SNMP 网络管理的基本参数，在第一次启动该网络管理系统时会出现配置向导对话框，用户可根据配置向导来完成对网络管理系统的配置和自动发现需要执行网络管理的子网。也可以在“管理”选项卡中选择“SNMP 参数”选项进行手工配置，如图 7.25 所示。在出现图 7.26 所示的对话框中，输入 SNMP 的“共同体字串”为“ccna”，单击“更新”按钮。注意，此时的共同体字符串必须与 SNMP 代理（被执行 SNMP 管理的设备）上的共同体字符串一致，否则 SNMP 管理将失败。

首页
地图
警报
管理
报表
支持
manage unlimited devices for only $795.
设备检索
输入设备名
搜索
发现
发现网络
添加设备
服务
SNMP参数
再发现

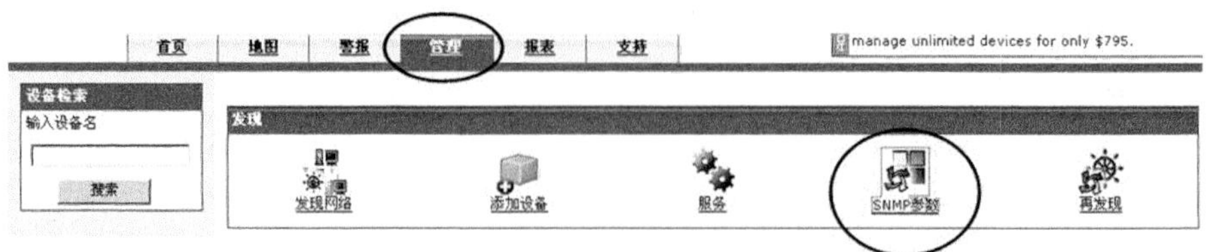

图 7.25　网络管理平台的 SNMP 参数配置位置

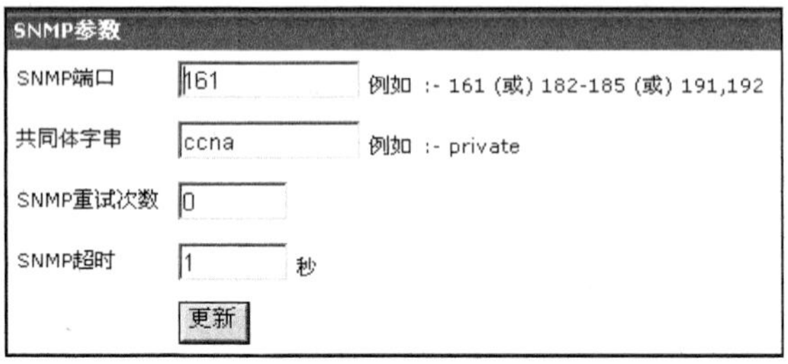

SNMP参数
SNMP端口
161
例如 :- 161 (或) 182-185 (或) 191,192
共同体字串
ccna
例如 :- private
SNMP重试次数
0
SNMP超时
1
秒
更新

图 7.26　网络管理平台的参数配置

第三步 在 AdventNet_ManageEngine OpManager 6.0 的管理平台上添加 SNMP 管理设备。以添加交换机 S1（192.168.240.1）为目标，在“管理”选项卡中选择“添加设备”选项，出现图 7.27 所示的界面，输入被管理设备的 IP 地址、子网掩码与共同体字串。

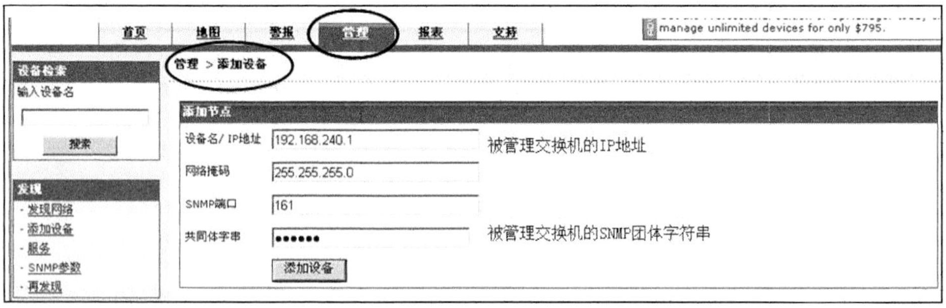

首页
地图
警报
管理
报表
支持
manage unlimited devices for only $795.
设备检索
输入设备名
搜索
管理 > 添加设备
添加节点
设备名/IP地址
192.168.240.1
被管理交换机的IP地址
网络掩码
255.255.255.0
SNMP端口
161
共同体字串
••••••
被管理交换机的SNMP团体字符串
添加设备
发现
发现网络
添加设备
服务
SNMP参数
再发现

图 7.27　添加被管理设备

第四步 开始配置网络设备以支持 SNMP 的网络管理。

在交换机 S1（192.168.240.1）上的配置如下。

```
S1(config)# interface Vlan1
S1(config)# ip address 192.168.240.1 255.255.255.0
S1(config)# snmp-server community ccna ro
S1(config)# snmp-server host 192.168.240.200 version 2c ccna
```

指令分析：interface Vlan1 指示进入交换机的管理接口 VLAN 1；ip address 192.168.240.1 255.255.255.0 表示为 VLAN 1 的管理接口输入 IP 地址与子网掩码；snmp-server community ccna ro 指示为交换机 S1 可被执行 SNMP 管理配置团体字符串 ccna，并且以 ro（只读）方式管理该交换机；snmp-server host 192.168.240.200 version 2c ccna 指示交换机 S1 将 SNMP 的消息发送到网络管理平台主机 192.168.240.200，其中，

version 2c 表示有 SNMP 版本 2，ccna 表示 SNMP 的团体字符串，该字符串必须与图 7.27 中所输入的团体字符串一致，否则 SNMP 无法完成网络管理。在路由器 R1 的 SNMP 配置与交换机 S1 基本相同，这里不再重述。路由器 R1 的 SNMP 配置如下。

```
R1(config)# interface e1/0
R1(config)# ip address 192.168.240.253 255.255.255.0
R1(config)# snmp-server community ccna ro
R1(config)# snmp-server host 192.168.240.200 version 2c ccna
```

第五步 配置 Windows 2003 的服务器支持 SNMP 管理。基于微软 Windows 2003 的操作系统支持 SNMP 代理功能，但没有集成 SNMP 网络管理平台功能，换言之，Windows 2003 能支持 SNMP 管理，但是不具备 NMS 的功能。在默认情况下，Windows 操作系统没有安装 SNMP 协议，需要管理员通过"开始"→"控制面板"→"添加/删除程序"→"添加/删除 Windows 组件"→"管理和监视工具"命令，如图 7.28 所示，选择"简单网络管理协议（SNMP）"复选框，可完成 SNMP 的安装。完成安装后，在 Windows 操作系统的"服务"选项中可打开图 7.29 所示的"SNMP Service 的属性"

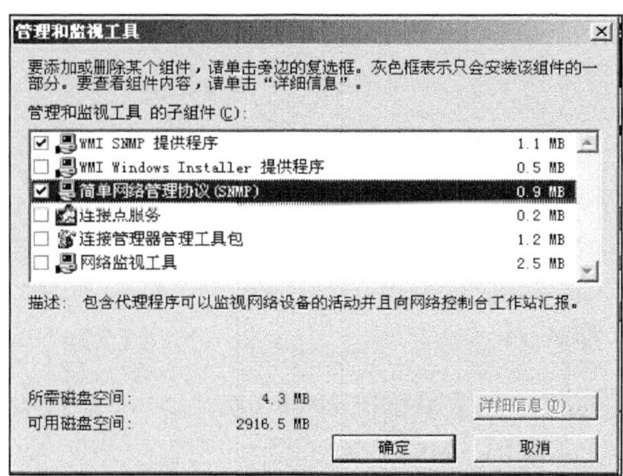

图 7.28 Windows 2003 组件添加

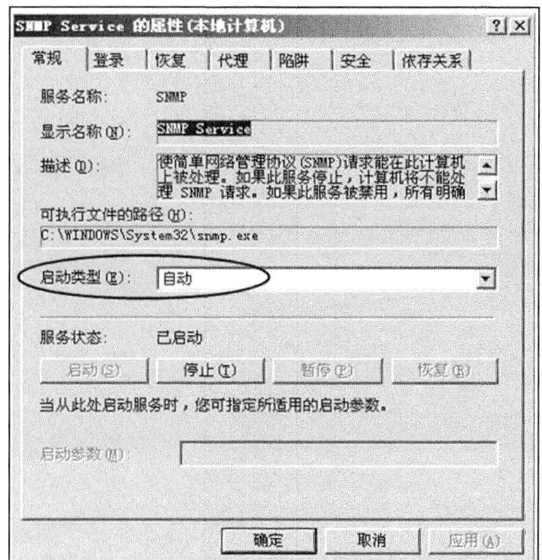

图 7.29 设置启动类型

对话框，确保该服务已被成功启用。在“SNMP Service 的属性”对话框中选择“陷阱”选项卡，如图 7.30 所示，配置团体名称为“ccna”，该团体名称必须与 NMS 管理平台设备的团体名称一致。设置陷阱的目标主机为 NMS 管理平台的 IP 地址 192.168.240.200，然后再选择“安全”选项卡，如图 7.31 所示，设置“发送身份验证陷阱”复选框的团体字符串为“ccna”，权限为“只读”，设置只接受来自网络管理平台 192.168.240.200 所发出的 SNMP 消息。

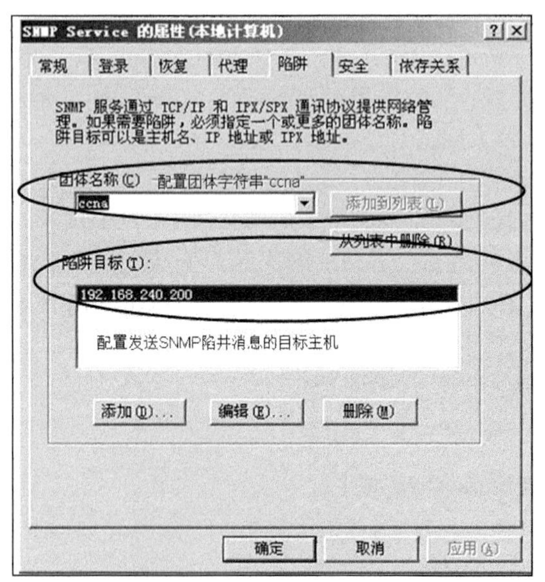

图 7.30 设置团体属性

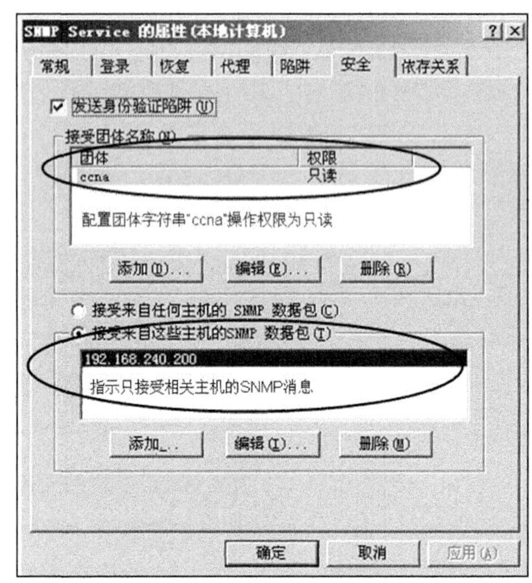

图 7.31 编辑团体属性

第六步 至此，已完成了所有 SNMP 代理（被管理设备）、SNMP 的管理平台 NMS 的基本配置，现在需要验证使用 SNMP 执行网络管理的情况。在基于 SNMP 的网络管理平台（192.168.240.200）上可见图 7.32 所示的界面，对交换机 S1（192.168.240.1）的 SNMP 监控结果、NMS 成功地识别出了交换机的厂商与型号及 IOS 的版本等相关重

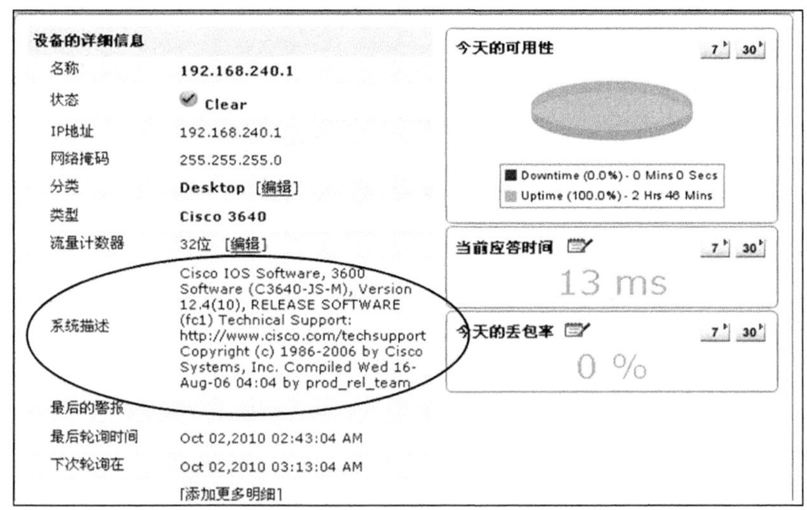

图 7.32 NMS 成功识别到被管理设备

要信息。图 7.33 所示为 NMS 对服务器的监控显示，成功地发现了服务器的厂商、操作系统的名称与版本，以及对 CPU、内存、硬盘的实时监控情况。

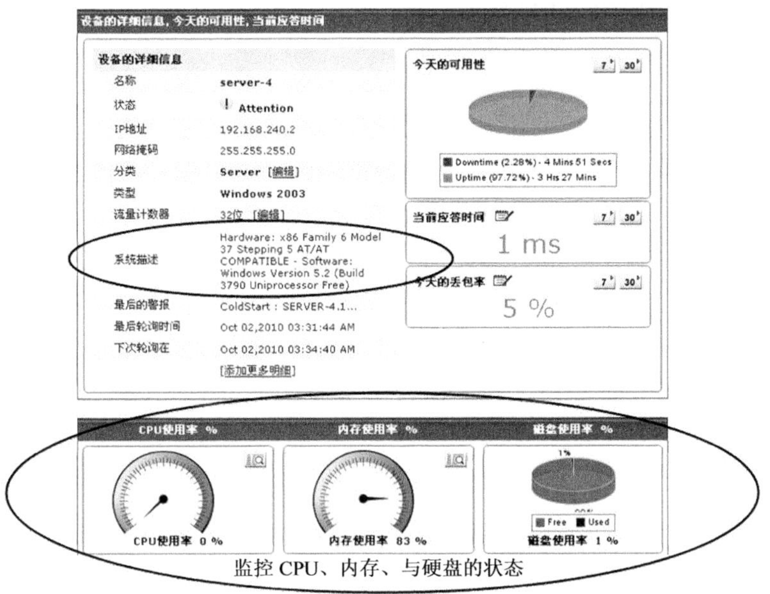

图 7.33 现实被管理设备各项性能参数

第七步 取证与分析 SNMP 数据帧，加强对 SNMP 的理解。在被管理服务器（192.168.240.2）上启动网络协议分析器，然后启动数据帧捕获功能，再切换到 NMS 网络管理平台选择对服务器（192.168.240.2）的对话框，单击“状态更新”按钮。在被管理服务器（192.168.240.2）上停止数据帧捕获，并查看分析捕获的数据帧，如图 7.34 所

```
  IP: Source Address = 192.168.240.200        ←发送 SNMP 消息的源主机
  IP: Destination Address = 192.168.240.2     ←接收 SNMP 消息的目标主机
⊞ UDP: Src Port: Unknown (1040); Dst Port: SNMP (161); Length = 103 (0x67)
⊟ SNMP: SNMPv1; community = ccna; Get request; Request ID = 556; Length = 95 (0x5F)
    SNMP: Message type = SNMPv1
    SNMP: Version = 1 (0x1)
    SNMP: Community =ccna
  ⊟ SNMP: PDU type = Get request              PDU 的消息类型为 Get request
      SNMP: Request ID = 556 (0x22C)
      SNMP: Error status = noError (0)
      SNMP: Error index = 0 (0x0)
    ⊟ SNMP: Sequence
      ⊟ SNMP: Sequence
          SNMP: OID =1.3.6.1.2.1.1.1          该 OID 字符串是请求操作系统描述信息
          SNMP: NULL Value
      ⊟ SNMP: Sequence
          SNMP: OID =1.3.6.1.2.1.1.2
          SNMP: NULL Value
      ⊟ SNMP: Sequence
          SNMP: OID =1.3.6.1.2.1.1.4
          SNMP: NULL Value
      ⊟ SNMP: Sequence
          SNMP: OID =1.3.6.1.2.1.1.5
          SNMP: NULL Value
      ⊟ SNMP: Sequence
          SNMP: OID =1.3.6.1.2.1.1.6
          SNMP: NULL Value
```

图 7.34 SNMP 状态请求帧

示，可证实该数据帧是 NMS 网络管理平台（192.168.240.200）发向被管理服务器（192.168.240.2）的 SNMP Get request 的状态请求帧。特别需要注意理解的是，该帧请求了一个 OID 对象，OID 的序列号是 1.3.6.1.2.1.1.1，这表示什么？

可以通过查寻如图 7.35 所示的 MIB 树形结构得知：意义为 ios（1）定义下的 org（3）组织下 dod（6）美国国防部下定义的 internet（1）下定义的 mgmt（2）下的 mib（1）中定义的系统 system（1）中定义的系统描述 sysDescr（1）。所以 OID：1.3.6.1.2.1.1.1 表示获取一个系统描述信息。

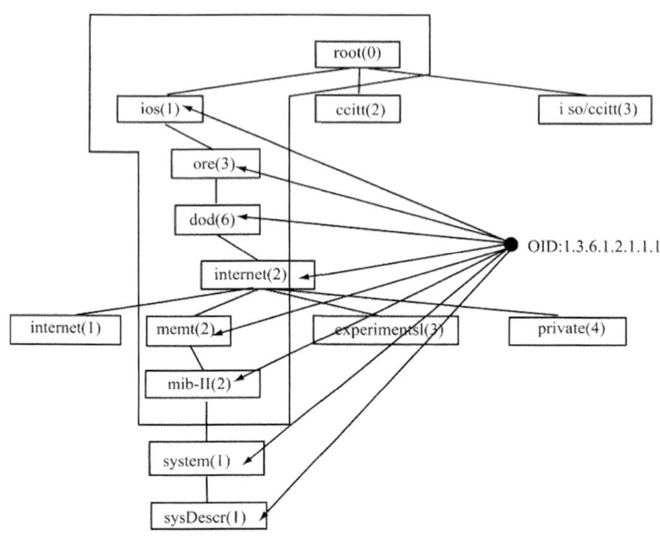

图 7.35　MIB 库

此时被管理服务器（192.168.240.2）会把图 7.36 所示的 SNMP Response 数据帧发送给 NMS 网络管理平台，响应 OID：1.3.6.1.2.1.1.1 系统描述请求为 Windows version 5.2（Windows 2003）的版本。

响应 SNMP 消息的源主机

接收 SNMP 响应消息的目标主机

```
IP: Source Address = 192.168.240.2
IP: Destination Address = 192.168.240.200
UDP: Src Port: SNMP (161); Dst Port: Unknown (1040); Length = 249 (0xF9)
SNMP: SNMPv1; community = ccna; Response; Request ID = 556; Length = 241 (0xF1)
  SNMP: Message type = SNMPv1
  SNMP: Version = 1 (0x1)
  SNMP: Community =ccna
  SNMP: PDU type = Response
    SNMP: Request ID = 556 (0x22C)
    SNMP: Error status = noError (0)
    SNMP: Error index = 0 (0x0)
    SNMP: Sequence
      SNMP: Sequence
        SNMP: OID =1.3.6.1.2.1.1.1
        SNMP: String Value =Hardware: x86 Family 6 Model 37 Stepping 5 AT/AT COMPATIBLE - Software: Windows Version 5.2 (Build 3
      SNMP: Sequence
        SNMP: OID =1.3.6.1.2.1.1.2
        SNMP: OID Value =1.3.6.1.4.1.311.1.1.3.1.2
      SNMP: Sequence
        SNMP: OID =1.3.6.1.2.1.1.4
        SNMP: String Value =NULL
      SNMP: Sequence
        SNMP: OID =1.3.6.1.2.1.1.5
        SNMP: String Value =SERVER-4
      SNMP: Sequence
        SNMP: OID =1.3.6.1.2.1.1.6
        SNMP: String Value =NULL
```

回应操作系统描述请求的内容

图 7.36　SNMP 回应帧

三、使用 SNMPv3 对网络安全设备实时监控

1. SNMP 的安全问题

SNMP 制订之时并没有过多地考虑其安全性，这使其早期版本存在安全隐患。

2. SNMP 早期版本的安全机制及其缺陷

SNMPv1 存在一些明显的缺陷，其中之一就是忽视了安全问题。SNMPv1 只提出了基于团体的安全机制。一个 SNMP 图案以是一个 SNMP 代理和任意一组 SNMP 管理站之间的一种关系，它定义了认证和访问控制的特性。

3. SNMP 面临的安全威胁

在实际中广泛使用的 SNMPv1/v2c 采用以明文传输的团体名作为认证手段。这种脆弱的保护机制使得 SNMP 面临着一系列安全威胁，如下所述。

1）伪装。
2）信息更改。
3）信息泄漏。
4）消息流更改。
5）拒绝服务。
6）流量分析。

4. SNMPv3

SNMPv3 在前面的版本上增加了安全能力和远程配置能力，SNMPv3 结构为消息安全和 VACM（View-based Access Control Model）引入了 USM（User-based Security Model）。这个结构支持同时使用不同的安全机制，接入控制、消息处理模型。SNMPv3 也引入使用 SNMP SET 命令动态配置 SNMP agent 而不失 MIB 对象代表 agent 配置。

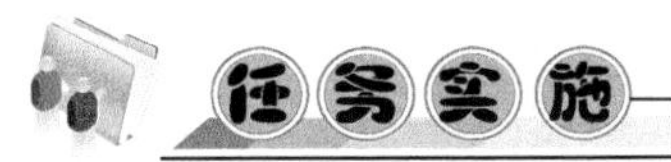

实施目标：使用 SNMPv3 协议完成企业网络设备的集中管理。

实施环境：如图 7.37 所示。

实施工具：SNMP 与网络管理软件。

实施背景：如图 7.37 所示的网络环境中完成配置，打开服务器的 IP 地址配置，激活交换机或路由器相关的接口，为基于 SNMP 的网络管理做相应的准备工作。

实施步骤：

第一步 在网络管理主机（192.168.240.200）上根据网络管理软件安装向导完成网

络管理平台的安装与基本配置。安装完成后的整个启动界面如图 7.38 所示。

图 7.37 SNMP 协议完成企业网络设备的集中管理

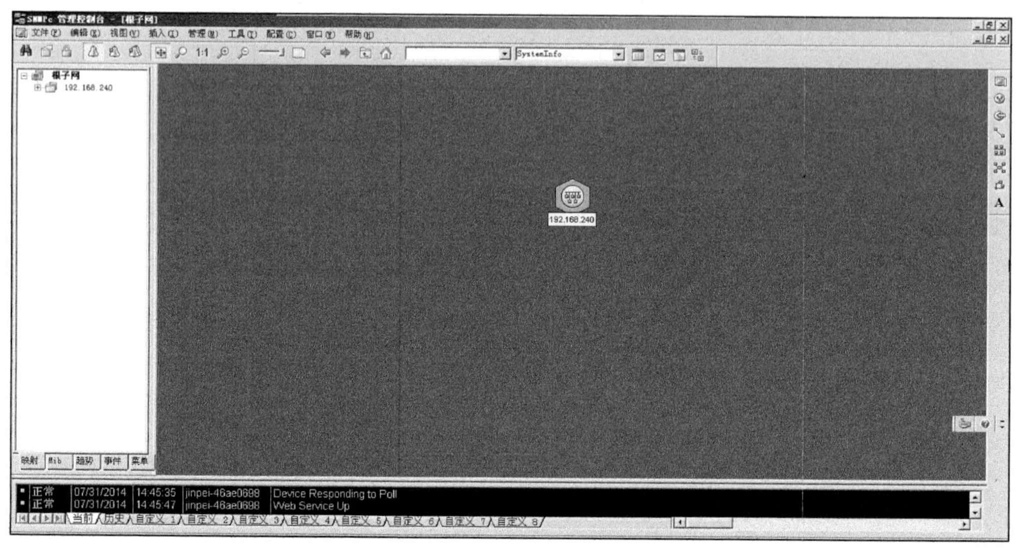

图 7.38 网络管理平台的一个整体界面

第二步 配置网管平台，首先是需要在 SNMPv3 网管平台当中添加一个对象，如图 7.39 所示。在这一个对象当中可以设置对象的名字、图标样式、IP 地址。

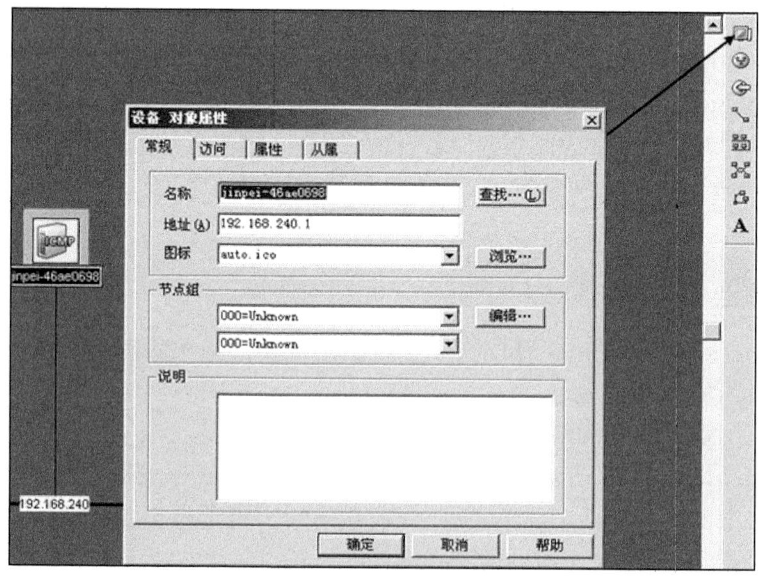

图 7.39 添加“新对象”

第三步 手工修改对象属性，右击“新对象”→“属性”会弹出一个设备对象属性对话框，如图 7.40 所示。在“访问”选项卡中手工设置它的参数，如图 7.41 所示。注意：这里的参数设定必须和被执行 SNMP 网管设备配置的参数保持一致，否则 SNMP 管理将会失败。

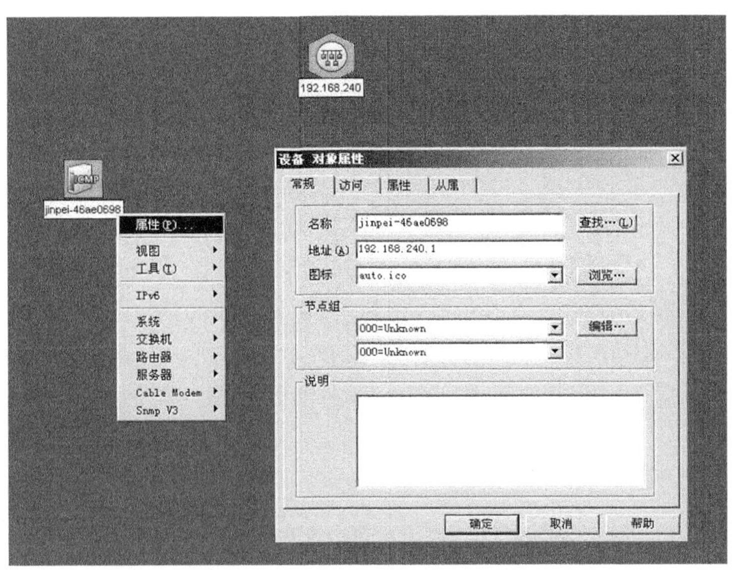

图 7.40　对象属性对话框

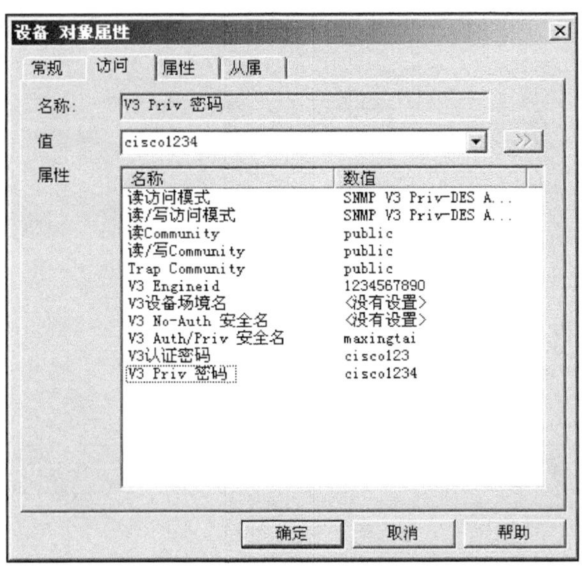

图 7.41　修改设备属性值

第四步 开始配置网络设备以支持 SNMP 的网络管理。指令如下。

```
R1(config)#interface ethernet 1/0
R1(config-if)#ip address 192.168.240.1 255.255.255.0
R1(config)#snmp-server engineID local 1234567890
R1(config)#snmp-server group ccnp v3 priv
```

R1(config)#snmp-server　user maxingtai ccnp v3 auth md5 cisco123 priv des cisco1234

R1(config)#snmp-server host 192.168.240.200 ver 3 pr maxingtai

指令分析：interface ethernet 1/0 指示进入到路由器接口 E1/0；ip address 192.168.240.1 255.255.255.0 表示为接口 E1/0 配置 IP 地址与子网掩码；snmp-server engineID local 1234567890 指示为路由器配置一个引擎 ID；snmp-server group ccnp v3 priv 指示创建一个名为“ccnp”的组并且定义它为认证和加密的方式；snmp-server　user maxingtai ccnp v3 auth md5 cisco123 priv des cisco1234 指示创建一个用户名和密码，并定义它的加密和认真的密钥；snmp-server host 192.168.240.200 ver 3 pr maxingtai 指示路由器将 SNMP 的消息发送到网络管理平台主机 192.168.240.200，其中，version 3 表示有 SNMP 版本 3，注意这里的配置必须和图 7.41 参数一致，否则 SNMP 无法完成网络管理。

第五步 至此，已完成所有 SNMPv3 代理（被管理设备）、SNMPv3 的管理平台 NMS 的基本配置，现在需要验证使用 SNMPv3 执行网络管理的情况。在基于 SNMPv3 的网络管理平台（192.168.240.200）上可见图 7.42 所示的界面，对路由器（192.168.240.1）的 SNMP 监控结果、NMS 成功地识别出了路由器的厂商与型号及 IOS 的版本等相关重要信息。

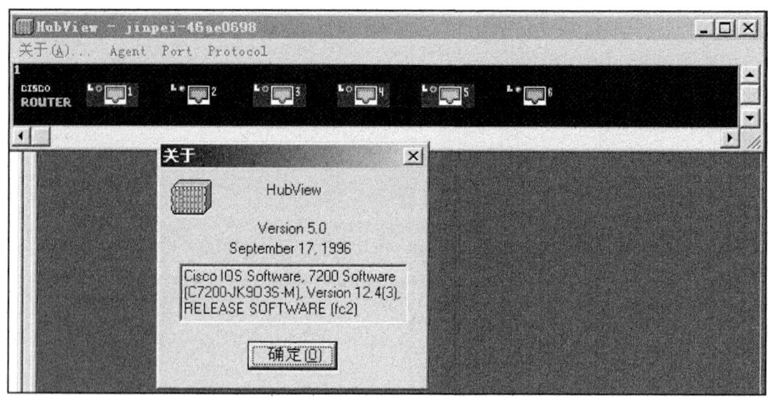

图 7.42　NMS 成功识别到被管理设备

第六步 取证与分析 SNMP 数据帧，加强对 SNMP 的理解。在路由器的接口 E1/0 上开启协议分析器（wireshark），查看经过 E1/0 接口的流量，捕获关于 SNMPv3 的数据帧，如图 7.43 所示。

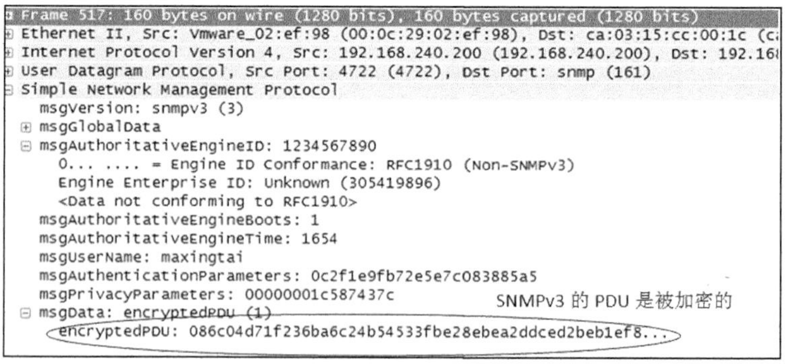

```
Frame 517: 160 bytes on wire (1280 bits), 160 bytes captured (1280 bits)
Ethernet II, Src: Vmware_02:ef:98 (00:0c:29:02:ef:98), Dst: ca:03:15:cc:00:1c (c
Internet Protocol Version 4, Src: 192.168.240.200 (192.168.240.200), Dst: 192.16
User Datagram Protocol, Src Port: 4722 (4722), Dst Port: snmp (161)
Simple Network Management Protocol
  msgVersion: snmpv3 (3)
  msgGlobalData
  msgAuthoritativeEngineID: 1234567890
    0... .... = Engine ID Conformance: RFC1910 (Non-SNMPv3)
    Engine Enterprise ID: Unknown (305419896)
    <Data not conforming to RFC1910>
  msgAuthoritativeEngineBoots: 1
  msgAuthoritativeEngineTime: 1654
  msgUserName: maxingtai
  msgAuthenticationParameters: 0c2f1e9fb72e5e7c083885a5
  msgPrivacyParameters: 00000001c587437c
  msgData: encryptedPDU (1)
    encryptedPDU: 086c04d71f236ba6c24b54533fbe28ebea2ddced2beb1ef8...
```

SNMPv3 的 PDU 是被加密的

图 7.43　SNMPv3 数据帧结构

四、使用 Netflow 统计分析网络及安全设备流量分布情况

1. 理解思科的 NetFlow 功能

NetFlow 是 Cisco IOS 软件中集成的一种功能，用来将网络流量记录到设备的高速缓存中，或者流量监管服务平台上，从而提供非常精准的流量测量，现在被其他的厂商大规模地使用。由于网络通信具有流动性，所以缓存中记录的 NetFlow 统计数据通常包含转发的 IP 信息。输出的 NetFlow 统计数据可用于多种目的，如网络流量核算、网络付费、网络监控及商业目的的数据存储。这些数据流中包含来源和目的的相关信息，以及端到端会话使用的协议和端口。这些信息能帮助 IT 人员监控和调整网络流量，以及面向网络有效地分配带宽。

2. NetFlow 流量统计平台的结构

NetFlow 流量统计平台包括 3 个主要部分：探测器、采集器和报告系统。探测器是用来监听网络数据的；采集器是用来收集探测器传来的数据的；报告系统是用来从采集器收集到的数据中产生易读的报告的。具体显示如图 7.44 所示。

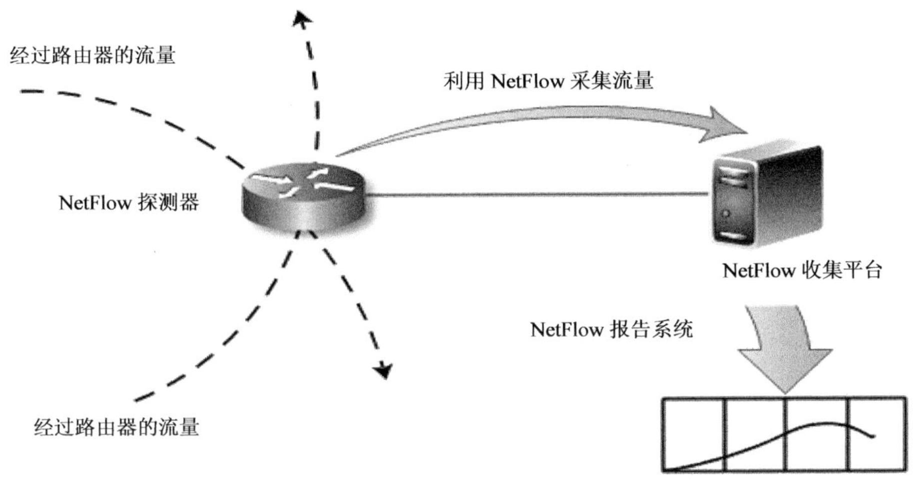

图 7.44　NetFlow 流量统计平台的结构

NetFlow 技术最早是由思科公司于 1996 年自主研究开发的。在 NetFlow 技术的演进过程中，思科公司一共开发出了 5 个主要的实用版本。

NetFlow V1：NetFlow 技术的第一个实用版本。支持 IOS 11.1、11.2、11.3 和 12.0，但在如今的实际网络环境中已经不建议使用。

NetFlow V5：增加了对数据流 BGP AS 信息的支持，是当前主要的实际应用版本。支持 IOS 11.1CA 和 12.0 及其后续 IOS 版本。

NetFlow V7：思科 Catalyst 交换机设备支持的一个 NetFlow 版本，需要利用交换机的 MLS 或 CEF 处理引擎。

NetFlow V8：增加了网络设备对 NetFlow 统计数据进行自动汇聚的功能（共支持 11 种数据汇聚模式），可以大大降低对数据输出的带宽需求。支持 IOS12.0（3）T、12.0（3）S、12.1 及其后续 IOS 版本。

NetFlow V9：一种全新的灵活和可扩展的 NetFlow 数据输出格式，采用了基于模板的统计数据输出。方便添加需要输出的数据域和支持多种 NetFlow 新功能，如 Multicase NetFlow、MPLS Aware NetFlow、BGP Next Hop V9、NetFlowfor IPv6 等，支持 IOS12.0（24）S 和 12.3T 及其后续 IOS 版本。

实施目标：配置路由器与交换机的 NetFlow 功能，收集穿越各个路由器的流量。

实施工具：为了让整个实验的效果更真实，在该实施环境中，将使用一套第三方的 NetFlow Analyzer 5 分析系统，以方便作 NetFlow 流量统计的效果评估，类似于这样的流量统计平台系统，在 Internet 上免费共享软件很多，注意，这个第三方的统计平台的使用不是我们认证要求的重点，要点是在思科的网络设备配置 NetFlow 功能。

实施环境：如图 7.45 所示。

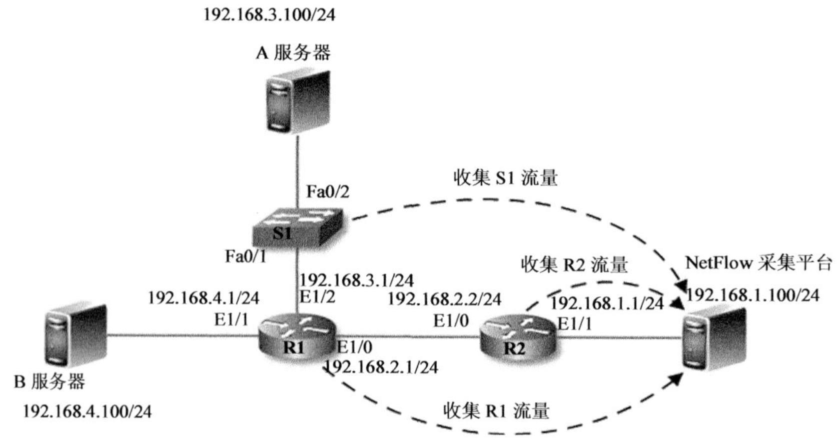

图 7.45 利用 NetFlow 统计流经网络设备的流量环境

实施背景：网络中的路由器 R1、R2 与交换机 S1 是 NetFlow 的探测器，负责收集流经各个设备的网络流量。192.168.1.100 是 NetFlow 的采集平台，负责收集各个探测器利用 NetFlow 发来的流量标本。在本实施实例中使用 NetFlow Analyzer 5 软件安装在 192.168.1.100 上作为 NetFlow 的采集平台。

实施步骤：

第一步 首先应该在启动 NetFlow 的各个设备上配置统一的时钟源，以保证 NetFlow 的收集平台显示数据流量时提供正确的采集时间。在该实施实例中，以 R1（192.168.2.1）为整个网络提供时间源，所以 clock set 指令为设置 R1 的实时时间。然后 ntp master 是 R1 作为整个网络的时钟源。ntp source e1/0 是指在作时钟消息更新时的更新源接口是 R1 的 E1/0 接口。

配置路由器 R1 为时钟源的指令如下。

```
R1#clock set 23:33:00 6 mar 2013
R1(config)#ntp master
R1(config)#ntp source e1/0
```

第二步 在路由器 R2 上利用 ntp server 192.168.2.1 指令指示从 192.168.2.1 获得时钟来源，而 192.168.2.1 正是第一步中 R1 的 E1/0 接口地址。

```
R2(config)#ntp server 192.168.2.1
```

配置完路由器 R2 的时间来源后可利用 show ntp status 指令查看 R2 获得时间来源的结果。

```
R2#show ntp status
Clock is synchronized,stratum 9,reference is 192.168.2.1
nominal freq is 250.0000 Hz,actual freq is 250.0000 Hz,precision is 2**18
reference time is CF3D6557.F2564FB5<23:35:51.946 UTC Sat Mar 6 20 2013>
clock offset is 45.8321 msec,root delay is 24.12 msec
root dispersion is 68.41 msec,peer dispersion is 22.55 msec
```

第三步 在路由器 R2 上启动 NetFlow，指令 ip flow-export destination 192.168.1.100 9996 指示 NetFlow 探测平台将收集到的流量发送到 192.168.1.100，使用 9996 号端号进行发送。指令 ip flow-export version 5 指示开启 NetFlow 的 5 号版本。在接口配置模式下的 ip flow ingress 对进入流量进行采集；ip flow egress 对出站流量进行采集。路由器 R1 的 NetFlow 配置与 R2 相同，这里不再多述。

```
R2(config)#ip flow-export destination 192.168.1.100 9996
R2(config)#ip flow-export version 5
R2(config)#inte e1/0
R2(config-if)#ip flow ingress
R2(config-if)#ip flow egress
```

注意

下一个步骤是配置 NetFlow 的服务端，也就是集中采集平台，注意因为 NetFlow 服务端的用户订制环境不同，配置界面也有很大的区别，由于这不是 CCNA 认证课程的核心，所以在下一个配置步骤中只是实施当时所使用的 NetFlow 服务端，而这个配置是不具备通用性的。此处使用的是 NetFlow Analyzer 5 服务端软件。

第四步 在 192.168.1.100 的主机上安装 NetFlow 的集中采集平台，以 NetFlow Analyzer 5 软件平台作为集中采集平台。下面是安装过程中较为关键的参数，如图 7.46 所示。Web server 后面的 8080 端口是指该集中采集平台以 Web 页面的形式显示给用户，页面的端口号为 8080。当用户需要查看采集结果时，在 IE 浏览器中输入“http://192.168.1.100:8080”，就可以访问到采集平台。NetFlow 后面的端口号 9996 指示接收探测器发送流量的端口，该端口必须与命令 ip flow-export destination 192.168.1.100 9996 中的 9996

相同。当出现图 7.47 所示的界面，填写 SNMP 的管理参数，这里可保持默认参数不变，直接单击 Next 按钮。

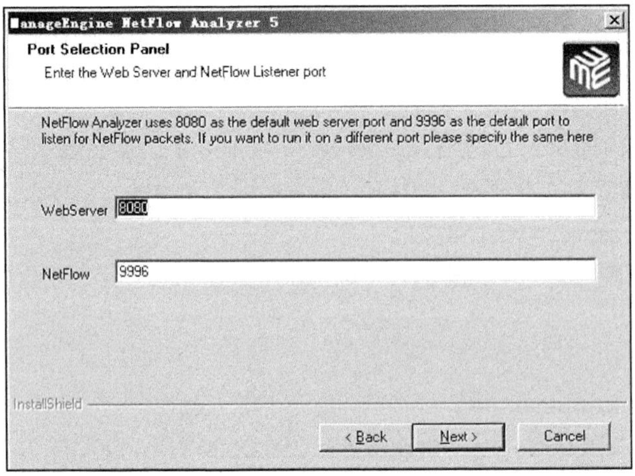

图 7.46　配置 netflow 平台的端口

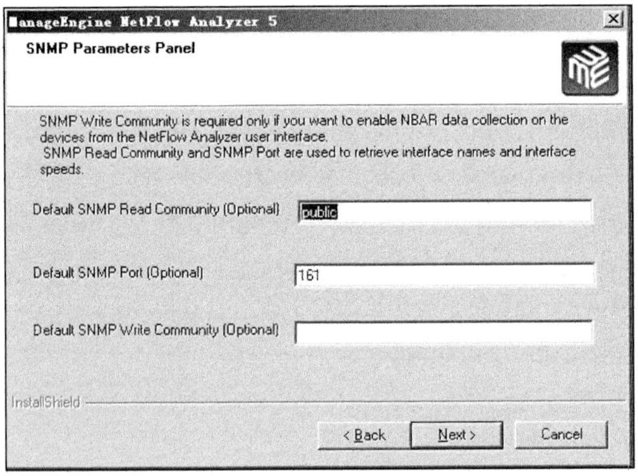

图 7.47　配置 SNMP 管理参数

第五步 在 IE 浏览器中输入“http://192.168.1.100:8080”，访问采集平台。输入用户名与密码就可以进入 NetFlow 的采集平台，如图 7.48 所示。

第六步 如图 7.49 所示，显示 NetFlow Analyzer 5 的初始界面。

第七步 开始测试 NetFlow Analyzer 5 与探测器结合，集中采集与分析流量的过程。如图 7.50 所示的是 R1（192.1681.1）和 R2（192.168.2.1）的各个接口上通过的数据流量。选择图中 192.168.1.1 的“ifinddex2”，并单击它。在图 7.51 所示的界面中，选择“目的”选项卡，显示目的流入的排行榜，并且可以形象地为用户显示百分比统计图。还可以切换到“会话”选项卡界面，如图 7.52 所示。看出会话来源与穿越探测器的协议类型与流量分类。在图 7.52 所示的结果中分析统计目前共计有四种流量：第一种是路由协议 RIP 所使用的流量，发送该类型流量的源设备是 192.168.2.1（R1）目标地址是 224.0.0.9；第二种流量是 NetFlow 本身的采集流量，源地址是 192.168.2.1（R1），目标是 NetFlow 的采集平台 192.168.1.100；第三种流量是 NTP 时钟更新流量，发送源是

192.168.2.1（R1），目标地址是 192.168.2.2（R2）；第四种流量是流经 192.168.2.1（R1）到 192.168.1.100 的 ICMP 流量。

图 7.48　NetFlow 的采集平台

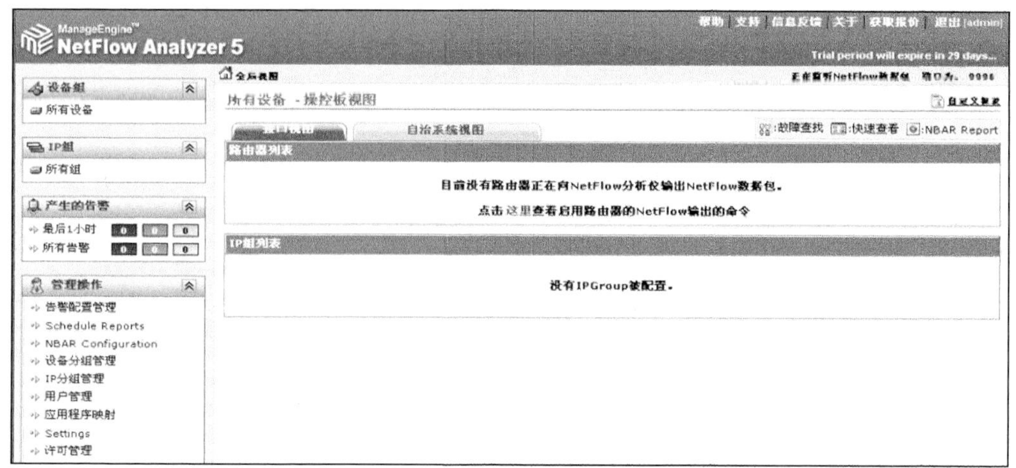

图 7.49　NetFlow Analyzer 5 的初始界面

路由器列表

路由器名	流量 明细 - 最后1小时 [全部显示] [全部隐藏] [过滤器]							
192.168.1.1	接口名	状态	流入 流量		流出 流量		告警	
路由器IP: 192.168.1.1	IfIndex2	✔	0%	199.59 bps	0%	1.47 bps	-	
已经接受的数据包: 84	IfIndex3	✔	0%	1.47 bps	0%	5.79 bps	-	
NBAR support: UnKnown								
192.168.2.1	接口名	状态	流入 流量		流出 流量		告警	
路由器IP: 192.168.2.1	IfIndex2	✔	0%	122.37 bps	0%	119.60 bps	-	
已经接受的数据包: 46	IfIndex3	⊖	0%	119.60 bps	0%	118.13 bps	-	
NBAR support: UnKnown								

图 7.50　路由器列表界面

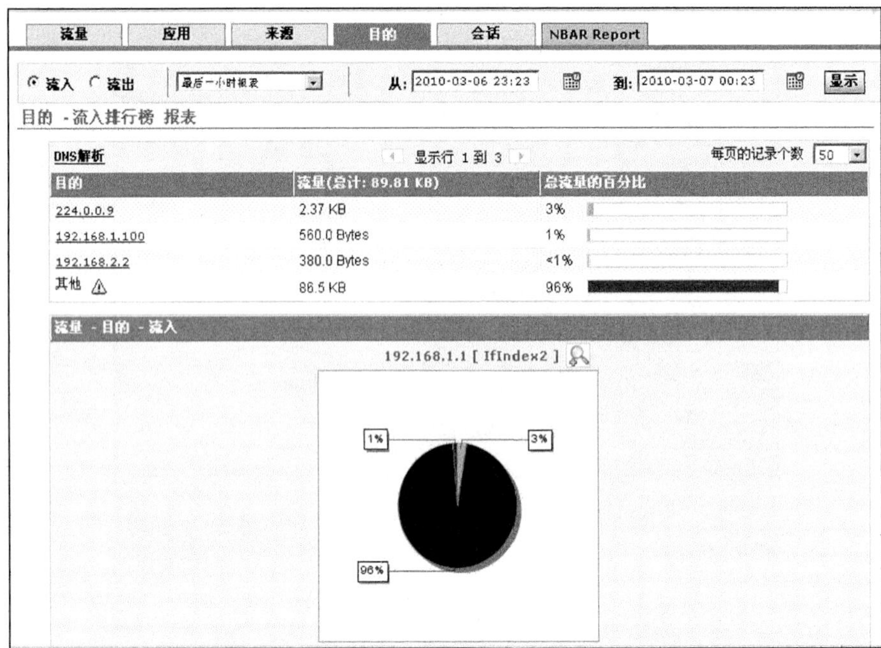

图 7.51　流入排行榜

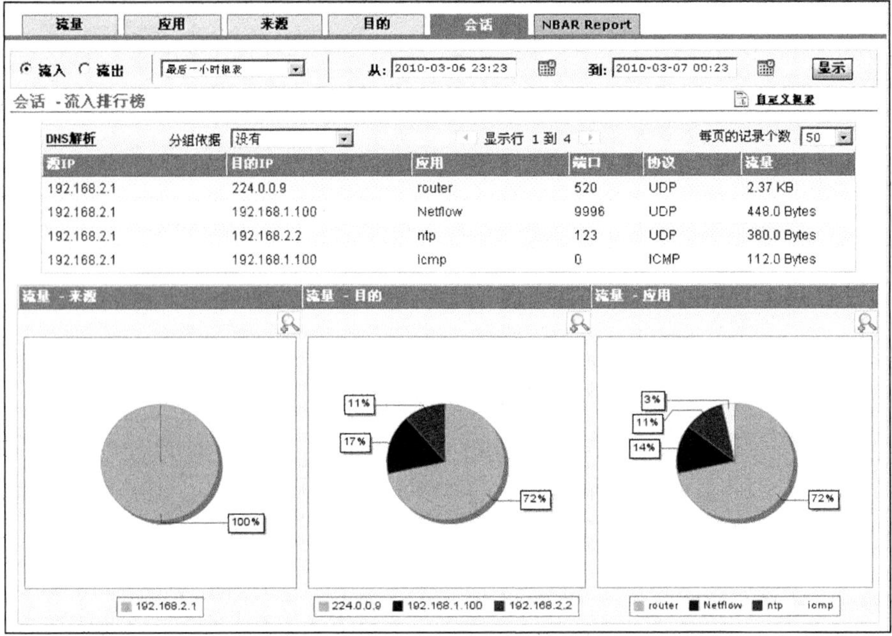

图 7.52　会话统计界面

任务7.2 实施IPS的联动防御

一、利用IPS诊断网络安全威胁

在旁路模式中，数据包并不通过传感器，传感器分析的只是镜像流量的一个拷贝，并不是实际转发的数据包。旁路模式的优点是传感器并不影响数据包的流量转发，它的缺点是传感器无法阻止恶意流量，例如单包攻击。如果要阻止这样的攻击需要其他设备（路由器、交换机、防火墙等）来协助。它是一种“知而不决”的行为。

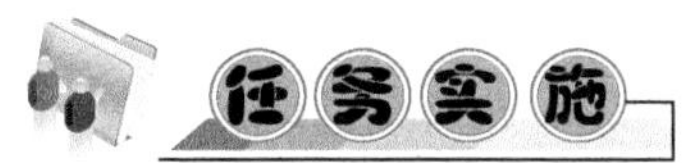

1. 思科IPS旁路模式的部署

实施目标：部署思科IDS/IPS的旁路模式。

实施环境：如图7.53所示。

实施背景：在如图7.53所示的环境中，将IPS192.168.101.2部署为旁路模式，配置

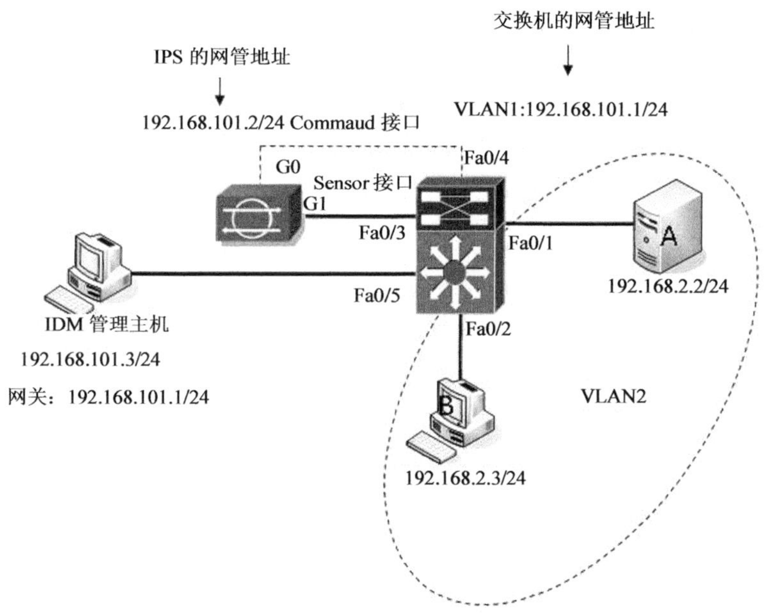

图7.53 思科IPS旁路模式的部署环境

它可以被 IDM 主机 192.168.101.3 进行图形化配置与管理。IPS 的 G0 为网管接口（也就是通常所说的 command 接口，G1 为监控接口也就是 sensor 接口，配置交换机 S1 的网络管理地址为 192.168.101.1，要求 IPS 的 sensor 接口处于旁路模式中，监控 VLAN2 主机 A 和 B 的流量。

实施步骤：

第一步 配置交换机，按照实施环境图 7.53 为交换机规划 VLAN，为交换机配置管理接口 VLAN1 的 ip 地址是 192.168.101.1/24。因为演示环境中思科的入侵检测设备采用的是旁路模式，所以必须为交换机配置端口镜像以协同传感器工作，端口镜像要求将交换机 fa0/1 和 fa0/2 接口流量镜像到 fa0/3（连接 IPS 设备 sensor）的接口。交换机上的具体配置如下所示。

```
S1#vlan database
* 进入 Vlan 数据库配置模式。
S1(vlan)#vlan 2 name v2
* 建立 Vlan2 并命名为 V2。
VLAN 2 added:
* 系统提示 Vlan2 添加成功，名称为 v2。
Name: v2
S1(config)#interface fastEthernet 0/1
* 进入交换机的 fa0/1 接口配置模式。
S1(config-if)#switchport access vlan 2
* 将该接口规划到 VLAN2 中。
S1(config-if)#no shutdown
S1(config)#interface fastEthernet 0/2
S1(config-if)#switchport access vlan 2
S1(config-if)#no shutdown
S1(config-if)#exit
S1(config)#interface fastEthernet 0/3
S1(config-if)#switchport access vlan 2
S1(config-if)#no shutdown
S1(config-if)#exit
S1(config)#interface vlan 1
* 进入交换机的管理接口，默认为 vlan1。
S1(config-if)#ip address 192.168.101.1 255.255.255.0
* 为管理接口配置 IP 地址。
S1(config-if)#no shutdown
S1(config-if)#exit
S1(config)#monitor session 1 source interface fastEthernet 0/1
S1(config)#monitor session 1 source interface fastEthernet 0/2
* 配置交换机端口镜像技术的镜像来源端口，在该实验中是 fa0/1 和 fa0/2。
```

S1(config)#monitor session 1 destination interface fastEthernet 0/3

* 配置交换机端口镜像技术的镜像目标端口，在该实验中是 fa0/3（连接 IPS 的接口）。

第二步 使用 IDM 配置思科的 IPS 传感器为旁路模式，在使用 IDM 配置传感器之前，必须保证已经完成了传感器的初始化配置，在初始配置完成后，现在可以正式配置 IPS 的 G1 接口为旁路模式，首先是在 IDM 中的 interface 下启动 G1 接口，如图 7.54 所示。

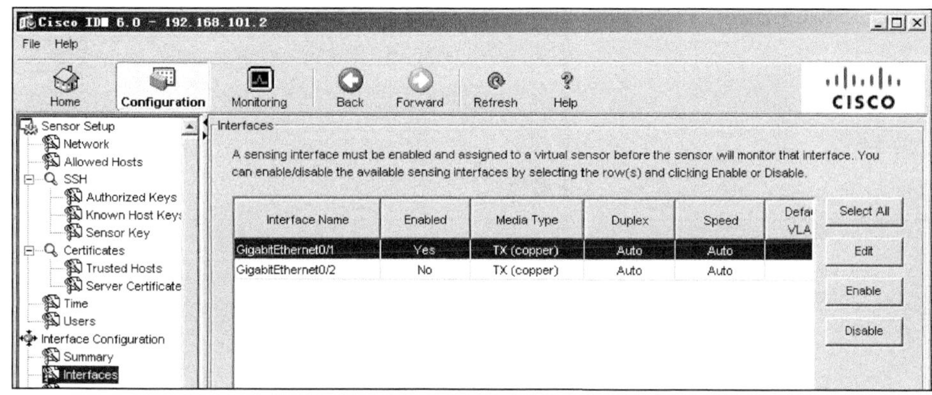

图 7.54　enable IPS 的接口

然后在 virtual Sensor (VS0)中将 G1 接口关联到 Virtual Sensor 0 并 Assign 该接口，具体如图 7.55 所示，完成配置后，可以在图 7.56 中看到旁路接口与 VS 关联后的显示，最后在 interface configuration 选项卡下的 Summary 可以查看到 IPS 的 G1 接口的配置状态，可看到该接口与 Virtual Sensor 0 关联并处于旁路模式，如图 7.57 所示。

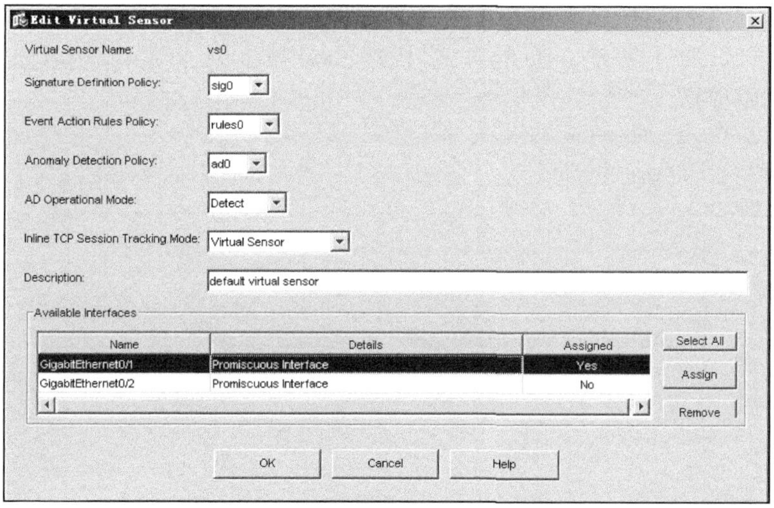

图 7.55　在 virtual sensor 中指派该接口

第三步 完成上述的配置后，则当前 IPS 的旁路模式就配置完成，此时需要检测 IPS 是否开始检查流量、是否能成功的触发 signature。可以在 VLAN2 主机 A ping 主机 B，但是在 ping 之前，必须在 signature 中 enable signature ID 2000 和 2004 这两个签名分别指示 ICMP 的请求与应答。在思科专业级的 IPS 系统上，为了减少不必要的告警信息，

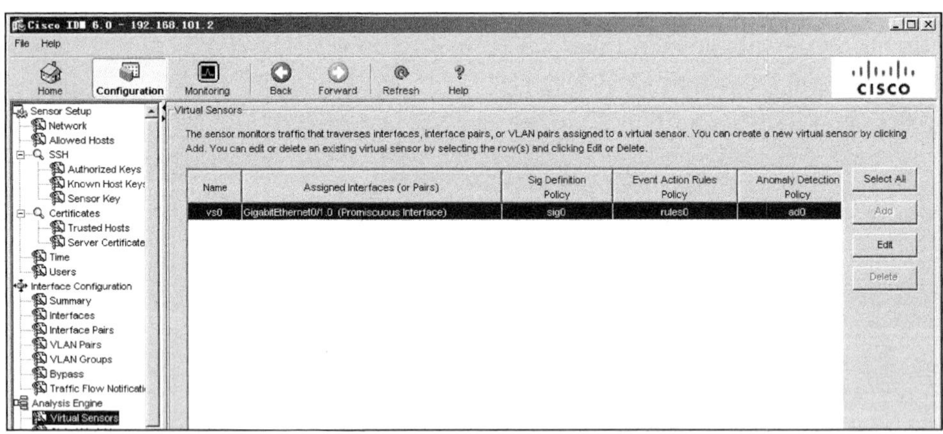

图 7.56　关于旁路接口与 VS 关联后的显示

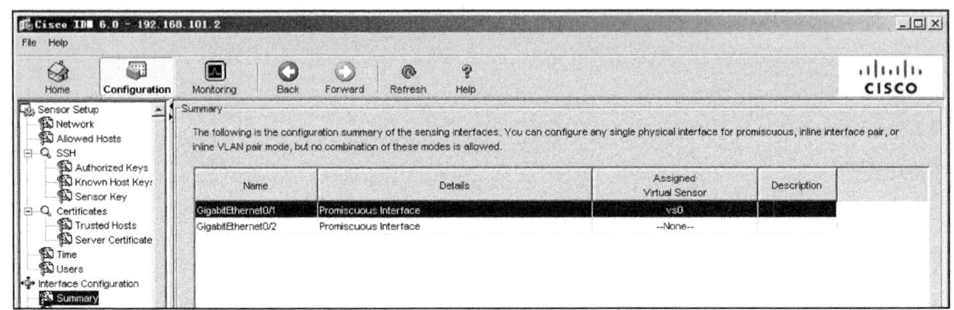

图 7.57　查看接口参数

在默认情况下它是被 disable 的，所以必须 enable 它们，这与项目三中基于 IOS 或者 PIX 防火墙的签名不一样，在 IOS 和 PIX 防火墙上这两个签名默认是被启动的。启动它的方法如图 7.58 所示，通过搜索 sigID 的方式，找到 2000 和 2004 的签名，然后分别单击 enable 按钮，并应用配置。

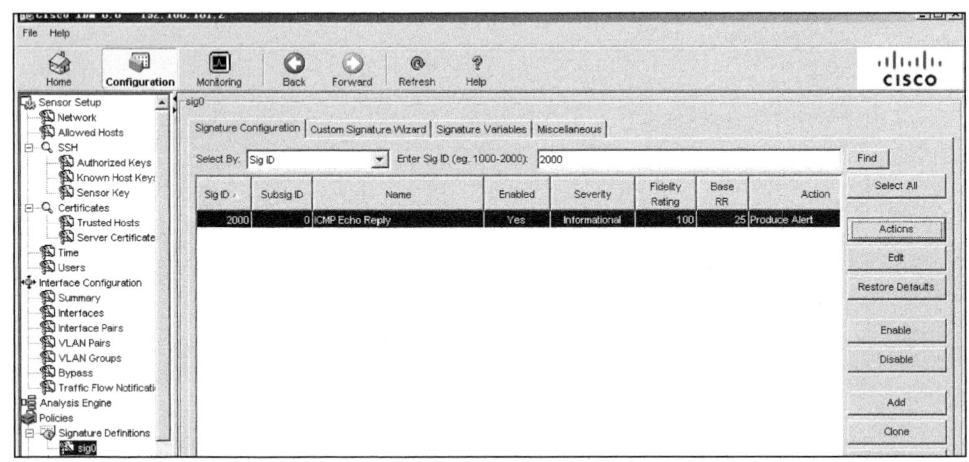

图 7.58　在 signature 中 ICMP 的 requet 和 reply

在正确完成上述的配置后，主机 A 到 B 的 ping 应该能够被旁路模式下的 IPS 所记录，然后，可以通过查看最近 1h 或者最近 1min 的 events 看到主机 A 到 B 触发的签名事件，这表示旁路模式中的 IPS 成功的开始检查数据流量。

2. 思科 IPS 旁路模式下检测 TCP 半开会话攻击

实施目标：IPS 在旁路模式下检测 TCP 半开会话攻击。
实施环境：仍然使用图 7.53 所示的实施环境。
实施工具：TCP 半开会话攻击器、思科 IPS 系统。
实施步骤：

第一步 在攻击主机上（主机 A）配置图 7.59 所示的 TCP 半开会攻击器。

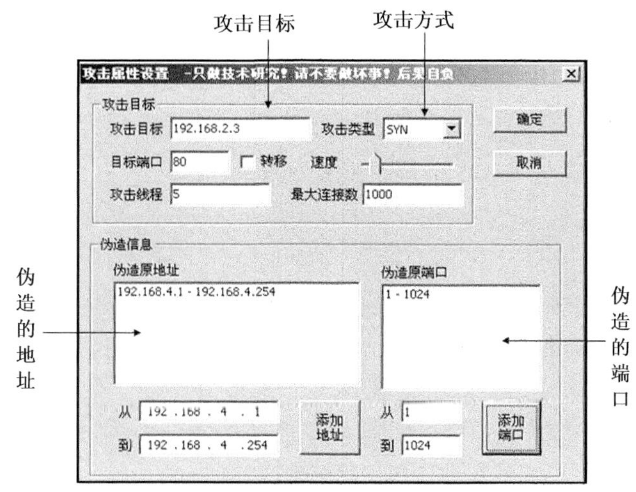

图 7.59　配置 TCP 攻击器

第二步 此时处于旁路模式的 IPS 会检测到这种攻击行为，并在 Event Viewer 中记录攻击行为，如图 7.60 所示，并提示严重级别是 100，如果你需要查看该事件更详细的内容，可以在选中该事件后按 Details 按钮，得到图 7.61 所示的信息，在该图中详细地记录了攻击行为事件，其中包括触发的 sigID 和攻击源和目标地址。

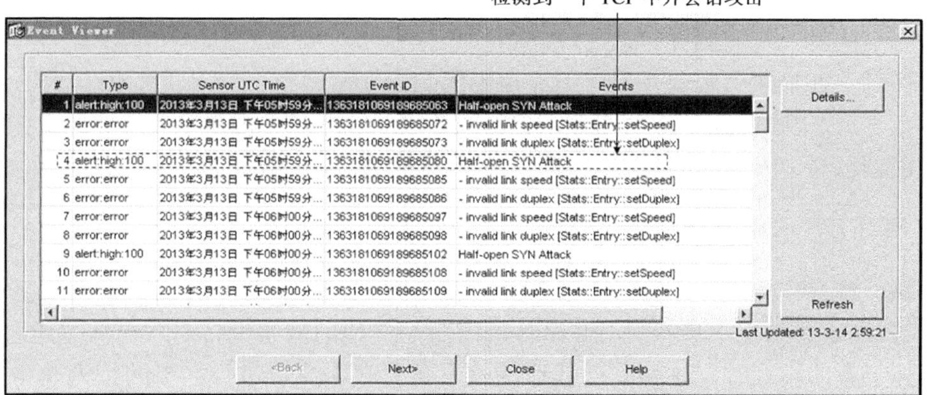

#	Type	Sensor UTC Time	Event ID	Events
1	alert:high:100	2013年3月13日 下午05时59分...	1363181069189685063	Half-open SYN Attack
2	error:error	2013年3月13日 下午05时59分...	1363181069189685072	- invalid link speed [Stats::Entry::setSpeed]
3	error:error	2013年3月13日 下午05时59分...	1363181069189685073	- invalid link duplex [Stats::Entry::setDuplex]
4	alert:high:100	2013年3月13日 下午05时59分...	1363181069189685080	Half-open SYN Attack
5	error:error	2013年3月13日 下午05时59分...	1363181069189685085	- invalid link speed [Stats::Entry::setSpeed]
6	error:error	2013年3月13日 下午05时59分...	1363181069189685086	- invalid link duplex [Stats::Entry::setDuplex]
7	error:error	2013年3月13日 下午06时00分...	1363181069189685097	- invalid link speed [Stats::Entry::setSpeed]
8	error:error	2013年3月13日 下午06时00分...	1363181069189685098	- invalid link duplex [Stats::Entry::setDuplex]
9	alert:high:100	2013年3月13日 下午06时00分...	1363181069189685102	Half-open SYN Attack
10	error:error	2013年3月13日 下午06时00分...	1363181069189685108	- invalid link speed [Stats::Entry::setSpeed]
11	error:error	2013年3月13日 下午06时00分...	1363181069189685109	- invalid link duplex [Stats::Entry::setDuplex]

图 7.60　在 Event Viewer 中记录攻击行为

```
Details for 1363181069189685063
evIdsAlert: eventId=1363181069189685063 vendor=Cisco severity=high
 originator:
  hostId: CiscoIPS
  appName: sensorApp
  appInstanceId: 387
 time: 2013年3月13日 下午05时59分34秒 offset=0 timeZone=UTC
 signature:  description=Half-open SYN Attack id=3050 version=S246 type=other created=20001127
  subsigId: 0
  sigDetails: Half-open Syn
  marsCategory: Info/Misc
 interfaceGroup: vs0
 vlan: 0
 participants:
  attacker:
   addr: 192.168.4.5 locality=OUT
   port: 244
  target:
   addr: 192.168.2.3 locality=OUT
   port: 80
   os:  idSource=unknown type=unknown relevance=relevant
 actions:
  denyPacketRequestedNotPerformed: true
```


图 7.61 攻击行为的详细信息

注意

在旁路模式下，IPS 检测出了攻击，但是它无法主动的进行防御，因为旁路模式下分析的流量是实际通信流量的拷贝，这就是旁路模式的缺点“知而不决”。如果要很好的防御这种攻击行为，有两个方案，一个是将 IPS 的旁路模式转为穿越模式，另一个方案就是让旁路模式的 IPS 去联动其他网络设备比如路由器、交换机来完成 Blocking 任务。

二、利用路由器等设备自动完成协同防御

1. 理解思科 IPS 联动防御 Blocking

该任务主要描述思科 IPS 设备上完成 Blocking 功能，必须具备的理论包括 Blocking 作用和意义、Blocking 的组件与专业术语、实现 Blocking 技术的准备工作、实现 Blocking 的注意事项以及 Blocking 的实施步骤等。

2. 思科 IPS 设备上 Blocking 的作用与意义

它是一种 IPS 设备与其他网络设备进行联动比如思科的路由器、多业务集成交换机、防火墙等，在这种情况下思科的 IPS 设备可以命令其他的网络设备对攻击流量进行拦阻，当 IPS 处于旁路模式时，这种联动其他网络设备对攻击流量进行拦阻的行为非常有用。相反，如果 IPS 设备处于在线模式下，Blocking 的特性还没有那么明显，因为当 IPS 处于在线模式时，设备本身就可以拦阻很多违规流量。

3. 实现 Blocking 的组件与专业术语

1）Blocking（阻拦功能）：思科 IPS 设备上的一种功能，它使思科的 IPS 传感器可以联动思科的其他设备来拦阻攻击者的流量。

2）Device management（设备管理）：思科 IPS 传感器与某些思科设备交互，阻止攻击源的能力。

3）Blocking device（阻拦设备）：被 IPS 传感器管理的设备，比如思科器、交换机、PIX 等。

4）Blocking sensor（阻拦传感器）：为了控制一个或多个管理设备而配置的 IPS 传感器。

5）Managed interface（被管理接口）：应用动态创建 ACL 传感器的被管理设备上的接口，也叫做拦阻接口。

6）Active ACL（活动 ACL）：它是被动态创建的 ACL，IPS 传感器将它应用到被管理的设备上。

4. 实现 Blocking 技术的准备工作

要实现 Blocking 技术前必需的准备工作：IPS 设备的 command 接口上必须有一个可通和网络通信的 IP 地址和正确的 IP 网关、允许 Telnet 和 SSH、有加密的密钥授权，如图 7.62 所示。

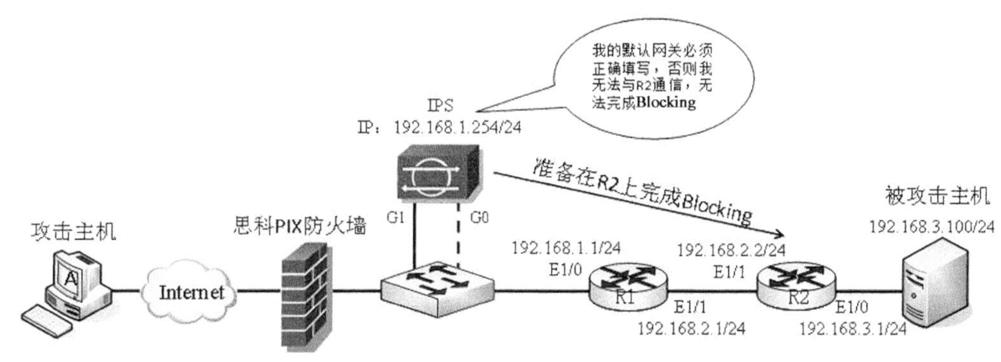

图 7.62　实现 Blocking 技术前的准备工作

1）IPS 设备的 command 接口上必须有一个可通和网络通信的 IP 地址和正确的 IP 网关。在图 7.62 的环境中，假设需要在 IPS 设备上要配置联动路由器 R2 的 Blocking 技术，那么此时必须为 IPS 的 command 接口配置 IP 地址 192.168.1.254/24，并配置默认网关是 192.168.1.1。在先前的所有关于 IPS 的实验环境中，对于默认网关的填写意义不是很大，因为 IPS 都不需要跨越 IP 子网通信，也不需要跨越 IP 子网完成任何管理行为，但是在图 7.62 所示的环境中就不一样了，因为此时的 IPS 要向路由器 R2（192.168.2.2）发送 Blocking 联动功能，所以必须正确配置 IPS（192.168.1.254）与路由器 R2（192.168.2.2）的成功通信，IPS（192.168.1.254）要和 R2（192.168.2.2）成功通信的前提是 IPS 成功的配置了默认网关 192.168.1.1，因为此时的 IPS 只是网络中的一个通信点而已，则必须要使用默认网关才能路由器到 R2，关于这一点非常重要。

2）配置 Blocking device（阻拦设备）支持 Telnet 和 SSH

Blocking device（例如：思科的路由器、交换机、PIX 防火墙）支持 Telnet 和 SSH 功能，因为思科 IPS 在完成 Blocking 时是使用 Telnet 和 SSH 下发控制指令，所以阻拦设备必须配置 Telnet 和 SSH 功能以支持 Blocking。而且建议使用 SSH，因为在网络中部署的 IPS 设备本身就属于安全设备，所以安全设备传送的数据，更应该得到保障。

3）有加密的密钥授权

如果使用了 SSH，那么必须具备加密算法的使用授权，这些加密算法包括 DES、3DES、AES 等。注意某些设备上如果不激活授权许可，一些高级的加密算法将无法使用，例如在思科 PIX 防火墙上如果没有激活授权许可，那么 AES 将无法使用。

5. Blocking 的实施指南建议

在实现 Blocking 时，建议在相关的设备接口上配置防止地址欺骗技术，必须配置需要在 Blocking 中被永远排除的主机、定义要应用 Blocking 的网络入口点，明确使用哪种分类的 Blocking、只为特定的 SigID 配置 Blocking 响应策略，不是所有 SigID 都需要配置 Blocking、决定适当的 Block 时间。下面分别详细来理解上述事项的意义。

1）防止地址欺骗技术，以及需要在 Blocking 中确认被排除的主机。

如图 7.63 所示，网络环境中路由器 R1 需要使用 E1/0 的接口 IP 地址 192.168.1.1 访问 AAA 服务器器，并且当网络中的 IPS 配置了 Blocking 功能时，IPS 需要 Telnet 或者 SSH 到 192.168.1.1 为路由器 R1 下发配置。如果此时网络中有一黑客 202.202.1.100 伪造成 R1 的 IP 地址 192.168.1.1 去访问 AAA 服务器，注意，在网络世界中伪造一个 IP 地址是一件非常简单的事情。此时 IPS 发现了这个伪造行为，并触发了一个 SigID 的报警。如果在网络上直接 deny 192.168.1.1 这个地址，这种解决方案虽然可以过滤掉地址伪造入侵，但是真正的路由器 R1（192.168.1.1）要访问 AAA 服务器也就不行了。并且此时

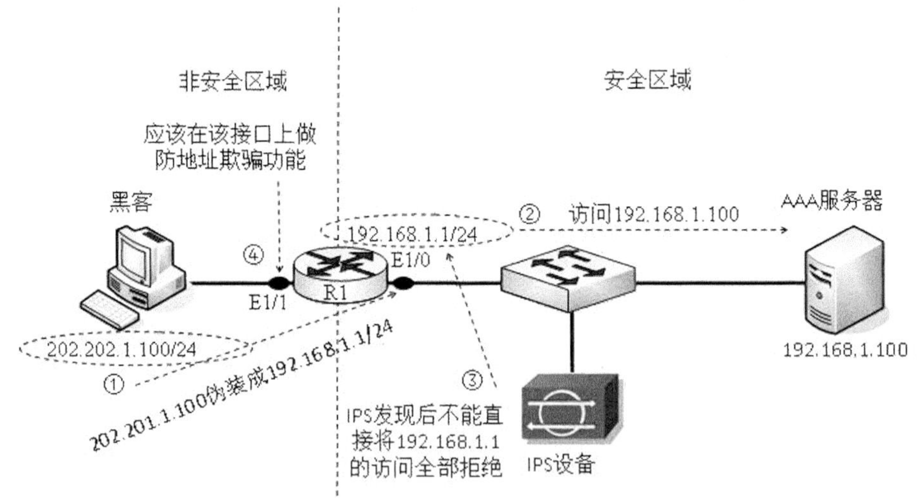

图 7.63 关于防止地址欺骗和排除主机的说明环境

IPS 也无法通过 192.168.1.1 登录到路由器 R1 去做 Blocking 工作。所以防止地址欺骗技术，以及需要在 Blocking 中确认被排除的主机是非常重要的工作。

具体做法如下：首先不要使用消极的方式来直接 deny 192.168.1.1 这个地址，将 192.168.1.1 这个 IP 地址排除在 Blocking 外，当然您在使用这个建议时要根据网络中的实际情况来决定，然后使用防止地址欺骗技术来杜绝 IP 地址欺骗，例如在图 7.63 所示的网络环境中，应该在边界路由器 R1 的外部接口上完成如下配置。

在边界路由器 R1 上完成防止地址欺骗技术的配置。

```
R1(config)#interface ethernet 1/1
R1(config-if)#ip verify unicast reverse-path      *  启动逆向路径检测功能
R1(config-if)#ip access-group 1 in
R1(config-if)#exit
R1(config)#access-list 1 deny 10.0.0.0 0.0.0.255
R1(config)#access-list 1 deny 172.16.0.0 0.240.255.255
R1(config)#access-list 1 deny 192.168.0.0 0.0.255.255
R1(config)#access-list 1 deny 127.0.0.0 0.255.255.255
R1(config)#access-list 1 permit any
```

关于上述 ACL 的配置说明如下所述。

在上述的 ACL 配置中，在边界路由器的外部接口的入方向上直接拒绝了所有源地址是 RFC1918 所定义的私有网络专用地址和环回测试地址进入内部网络。为什么要配置这样的 ACL，原因很简单，因为从公共网络上进入内部会话中的源 IP 地址永远不可以是私有网络专用地址，肯定是公共网络的 IP，这正是黑客利用管理员在执行网络安全管控时的心理漏洞来入侵网络的一种思路，因为管理员总会认为私有网络专用地址是安全的，总会认为它是自己内部网络中的 IP 地址。

2）定义要应用 Blocking 的网络入口点，确定使用哪种分类的 Blocking。

Blocking 技术实际上就是 IPS 联动其他设备，比如路由器、交换机、防火墙，然后在这些设备上去动态的输写 ACL，那么确定这些 ACL 应用的网络入口点（设备的接口）这将是一种非常重要事情，因为在网络上肯定有许多不同的设备，当然也就包括了很多不同的网络入口点，关于这一点的思考，可以参考 ACL 的应用作为标准。建议将 Blocking 用于边界网络设备的外部接口的入方向上，因为这样可以在入侵流量进入网络设备之前就将其过滤掉。

注意

Blocking 与思科的 CBAC 技术不能兼容，因为 IPS 和 CBAC 技术都是要调整外部接入的访问控制列表。

Blocking 技术分为基于会话的 Blocking 和基于主机的 Blocking，基于会话的 Blocking 是过滤有明确目标地址和源地址的 Blocking；而基于主机的 Blocking 是源地址是一个具有的明确的 IP 地址，而目标地址永远都是 any 的访问控制列表。一般情况下，如果要拦阻多个来自同一攻击源的 Blocking 将使用基于主机的 Blocking 技术，如果要拦阻不同攻击源，那么将使用基于会话的 Blocking。

> **注意**
>
> 如果多个基于 Connection（会话连接）的 Blocking 都是使用相同的源地址即便是目标 IP 和端口不同，那么，在检测到这个会话三次后，这个基于 Connection 的 Blocking 会自动转换成基于 host 的 Blocking。

3）只为特定的 SigID 配置 Blocking 响应策略，不是所有 SigID 都需要配置 Blocking。

这里描述的 Blocking 响应技术，但是大家不能先入为主，认为任何时候做 Blocking 都是一个最好的选择，事实上在很多情况下我们只会针对特点的 SigID 做 Blocking，比如 LAND 攻击、UDP 洪水攻击等，并不是所有的 SigID 都适合做 Blocking，比如基于 TCP 的入侵检测，最佳的 action 是 reset，因为这是最简单，也是最高效的解决方案。

4）理解 Pre-Block ACL 和 postBlock ACL。

现先来理解 IPS 是如何向网络设备输写 ACL 的，当一台路由器被配置成可以协同 IPS 完成 Block 功能时，那么 IPS 首先向路由器上输写图 7.64 所示的 ACL 列表，事实上就是首先允许 IPS 自己，然后再允许其他所有数据包，如果某种流量触发了 SigID 的 Block，那么这个 Block 行为的 deny 语句将在如图 7.64 中的两条语句之间进行插入。

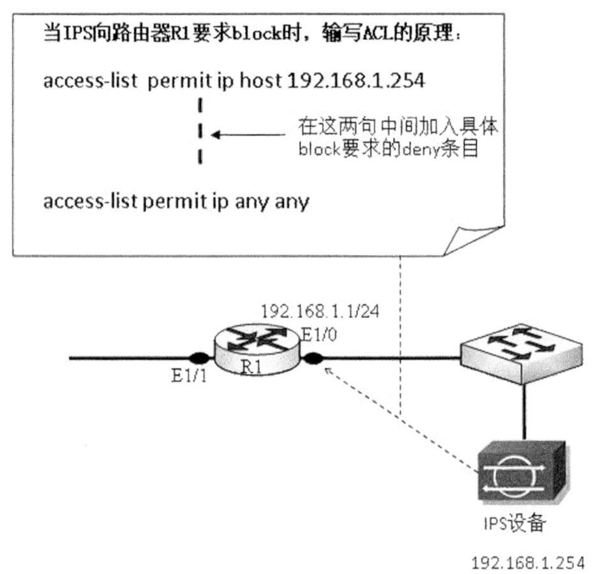

图 7.64 路由器上完成 Block 的初始 ACL 列表

但是现在有个问题，如图 7.65 所示，假设在路由器上原先就配置有 ACL 列表，如果 IPS 一来就在路由器上配置图 7.64 的 ACL，那么路由器上原来的 ACL 将被“绕过”也叫做被旁路掉，更简单地说就是不生效，一切流量将被允许。此时 IPS 在路由器上将原来的 ACL 折分为两个 ACL，如图 7.65 所示，一个是叫 Pre-ACL 一个叫 Post-ACL，然后如果某种流量触发了 SigID 的 Block，那么这个 Block 行为的 deny 语句将在 Pre-ACL 和 Post-ACL 之间插入，这样就不会“绕过”原先配置的 ACL。

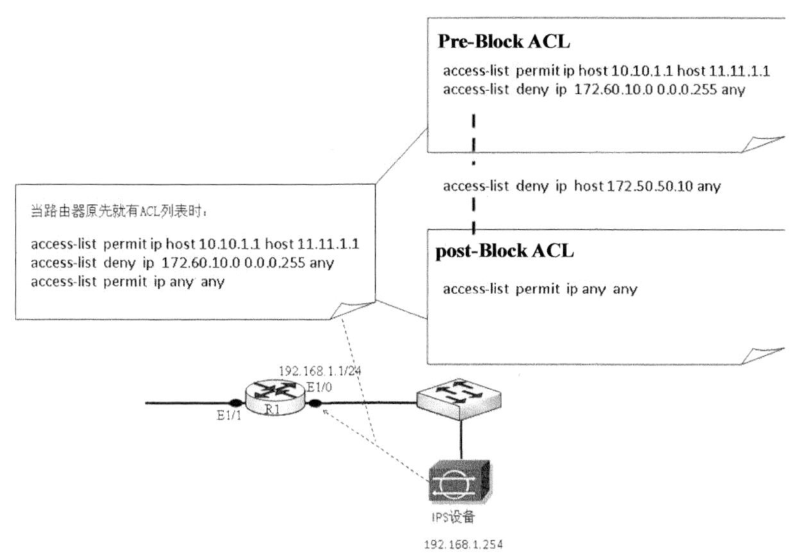

图 7.65　关于 Pre 和 post ACL 列表

5）决定适当的 Block 时间。

默认 Block 的时间是 30min，也就是说 IPS 在路由器或者其他设备上所写入 ACL 的时间为 30min，当 30min 后，IPS 会在路由器或者其他设备上将原先写入的 ACL 动态的删除，那么用户可以根据自身网络的特性调整 Blocking 的时间。

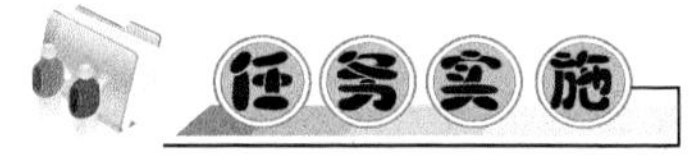

实施思科 IPS 联动其他设备（路由器）完成 Blocking 的项目案例

关于配置 Blocking 的步骤如下所示。

1）配置网络设备支持 Telnet/SSH。

2）在 IPS 上通过配置 Know Host key 获取网络设备的密钥。

3）在 IPS 上选中相应的 SigID 的响应行为是 Block。

4）在 IPS 上配置 Block 的全局属性。

实施目标：配置思科 IPS 联动其他设备（路由器）完成 Blocking。

实施环境：如图 7.66 所示。

实施背景：将演示环境中的 IPS 配置成旁路模式，让其监控交换机 fa0/1 和 fa0/2 接口的流量，当 IPS 发现流量中存在异常（攻击流量）时，IPS 将通过 Blocking 联动路由器 R2 拦阻网络攻击流量。注意在这个过程中，建议将 IPS 配置成旁路模式，如果配置成在线模式(inline)那么拦阻将变成多此一举的行为，因为本身在线模式的 IPS 就可以第一时间防御攻击，那么再来实施 Blocking，在多数情况下将变得没有意义。

实施步骤：

第一步 首先要配置交换机支持端口镜像功能，因为 IPS 旁路模式的流量监控必须与交换机的端口镜像功能协同使用，否则处于旁路的 IPS 将无法获取监控流量。相关交换机上紧端口镜像功能的配置如下所示，除此之外，还必须为路由器 R1 和 R2 完成基本配置，包括接口 IP 地址的配置，路由协议的启动，至少要保证整个网络可以正常通信。这是整个演示的基础环境保障。

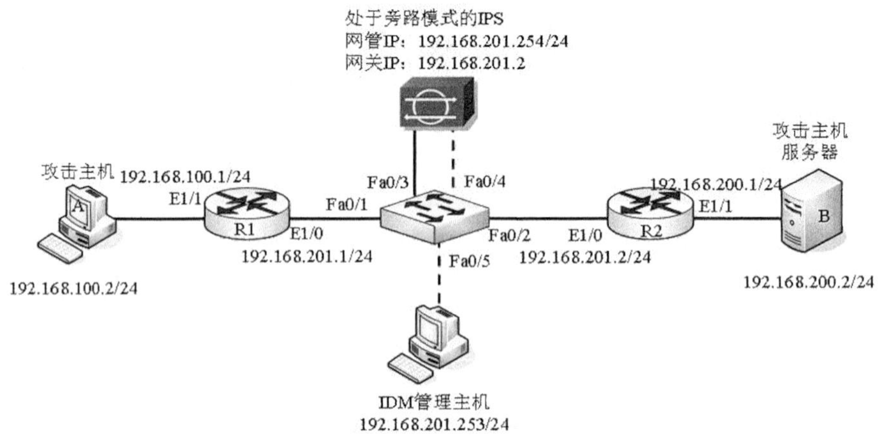

图 7.66　实训 Block 的环境

交换机端口镜像的配置。

S1(config)#monitor session 1 source interface fastEthernet 0/1

* 配置镜像的源端口。

S1(config)#monitor session 1 source interface fastEthernet 0/2

* 配置镜像的源端口。

S1(config)#monitor session 1 destination interface fastEthernet 0/3

* 配置镜像的目标端口。

路由器 R1 的基本配置。

R1(config)#interface e1/0

R1(config-if)#ip address 192.168.201.1 255.255.255.0

R1(config-if)#no shutdown

R1(config-if)#exit

R1(config)#interface e1/1

R1(config-if)#ip address 192.168.100.1 255.255.255.0

R1(config-if)#no shutdown

R1(config-if)#exit

R1(config)#router rip

* 在路由器 R1 上启动路由。

R1(config-router)#no auto-summary

* 关闭自动归纳功能。

R1(config-router)#version 2

* 启动 RIP 的 2 号版本。

R1(config-router)#network 192.168.100.0

* 公告子网 192.168.100.0。

R1(config-router)#network 192.168.201.0

* 公告子网 192.168.201.0。

R1(config-router)#exit

路由器 R2 的基本配置：

R2(config)#interface ethernet 1/0

R2(config-if)#ip address 192.168.201.2 255.255.255.0

R2(config-if)#no shutdown

R2(config-if)#exit

R2(config)#interface ethernet 1/1

R2(config-if)#ip address 192.168.200.1 255.255.255.0

R2(config-if)#no shutdown

R2(config-if)#exit

R2(config)#router rip

R2(config-router)#no auto-summary

R2(config-router)#version 2

R2(config-router)#network 192.168.201.0

R2(config-router)#network 192.168.200.0

R2(config-router)#exit

第二步 配置 IPS 的 G0/1 接口工作在旁路模式下，如果配置正确，应该得到图 7.67 所示的接口参数特性。

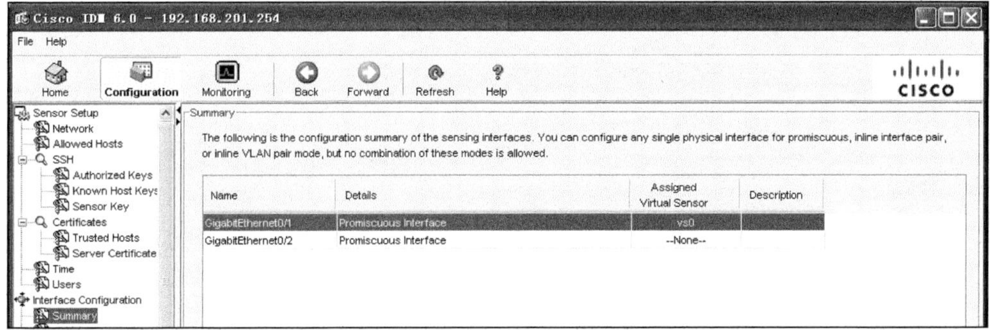

图 7.67　IPS 工作在旁路模式下的接口参数特性

第三步 配置路由器 R2 支持 Telnet/SSH 功能，要使路由器 R2 支持被 IPS 进行 SSH 管理，必须为路由器 R2 配置登录的用户名、密码、域名后缀、生成公私钥对等，具体配置如下所示。

配置路由器 R2 支持 SSH。

R2(config)#enable password ips

* 为路由器 R2 的 enable 用户密配置密码。

R2(config)#username cisco password cisco

* 配置 SSH 的用户名与密码。

R2(config)#ip domain-name ips.com

* 配置路由器 R2 的域名后缀。

然后使用 crypto key generate rsa 指令在路由器本地生产公私钥对，具体如图 7.68 所示，在这里可以保持默认 512 的密钥长度。

```
R2(config)#crypto key generate rsa
The name for the keys will be: R2.ips.com
Choose the size of the key modulus in the range of 360 to 2048 for your
  General Purpose Keys. Choosing a key modulus greater than 512 may take
  a few minutes.

How many bits in the modulus [512]:
% Generating 512 bit RSA keys, keys will be non-exportable...[OK]

R2(config)#
*Apr  7 04:48:08.687: %SSH-5-ENABLED: SSH 1.99 has been enabled
```

图 7.68　在路由器 R2 上产生 RSA 密钥对

R2(config)#line vty 0 4

* 进入虚拟控制终端的线序 0-4。

R2(config-line)#login local

* 登录时使用本地安全数据库中的用户名和密码进行验证。

R2(config-line)#transport input ssh

* 允许 SSH 传入。

第四步 现在配置 IPS 上通过 Known Host key 获取网络设备的密钥。在 IPS 的图形化配置界面下的 configuration\SSH\Known Host Keys\的 Add 如图 7.69 所示，获取路由器 R2 的密钥。在 IP Address 中填入 192.168.201.2 地址后，单击 Retrieve Host Key 可以自动获取路由器 R2 的密钥。

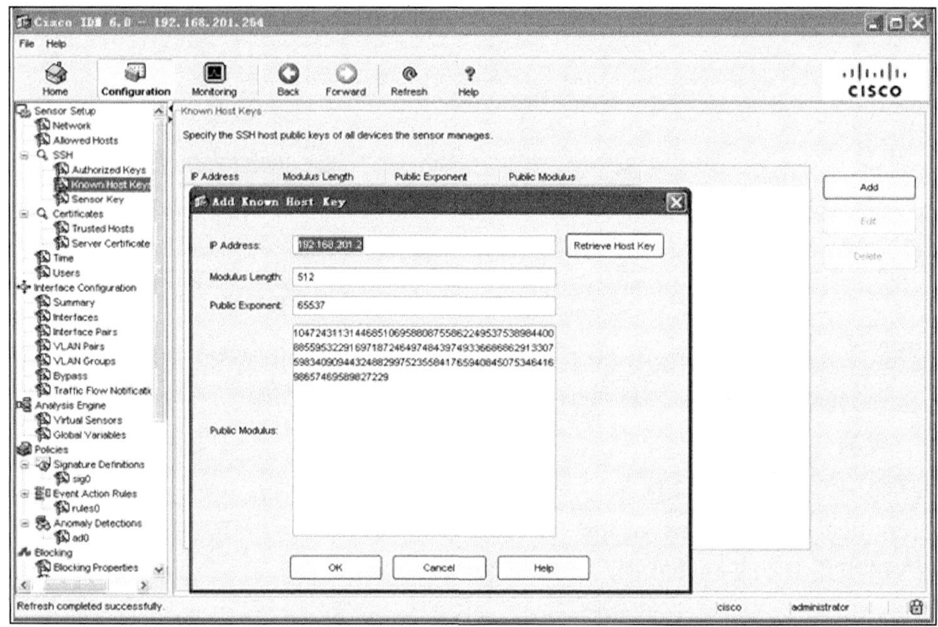

图 7.69　获取网络设备的密钥

第五步 在 IPS 上配置相应的 SigID 的响应行为是 Block，在这个演示环境中，通过 SigID 来定位 SigID1102 的 signature，然后单击 Actions 按钮，如图 7.70 所示，当出现图 7.71 的各个选项时，单击 Request Block connection 项，也就是当有违规的流量触发 SigID1102 时，将拦阻这个违规的会话。

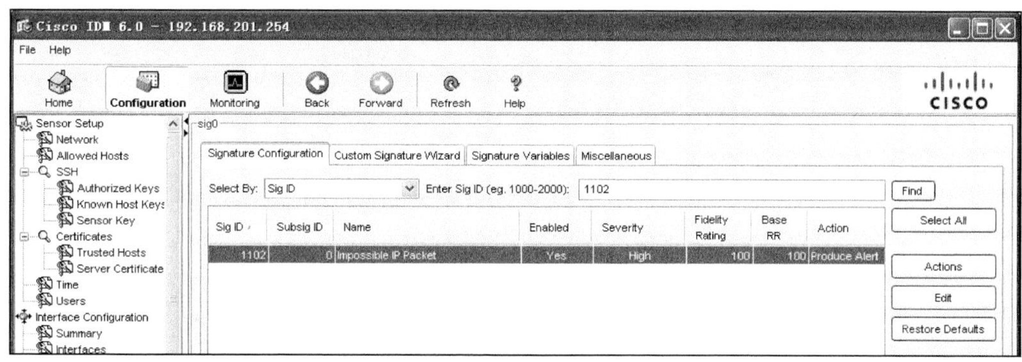

图 7.70　通过 SigID 确定 1102

Assign Actions

You can specify actions the sensor should perform when it detects the selected signature(s). To assign an action, select the check box next to the action. A check mark indicates the action will be performed. No check mark indicates the action will not be performed. A gray check mark indicates the action is assigned to some, but not all of the signatures you selected.

- [ ] Deny Attacker Inline
- [ ] Deny Attacker Service Pair Inline
- [ ] Deny Attacker Victim Pair Inline
- [ ] Deny Connection Inline
- [ ] Deny Packet Inline
- [ ] Log Attacker Packets
- [ ] Log Pair Packets
- [ ] Log Victim Packets
- [x] Produce Alert
- [ ] Produce Verbose Alert
- [x] Request Block Connection
- [ ] Request Block Host
- [ ] Request SNMP Trap
- [ ] Reset TCP Connection

Select All　Select None

OK　Cancel　Help

图 7.71　配置 SigID1102 支持 Block 功能

第六步 现在开始配置 Blocking 的全局参数，在 IDM 配置环境中，导航到 configuration/Blocking/Blocking Properties 如图 7.72 所示，关于每个选项具体的意义在图中都有备注与解释。

然后，在 Blocking/Blocking Login Profiles 来配置阻拦设备的登录配置文件，在图 7.73 的对话框中，各个配置项的解释图所示。完成配置后，单击 OK 按钮。进一步配置 Blocking/Blocking Device，出现图 7.74 所示的对话框要求配置 Blocking 的具体设备的参数，其中各个选项的解释如图所示，在这里需要特别申明一下关于 Sensor’s NAT address 选项的意义。

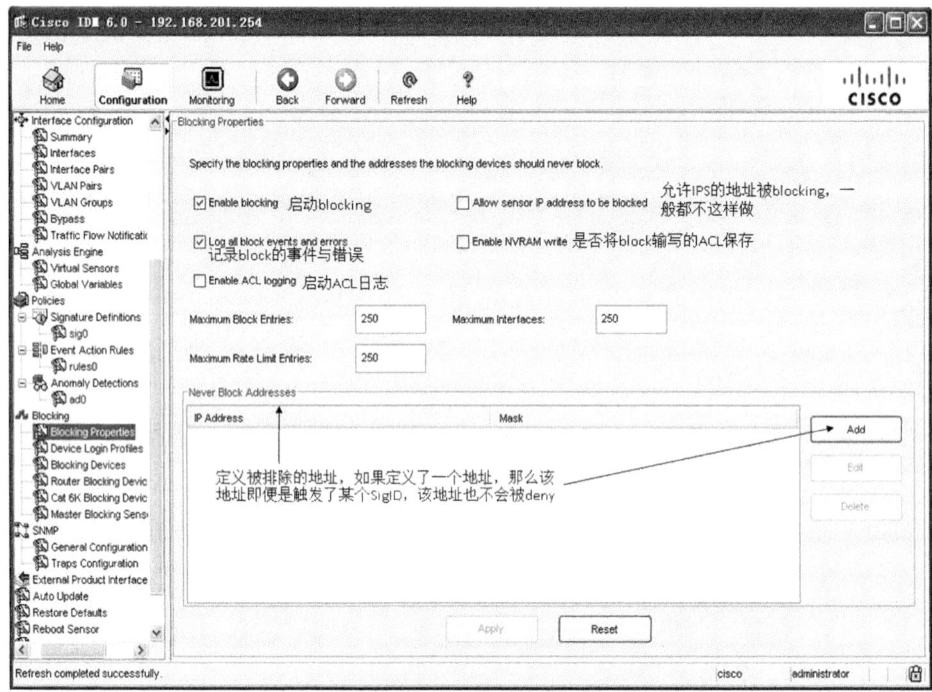

图 7.72　配置 Block 的全局特性

图 7.73　配置 Block 的登录用户名和密码

理解 Sensor's NAT address 选项：

在该实施环境中 Sensor's NAT address 选项可以不作任何配置，因为 Sensor 与网络的通信没有经过任何 NAT 路由器。但是如果是图 7.75 所示的环境，就必须配置 Sensor's NAT address，回忆一下本项目中曾经描述过当使用 Block 功能时，IPS 将会在路由器上

Add Blocking Device

配置登陆拦阻设备的IP地址
IP Address: 192.168.201.2
* 请参看专项解释
Sensor's NAT Address (optional):
选择拦阻策略的名称
Device Login Profile: R2denyLand
选择拦阻设备的类型
Device Type: Cisco Router
选择拦阻行为
Response Capabilities: ☑ Block ☐ Rate Limit
选择登陆拦阻设备的加密方式
Communication: SSH 3DES

OK Cancel Help

图 7.74 配置 Blocking 具体设备

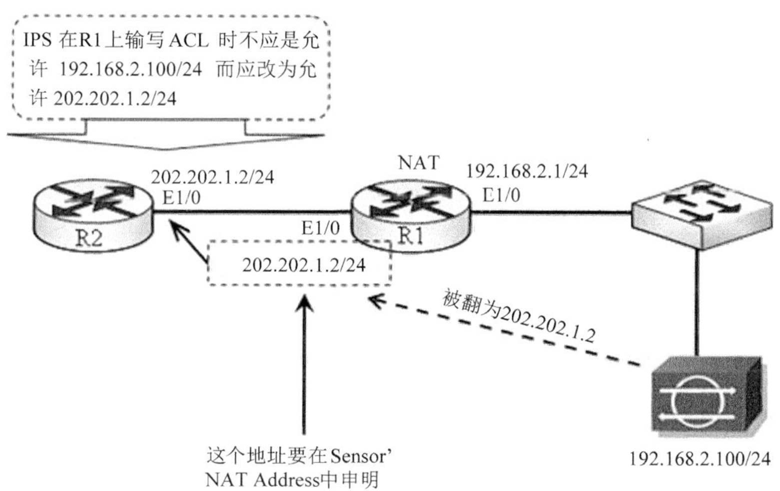

图 7.75 需要使用 Sensor's NAT address 的环境

去输写一条允许 IPS 自身访问路由器的 ACL 语句。在图 7.75 的环境中，IPS 原本的地址是 192.168.2.100，如果它要控制 R2 实现 Block 功能，那么它就需要在路由器 R2 上插入一条 permit 192.168.2.100 的 ACL 语句让 IPS 可以成功的访问路由器 R2，在这个特定的环境中，这条 permit 192.168.2.100 没有任何意义，因为 192.168.2.100 经过了 NAT 路由器 R1 将源 IP192.168.2.100 翻译成了 202.202.1.2，所以对于路由器 R2 而言，它根本看到 192.168.2.100 这个 IP 地址，那么在此时就需要在 IPS 上配置 Sensor's NAT address 为 202.202.1.2，这样 IPS 就可以在路由器 R2 上输写 ACL 时写成 permit 202.202.1.2 而不是 192.168.2.100，这就是 Sensor's NAT address 的意义。

最后是配置 Blocking Device Interface 选项，关于各项参数的意义如图 7.76 所示，在该环境中的拦阻设备是路由器 R2(192.168.201.2)并在 E1/0 接口的进入方向上实施拦阻。

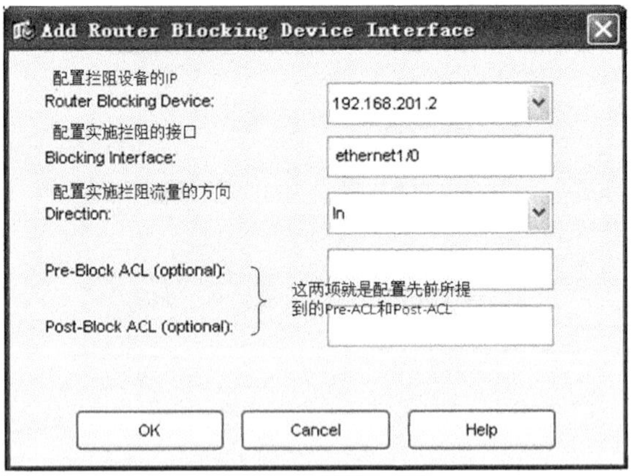

Add Router Blocking Device Interface

配置拦阻设备的IP
Router Blocking Device: 192.168.201.2
配置实施拦阻的接口
Blocking Interface: ethernet1/0
配置实施拦阻流量的方向
Direction: In
Pre-Block ACL (optional):
Post-Block ACL (optional):
这两项就是配置先前所提到的Pre-ACL和Post-ACL
OK Cancel Help

图 7.76 选择执行 Blocking 的接口和方向

完成上述所有配置后，在没有发启正式的攻击测试之前，可以来到拦阻设备路由器 R2 上，使用 show access-lists 查看路由器的 ACL 列表，如图 7.77 所示，可以看到一个名字 IDS_ethernet1/0_in_0 的 ACL 列表，其中有两条语句：一条表示允许 IPS 设备 192.168.201.254 访问该路由器，另一条表示允许一切访问，如果某个违规流量触发了配置了 Block 功能的 SigID，那么 deny（拒绝）违规流量的语句将在这两条 ACL 语句之间插入具体内容。更多信息请参看本项目的理解 Pre-block ACL 和 post-block ACL 部分。

```
R2#show access-lists
Extended IP access list IDS_ethernet1/0_in_0
    10 permit ip host 192.168.201.254 any (43 matches)
    20 permit ip any any
```

图 7.77 配置完 Block 功能，默认的 ACL

第七步 图 7.78 所示为正式开始使用 LAND 攻击测试 Block 的效果，首先当发起 LAND 攻击时，如果前面所有的配置没有错误，那么攻击流量将触发 Signature1102（Sig1102），然后此时会引发 Blocking 行为，最后 IPS 会在拦阻设备 R2 上插入拒绝 LAND 攻击流量的 ACL 语句。图 7.79 所示为 LAND 攻击触发 Sig1102 的告警事件，图 7.80 所示为告警事件的详细信息，BlockConnectionRequested:true。

```
C:\>land15 192.168.200.2 445




Creating Socket...

LAND Target:4329127

LAND Data buffering...

Now start Landing 4329127 ...

+++++65536 Land Data send OK+++++
```

图 7.78 发动 LAND 攻击

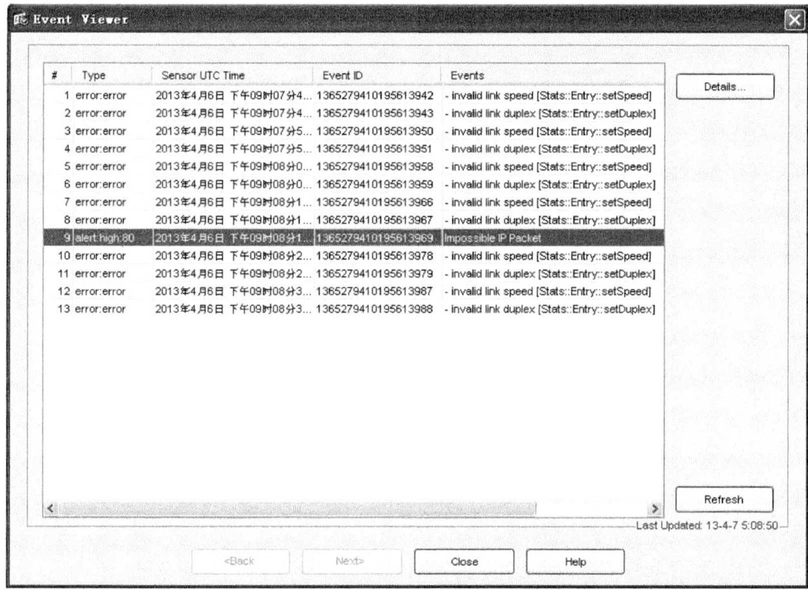

图 7.79　在事件查看器关于 SigID1102 的告警事件

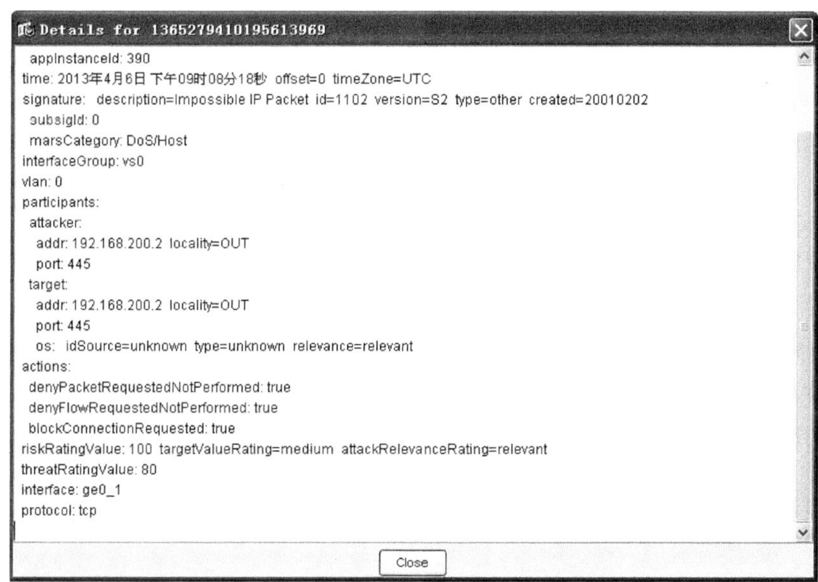

图 7.80　关于 SigID1102 告警事件详细信息

此时在拦阻设备 R2 上，通过 show access-lists 指令可以看到在 IPS 预配置的 ACL 中插入了 deny LAND 攻击的流量，即源和目标是同一个 IP 地址，并且可以看到被拒绝的包有 796 个，Block 成功，如图 7.81 所示。

```
R2#show access-lists
Extended IP access list IDS_ethernet1/0_in_1
    10 permit ip host 192.168.201.254 any (90 matches)
    20 deny tcp host 192.168.200.2 host 192.168.200.2 eq 445 (796 matches)
    30 permit ip any any (9 matches)
```

图 7.81　在 R2 上被 IPS 插入了拒绝 LAND 攻击流量的 ACL

知识拓展 QoS 队列技术

QoS（Quality of Service）即服务质量，是一种能够为部分用户或应用（或两者）提供更好或特殊服务而劣化其他用户或应用的网络流量管理能力。它能达到这一目标的关键在于使用了一种队列技术来将用户流量等级化。队列是等待通过网络设备的某个接口进行转发的一系列分组的缓存区域。在交换机、路由器中一般存在两种类型的队列，一种是硬件队列，另一种是软件队列。当数据达到网络设备（路由器或交换机）时，首先进入硬件队列进行转发，使用“先进先出”的原则进行数据转发。当硬件队列充满时，启用软件队列。管理员可以针对软件队列做调配，使用不同的队列技术实现不同的数据转发控制。制订优先等级，实现不同的流量管理策略事实上就是对软件队列实施不同的调度方式。QoS 可以针对各种应用的不同需求，提供不同的服务质量，例如提供专用带宽、减少报文丢失率、网络拥塞管理、网络拥塞避免、流量整形等。

习　　题

一、选择题

1. 默认 block 的时间是（　　）min。

A. 10　　B. 20　　C. 30　　D. 40

2. 设置时钟的方式有（　　）种。

A. 1　　B. 2　　C. 3　　D. 4

3. SNMP 管理的网络有（　　）部分组成。

A. 1　　B. 2　　C. 3　　D. 4

4. 一个通用的日志消息组成大概分成(　　)个部分。

A. 1　　B. 2　　C. 3　　D. 4

5. 日志信息文本包括一个文本消息的说明和与该说明有关的附加信息，一般这个部分的长度小于或者等于(　　)。

A. 1KB　　B. 512B　　C. 128B　　D. 2KB

二、简答题

1. 简述为什么企业网络配置统一的时钟系统。
2. 简述日志系统的作用。
3. 简述思科 IPS 设备上 Blocking 的作用与意义。

项目 8

企业级园区网络安全规划与部署

- 了解园区及安全网络的部署原理。
- 了解无线网络的工作原理。
- 了解无线网络的安全原理。

- 能够完成园区及安全网络的规划和配置。
- 能够完成无线网络的安全部署和配置。

天隆科技公司发展迅速，分支机构办公点的员工计算机数量不断增加，加上又引入了无线设备，公司领导要求小刘对分支机构的网络做完全的规划和部署。

网络管理员小刘通过以上的现状的分析，得出现在存在的问题有以下几点。

1）分支机构网络规划的杂乱无章。

2）外来人员任意的连接分支机构的无线网络。

解决思路

本项目首先对分支机构的网络进行整体安全的规划与部署。分支机构的网络内部和边界进行规划和部署设备，无线网络进行加密。

本项目实施完成以下任务：

任务一　部署企业级园区整体网络安全规划；

任务二　部署企业级园区网络安全设备。

任务 8.1 部署企业级园区整体网络安全规划

随着计算机及局域网络应用的不断深入，特别是各种计算机应用系统被相继应用在实际工作中，网络安全就显得格外重要。本项目是局域网整网安全方案的设计与实施，就是通过对局域网安全的总体设计与实施认识到网络安全的重要性。该项目的综合性较强，难度较高，首先要分析部署的目标，以及如何达到相关部署目标的过程，使用什么样的技术实施等。

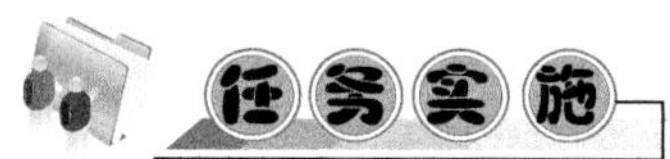

实施环境：如图 8.1 所示。

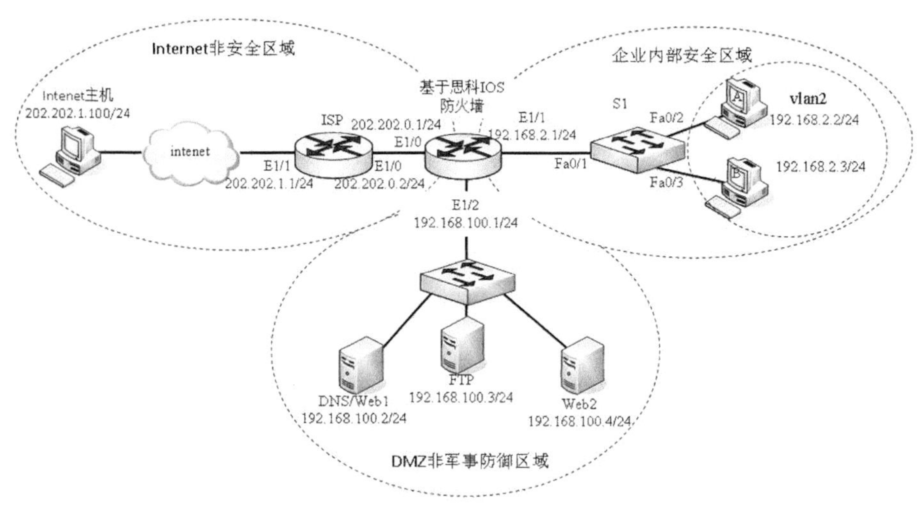

图 8.1 思科 IOS 防火墙的部署实施

实施目标：

1）使用基于思科路由器的 IOS 特性来充当企业网络边界中的防火墙。将整个企业网络规划成 3 个安全区域，企业内部网络属于安全区域、Internet 属于非安全区域、服务器群属于 DMZ 区域。使用思科的 CBAC 技术完成各个接口的安全区域划分。注意：该网络严格区分公共 IP 地址和 RFC1918 地址，换言之，RFC1918 的地址不参与公共网络的路由学习和路由公告。请完成网络的基础配置。

2）要求在思科 IOS 防火墙上配置 NAT 功能，要求达到如下效果。

① 要求 VLAN2 的主机可以通过 PAT 成防火墙 E1/0 接口的公共 IP 地址访问

Internet。

② 要求 DMZ 区域的 3 台服务器分别满足：192.168.100.2 被 NAT 成 202.202.0.252 提供给 Internet 上的主机访问；192.168.100.3 被 NAT 成 202.202.0.253 提供给 Internet 上的主机访问；192.168.100.4 被 NAT 成 202.202.0.254 提供给 Internet 上的主机访问。

3）布置思科 IOS 防火墙的功能，要求审计安全区域到非安全区域的流量，主要审计的流量类型有 ICMP、DNS、FTP、Web、UDP。防火墙只允许内部主动访问 Internet 区域和 DMZ 区域的流量返回到内部，不允许非安全区域和 DMZ 区域主动访问内部网络。

4）使用静态过滤技术，使 Internet 上的任意主机可以在任意时间访问 DMZ 区域的 DNS/Web1、FTP、在每天下班后（17:00～8:30）不允许访问 Web2，要求过滤技术在防火墙的外部接口完成。

5）要求在 IOS 防火墙的外部接口上启动防御伪造 IP 地址欺骗的功能。

6）要求在 IOS 防火墙上启动 TCP 和 UDP 审计功能的具体参数标准如下。

① 整个防火墙最多接受到一台具体服务器的 TCP 半开会话 470 个。当达到 470 的门限值时，该服务器在等待 5min 后再接受新的 TCP 连接。

② 设置 TCP 的空闲超时为 120s。

③ 设置 UDP 的空闲超时为 120s。

④ 设置 DNS 的查询超时为 30s。

7）在防火墙的 DMZ 接口上使用静态过滤方式防御任意主机对 Web2 的 LAND 攻击。

实施步骤：

第一步 使用基于思科路由器的 IOS 特性来充当企业网络边界中的防火墙。将整个企业网络规划成 3 个安全区域，企业内部网络属于安全区域、Internet 属于非安全区域、服务器群属于 DMZ 区域。使用思科的 CBAC 技术完成各个接口的安全区域划分。注意：该网络严格区分公共 IP 地址和 RFC1918 地址，换言之，RFC1918 的地址不参与公共网络的路由学习和路由公告。请完成网络的基础配置。

ISP 路由器的配置如下。

```
Isp(config)#interface e1/0
Isp(config-if)#ip address 202.202.0.2 255.255.255.0
Isp(config-if)#no shutdown
Isp(config-if)#exit
Isp(config)#interface e1/1
Isp(config-if)#ip address 202.202.1.1 255.255.255.0
Isp (config-if)#no shutdown
Isp (config-if)#exit
Isp (config)#router ospf 1
Isp (config-router)#router-id 2.2.2.2
Isp (config-router)#network 202.202.0.0 0.0.0.255 area 0
Isp (config-router)#network 202.202.1.0 0.0.0.255 area 0
```

```
Isp (config-router)#exit
```

上述为实训环境中仿真电信运营商路由器的配置，在这个路由器上，配置很简单，只需要为路由器接口配置 IP 地址将使用 OSPF 启动路由即可。因为运营商路由器的每个接口都处于公共网络，所以需要将所有接口的所有子网，使用 OSPF 路由协议进行公告。

IOS 防火墙的基本配置如下。

```
IOSfirewall(config)#interface e1/0
IOSfirewall(config-if)#ip address 202.202.0.1 255.255.255.0
IOSfirewall(config-if)#no shutdown
IOSfirewall(config-if)#exit
IOSfirewall(config)#interface e1/1
IOSfirewall(config-if)#ip address 192.168.2.1 255.255.255.0
IOSfirewall(config-if)#no shutdown
IOSfirewall(config-if)#exit
IOSfirewall(config)#router ospf 1
IOSfirewall(config-router)#router-id 1.1.1.1
IOSfirewall(config-router)#network 202.202.0.0 0.0.0.255 area 0
IOSfirewall(config-router)#exit
```

上述配置为思科 IOS 防火墙的网络基础配置，分别为防火墙的各个接口配置了 IP 地址，将配置有公共 IP 地址的接口公告到 OSPF 路由协议中。注意内部网络接口和 DMZ 区域接口的 IP 地址不被 OSPF 所公告，因为它们使用的是 RFC1918 的地址。

企业内部交换机 S1 的配置如下。

```
S1#vlan database
S1(vlan)#vlan 2 name v2
VLAN 2 modified:
    Name: v2
S1(vlan)#vtp domain cisco
Domain name already set to cisco .
S1(vlan)#vtp server
Device mode already VTP SERVER.
S1(vlan)#exit
S1(config)#inte fastEthernet 0/1
S1(config-if)#switchport access vlan 2
S1(config-if)#shutdown
S1(config-if)#exit
S1(config)#interface fastEthernet 0/2
S1(config-if)#switchport access vlan 2
S1(config-if)#no shutdown
S1(config-if)#exit
S1(config)#interface fastEthernet 0/3
```

S1(config-if)#switchport access vlan 2

S1(config-if)#no shutdown

S1(config-if)#exit

如果配置没有错误，到此为止企业内部网络的主机 A 和 B 应该能成功的 ping 通 IOS 防火墙的内部接口 IP 地址 192.168.2.1，但是无法 ping 通 Internet 上的任何公共 IP 地址，关于这一点必须要在下一步中对 IOS 防火墙实施 NAT 配置后才能成功的 ping 通公共 IP 地址。

注意

在为基于思科 IOS 防火墙规划安全区域时，不需要特别的申明 IOS 防火墙的某个接口属于某个安全区域，具体的安全区域规划将被 CBAC 技术的审计方向所决定，详细过程将在第三步中配置。

第二步 要求在思科 IOS 防火墙上配置 NAT 功能，要求达到如下效果。

1）要求 VLAN2 和 VLAN3 主机可以通过 PAT 成防火墙 E1/0 接口的公共 IP 地址访问 Internet。

2）要求 DMZ 区域的 3 台服务器分别满足：192.168.100.2 被 NAT 成 202.202.0.252 提供给 Internet 上的主机访问；192.168.100.3 被 NAT 成 202.202.0.253 提供给 Internet 上的主机访问；192.168.100.4 被 NAT 成 202.202.0.254 提供给 Internet 上的主机访问。

在 IOS 防火墙上 NAT 的配置如下。

IOSfirewall(config)#access-list 1 permit 192.168.2.0 0.0.0.255

IOSfirewall(config)#ip nat inside source list 1 interface e1/0 overload

IOSfirewall(config)#interface e1/1

IOSfirewall(config-if)#ip nat inside

IOSfirewall(config-if)#exit

IOSfirewall(config)#interface e1/0

IOSfirewall(config-if)#ip nat outside

IOSfirewall(config-if)#exit

IOSfirewall(config)#inte e1/2

IOSfirewall(config-if)#ip nat inside

IOSfirewall(config-if)#exit

当完成上述配置后，企业内部网络的主机 A 和 B 应该能成功的通过 NAT 技术访问 Internet 上的主机 202.202.1.100。可以通过 ping 测试，当主机 A 和 B 都能成功的 ping 通 202.202.1.100 时，可以在防火墙上查看 NAT 翻译表如图 8.2 所示。

```
IOSfirewall#show ip nat translations
Pro Inside global      Inside local       Outside local      Outside global
icmp 202.202.0.1:512   192.168.2.2:512    202.202.1.100:512  202.202.1.100:512
icmp 202.202.0.1:513   192.168.2.3:512    202.202.1.100:512  202.202.1.100:513
```

图 8.2　查看思科 IOS 防火墙上的 NAT 翻译表

现在来完成将 DMZ 区域的 3 台服务器：192.168.100.2 被 NAT 成 202.202.0.252；192.168.100.3 被 NAT 成 202.202.0.253；192.168.100.4 被 NAT 成 202.202.0.254 提供给

Internet 上的主机访问，关于这 3 个公共 IP 地址通常企业网络管理可以从电信运营商申请得到，具体配置如下所示。

IOSfirewall(config)#ip nat inside source static 192.168.100.2 202.202.0.252

* 将 192.168.100.2 翻译 202.202.0.252 提供给 Internet 上的主机访问。

IOSfirewall(config)#ip nat inside source static 192.168.100.3 202.202.0.253

* 将 192.168.100.3 翻译 202.202.0.253 提供给 Internet 上的主机访问。

IOSfirewall(config)#ip nat inside source static 192.168.100.4 202.202.0.254

* 将 192.168.100.4 翻译 202.202.0.254 提供给 Internet 上的主机访问。

当完成上述配置后，可以在 Internet 主机上通过 ping 202.202.0.252、202.202.0.253、202.202.0.254 来完成检测，如果能 ping 通这 3 个公共 IP 地址也就是能成功的和 DMZ 区域的 192.168.100.2、192.168.100.3、192.168.100.4 通信，具体的检测效果如图 8.3 所示，它们在 IOS 防火墙的映射关系如图 8.4 所示。

```
C:\>ping 202.202.0.252

Pinging 202.202.0.252 with 32 bytes of data:

Reply from 192.168.100.2: bytes=32 time=32ms TTL=126
Reply from 192.168.100.2: bytes=32 time=20ms TTL=126
Reply from 192.168.100.2: bytes=32 time=28ms TTL=126
Reply from 192.168.100.2: bytes=32 time=23ms TTL=126

Ping statistics for 202.202.0.252:
    Packets: Sent = 4, Received = 4, Lost = 0 (0% loss),
Approximate round trip times in milli-seconds:
    Minimum = 20ms, Maximum = 32ms, Average = 25ms
```

```
C:\>ping 202.202.0.253

Pinging 202.202.0.253 with 32 bytes of data:

Reply from 192.168.100.3: bytes=32 time=18ms TTL=126
Reply from 192.168.100.3: bytes=32 time=23ms TTL=126
Reply from 192.168.100.3: bytes=32 time=20ms TTL=126
Reply from 192.168.100.3: bytes=32 time=22ms TTL=126

Ping statistics for 202.202.0.253:
    Packets: Sent = 4, Received = 4, Lost = 0 (0% loss),
Approximate round trip times in milli-seconds:
    Minimum = 18ms, Maximum = 23ms, Average = 20ms
```

```
C:\>ping 202.202.0.254

Pinging 202.202.0.254 with 32 bytes of data:

Reply from 192.168.100.4: bytes=32 time=26ms TTL=126
Reply from 192.168.100.4: bytes=32 time=26ms TTL=126
Reply from 192.168.100.4: bytes=32 time=19ms TTL=126
Reply from 192.168.100.4: bytes=32 time=18ms TTL=126

Ping statistics for 202.202.0.254:
    Packets: Sent = 4, Received = 4, Lost = 0 (0% loss),
Approximate round trip times in milli-seconds:
    Minimum = 18ms, Maximum = 26ms, Average = 22ms
```

图 8.3　在 Internet 主机上测试 DMZ 区域的访问

```
IOSfirewall#show ip nat translations
Pro Inside global       Inside local       Outside local      Outside global
icmp 202.202.0.1:512    192.168.2.2:512    202.202.1.100:512  202.202.1.100:512
icmp 202.202.0.1:513    192.168.2.3:512    202.202.1.100:512  202.202.1.100:513
--- 202.202.0.252       192.168.100.2      ---                ---
--- 202.202.0.253       192.168.100.3      ---                ---
--- 202.202.0.254       192.168.100.4      ---                ---
```

图 8.4　查看 IOS 防火墙的 NAT 静态映射记录

第三步 部署思科 IOS 防火墙的功能，要求审计安全区域到非安全区域的流量，主要审计的流量类型有 ICMP、DNS、FTP、Web、UDP。防火墙只允许内部主动访问 Internet 区域和 DMZ 区域的流量返回到内部，不允许非安全区域和 DMZ 区域主动访问内部网络。

注意

在没有启动 IOS 防火墙功能时，DMZ 区域可以和企业内部区域进行不受控制的访问，而 Internet 区域不能访问内部网络是因为 NAT 的保护，更明确地讲是因为公共 IP 没有和 RFC1918 地址进行相互的路由公告与学习，这并不是防火墙的保护功能。

IOS 防火墙的配置如下。

```
IOSfirewall(config)#ip access-list extended internettointranet
IOSfirewall(config-ext-nacl)#permit ospf any any
IOSfirewall(config-ext-nacl)#deny ip any 192.168.2.0 0.0.0.255
IOSfirewall(config-ext-nacl)#exit
```

上述配置建立一个从 Internet（外网）到 Intranet（内网）的访问控制列表，在思科基于 IOS 的防火墙上除了允许 OSPF 路由协议的数据包进入防火墙以外，其他流量全部进入到 192.18.2.0 子网的流量都被拒绝。那么必须允许 OSPF 路由协议进入防火墙，因为防火墙的外部接口是使用 OSPF 与电信运营商的路由器进行 OSPF 路由学习与公告，如果将 OSPF 的流量也拒绝，那么防火墙将失去与外部一切的通信能力，因为丧失路由一切皆不可再言。

```
IOSfirewall(config)#interface e1/0
IOSfirewall(config-if)#ip access-group internettointranet in
IOSfirewall(config-if)#exit
```

上述配置是将从外到内的访问控制列表应用到思科 IOS 防火墙的外部接口的进入方向上，这样就可以保障外部 Internet 上的主机在任何情况下都不能主动访问企业内部网络。因为流量无法进入防火墙的外部接口。这样就达到了配置标准。

```
IOSfirewall(config)#ip access-list extended denydmztointranet
IOSfirewall(config-ext-nacl)#deny ip 192.168.100.0 0.0.0.255 192.168.2.0 0.0.0.255
IOSfirewall(config-ext-nacl)#permit ip any any
```

上述配置是在防火墙上建立一个从 DMZ 区域到企业内部网络的流量过滤列表，该列表指示拒绝一切从源地址 192.168.100.0 子网到目标地址 192.168.2.0 子网的 IP 流量，这样的配置达到了需求的标准。

```
IOSfirewall(config)#interface e1/2
IOSfirewall(config-if)#ip access-group denydmztointranet in
IOSfirewall(config-if)#exit
```

上述配置是将从 DMZ 区域到企业内部网络的流量过滤列表应用到思科 IOS 防火墙 DMZ 区域接口 E1/2 的进入方向，这样就可以保以 DMZ 区域的流量无法主动访问企业内部网络达到配置标准。

注意

至此完成上述的所有配置后，Internet 上的主机和 DMZ 区域的主机都无法主动访问企业内部网络。但是企业内部网络也无法访问 Internet 和 DMZ 区域，在企业内部主机 A（192.168.2.2）做测试如图 8.5 所示，因为一个访问会话是双向的，在这一点上没有达到配置需求，因为配置需求是允许内部主动访问 Internet 区域和 DMZ 区域的流量返回到内部，不允许非安全区域和 DMZ 区域主动访问内部网络。

在思科 IOS 防火墙上配置 CBAC(Context-Based Access Control 技术基于上下文的访问控制协议通过检查防火墙的流量来发现、管理 TCP 和 UDP 的会话状态信息。这

```
C:\>ping 202.202.1.100

Pinging 202.202.1.100 with 32 bytes of data:

Request timed out.
Request timed out.
Request timed out.
Request timed out.

Ping statistics for 202.202.1.100:
    Packets: Sent = 4, Received = 0, Lost = 4 (100% loss),

C:\>ping 192.168.100.2

Pinging 192.168.100.2 with 32 bytes of data:

Request timed out.
Request timed out.
Request timed out.
Request timed out.

Ping statistics for 192.168.100.2:
    Packets: Sent = 4, Received = 0, Lost = 4 (100% loss),
```

图 8.5 内部网络主机 A 无法访问 Internet 和 DMZ 区域的测试结果

些状态信息被用来在防火墙访问列表创建临时通道。通过在流量向上配置 ip inspect 列表，允许为受允许会话放回流量和附加数据连接，打开这些通路（受允许会话是指来源于受保护的内部网络会话）。

IOSfirewall(config)#ip inspect name iosfirewall icmp

*使用 CBAC 技术对 ICMP 进行状态审计。

IOSfirewall(config)#ip inspect name iosfirewall udp

*使用 CBAC 技术对 UDP 进行状态审计。

IOSfirewall(config)#ip inspect name iosfirewall tcp

*使用 CBAC 技术对 TCP 进行状态审计。

IOSfirewall(config)#ip inspect name iosfirewall dns

*使用 CBAC 技术对 DNS 进行状态审计。

IOSfirewall(config)#ip inspect name iosfirewall ftp

*使用 CBAC 技术对 FTP 进行状态审计。

IOSfirewall(config)#interface e1/0

IOSfirewall(config-if)#ip inspect iosfirewall out

IOSfirewall(config-if)#exit

IOSfirewall(config)#interface e1/1

IOSfirewall(config-if)#ip inspect iosfirewall in

IOSfirewall(config-if)#exit

上述配置是对需求中的各种流量进行状态审计，并规划防火墙的外部和内部接口，将一个叫做 iosfirewall 的 CBAC 应用到防火墙的内部和外部接口上。完成规划后，再到企业内部网络的主机 A（192.168.2.2）做测试，如图 8.6 所示，内部主机可以成功的主动访问 Internet 和 DMZ；然后再到外部 Internet 的主机上去主动访问内部，DMZ 区域的主机上去主动访问内部，会发现这两个区域不能主动访问内部网络。

```
C:\>ping 202.202.1.100

Pinging 202.202.1.100 with 32 bytes of data:

Reply from 202.202.1.100: bytes=32 time=79ms TTL=126
Reply from 202.202.1.100: bytes=32 time=44ms TTL=126
Reply from 202.202.1.100: bytes=32 time=36ms TTL=126
Reply from 202.202.1.100: bytes=32 time=28ms TTL=126

Ping statistics for 202.202.1.100:
    Packets: Sent = 4, Received = 4, Lost = 0 (0% loss),
Approximate round trip times in milli-seconds:
    Minimum = 28ms, Maximum = 79ms, Average = 46ms

C:\>ping 192.168.100.2

Pinging 192.168.100.2 with 32 bytes of data:

Reply from 192.168.100.2: bytes=32 time=61ms TTL=127
Reply from 192.168.100.2: bytes=32 time=22ms TTL=127
Reply from 192.168.100.2: bytes=32 time=22ms TTL=127
Reply from 192.168.100.2: bytes=32 time=17ms TTL=127
```

图 8.6　内部主动访问 Internt 和 DMZ

提问

现在为什么企业内部网络主动访问 Internet 和 DMZ 区域的流量可以返回到内部网络，而 Internet 和 DMZ 区域不能主动访问企业内部网络？

回答：原因是 CBAC 状态检测可以智能地识别出一个会话的主动发起方和会话的流量返回方，Internet 和 DMZ 区域无法主动访问企业内部网络是被访问控制列表所拒绝，而内部网络能主机访问 Internet 和 DMZ 区域的原因是 CBAC 检测到这个会话是由内部主机主动发起的，所以在流量返回时，CBAC 会在拒绝一切流量的控制列表被执行之前，给返回的流量打开一个临时的通信会话状态，相关参考的依据如图 8.7 所示。

```
IOSfirewall#show ip inspect sessions
Established Sessions
 Session 67D47D74 (192.168.2.3:8)=>(192.168.100.2:0) icmp SIS_OPEN
 Session 67D47F94 (192.168.2.2:8)=>(202.202.1.100:0) icmp SIS_OPEN
 Session 67D47B54 (192.168.2.2:8)=>(192.168.100.2:0) icmp SIS_OPEN
```

图 8.7　CBAC 检测到的会话状态

第四步 使用静态过滤技术，使 Internet 上的任意主机可以在任意时间访问 DMZ 区域的 DNS/Web1、FTP、在每天下班后（17:00～8:30）不允许访问 Web2，要求过滤技术在防火墙的外部接口完成。

注意

首先完成 DMZ 区域各项服务器伺服功能的配置，关于这一点可以由教师演示部署 DNS/Web1、FTP、Web2 的整个过程。

到完成第三步的配置为止，目前是无法让 Internet 的用户访问 DMZ 区域的任何主机，因为在基于思科 IOS 防火墙的外部接口上的 internettointranet 访问控制列表默认会拒绝任何除了 OSPF 路由协议流量以外的其他流量进入防火墙，所以现在需要对防火墙的外部接口上的 internettointranet 访问控制列表作调整。具体配置如下所示。

IOSfirewall(config)#ip access-list extended internettointranet

IOSfirewall(config-ext-nacl)#permit ospf any any

IOSfirewall(config-ext-nacl)#permit udp any host 202.202.0.252 eq domain

* 允许 DNS 流量进入防火墙。

IOSfirewall(config-ext-nacl)#permit tcp any host 202.202.0.252 eq www

* 允许 Http 流量进入防火墙。

IOSfirewall(config-ext-nacl)#permit tcp any host 202.202.0.253 eq ftp

IOSfirewall(config-ext-nacl)#permit tcp any host 202.202.0.253 eq ftp-data

IOSfirewall(config-ext-nacl)#permit tcp any host 202.202.0.253 lt 5000

* 允许 FTP 流量进入防火墙，上述 3 条语句分别针对主动 FTP 和被动 FTP 实施，因为被动 FTP 要使用大于 5000 的端口号，关于主动 FTP 和被动 FTP 教师可作相关的引导描述。

IOSfirewall(config-ext-nacl)#permit tcp any host 202.202.0.254 eq www time-range time1

* 允许在 time1 时间段内可以访问服务器 Web2。

IOSfirewall(config-ext-nacl)#deny ip any 192.168.2.0 0.0.0.255

* 拒绝任何来自 Internet 的源地址访问企业内部网络 192.168.2.0。

注意

上述的 ACL 语句都是为了让 Internet 上的主机访问 DMZ 区域的服务器而设置的，为什么目标地址是 202.202.0.252、202.202.0.253、202.202.0.254,而不是 DMZ 区域服务器的 192.168.100.2、192.168.100.3、192.168.100.4，原因很简单：因为在本项目的第二步配置中，将服务器的私有地址通过静态 NAT 映射成了公共 IP 地址，以方便 Internet 上的主机访问，因为 Internet 上的主机无法识别 RFC1918 的地址类型。

IOSfirewall(config)#time-range time1

IOSfirewall(config-time-range)#periodic weekdays 08:30 to 17:00

IOSfirewall(config-time-range)#exit

上述配置建立一个叫做“time1”的时间段，具体的时间周期是工作时间（星期一到星期五）的上午 8:30 到下午 17:00。

IOSfirewall(config)#interface e1/0

IOSfirewall(config-if)#ip access-group internettointranet in

IOSfirewall(config-if)#exit

上述配置是在思科 IOS 防火墙的外部接口 E1/0 的进入方向上，重新应用 internettointranet 的访问控制列表。

当完成第四步的配置后，现在需要来对整个配置做测试，首先来到 Internet 的主机 202.202.1.100 上，为其填写 DNS 地址 202.202.0.252，如图 8.8 所示，事实上这个 IP 地址对应的服务器就是 DMZ 区域的 DNS 服务器 192.168.100.2。然后分别在 202.202.1.100 的主机上访问 Web1 和 FTP 服务器，如果配置没有错误，应该成功访问如图 8.9 和图 8.10 所示，访问 Web2 会失败，因为当前测试时间不在 time1 的时间范围内，具体可通过图 8.11 查看 IOS 防火墙上 ACL 对通过数据流量的匹配状态得知，对 Web2 的有效性为 inactive 状态，指示不在时间范围内，暂时不生效。

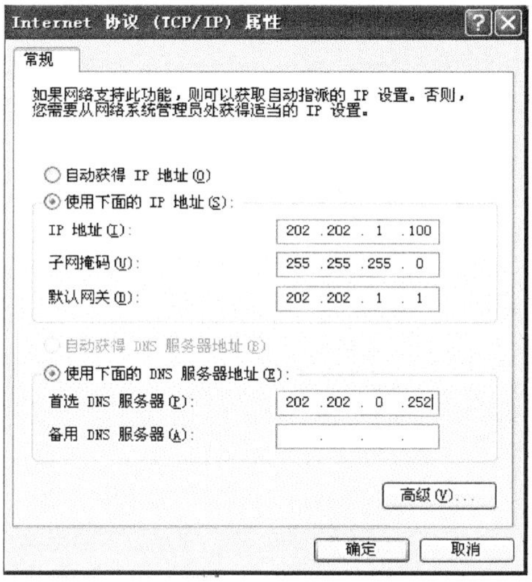

Internet 协议 (TCP/IP) 属性
常规
如果网络支持此功能，则可以获取自动指派的 IP 设置。否则，您需要从网络系统管理员处获得适当的 IP 设置。
○ 自动获得 IP 地址 (O)
⊙ 使用下面的 IP 地址 (S):
IP 地址 (I): 202 . 202 . 1 . 100
子网掩码 (U): 255 . 255 . 255 . 0
默认网关 (D): 202 . 202 . 1 . 1
○ 自动获得 DNS 服务器地址 (B)
⊙ 使用下面的 DNS 服务器地址 (E):
首选 DNS 服务器 (P): 202 . 202 . 0 . 252
备用 DNS 服务器 (A):
高级 (V)...
确定　取消

图 8.8　为 Internet 主机填写 DNS 地址

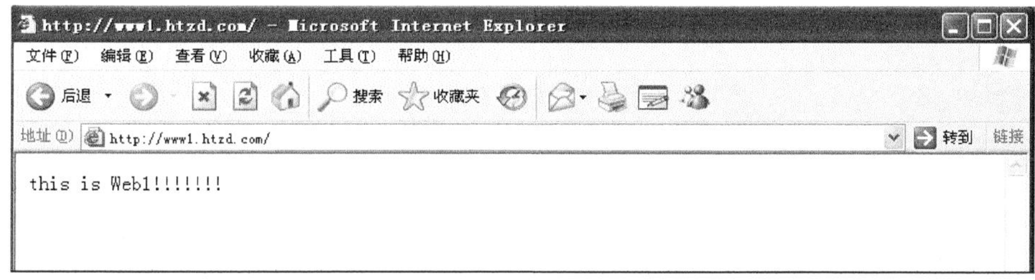

图 8.9　在 202.202.1.100 的主机上成功访问 Web1

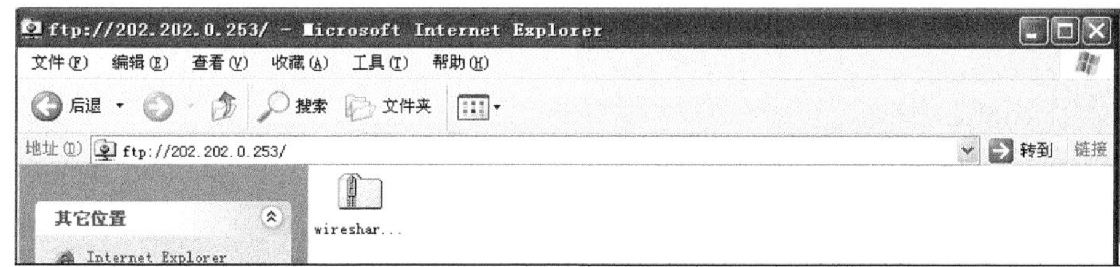

图 8.10　在 202.202.1.100 的主机成功的访问 FTP 服务器

```
Extended IP access list internettointranet
    10 permit ospf any any (263 matches)
    20 permit udp any host 202.202.0.252 eq domain (22 matches)
    30 permit tcp any host 202.202.0.252 eq www (11 matches)
    40 permit tcp any host 202.202.0.253 eq ftp (24 matches)
    50 permit tcp any host 202.202.0.253 eq ftp-data
    60 permit tcp any host 202.202.0.253 lt 5000 (8 matches)
    70 permit tcp any host 202.202.0.254 eq www time-range time1 (inactive)
    80 deny ip any 192.168.2.0 0.0.0.255
```

图 8.11　在 IOS 防火墙上查看 ACL 与数据包的匹配情况

第五步 要求在 IOS 防火墙的外部接口上启动防御伪造 IP 地址欺骗的功能。

```
IOSfirewall(config)#interface e1/0
IOSfirewall(config-if)#ip verify unicast reverse-path
```

第六步 要求在 IOS 防火墙上启动 TCP 和 UDP 审计功能的具体参数标准如下.

1）整个防火墙最多接受到一台具体服务器的 TCP 半开会话 470 个。当达到 470 的门限值时，该服务器在等待 5min 后再接受新的 TCP 连接。

2）设置 TCP 的空闲超时为 120s。

3）设置 UDP 的空闲超时为 120s。

4）设置 DNS 的查询超时为 30s。

```
IOSfirewall(config)#ip inspect tcp max-incomplete host 470 block-time 5
IOSfirewall(config)#ip inspect tcp idle-time 120
IOSfirewall(config)#ip inspect udp idle-time 120
IOSfirewall(config)#ip inspect dns-timeout 30
```

第七步 在防火墙的 DMZ 接口上使用静态过滤方式防御任意主机对 Web2 的 LAND 攻击。

```
IOSfirewall(config)#ip access-list extended internettointranet
IOSfirewall(config-ext-nacl)#deny ip host 202.202.0.254 host 202.202.0.254
IOSfirewall(config-ext-nacl)#deny ip host 192.168.100.4 host 192.168.100.4
```

任务 8.2 部署企业级园区无线网络设备安全

1. 理解无线局域网的波段、载波、调制、编码、信道

1）提出无线局域网通信的一些前提条件。

2）无线局域网的波段。

3）无线局域网的载波。

4）无线局域网的调制。

5）无线局域网的编码。

6）无线局域网的信道。

2. 理解常用的无线网络传输技术

1）理解 FHSS (Frequency-Hopping Spread Spectrum) 跳频技术。

2）理解 DSSS (Direct Sequence Spread Spectrum) 直序扩频技术。

3）理解 OFDM (Orthogonal Frequency Division Multiplexing) 正交频分复用技术。

4）理解 MIMO (Multiple-Input Multiple-Out-put) 多入多出技术。

3. 理解无线局域网的信道

无线的发送方和接收方总是期望载波的频率是固定的，并且在特殊固定的范围内变化，这种范围称为信道（channel）。信道通常用数字或索引（而不是频率）表示，如图 8.12 所示。WLAN 信道是由当前使用的 802.11 标准决定的。

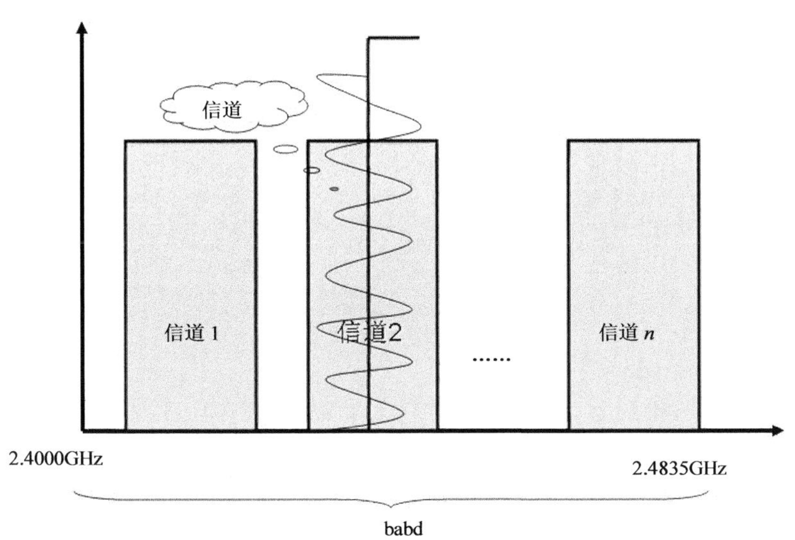

图 8.12　无线局域网的信道示意图

4. 理解 802.11a 标准

802.11a 产生在 1999 年，它比 802.11b 更晚一些，它工作在 5GHz 频段，使用 OFDM 调制技术，支持卷积编码（一种高误差校正的编码），支持 12 个无重叠信道，工作速率可分别为：6、9、12、18、24、36、48、54Mbps。由于它工作在 5GHz 的频段，所以它对蓝牙技术、无绳电话、微波炉等设备有较高的抗干扰性，因为蓝牙技术、无绳电话、微波炉等设备一般都工作在 2.4GHz 频段。802.11a 无法对 802.11b/g 标准进行兼容，所以市场占有量相对于更少。

5. 理解 802.11n 标准

802.11n 的标准产生于 2009 年，它使用无线网络的速度有了突破性的增长，如果在单纯的 802.11n 的环境中，它可以达到 300Mbps 的速率，并且 802.11n 可以兼容 802.11a/b/g。使用 802.11n 标准的无线设备采用多入多出技术（MIMO），对 MIMO 一个很形象的理解是，先前的 802.11 系列的标准都是让无线网络以半双工的形式工作，多入多出技术则是提高了传统无线标准的吞吐量，并以全双工方式工作。

6. 无线网络的结构

要成功的组建并实施无线网络，首先需要理解无线网络的结构模型，在本小节中主要描述几种无线网络的模式，分别是：Ad-hoc 模型、Infrastructure 模型、思科的统一无线网络解决方案。

（1）理解 Ad-hoc 模型

Ad-hoc 模型是点对点的无线对等结构，只要网络中的两台计算机具备无线网卡就可以互联，无需通过 Access Point（AP），信号是直接在两个通信终端之间进行点对点的传输，如图 8.13 所示。Ad-hoc 模型不能实现类似于有线网络中的交换连接。这种模型通常只适合于临时的无线应用环境，比如：两人临时的数据发送、小型会议室、SOHO 家庭无线网络等，一般不建议超过 5 台计算机的连接。它的特点是：成本低、易实现。

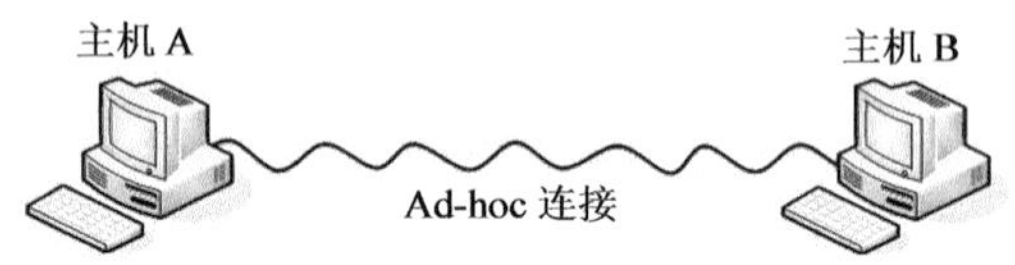

图 8.13 Ad-hoc 模型的示意

（2）理解 Infrastructure 模型

Infrastructure（基础结构）模型属于集中式无线网络结构，其中无线 AP 相当于有线网络中的集线器，起着集中连接无线节点的作用。通常无线 AP 都提供了一个有线以太网接口，用于与有线网络设备的连接，例如以太网交换机。Infrastructure 模式网络如图 8.14 所示。Infrastructure 模型的特点是：易于扩展、便于集中管理、提供用户身份验证等方面的优势。

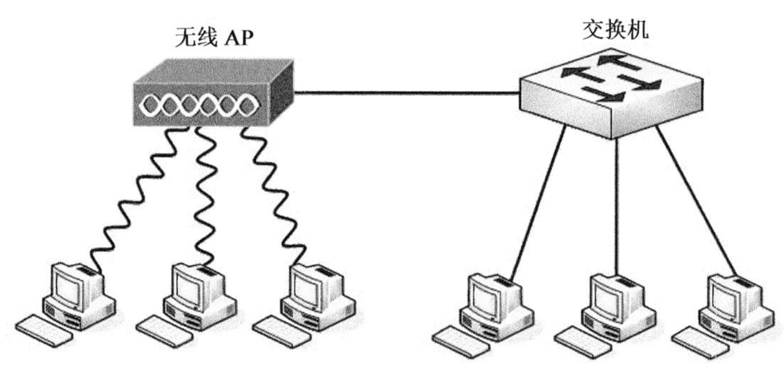

图 8.14 Infrastructure 模型示意

7. 理解 AP

AP（Access Point）即无线网络的访问接入点，如果将无线网络中的无线网卡比喻为有线网络中的以太网卡，那么 AP 就类似于传统有线以太网络中的集线器，也是现今组建小无线局域网最常用的设备，具体如图 8.15 所示。

（1）关于自主型接入 AP（胖 AP）

自主型接入 AP 或者叫胖 AP（autonomous access or fat AP），这类 AP 自身就是无线网络中的一个独立控制单元，它将无线网络的信道划分、网络的管理、身份验证与其他

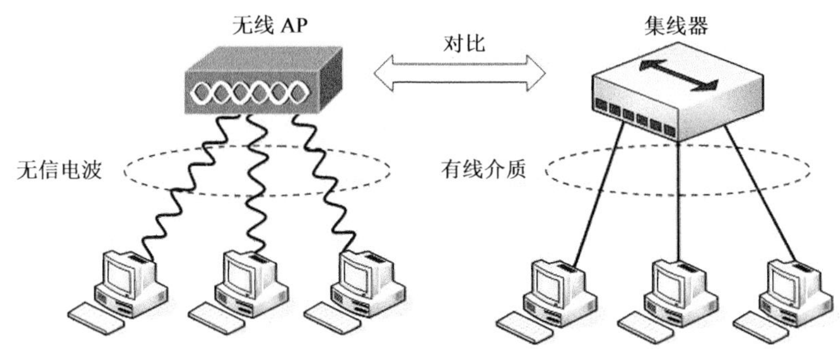

图 8.15　集线器与 AP 的对比示意

安全保障技术集成于一身，所以它也叫胖 AP。它不依赖于无线网络控制器，关于无线网络控制器的更多信息在思科统一无线网络解决方案中有更多说明，这在小型无线网络或者说无线网络的早期是一项伟大的开端，但是随着现今无线网络的不断扩展，胖 AP 已经不能再在大型无线网络中得到更灵活的使用。因为一个大型的无线局域网，由于信息覆盖范围的原因，可能需要同时部署几十台甚至于上百台 AP。如果使用胖 AP，工程师将分别在每台 AP 上完成配置，如果某台 AP 故障，在这个故障 AP 周围的其他 AP 无法自动加大无线信号的功率来覆盖盲点，因为自主型 AP 是一个独立控制单元，这将在大型无线网络中增加部署成本开销，无法统一管理等困难，如图 8.16 所示。

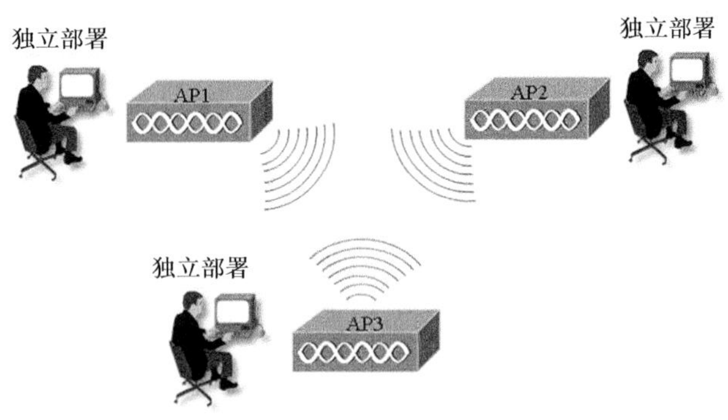

图 8.16　关于自主型 AP 的部署示意

（2）关于轻型接入 AP（瘦 AP）

轻型接入 AP 或者叫瘦 AP（lightweight or fit AP），该类 AP 不能独立配置，必须依赖于无线网络控制器存在，因为瘦 AP 不具备独立配置和网络管理功能，它在无线网络中的地位相当于一个无信信号接收和转发装置（用天线来形容它更形象），用户可以使用无线网络控制器集中地去同时部署几十上百台瘦 AP，所有的信道划分、网络管理、身份验证、服务质量保证（QoS）都在无线控制器上完成，顾名思义，所以它叫做瘦 AP。使用瘦 AP 接合无线网络控制器，可以做到集中统一的无线部署，瘦 AP 通过轻型 AP 协议（Lightweight AP Protocol，LWAPP）来与无线网络控制器交换信息。如图 8.17 所示，如果 AP1 故障，AP2 或者 AP3 将自动提高信号功率以覆盖盲区。

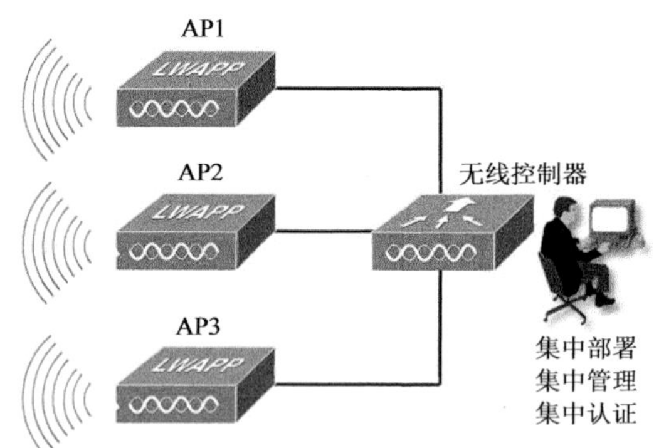

图 8.17 关于轻型接入 AP 与无线控制器的示意

8. 理解无线网络的 CSMA/CA

无线网络与使用集线器组建的有线网络一样，在同时发送数据时会存在冲突。而无线网络将使用 CSMA/CA（Carrier Sense Multiple Access with Collision Avoidance，带有冲突避免的载波侦听）来完成冲突避免，CSMA/CA 的作用虽然与 CSMA/CD 非常类似，但是它们还是有区别的。首先 CSMA/CD 用于有线网络，作用是冲突检测，但是 CSMA/CD 不能避免冲突，即便是检测到冲突，它也可以发送；而 CSMA/CA 用于无线网络，目标是避免冲突。在无线网络中不可能使用 CSMA/CD 来完成冲突检测，因为 CSMA/CD 是通过物理线缆中电压的变化来检测是否存在冲突，当数据发生冲突碰撞时，物理线缆中的电压就会发生变化，无线网络根本不使用物理连接介质，所以不可能使用上述方法成功完成冲突检测。而在无线网络中 CSMA/CA 只能采取能量检测来检测信道是否空闲，CSMA/CA 在发送包的同时，是不能检测到信道上有无冲突，所以只能尽量避免。所谓“尽量避免”冲突的意思是：某台无线设备在发送数据前首先发送一个信号告之其他设备，它将要发送数据，请求其他设备不要发送数据，然后它在发送数据之前再侦听一段时间。对于这样的避免行为的另一种体现就是使用 RTS（请求发送）和 CTS（清除发送）数据帧，发送者使用一个 RTS 数据帧，接收设备使用一个 CTS 数据帧，这样就可以通知其他设备在一个时间周期内不要发送数据。

9. 理解无线网络客户端发现并关联 AP 的过程

要实施无线网络的配置，首先需要关心无线网络客户端是如何发现并关联到无线 AP 的过程，这个过程大致分为 3 个阶段，探测（probing）、认证（authentication）、关联（association），如下所述。

1）探测阶段（probing）：是指无线客户端发现无线 AP 的阶段，探测阶段分为被动扫描与主动探测两种方式，所谓被动扫描如图 8.18 所示，无线 AP 每隔 2s 发送一次无线信标，信标里面包括了自己的 SSID 等信息，此时无线客户端被动的监听到 AP 发来的一个信标，并连接该无线 AP，这个行为就是被动扫描。所谓主动扫描，如图 8.19 所示，指示一个无线客户端不想等待，并且它知道它所要加入 AP 的 SSID，然后主动发出一个探测请求，要求加入某个特点的无线 AP，此时这个特点的无线 AP 将使用一条探测应答帧来响应无线客户端。

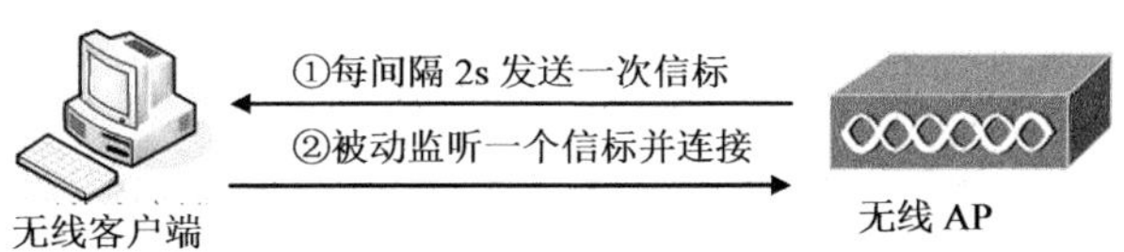

图 8.18　关于被动扫描的示意

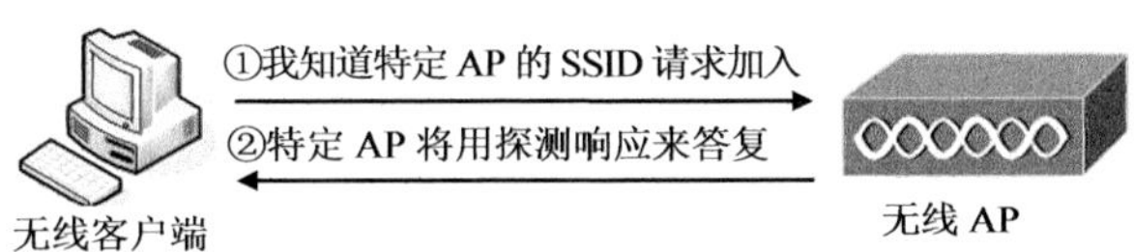

图 8.19　关于主动探测的示意

注意

如果一个无线客户端通过在多个信道上发送探测请求来搜索可用的无线网络时，那么无线客户端发出的探测请求帧中没有具体的 SSID 名称，在这种情况下所有允许应答的 AP 都会进行响应，但是哪些被配置为禁止广播 SSID 的无线 AP 不会进行响应。

2）认证（authentication）阶段：是指确保无线网络安全的一个阶段，如图 8.20 所示，无线客户端发起认证请求，无线 AP 返回认证响应；在这个阶段使用的方法有很多，比如开放认证（open）也就是不进行认证、WEP 认证，以及其他更安全的认证方案。

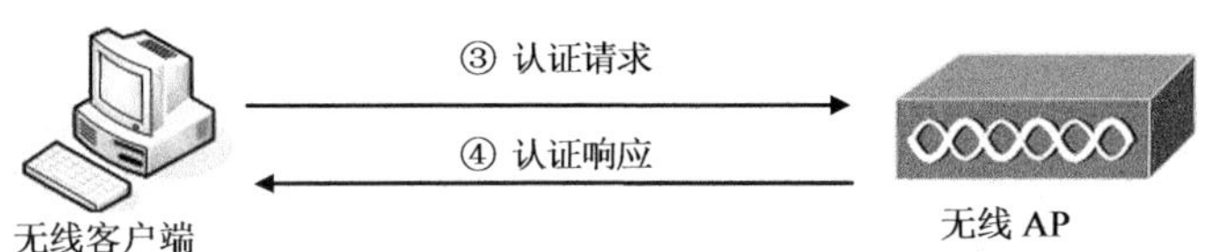

图 8.20　关于无线网络的认证阶段

3）关联（association）阶段：是指建立无线客户端与无线 AP 建立数据链路连接及速率选项，为数据发送做好准备。如图 8.21 所示，无线客户端将发送关联请求，然后无线 AP 将回送关联响应，在该阶段中，无线客户端将学习到无线 AP 的 MAC 地址，无线 AP 将会产生一个逻辑标识符（Association Identifier，AID）给无线客户端，这个 AID 相当于有线网络中交换机的一个物理接口，这样无线 AP 就可以转发无线客户端的数据帧，当无线客户端和无线 AP 建立了关联后，两者之间的通信准备就完成。

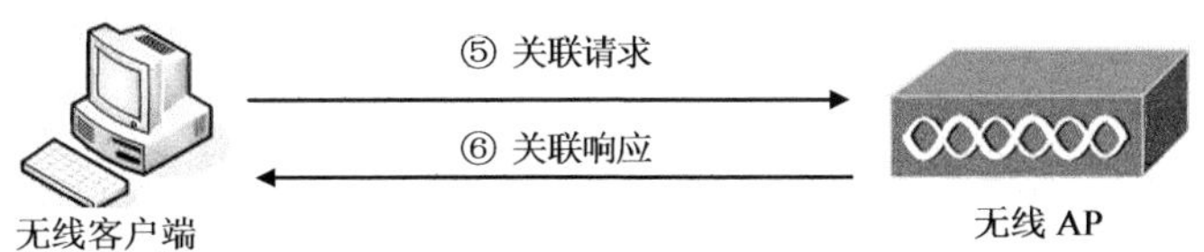

图 8.21　关于无线网络的关联阶段

10. 理解无线网络的 SSID 和 MAC 合法性检测

SSID（Service Set Identifier）即服务集标识的缩写，指示无线网络的通用网络名，无线网络中的客户端与 AP 都需要配置相同的 SSID 名称，SSID 可以创建基本的安全性，因它可以防止没有 SSID 的客户端设备接入无线网络，默认情况下，AP 每隔 2s 都会在其信标中广播 SSID，并以明文的方式体现 SSID。如果无线 AP 禁用了广播 SSID 的功能，从某种程度上讲提高无线网络的安全，但是要记住，只是从某种程度上提高安全，并不是真正的安全。事实上，即便是在无线 AP 上关闭了 SSID 广播，居心叵测的人还是能通过监视网络去获得 SSID。所以严格地讲，SSID 并不是无线网络安全的体现。

无线网络还可以使用检测客户端 MAC 的合法性来允许或者拒绝访问网络，如图 8.22 所示为思科 linksys 无线 AP 上关于 MAC 地址过滤的配置，在这个方案中，可以配置相关客户端的 MAC 地址可以访问或者拒绝访问无线网络，这种安全控制方式几乎被现今无线市场上的所有 AP 所支持，但是其控制方式缺乏灵活性，而且需要管理员手工输入大量的 MAC 地址，这无疑增加了管理开销，而且容易出错，所以无线网络需要更好的安全保障。

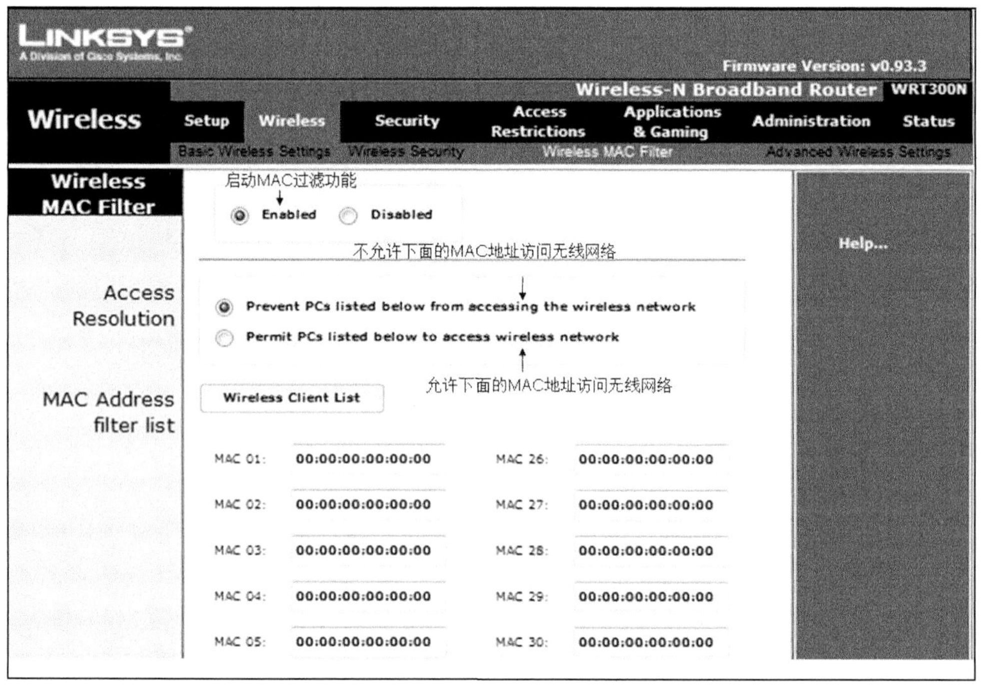

图 8.22 通过 MAC 地址过滤网络访问

11. 理解无线网络中的简单认证技术——开放认证、WEP 认证

1）开放认证（open）：事实上开放认证，虽然其术语中有“认证（authentication）”一词，但事实上，客户端除了正确地识别 SSID 以外，不进行任何的认证。如图 8.23 所示，该过程发生在无线网络的探测阶段（probing）之后，无线客户端向无线 AP 发送一个认证请求，事实上没有采取任可认证动作，只要 SSID 识别正确，无线 AP 回应一个

确认应答并注册客户端，然后转向无线网络的关联阶段，这一切都是开放的。但是要记住，虽然在开放认证这个过程中没有任何实质性的认证行为，但是认证请求与认证确认这个过程在无线网络的阶段中是必须存在的。

图 8.23 关于无线网络开放认证

2）WEP（wired Equivalent Privacy）认证：一种使用预共享密钥的认证方式，这是一种相当脆弱的认证方式，而且不容易扩展。如图 8.24 所示，首先是双方都要设定一个彼此都知道的 PSK（预共享密钥）；然后客户端发送一个认证请求；其后，AP 将发送一个没有经过加密的 challenge 文本（明文挑战文本）；当客户端收到这个明文挑战文本后，使用预先设定好的 PSK 加密这个 challenge 文本,并把加密后的 challenge 文本送还给 AP；当 AP 收到这个加密后的 challenge 文本后，会使用自己这端的预共享密钥来解密，如果解密的结果和先前的 challenge 文本内容相同，则通过认证。

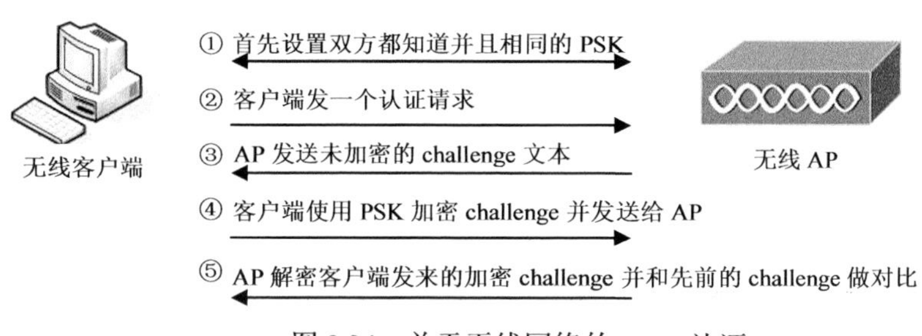

图 8.24 关于无线网络的 WEP 认证

12. 理解无线的集中认证技术——802.1X 认证

802.1X 技术是一种接入控制技术，事实上，它能针对有线网络，也能针对无线网络，在这里主要针对将 802.1X 面向无线网络的应用做描述。

802.1X 在无线网络中的认证功能是，无线客户在关联到某个 AP 之前，必须获得网络集中验证服务器（如 RADIUS）的允许。如图 8.25 所示，在这个环境中，无线客户端是 802.1X 的认证客户端，RADIUS 服务器为 802.1X 的认证服务器，而无线 AP 只是在 802.1X 的客户端与集中验证服务器之间单纯的转发认证的相关信息，所以叫做认证器（authenticator）。在这个环境中，AP 在无线客户端获得在线认证之前，会忽略所有的关联，它只会将无线客户端的认证请求转发到 RADIUS 服务器，当然 RADIUS 服务器也可以被客户端所认证，因为认证可以是双向的。客户端和认证服务器之间使用 WEP 或者 WAP 产生一个密钥，认证服务器会把这个会话密钥转发给无线 AP，此时 AP 就和无线客户端就拥有一把相同的密钥了，然后根据一系列复杂的数学算法会产生一个

Common Key 和 Session Key。最后，AP 和无线客户端之间将使用这个密钥来完成加密，Common Key 加密无线网络的组播或者广播；Session Key 用于加密单播，也就是用户会话，Session Key 对于每个无线用户而言，都是不一样的，用于加密不同用户的无线会话，在这种情况下，一个用户是不可能监控并分析到另一个用户的无线会话。

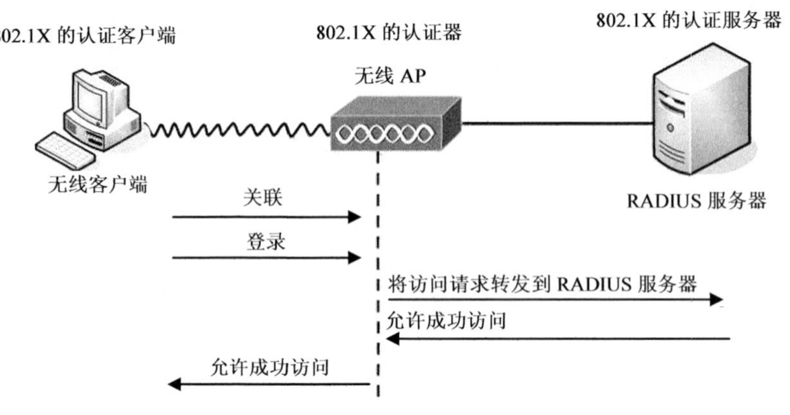

图 8.25 802.1X 的作用示意

上面介绍了 802.1X 的作用和过程，但是在这里说明一下，802.1X 是一种集中认证的框架，在这个集中认证的框架中，真实实现的过程是使用 EAP 完成，EAP 是 Extensible Authentication Protocol（可扩展认证协议）的缩写，是一种面向数据链路层的认证协议。EAP 可以支持多种认证机制，以思科的无线网络而言，它可以支持 EAP-TLS、EAP-FAST、PEAP、LEAP 等。如图 8.26 所示，EAP 工作在无线客户端与验证服务器之间，它可以承载多种认证技术，这不需要无线 AP 的支持，因为在 EAP 的整个工作过程中，无线 AP 只是相当于一个认证代理。

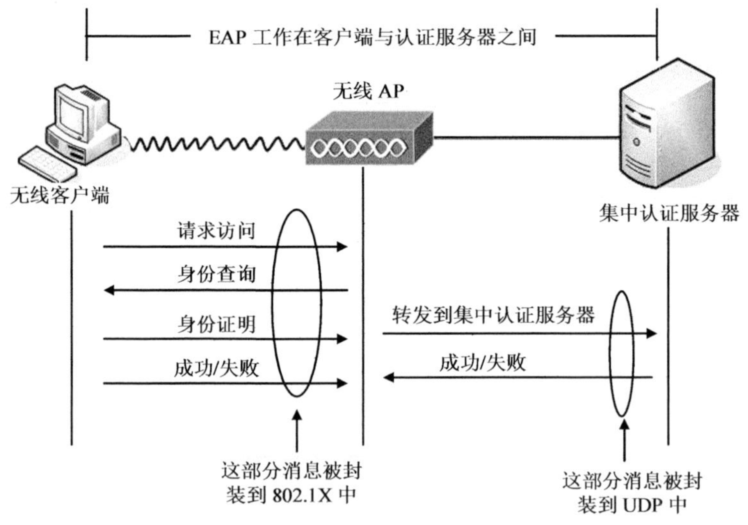

图 8.26 关于 EAP 的认证过程

13. 理解无线网络认证、加密技术——WAP 和 WAP2

WPA 是由 WiFi 联盟在 2003 年提出，事实上 WPA 和 WPA2 都是 WiFi 联盟早期的标准，而 WPA 和 WPA2 的真正标准是 802.11i。这一切很正常，因为市场的需求提前于研发，而研发会提前于标准。WPA 基于 802.1X 实现无线网络的认证和密钥管理。事实上 WAP 既支持认证，又支持无线数据的加密，但是其核心功能是数据加密。

WPA 认证有两种方式：一种是使用 EAP，还有一种就是使用 PSK（预共享密钥）；WPA 的核心功能是加密无线数据，它能对无线网络的单播、组播、广播进行加密，它使用标准的 TKIP 技术完成对每个用户数据包的加密。事实上 TKIP 只是传统 WEP 的加强版，传统的 WEP 使用 24 位的 IV 值，而 TKIP 使用 48 位的 IV 值，那么黑客破解 TKIP 所花的时间要比 WEP 更长，因为 TKIP 有 48 位的 IV 值，但是还有可能破解 TKIP。当然 WAP 除了可以使用 TKIP 完成加密之外，它还可以使用 AES 来完成加密。AES（Advanced Encryption Standard），高级加密标准，它是现今较为主流的加密方式，它比 TKIP 更安全。现在需要关心的是 WAP 是如何使用 802.1X 来完成认证与密钥管理，以及 WAP 如何来加密每个无线用户的数据包。

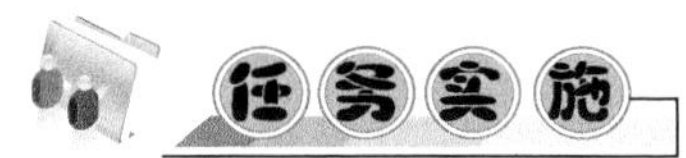

实施目标：

1）配置无线 AP 的 SSID、确定某种 802.11 系列的标准、配置信道。

2）配置无线 AP 通过 DHCP 为无线客户端分配置 IP 地址。

3）配置无线网络的客户端。

4）配置无线安全。

5）测试配置结果。

实施环境：如图 8.27 所示。

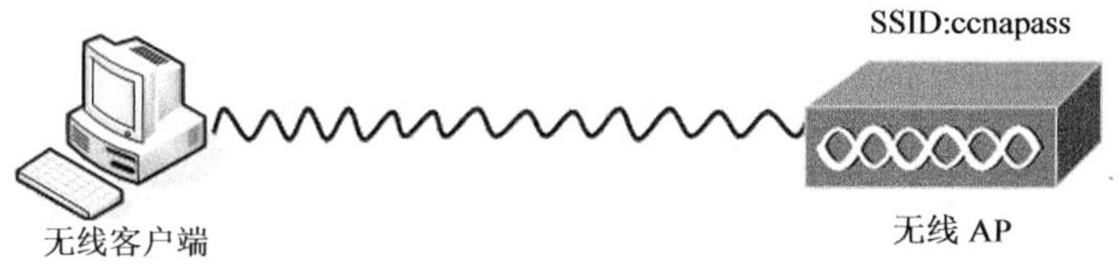

图 8.27 组建一个简单的思科无线网络

实施背景：其中所使用的无线 AP 为思科公司旗下的 linksys 品牌设备，在这个演示环境中学会自主型 AP 的配置，然后让笔记本电脑加入到一个 SSID 为“ccnapass”的无线区域，然后测试无线网络的连通性。

实施步骤：

第一步 首先来配置无线网络的 AP，配置无线网络的 AP 大致分为 3 个部分：①配置无线网络的 SSID 和无线标准；②配置无线网络的信道；③配置无线网络的认证。在该实验环境中暂时不要求配置无线的安全认证。在 linksys 的设备上配置，需要使用 AP

的管理地址（192.168.0.1）以 Web 主页的方式进入图 8.28 所示的界面完成配置。

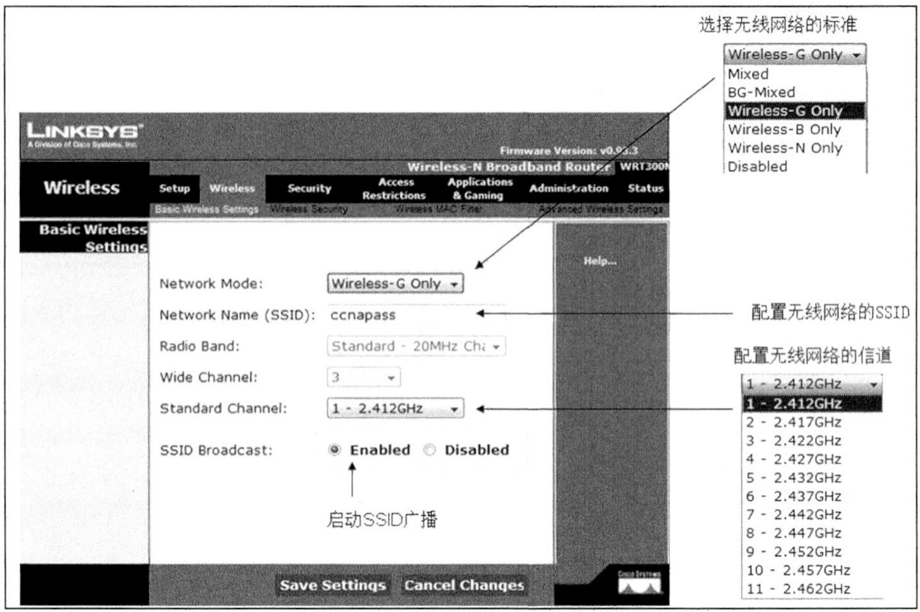

图 8.28 配置思科 linksys 的无线 AP

1）Network mode：指示启动无线网络的标准，在这里选择 wireless-G only（事实上就是 802.11g 的无线标准）。

2）Network name（SSID）：配置无线网络的 SSID，这里的 SSID 配置为“ccnapass”，待会儿无线客户端就是通过这个 SSID 来加入到该无线区域。

3）Standard channel：配置无线网络的信息，可以看到在美国，2.4GHz 频段支持 11 个信道，其中信道 1、6、11 是无重叠的信道，如果在一个无线区域中存在多个 AP，建议选择使用无重叠的信道，在这里使用信道 1 。

4）SSID Broadcast：配置无线网络的 SSID 是否需要被广播，如果启动 SSID 广播，那么该 AP 会将自己的 SSID 信息主动公告出去，这便于无线客户端完成被动扫描；如果禁用 SSID 广播，那么该 AP 不会公告自己的 SSID，无线客户端只能在知道具体的 SSID 前提下连接到 AP，进行主动扫描。开启 SSID 广播会为客户端的连接打开方便之门，关闭 SSID 广播会加强无线网络的安全性。在该演示环境中选择默认的状态“启动 SSID 广播”。

第二步 配置无线 AP 通过 DHCP 为无线客户端分配置 IP 地址及相关其他 TCP/IP 参数，例如：DNS、Wins 服务器地址，在该实验环境中，无线 AP 的 IP 地址为 192.168.0.1；分配给的无线客户端的 IP 地址是从 192.168.0.200 开始到 192.168.0.149 结束，具体配置如图 8.29 所示。

第三步 完成无线 AP 的配置后，再来配置无线客户端，配置无线客户端加入到 ccnapass 这个无线网络，可以使用两种方案完成配置，一种是使用 Windows XP/7 所集成的无线网络管理工具；另一种是使用 linksys 所提供的无线网络连接工具。在这里将会描述两种不同方式的无线客户端连接。

首先，配置使用 Windows 7 集成的无线客户端工具来完成无线网络连接，首选右击

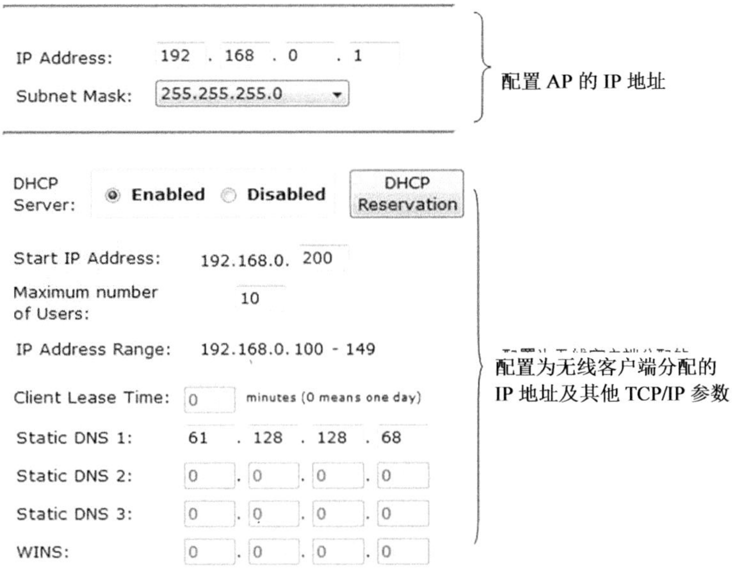

IP Address: 192 . 168 . 0 . 1
Subnet Mask: 255.255.255.0

配置 AP 的 IP 地址

DHCP Server: ◉ Enabled ○ Disabled　DHCP Reservation
Start IP Address: 192.168.0. 200
Maximum number of Users: 10
IP Address Range: 192.168.0.100 - 149
Client Lease Time: 0 minutes (0 means one day)
Static DNS 1: 61 . 128 . 128 . 68
Static DNS 2: 0 . 0 . 0 . 0
Static DNS 3: 0 . 0 . 0 . 0
WINS: 0 . 0 . 0 . 0

配置为无线客户端分配的 IP 地址及其他 TCP/IP 参数

图 8.29　配置 AP 为无线客户端自动分配 IP 地址

桌面上的“网络”，然后单击“属性”，出现图 8.30 所示的对话框后，选择“管理无线网络”，在弹出图 8.31 管理使用（无线网络连接）的无线网络所示的对话框中单击“添加”按钮，然后会弹出图 8.32 所示的对话框，选择手工方式创建网络配置文件。出现图 8.33 所示的配置对话框，这是无线网络配置的关键，在这个对话框中，配置与无线 AP 相同的 SSID 名称，如：ccnapass。在该演示环境中不要求配置无线网络的安全，关于无线网络的安全配置将在无线网络的安全中做描述，所以在这里关于安全类型，请选择“无身份验证（开放式）”，然后选择“自动启动此连接”，完成整个使用 Windows 7 集成的无线工具配置无线客户端的操作。

图 8.30　管理 Windows 7 网络功能

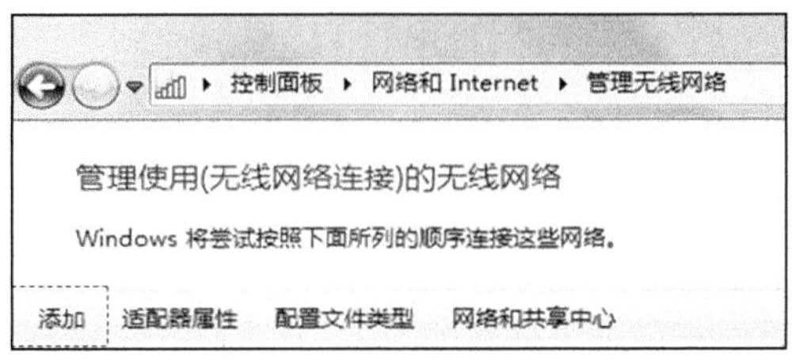

图 8.31　管理使用（无线网络连接）的无线网络

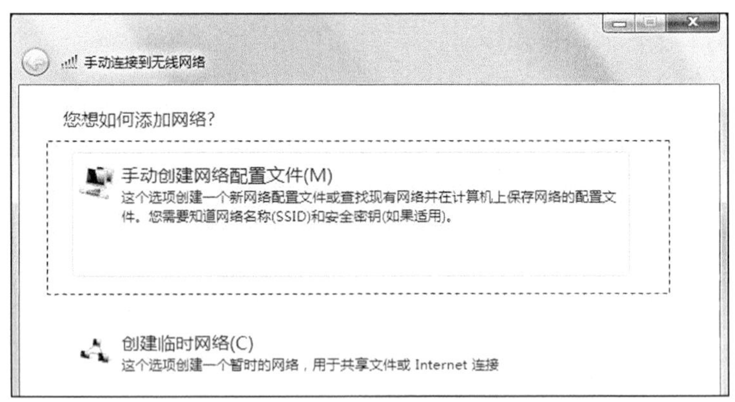

图 8.32 如何添加无线网络

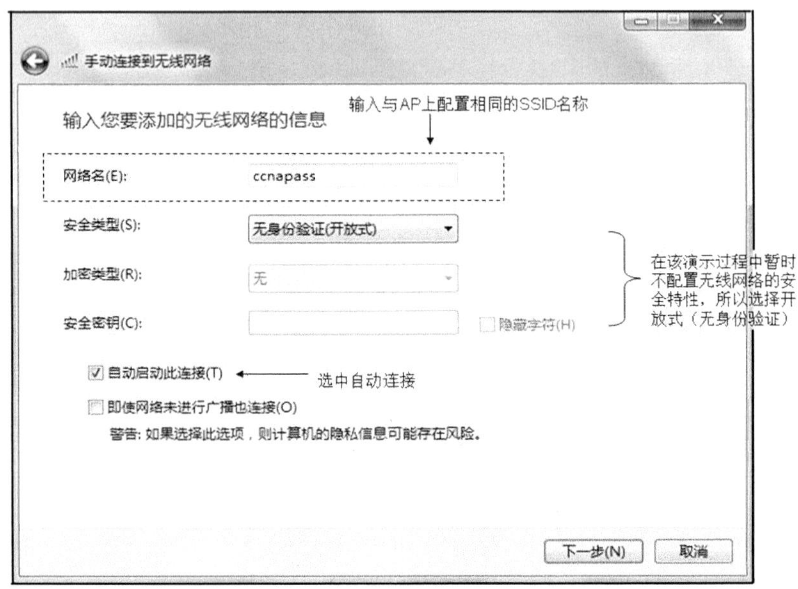

图 8.33 添加无线网络的信息

还可以使用 linksys 提供的无线客户端工具完成无线网络的连接，在计算机上安装 linksys 的客户端工具后，打开 8.34 所示的界面，然后单击 Refresh 刷新，此时会出现探测到的无线网络，例如：ccnapass。当然这必须在 AP 中启动 SSID 广播作为前提，否则 linksys 的客户端将无法获取 AP 的相关信息，因为在这个演示环境中没有配置安全特性，所以在出现想要连接的 SSID 后，单击 Connect 按钮就可以连接到 SSID 为 ccnapass 的无线 AP。

第四步 在思科 linksys 无线设备上 WEP 的配置

在思科的 linksys 无线设备上配置 WEP 认证如图 8.35 所示，选择安全方式为 WEP 认证，在选择密钥位数的时候，有两个选项：一个是 40/64（10 Hex digit），另一个是 104/128（26 Hex digit）。它们分别指示使用 40 位的密钥+24 位的 IV 值和使用 104 位的密钥加+24 位的 IV 值，分别变为 64 位和 128 位。如果使用 40 位的密钥就需要配置 10 个十六进制字符串，因为一个十六进制字符等于 4 位，如果使用 104 位的密钥就需要配置 26 个

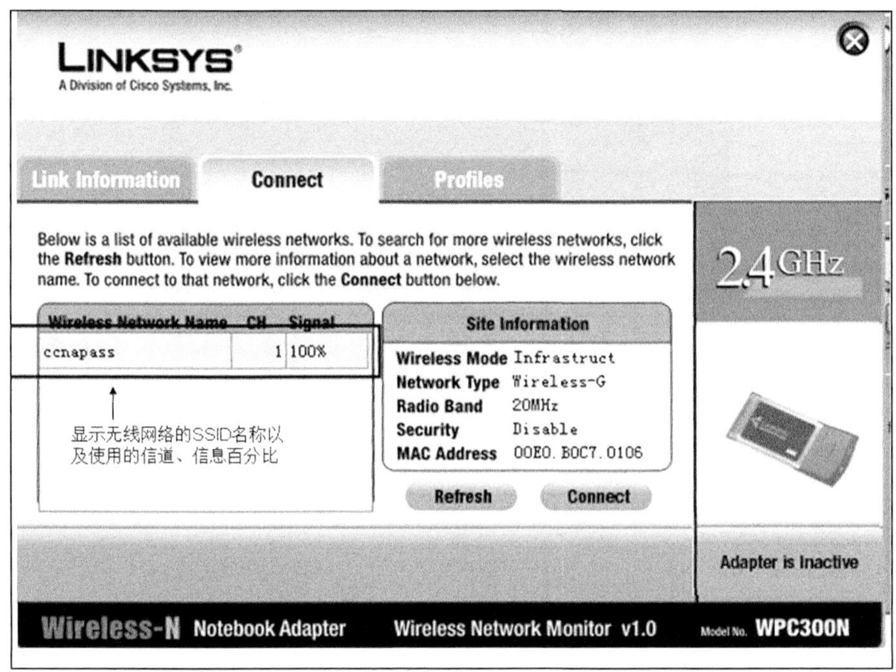

图 8.34 使用 linksys 无线客户端完成客户端配置

图 8.35 配置 WEP 认证

十六进制字符串。注意：WEP 认证的预共享密钥使用十六进制的字符串表示，在该环境中使用了 40 位的 WEP 认证，配置了 10 个十六进制字符串，是“0123456789”，当然在现实的环境中，需要保证这 10 个字符串的安全复合性。如果是使用 104 位的 WEP 认证，那么配置的字符串就更长，这体现了 WEP 密钥的扩展性很差，而且在输入时容易出错。

第五步 完成上述所有配置步骤后，现在检测无线客户端与无线 AP 的连通性。首先在无线客户端的命令提示符下使用 ipconfig 指令，查看是否从无线 AP 获得到 IP 地址，然后通过 ping 指令测试与无线 AP（192.168.0.1）的连通性，如果上面的配置无误，应该得到图 8.36 所示的测试结果。

```
PC>ipconfig

IP Address......................: 192.168.0.200
Subnet Mask.....................: 255.255.255.0
Default Gateway.................: 192.168.0.1

PC>ping 192.168.0.1

Pinging 192.168.0.1 with 32 bytes of data:

Reply from 192.168.0.1: bytes=32 time=188ms TTL=255
Reply from 192.168.0.1: bytes=32 time=93ms TTL=255
Reply from 192.168.0.1: bytes=32 time=94ms TTL=255
Reply from 192.168.0.1: bytes=32 time=93ms TTL=255

Ping statistics for 192.168.0.1:
    Packets: Sent = 4, Received = 4, Lost = 0 (0% loss),
Approximate round trip times in milli-seconds:
    Minimum = 93ms, Maximum = 188ms, Average = 117ms
```

图 8.36 检测无线客户端与 AP 之间的连通性

知识拓展 园区级交换网络的部署模型

为了能更好地规划并实施园区交换网络，首先来理解交换网络的模型，一般情况下，交换模型分为 3 层，分别是接入层、汇聚层、核心层。

1）接入层：接入层的作用是将终端用户（桌面计算机）连接到网络，因此接入层交换机具有低成本和高密集端口数量的特性。一般建议在接入层上完成具体的 VLAN 划分、接入安全的控制与接入策略的实施。

2）汇聚层：汇聚层是多台接入层交换机的汇聚点，它能够处理来自接入层交换设备的所有通信量，并提供到核心层的上行链路，因此汇聚层交换机与接入层交换机比较，需要更高的性能和交换速率，但不需要如接入层般的高密集端口数量。一般建议在汇聚层上完成 VLAN 间的路由、QoS 策略、不同 VLAN 间的数据过滤、路由汇总、冗余等。

3）核心层：将交换网络的主干部分称为核心层，核心层的主要目的是高速转发通信数据流量、网络性能优化、通过冗余来实现可靠的骨干传输结构，因此核心层交换机应该拥有整个交换网络模型中最高的可靠性、最大的吞吐量、最快的传输速度。一般建议在核心层交换机上不作任何安全策略及其他数据过滤行为，因为这将消耗核心层交换设备的 CPU，违背了核心层以高速转发通信数据为首要前提的原则。

习 题

一、选择题

1. 无线网络客户端是发现并关联到无线 AP 的过程，这个过程大致分为（　　）个阶段。

A.1　　B.2　　C.3　　D.4

2.（　　）即服务集标识的缩写。

A. SSID　　B. AP　　C. ROUTER　　D. BID

3. WPA 认证有（　　）种方式?

A. 1　　B. 2　　C. 3　　D. 4

4. AP 每隔（　　）s 都会在其信标中广播 SSID。

A. 1　　B. 2　　C. 3　　D. 4

5. 802.11a 产生于（　　）年。

A. 1999　　B. 2000　　C. 1998　　D. 2004

二、简答题

1. 简述什么是 802.1x。
2. 简述 WEP（wired Equivalent Privacy）认证功能。
3. 简述常用的无线网络传输技术。

参 考 文 献

（美）斯托林斯．2014．网络安全基础：应用与标准．5版．北京：清华大学出版社．

彭飞，龙敏．2013．计算机网络安全．北京：清华大学出版社．

谌玺，张洋．2011．企业网络整体安全：攻防技术内幕大剖析．北京：电子工业出版社．

贾铁军．2014．网络安全技术及应用．2版．北京：机械工业出版社．

肖松岭．2013．网络安全技术内幕．北京：科学出版社．

张栋，刘晓辉．2012．网络安全管理实践．2版．北京：电子工业出版社．